建筑水电工程材料系列丛书

建筑水电工程材料安装操作实训

陈宝播　编著

中国建材工业出版社

图书在版编目(CIP)数据

建筑水电工程材料安装操作实训/陈宝璠编著.—北京：中国建材工业出版社,2010.8（2017.2 重印）
（建筑水电工程材料系列丛书）
ISBN 978-7-80227-782-3

I.①建… II.①陈… III.①建筑材料 IV.①TU5

中国版本图书馆 CIP 数据核字(2010)第 093271 号

内 容 简 介

本书是《建筑水电工程材料系列丛书》之一。全书分 6 大模块、22 个项目,全面、详细地介绍了建筑水电工程材料的工程实践,内容翔实,通俗易懂。并以实用为目的,以掌握基本知识、强化实际应用为原则,注重理论与实践相结合。

本书力求体现建筑水电工程材料的工程实践新技术、新规范,突出先进性和应用性,适用面广,不仅可作为高等院校建筑工程技术、建筑装饰技术、市政工程、环境设备、水电工程、物业管理、建筑工程管理、工程造价和电气类等专业的本专科教材和十分有益的工具书,也可作为质检部门、建设部门、监理单位、施工单位的给排水与电气工程技术人员、管理人员和施工人员的工具书,还可作为从事建筑设备安装、维护、管理的操作人员、技术人员、管理人员等的自学读本和工具书,以及建筑给排水资格考试的参考书。

建筑水电工程材料安装操作实训
陈宝璠　编著

出版发行：中国建材工业出版社
地　　址：北京市海淀区三里河路 1 号
邮　　编：100044
经　　销：全国各地新华书店
印　　刷：北京鑫正大印刷有限公司
开　　本：787mm×1092mm　1/16
印　　张：21
字　　数：518 千字
版　　次：2010 年 8 月第 1 版
印　　次：2017 年 2 月第 3 次
书　　号：ISBN 978-7-80227-782-3
定　　价：55.00 元

本社网址：www.jccbs.com.cn

本书如出现印装质量问题,由我社发行部负责调换。联系电话：(010)88386906

前　言

在当今建筑界，正值需要大量的建筑水电专业技术人员。而无论是进行建筑水电设计还是进行建筑水电施工安装或管理，首先都必须熟悉建筑水电工程材料及其工程实践，为此，笔者编写了《建筑水电工程材料系列丛书》，这套丛书包括《建筑水电工程材料》、《建筑水电工程材料安装操作实训》和《建筑水电工程材料与安装操作实训学习指导》。本书是该系列丛书之一，其主要内容包括6大模块、22个项目：模块一是建筑水电工基本知识，包括建筑给排水管道安装操作基本知识、建筑电工材料安装操作基本知识等项目；模块二是建筑给排水管道安装前的基本准备操作，包括管道的制备、给排水管道的连接、管道支架和吊架的安装等项目；模块三是建筑给排水管道的安装操作，包括钢管道安装、铸铁管和钢筋混凝土管安装、塑料管安装、复合管安装、建筑给水薄壁不锈钢管道安装、管道系统强度试验和严密性试验及清洁工艺措施、管道安装工程质量通病防治等项目；模块四是卫生洁具的安装操作，主要是卫生器具的安装项目；模块五是电工基本操作，包括电工基本操作技能、导线和电缆的选择、室内配线、电气照明装置安装、室外灯具安装、防雷装置及其安装等项目；模块六是安全用电基本常识，包括接地和接零保护及施工、电气安全装置及接法、触电与急救等项目。

本书在编写过程中，力求体现建筑水电工程材料的工程实践新技术、新规范，同时将理论与实践相结合，突出先进性和应用性，适用面广。

本书由黎明职业大学陈宝璠编著。在编写过程中，得到黎明职业大学教授、博士林松柏校长，教授洪申我副校长，副教授陈卫华副校长等领导的大力支持和指导，也得到蔡振元、蔡小娟、陈璇祺、郭华良、庄碧蓉、闫晨、朱海平、王晖、连顺金、陈金聪、蔡益兴、李志彬、吴良友、陈乙江、戴汉良、庄占龙、陈光吉和王金选等同志的大力帮助，在此一并表示感谢！

由于新材料、新品种、新技术的不断涌现，各行各业的技术标准不统一，加之笔者水平有限，不妥与疏漏之处在所难免，敬请读者批评指正。

编　者

2010年6月

目　　录

模块一　建筑水电工程材料安装操作基本知识

模块二　建筑给排水管道安装前的基本准备操作

模块三　建筑给排水管道的安装操作

模块五 电工基本操作

模块六　安全用电基本常识

模块一　建筑水电工程材料安装操作基本知识

项目一　建筑给排水管道安装操作基本知识

1.1　常用工机具与测量仪表

1.1.1　常用工机具

管道安装工程所需的工机具很多，其中许多工机具（如钳子、扳手、钢锯、手电钻等）大家都很熟悉，这里不再介绍。本节只介绍专业性较强、使用操作较为复杂的工机具。

1. 管子台虎钳

（1）管子台虎钳的用途

管子台虎钳又称管压钳、龙门台虎钳或管子压力，如图 1-1 所示。它主要用于夹持金属管，以便进行管子切割，螺纹制作、安装或拆卸管件等操作。

管子台虎钳应牢固安装在工作台上。底座直边与工作台的一边平行。安装时应注意不要离台边太远，以免套短丝时不便操作，但也不可太靠近边缘，以免固定不牢固。

图 1-1　管子台虎钳

（2）管子台虎钳规格型号及适用范围

使用管子台虎钳夹持管子时，管子规格一定要与虎钳型号相适应，以免损坏管子、虎钳。管子台虎钳规格型号及适用范围见表 1-1。

表 1-1　管子台虎钳的规格型号及适用范围

规格型号	适用管子范围 *DN*(mm)	规格型号	适用管子范围 *DN*(mm)
1	15～50	4	65～125
2	25～65	5	100～150
3	50～100		

（3）管子台虎钳使用与维护

① 制作管螺纹或切割管子时，如果管子较长，应在未夹持的一端加以支撑，否则容易损坏管子台虎钳。

② 使用管子台虎钳前,应检查下钳口是否牢固、上钳口是否灵活,并定时向滑道内注入机油润滑。夹紧管子或工件操作中,只能用手转动把手,不得锤击、不得套上长管扳动,否则,很容易损坏管子台虎钳。

③ 夹紧脆、软工件时,应用布或铁皮加以包裹,以免损坏工件。

2. 台虎钳

台虎钳又称老虎钳,分固定式和转盘式两种,如图 1-2 所示。台虎钳按钳口长度可分为 75mm、110mm、125mm、150mm、200mm 五种规格。

台虎钳用螺栓牢固地安装在钳台上。安装时,必须将固定钳身的钳口工作面处于钳台边缘之外。

用台虎钳夹持工件时,只能用手旋转手柄,不能锤击手柄,也不能在手柄上套长管扳动手柄,以免损坏台虎钳。也不能在可滑动钳身的光滑平面上进行敲击操作。

3. 管钳

管钳,又称管子扳手,用于安装或拆卸螺纹连接的钢管和管件,如图 1-3 所示。

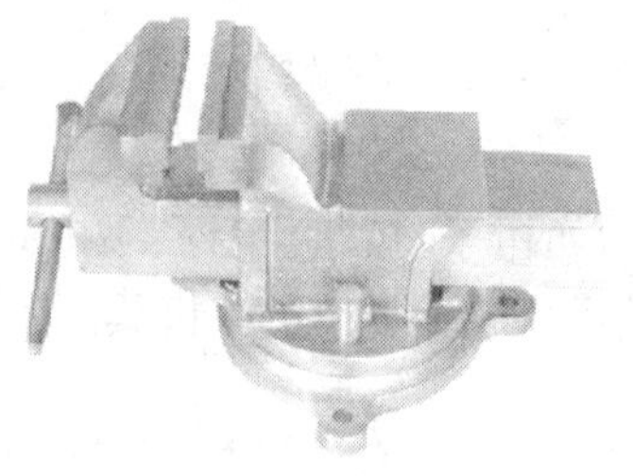

图 1-2　台虎钳

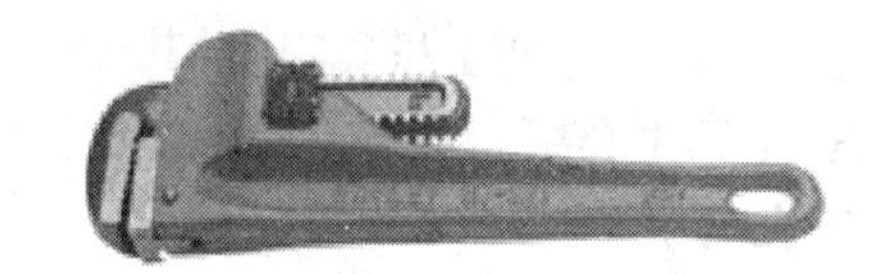

图 1-3　管钳

管钳有不同的规格,每种规格均有一定的适用范围,见表 1-2。安装不同规格的管子要使用相应规格的管钳。

表 1-2　管钳的规格及适用范围

管钳规格(mm)	钳口宽度(mm)	适用管子范围 *DN*(mm)
200	25	3 ~ 15
250	30	3 ~ 20
300	40	15 ~ 25
350	45	20 ~ 32
450	60	32 ~ 50
600	75	40 ~ 80
900	85	65 ~ 100
1050	100	80 ~ 125

4. 链钳子

链钳子又称链条管钳,如图 1-4 所示,用于安装直径较大的螺纹连接的钢管和管件。在管道安装作业场所狭窄、无法使用管钳时,也常使用链钳子。

图 1-4　链钳子

链钳子有不同的规格，每种规格均有一定的适用范围，见表 1-3。安装不同规格的管子要使用相应规格的链钳子。

表 1-3　链钳子的规格和适用范围

链钳子规格(mm)	350	450	600	900	1200
适用管子规格 *DN*(mm)	25～32	32～50	50～80	80～125	100～200

5. *管子割刀*

管子割刀又叫割管器，如图 1-5 所示，用于切割壁厚不大于 5mm 的各种金属管道。

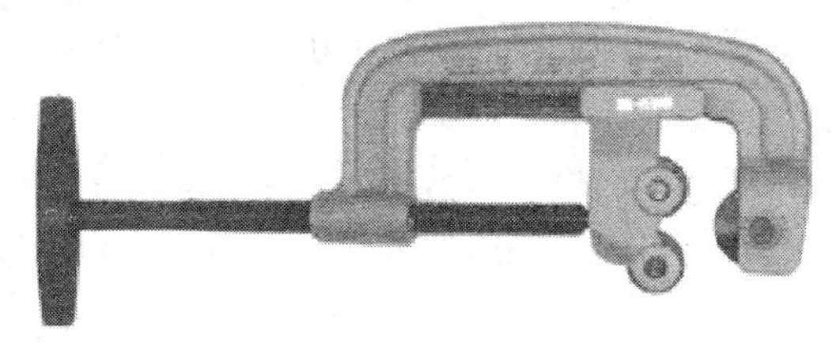

图 1-5　管子割刀

管子割刀有不同的规格，每种规格均有一定的适用范围，见表 1-4。切割不同规格的管子要使用相应规格的管子割刀。

表 1-4　管子割刀的规格型号与适用范围

规格型号	1	2	3	4
适用管子规格 *DN*(mm)	≤25	15～50	25～80	50～100

6. *砂轮切割机*

(1)砂轮切割机的结构和用途

砂轮切割机主要是由基座、砂轮、电动机或其他动力源、托架、防护罩和给水器等组成，如图 1-6 所示。

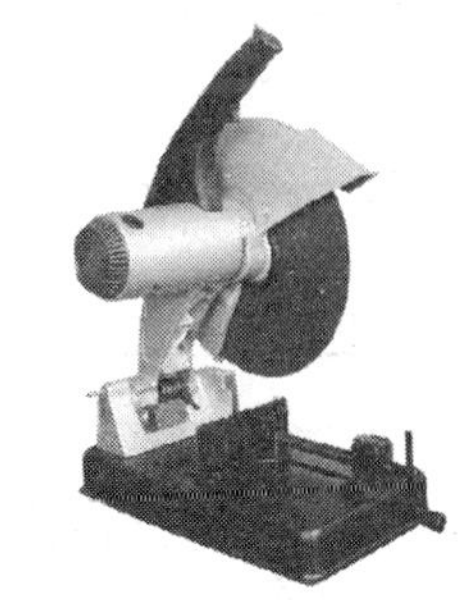

图 1-6　砂轮切割机

砂轮设置于基座的顶面。基座内部具有供放置动力源的空间，动力源配传动减速器，减速器具有一个穿出基座顶面的传动轴以固接砂轮。基座对应砂轮的底部位置有一个凹陷的集水区，集水区向外延伸成流道。给水器设于砂轮一侧上方，给水器内具有一盛装水液的空间，且给水器对应砂轮的一侧装有一出水口。砂轮切割机具有整体传动机构，十分精简、完善，使研磨的过程更加方便、顺畅，提高了砂轮机的研磨效能。砂轮切割机是一种高速旋转切割机械，适宜切割各种碳素钢管、铸铁管和型钢。

（2）砂轮切割机的规格型号

砂轮切割机的规格型号见表 1-5。

表 1-5　砂轮切割机的规格型号

型　　号	薄片砂轮外径（mm）	额定输出功率（W）	切割圆钢直径（mm）
J1G—200	200	≥600	20
J1G—250	250	≥700	25
J1G—300	300	≥800	30
J1G—350	350	≥900	35
J1G—400	400	≥1100	50
J3G—400	400	≥2000	50

注：电源电压要求是 J1G 型的为 220V，J3G 型的为 380V。

（3）砂轮切割机操作注意事项

① 切割管子时，将管子用夹钳夹紧固定，右手握紧手柄，并按住开关接通电源，砂轮片开始转动（一定要正转）。待砂轮转速稳定后，对准管上切割线，稍用力压砂轮片，使之与管壁接触，即开始切割。不断向下轻按手柄，钢管即可被切断。管子切断后，即可松开手柄和开关，砂轮停止旋转，弹簧使之复位。

② 砂轮片安装时，应使之与转动轴同心。砂轮片局部破损后不能使用。

③ 实施切割时，操作人员不可正对砂轮，以防火花伤人，更要防止砂轮破碎伤人。

7. 冲击电钻

冲击电钻又名电动冲击钻，俗称冲击钻，如图 1-7 所示，用于对金属、木材、塑料等材料或工件钻孔。冲击钻可以通过工作头上的调节手柄实现钻头的只旋转不冲击或既旋转又冲击的工况。

将冲击钻调至旋转待冲击位置，装上冲击钻头（头部有硬质合金），可用于混凝土、砖墙等的钻孔。

图 1-7　冲击电钻

冲击电钻的规格型号见表 1-6。

表 1-6　冲击电钻的规格型号

规　格　型　号	Z1J—10	Z1J—12	Z1J—16	Z1J—20
功率（W）	≥160	≥200	≥240	≥280
冲击次数（次/min）	≥17600	≥13600	≥11200	≥9600
质量（kg）	1.6	1.7	2.6	3

8. 千斤顶

千斤顶按结构特征可分为齿条千斤顶、螺旋（机械）千斤顶和液压（油压）千斤顶三种。

（1）齿条千斤顶。齿条千斤顶是由人力通过杠杆和齿轮带动齿条顶举重物，如图 1-8 所示。起重量一般不超过20t，可长期支持重物，主要用在作业条件不方便的地方或需要利用下部的托爪提升重物的场合，如铁路起轨作业。

（2）螺旋千斤顶。螺旋千斤顶是由人力通过螺旋副传动、螺杆或螺母套筒作为顶举件，如图1-9所示。普通螺旋千斤顶靠螺纹自锁作用支持重物，构造简单，但传动效率低，返程慢。自降螺旋千斤顶的螺纹无自锁作用，但装有制动器。放松制动器，重物即可自行快速下降，缩短返程时间，但这种千斤顶构造较复杂。螺旋千斤顶能长期支持重物，最大起重量已达100t，应用较广。下部装上水平螺杆后，还能使重物做小距离横移。

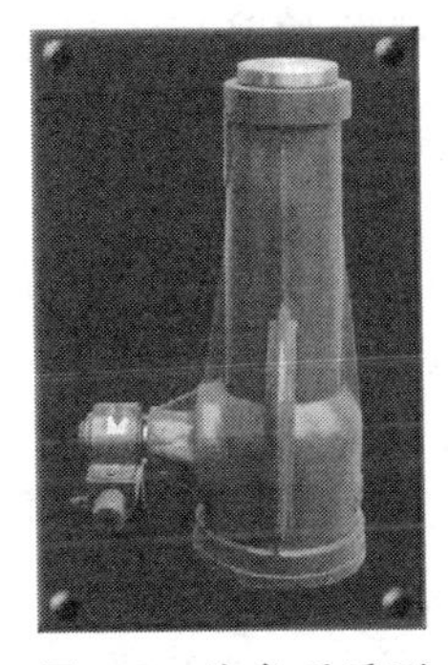

图1-8　齿条千斤顶

图1-9　螺旋千斤顶

（3）液压千斤顶。液压千斤顶是由人力或电力驱动液压泵，通过液压系统传动，用缸体或活塞作为顶举件，如图1-10所示。液压千斤顶可分为整体式和分离式。整体式的泵与液压缸连成一体；分离式的泵与液压缸分离，中间用高压软管相连。液压千斤顶结构紧凑，能平稳顶升重物，起重量最大达1000t，行程1m，传动效率较高，故应用较广，但易漏油，不宜长期支持重物。如长期支撑须选用自锁千斤顶。螺旋千斤顶和液压千斤顶为进一步降低外形高度或增大顶举距离，可做成多级伸缩式。液压千斤顶除上述基本形式外，按同样原理可改装成滑升模板千斤顶、液压升降台、张拉机等，用于各种特殊施工场合。

图1-10　液压千斤顶

9. 倒链

倒链就是手拉葫芦的别名，手拉葫芦是一种使用简易、携带方便的手动起重机械。它运用了轮轴的原理，从而起到了省力的作用。倒链是由链条、链轮及差动齿轮（或蜗杆、蜗轮）等组成，如图1-11所示，常用来吊装小型设备和大直径管道。

图1-11　倒链

使用倒链吊装物体时，应首先根据物体质量检查倒链起重量是否满足要求。并检查吊钩、起重链条及制动机件有无变形或损坏，传动部分是否灵活，有无滑链和掉链现象。

图 1-12 所示是利用倒链起吊重物的示意图。操作者应站在与手链轮同一平面内拽动手链条，否则，容易产生卡链条的故障或造成倒链的扭动现象。

操作时，应慢慢起升，待链条张紧后，停止拽动链条，检查倒链有无异常，确认安全可靠后，方可继续操作。

起吊过程中，无论重物是上升还是下降，均要均匀和缓地拽拉链条，不可忽快忽慢、用力过猛。如发生拉不动链条现象时，应停止拉动，进行检查，排除故障后方可继续操作。决不可增加人力，强行拽拉。

10. 试压泵

试压泵是管道系统进行水压试验的加压设备，有手动和电动两种，图 1-13 所示是手动试压泵。

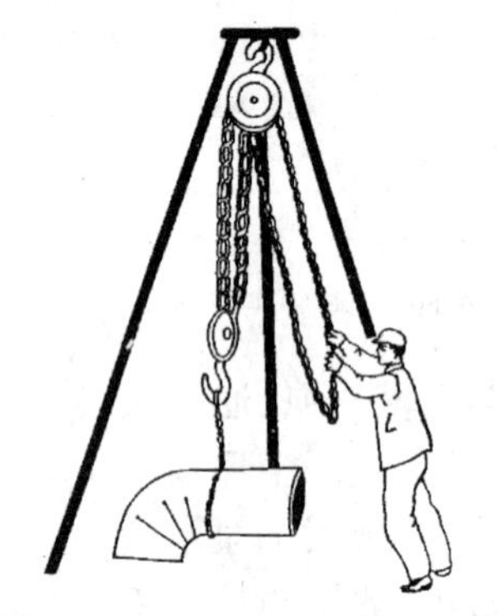

图 1-12　倒链起吊重物示意图

图 1-13　手动试压泵

手动试压泵的规格型号见表 1-7。

表 1-7　手动试压泵的规格型号

型　号	最大工作压力(MPa)	排水量(L/次)	外形尺寸(长×宽×高,mm)
立式 SB—60	6	0.03	410×288×250
立式 SB—100	10	0.019	410×288×250
卧式高压	20	0.175	960×140×1190
卧式低压	0.5	0.015	960×140×1190

11. 手动弯管器

手动弯管器是冷弯小直径金属管道的工具，图 1-14 所示就是其中一种。

图 1-14　手动弯管器

该弯管器用螺栓固定在工作台上，弯管时，将管子插入定胎轮和动胎轮之间，管子一端夹持固定，然后推动撬杠，带动管子绕定胎轮转动，直至弯曲到要求角度为止。该弯管器一对胎轮只能弯曲一种规格的管子。

12. 手动液压弯管机

手动液压弯管机（图1-15），用于管道冷弯。

手动液压弯管机的规格型号和适用范围见表1-8。

表1-8　手动液压弯管机的规格型号和适用范围

型　　号	最大弯曲角度（°）	适用范围 DN（mm）
Ⅰ型	90	15、20、25
Ⅱ型		25、32、40、50
Ⅲ型		78、89、114、127

13. 管子铰板

管子铰板，又称管用铰板，是手工制作管螺纹（外螺纹）的工具，有轻便式和普通式两种类型，如图1-16所示。

图1-15　手动液压弯管机

图1-16　管子铰板

管子铰板的规格型号见表1-9。

表1-9　管子铰板的规格型号

类　　型	型　　号	螺纹种类	规格（in）	板牙数（副）	适用管径范围（in）
轻便型	Q74—1	圆锥	1	5	1/4、3/8、1/2、3/4、1
	SH—76	圆柱	11/2	5	1/2、3/4、1、$1\frac{1}{4}$、$1\frac{1}{2}$
普通型	114	圆锥	2	3	1/2、3/4、1、$1\frac{1}{4}$、$1\frac{1}{2}$、2
	117	圆锥	4	2	$2\frac{1}{4}$～3、$3\frac{1}{2}$～4

14. 套丝机

套丝机是一种制作管螺纹的小型机械设备，因同时具有切管功能，故又名套丝切管机，如图1-17所示。

图 1-17　套丝机

1.1.2　常用检测工具

常用检测工具见表 1-10。

表 1-10　常用检测工具

检测工具名称	规　格　型　号	用　　途
不锈钢直尺	长度:150mm、300mm、500mm、1000mm	量取直线长度
钢卷尺	自卷式,长度:1000mm、2000mm 盒式,长度:2500mm、10000mm、20000mm	
皮卷尺	长度:5m、10m、15m、20m、30m、50m	
木折尺	4 折、6 折、8 折木尺	
平板角尺	长边:60mm、100mm、160mm、250mm、400mm 短边:40mm、60mm、100mm、160mm、250mm	校直材料及画线
宽底角尺	长边:60mm、100mm、160mm、250mm、400mm、600mm、1000mm、1600mm 短边:40mm、60mm、100mm、160mm、250mm、400mm、630mm、1000mm	
量角器		放角、验角
木水平尺	长度:100mm、150mm、200mm	检测水平度
铁水平尺	长度:150mm、200mm、250mm、300mm、350mm、400mm、450mm、500mm、550mm、600mm 精度:0.5mm/m、2mm/m	检测水平度和垂直度
方水平尺 (框式水平仪)	框架长度:150mm、200mm、250mm、300mm 精度:0.02mm、0.025mm、0.03mm、0.04mm、0.05mm	检测水平度和垂直度
塞尺(厚薄规)	长度:100mm、200mm 标准:0.02mm、0.03mm、0.04mm、0.05mm、0.06mm、0.07mm、0.08mm、0.09mm、0.10mm、0.15mm、0.20mm、0.25mm、0.30mm、0.35mm、0.40mm、0.45mm、0.50mm、0.55mm、0.60mm、0.65mm、0.70mm、0.75mm、0.80mm、0.85mm、0.90mm、0.95mm、1.00mm	测量间隙值
线坠	质量:100g、200g、400g、600g、1000g、1500g	检测工件或设备安装垂直度

项目实训一:常用工机具与测量仪表的使用

一、实训目的

1. 掌握常用工机具与测量仪表的安全操作规程。
2. 熟悉常用工机具与测量仪表的应用范围。

二、实训内容

1. 正确掌握常用工机具与测量仪表的安全操作规程,养成安全操作习惯。
2. 掌握常用工机具与测量仪表的具体操作过程。

三、实训时间

每人操作1小时。

四、实训报告

1. 列出常用工机具与测量仪表的日常保养措施。
2. 写出常用工机具与测量仪表的应用范围。
3. 写出常用工机具与测量仪表的具体操作过程。
4. 写出常用工机具与测量仪表显示的主要内容。

1.2　建筑常用给排水工程材料

建筑常用给排水工程材料参见该书配套系列丛书《建筑水电工程材料》。

1.3　给排水管道安装图的解读

1.3.1　给排水管道施工图分类

1. 按专业划分

根据工程项目性质的不同,管道施工图可分为工业(艺)管道施工图和暖卫管道施工图两大类。前者是为生产输送介质即为生产服务的管道,属于工业管道安装工程;后者是为生活或改善劳动卫生条件,满足人体舒适度要求而输送相应介质的管道,属于建筑安装工程。

暖卫管道工程又可分为建筑给排水管道、供暖管道、消防管道、通风与空调管道以及燃气管道等诸多专业管道。

2. 按图形和作用划分

各专业管道施工图按图形和作用不同,均可分为基本图和详图两部分。基本图包括施工图目录、设计施工说明、设备材料表、工艺流程图、平面图、轴测图、剖(立)面图;详图包括节点图、大样图、标准图。

(1)施工图目录。设计人员将各专业施工图按一定的图名、顺序归纳编成施工图目录以便于查阅。通过施工图目录可以了解设计、建设单位、拟建工程名称、施工图数量、图号等情况。

(2)设计施工说明。凡是图上无法表示出来,又必须让施工人员了解的安装技术、质量要求、施工做法等,均用文字形式表述,包括设计主要参数、技术数据、施工验收标准等。

(3)设备材料表。是指拟建工程所需的主要设备,各类管道、阀门,防腐、绝热材料的名称、规格、材质、数量、型号的明细表。

(4)工艺流程图。流程图是对一个生产系统或化工装置的整个工艺变化过程的表示。通过流程图可以了解设备位号、编号,建(构)筑物名称及整个系统的仪表控制点(温度、压力、流量测点)、管道材质、规格、编号,输送的介质、流向,主要控制阀门安装的位置、数量等。

(5)平面图。平面图主要用于表示建(构)筑、设备及管线之间的平面位置和布置情况,反映管线的走向、坡度、管径、排列及平面尺寸、管路附件及阀门位置、规格、型号等。

(6)轴测图。轴测图又称系统图,能够在一个图面上同时反映出管线的空间走向和实际位置,帮助读者想象管线的空间布置情况。轴测图是管道施工图的重要图形之一,系统轴测图是以平面图为主视图,进行第一象限45°或60°角斜投影绘制的斜等轴测图。

(7)立面图和剖面图。立(剖)面图主要反映建筑物和设备、管线在垂直方向7上的布置和走向、管路编号、管径、标高、坡度和坡向等情况。

(8)节点详图。节点详图主要反映管线某一部分的详细构造及尺寸,是对平面图或其他施工图所无法反映清楚的节点部位的放大。

(9)大样图及标准图。大样图主要表示一组设备配管或一组配件组合安装的详图。其特点是用双线表示,对实物有真实感,并对组体部位的详细尺寸均做标注。

标准图是一种具有通用性质的图样,是国家有关部门或各设计院绘制的具有标准性的图样,主要反映设备、器具、支架、附件的具体安装方位及详细尺寸,可直接应用于施工安装。

1.3.2　给排水管道施工图主要内容及表示方法

1. 标题栏

标题栏提供的内容比图纸目录更进一层,其格式没有统一规定。标题栏常见内容如下:

(1)项目。根据该项工程的具体名称而定。

(2)图名。表明本张图纸的名称和主要内容。

(3)设计号。指设计部门对该项工程的编号,有时也是工程的代号。

(4)图别。表明本图所属的专业和设计阶段。

(5)图号。表明本专业图纸的编号顺序(一般用阿拉伯数字注写)。

2. 比例

管道施工图上的尺寸长短与实际尺寸相比的关系叫做比例。各类管道施工图常用的比例见表1-11。

表1-11　管道施工图常用比例

名　　称	比　　例
小区总平面图	1∶2000,1∶1000,1∶500,1∶200
总图中管道断面图	横向1∶1000,1∶500 纵向1∶200,1∶100,1∶50
室内管道平、剖面图	1∶200,1∶100,1∶50,1∶20
管道系统轴测图	1∶200,1∶100,1∶50或不按比例
流程图或原理图	无比例

3. 标高的表示

标高是标注管道或建筑物高度的一种尺寸形式。标高符号的形式见图1-18。标高符号用细实线绘制,三角形的尖端画在标高引出线上,表示标高位置,尖端的指向可向下,也可向上。剖面图中的管道标高按图1-19标注。

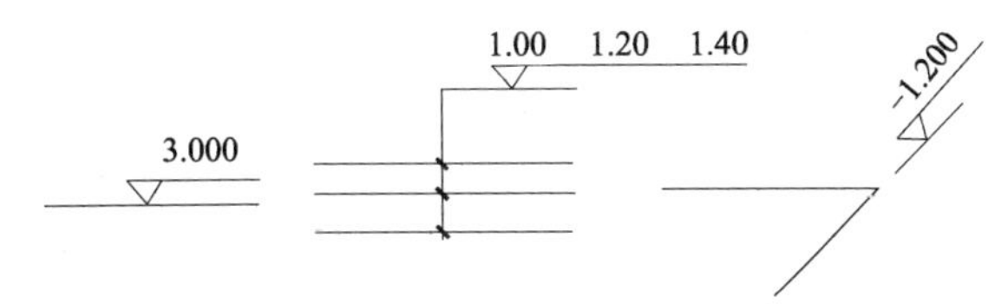

图1-18　平面图与系统图中管道标高的标注

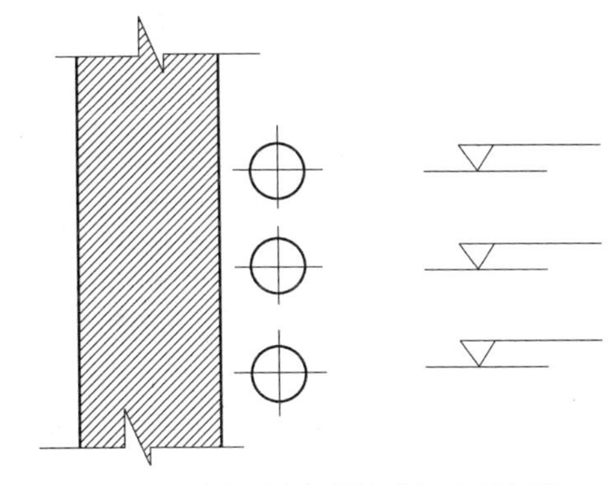

图1-19　剖面图中的管道标高的标注

标高值以m为单位,在一般图纸中宜注写到小数点后三位,在总平面图及相应的小区管道施工图中可注写到小数点后两位。各种管道在起讫点、转角点、连接点、变坡点、交叉点等处需要标注管道的标高,地沟宜标注沟底标高,压力管道宜标注管中心标高,室内外重力管道宜标注管内底标高,必要时室内架空重力管道可标注管中心标高(图中应加以说明)。

4. 方位标的表示

确定管道安装方位基准的图标,称为方位标。管道底层平面上一般用指北针表示建筑物或管线的方位;建筑总平面图或室外总体管道布置图上还可用风向频率玫瑰图表示方向,如图1-20所示。

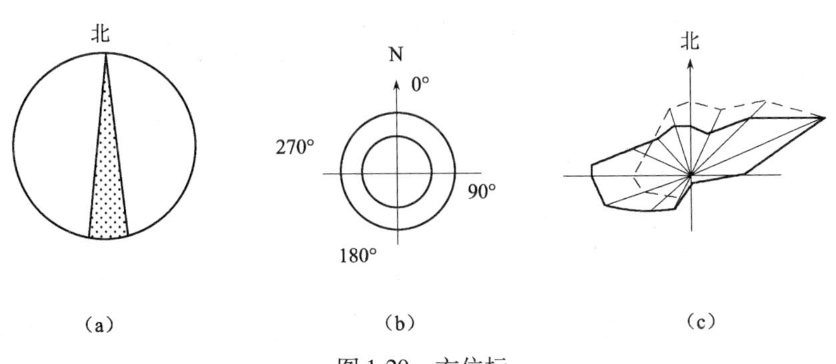

图1-20　方位标
(a)指北针;(b)坐标方位图;(c)风向频率玫瑰图

5. 管径的表示

施工图上管道管径尺寸以毫米为单位，标注时通常只注写代号与数字，而不注明单位。低压流体输送用镀锌焊接钢管、不镀锌焊接钢管、铸铁管、硬聚氯乙烯管、聚丙烯管等，管径应以公称直径 *DN* 表示，如 *DN*15；无缝钢管、直缝或螺旋缝焊接钢管、有色金属管、不锈钢管等，管径应以外径×壁厚表示，如 *D*108×4；耐酸瓷管、混凝土管、钢筋混凝土管、陶土管（缸瓦管）等，管径应以内径 *d* 表示，如 *d*230。

管径在图纸上一般标注在以下位置上：管径尺寸变径处，水平管道的上方，斜管道的斜上方，立管道的左侧，如图 1-21 所示。当管径尺寸无法按上述位置标注时，可另找适当位置标注。多根管线的管径尺寸可用引出线标注，如图 1-22 所示。

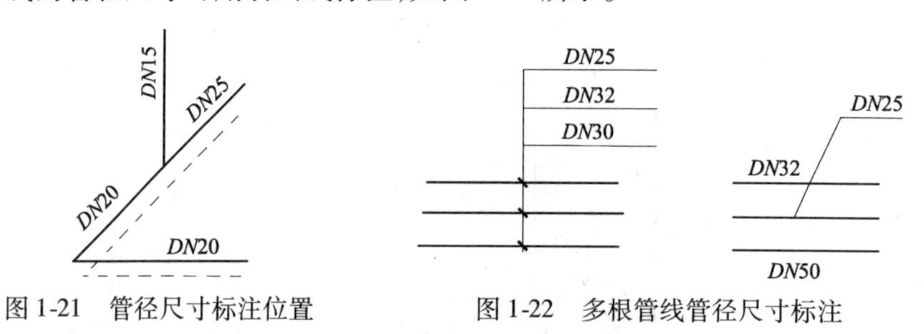

图 1-21　管径尺寸标注位置　　　图 1-22　多根管线管径尺寸标注

6. 坡度、坡向的表示

管道的坡度及坡向表示管道倾斜的程度和高低方向，坡度用字母"*i*"表示，在其后加上等号并注写坡度值；坡向用单面箭头表示，箭头指向低的一端。常用的表示方法如图 1-23 所示。

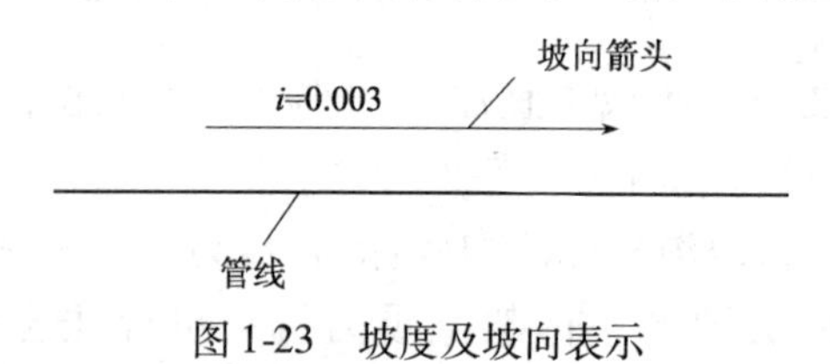

图 1-23　坡度及坡向表示

7. 管线的表示

管线的表示方法很多，可在管线进入建筑物入口处进行编号。管道立管较多时，可进行立管编号，并在管道上标注出管材、介质代号、工艺参数及安装数据等。

图 1-24 是管道系统入口或出口编号的两种形式，其中图 1-24（a）主要用于室内给水系统的入口和室内排水系统出口的系统编号；图 1-24（b）则用于采暖系统入口或动力管道系统入口的系统编号。

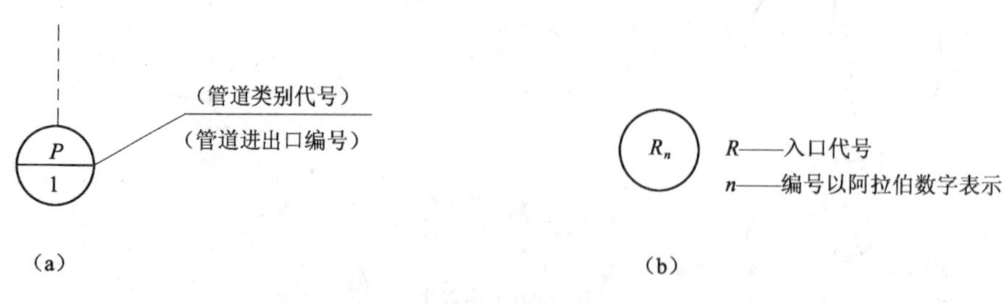

图 1-24　管道系统编号

立管编号，通常在 8 ~ 10mm 直径的圆圈内，注明立管性质及编号。

8. 管道连接的表示

管道连接有法兰连接、承插连接、螺纹连接和焊接连接，它们的连接符号见表 1-12。

表 1-12　管道连接图例

名　　称	图　　例	名　　称	图　　例
法兰连接	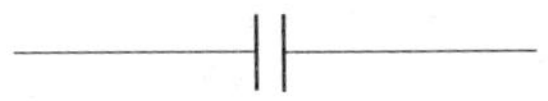	四通连接	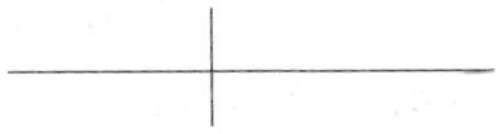
承插连接	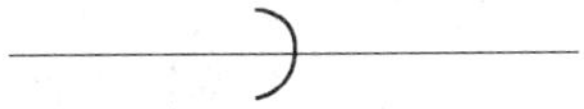	盲板	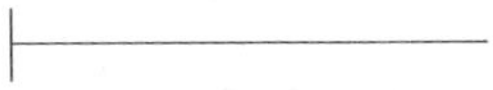
活接头	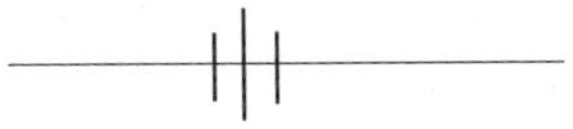	管道丁字上接	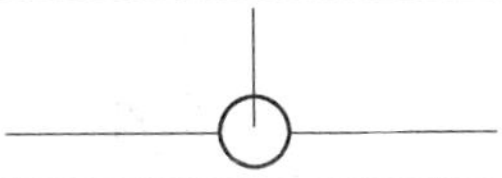
管堵	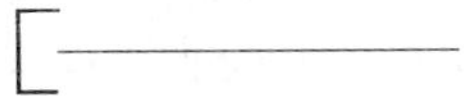	管道丁字下接	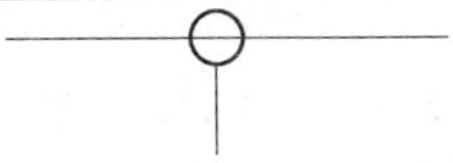
法兰堵盖	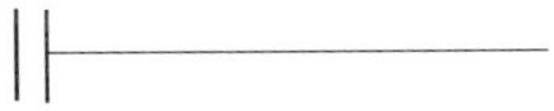	管道交叉	
弯折管	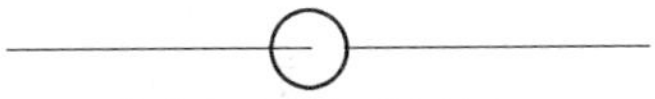 管道向后及向下弯转 90°	螺纹连接	
三通连接	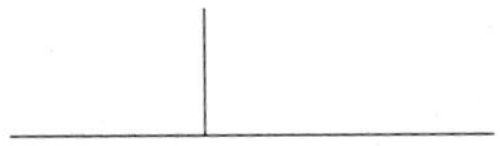	焊接	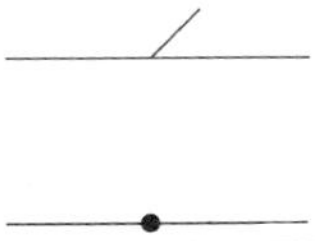

1.3.3　给排水管道施工图

建筑给排水管道施工图主要包括平面图、系统图和详图三部分。

1. 平面图的主要内容

建筑给排水管道平面布置图是施工图中最重要和最基本的图样，其比例为 1∶50 和 1∶100 两种。平面图主要表明室内给水排水管道、卫生器具和用水设备的平面布置。解读时应掌握的主要内容和注意事项有以下几点：

（1）查明卫生器具、用水设备（开水炉、水加热器）和升压设备（水泵、水箱）的类型、数量、安装位置、定位尺寸。

（2）弄清给水引入管和污水排出管的平面位置、走向、定位尺寸与室外给排水管网的连接方式、管径及坡度。

（3）查明给水排水干管、主管、支管的平面位置与走向、管径尺寸及立管编号。

（4）对于消防给水管道应查明消火栓的布置、口径大小及消火栓箱形式与设置。对于自动喷水灭火系统，还应查明喷头的类型、数量以及报警阀组等消防部件的平面位置、数量、规格、型号。

（5）应查明水表的型号、安装位置及水表前后的阀门设置情况。

（6）对于室内排水管道，应查明清通设备的布置情况，同时，弯头、三通应考虑是否带检修门。对于大型厂房的室内排水管道，应注意是否设有室内检查井以及检查井的进出管与室外管道的连接方式。对于雨水管道，应查明雨水斗的布置、数量、规格、型号，并结合详图查清雨水管与屋面天沟的连接方式及施工做法。

2. 系统图的主要内容

给水和排水管道系统图是分系统绘制成正面斜等轴测图的，主要表明管道系统的空间走向。解读时应掌握的主要内容和注意事项如下：

(1)查明给水管道系统的具体走向、干管敷设形式、管径尺寸、阀栓设置以及管道标高。解读给水系统图时，应按引入管、干管、立管、支管及用水设备的顺序进行。

(2)查明排水管道系统的具体走向，管路分支情况，管径尺寸，横管坡度，管道标高，存水弯形式，清通设备型号，弯头、三通的选用是否符合规范要求。解读排水管道系统图时，应按卫生器具或排水设备的存水弯、器具排水管、排水横管、立管、排出管的顺序进行。

3. 详图的主要内容

室内给排水管道详图主要包括管道节点、水表、消火栓、水加热器、开水炉、卫生器具、穿墙套管、排水设备、管道支架等，图上均注有详细尺寸，可供安装时直接使用。

【实例1】 图1-25～图1-27是某三层办公楼的给水排水管道平面图和系统图，试对这套施工图进行解读。

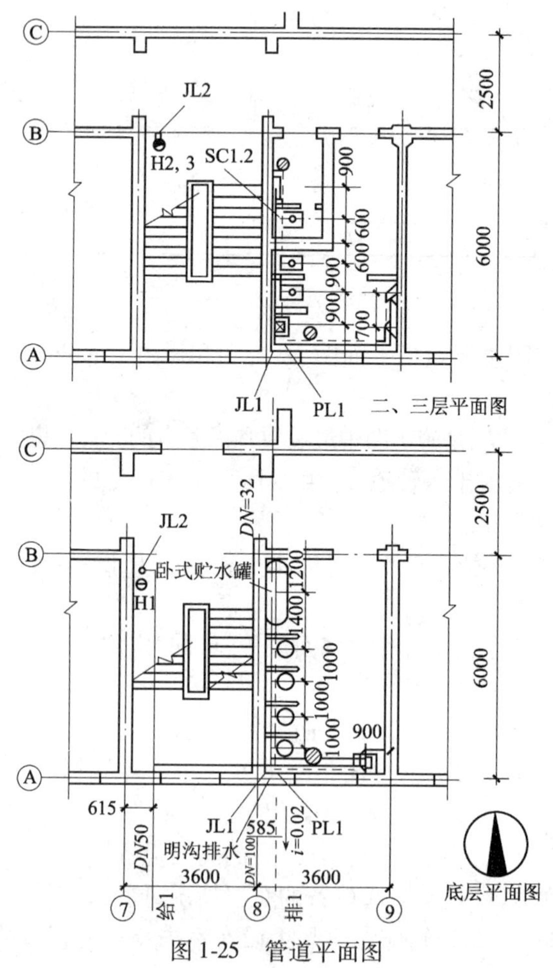

图1-25　管道平面图

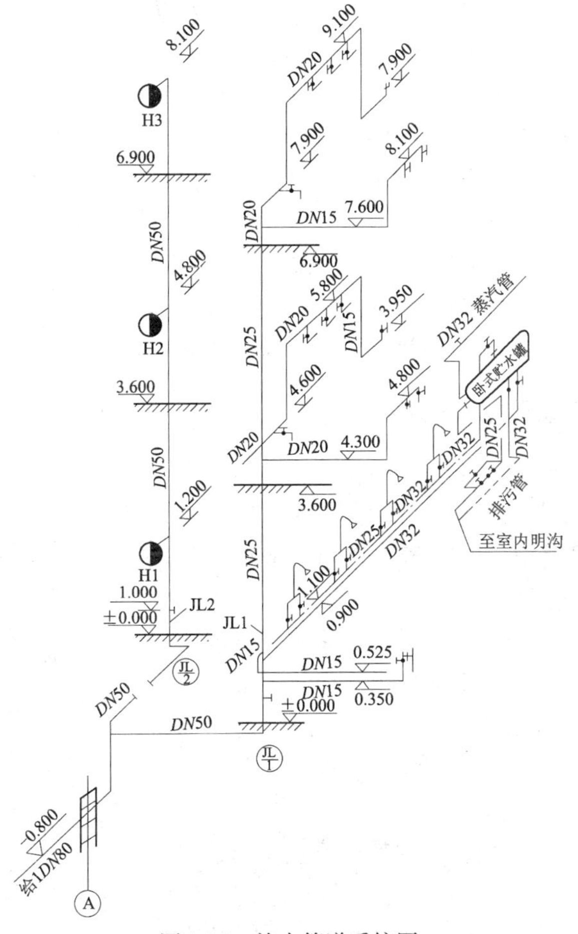

图 1-26　给水管道系统图

通过解读平面图，得知该办公楼底层设有淋浴间，二层和三层设有卫生间。淋浴间内设有四组淋浴器、一个洗脸盆、一个地漏。二层卫生间内设有三套高水箱蹲式大便器、两套小便器、一个洗脸盆、两个地漏。三层卫生间布置与二层相同。每层楼梯间均设有消火栓箱。

给水引入管的位置处于 7 号轴线东 615mm 处，由南向北进入室内并分两路，一路由西向东进入淋浴间，立管编号为 JL1；另一路进入室内后向北至消防栓箱，消防立管编号为 JL2。

JL1 位于 A 轴线和 8 号轴线的墙角处，该立管在底层分两路供水，一路由南向北沿 8 号轴线沿墙敷设，管径为 *DN*32，标高为 0.900m，经过四组淋浴器进入贮水罐。另一路沿 A 轴线沿墙敷设，送至洗脸盆。标高为 0.350m，管径为 *DN*15。管道在二层也分两路供水，一路为洗涤盆供水，标高为 4.6m，管径为 *DN*20。又登高至标高 5.800m，管径为 *DN*20，为蹲式大便器高水箱供水，再返低至 3.950m，管径为 *DN*15，为洗脸盆供水。另一路由西向东，标高为 4.300m，登高至 4.800m 转向北，为小便器供水。

JL2 设在 B 轴线和 7 号轴线的楼梯间，在标高 1.000 处设闸阀，消火栓编号为 H1、H2、H3，分别设在 1～3 层距地面 1.2m 处。

排水系统图中，一路是地漏、洗脸盆、蹲式大便器及洗涤盆组成的排水横管，在排水横管上设有清扫口。清扫口之前的管径为 *DN*50，之后的管径为 *DN*100。另一路是由两只小便器、地漏组成的排水横管。地漏之前的管径为 *DN*50，之后的管径为 *DN*100。两路横管坡度均为 0.02。底层是由洗脸盆、地漏组成的排水横管，为埋地敷设，地漏之前的管径为 *DN*50，之后的为 *DN*100，坡度为 0.02。

排水立管及通气管管径为 *DN*100，立管在底层和三层分别距地面 1.00m 处设检查口，通气管伸出屋面 0.7m。排出管管径 *DN*100，穿墙处标高为 -0.900m，坡度为 0.02。

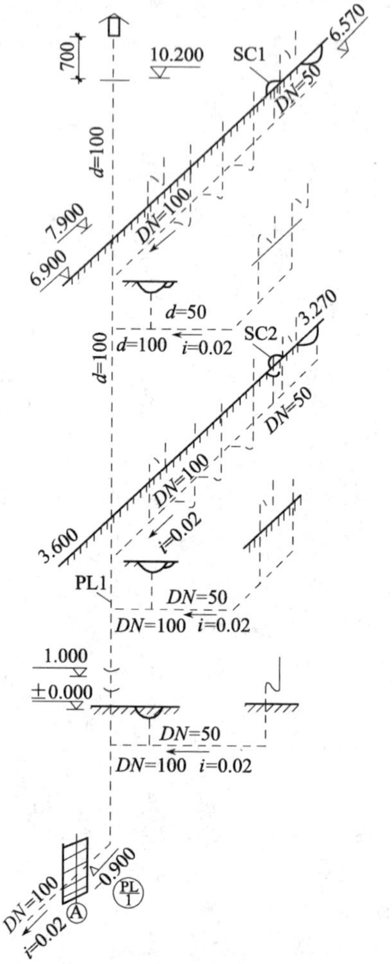

图 1-27　排水管道系统图

1.3.4　室外给排水系统施工图

1. *解读方法*

(1)平面图解读

室外给排水管道平面图主要表示一个小区或楼房等给排水管道布置情况，解读时应注意：

① 查明管路平面布置与走向。通常给水管道用粗实线表示，排水管道用粗虚线表示，检查井用直径 2～3mm 的小圆表示。给水管道的走向是从大管径到小管径，通向建筑物；排水管的走向从建筑物出来到检查井，各检查井之间从高标高到低标高，管径从小到大。

② 查明消火栓、水表井、阀门井的具体位置。当管路上有泵站、水池、水塔及其他构筑物时，要查明这些构筑物的位置、管道进出的方向，以及各构筑物上管道、阀门及附件的设置情况。

③ 了解给排水管道的埋深及管径。管道标高通常标注绝对标高，解读时要搞清楚地面的自然标高，以便计算管道的埋设深度。室外给排水管道的标高通常是按管底来标注的。

④ 特别要注意检查井的位置和检查井进出管的标高。当没有标高标注时，可用坡度计算出管道的相对标高。当排水管道有局部污水处理构筑物时，还要查明这些构筑物的位置，进出接管的管径、距离、坡度等，必要时应查看有关详图，进一步搞清构筑物构造及构筑物上的配管情况。

(2)纵断面图解读

由于地下管道种类繁多，布置复杂，为了更好地表示给排水管道的纵断面布置情况，有些工程还绘制管道纵断面图，解读时应注意：

① 查明管道、检查井的纵断面情况。有关数据均列在图样下面的表格中，一般列有检查井编号及距离、管道埋深、管底标高、地面标高、管道坡度和管道直径等。

② 由于管道长度方向比直径方向大得多，纵断面图绘制时纵横向采用不同的比例。

(3)识图方法

管道纵断面图分为上下两部分，上部分的左侧为标高塔尺，靠近塔尺的左侧注上相应的绝对标高，右侧为管道断面图形，下部分为数据表格。

读图时，先解读平面图，然后结合平面图解读断面图。读断面图时，先看是哪种管道的纵断面图，然后看该管道纵断面图形中有哪些节点，并在相应的平面图中找该管道及其相应的各节点。最后在该管道纵断面图的数据表格内，查找其管道纵断面图形中各节点的有关数据。

2. 室外给排水系统管道施工图解读举例

【实例2】 某大楼室外给排水管道平面图和纵断面图如图1-28、图1-29所示。

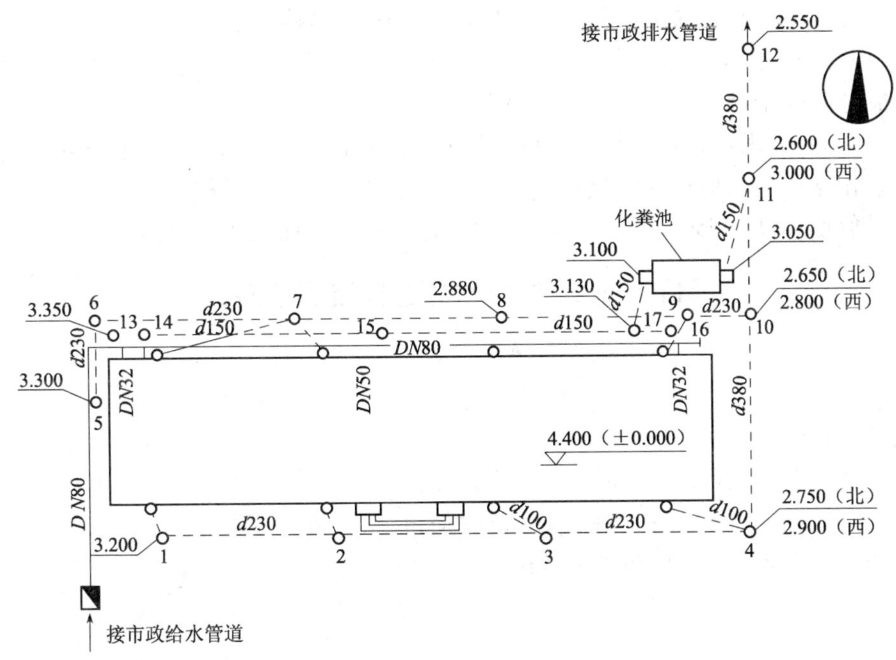

图1-28　某大楼室外给排水管道平面图

高程(m)	4.00 3.00 2.00	d230 2.90		d230 2.80		d150 3.00		
设计地面标高(m)		4.10		4.10		4.10		4.10
管底标高(m)		2.75		2.65		2.60		2.55
管道埋深(m)		1.35		1.45		1.50		1.55
管径(mm)			d380		d380		d380	
坡度					0.002			
距离(m)			18		12		12	
检查井编号		4		10		11		12
平面图								

图1-29　某大楼室外排水管道纵断面图

室外给水管道布置在大楼北面，距外墙约2m(用比例尺量)，平行于外墙埋地敷设，管径*DN*80，由3处进入大楼，管径为*DN*32、*DN*50、*DN*32。室外给水管道在大楼西北角转弯向南，接水表后与市政输水管道连接。

室外排水系统有污水系统和雨水系统，污水系统经化粪池后与雨水管道汇总排至市政排水管道。污水管道由大楼3处排出，排水管管径、埋深见室内排水管道施工图。污水管道平行于大楼北外墙敷设，管径*d*150，管路上设有5个检查井(编号13、14、15、16、17)。大楼污水汇集到17号检查井后排入化粪池，化粪池的出水管接至11号检查井后与雨水管汇合。

室外雨水收集大楼屋面雨水，大楼南面设4根雨水立管、4个检查井(编号1、2、3、4)，北面设有4根立管、4个检查井(编号6、7、8、9)，大楼西北设一个检查井(编号5)。南北两条雨水管管径均为*d*230，雨水总管自4号检查井至11号检查井，管径*d*380，污水雨水汇合后管径仍为*d*380。雨水管起点检查井管底标高:1号检查井3.200m,5号检查井3.300m,总管出口12号检查井管底标高2.550m。其余各检查井管底标高见平面图或纵断面图。

项目实训二:给排水管道安装图的解读

一、实训目的

1. 熟悉给排水管道施工图的分类。
2. 掌握给排水管道施工图主要内容及表示方法。
3. 掌握建筑给排水管道施工图主要包括平面图、系统图和详图三部分的主要内容。
4. 室外给排水系统施工图的正确解读。

二、实训内容

1. 提供一份办公楼的给水排水管道平面图和系统图，能够正确解读这套施工图。

2. 提供一份某大楼室外给排水管道平面图和纵断面图，能够正确解读室外给排水系统管道施工图。

三、实训时间

每人解读30min。

四、实训报告

1. 能够举例写出给排水管道施工图的表示方法。
2. 写出给水排水管道平面图和系统图的解读报告。
3. 写出室外给排水系统施工图的解读报告。

项目二　建筑电工材料安装操作基本知识

2.1　建筑电工基本知识

2.1.1　建筑电工基本概念

1. 电路

电路是由电源、负载、连接导线和开关组成，它的作用是实现电能的传输和转换。

图 2-1 为一简单手电筒电路，其中有一个电源（干电池）、一个负载（灯泡），一个开关和两根连接导线。在实际应用中，通常按国家统一规定的图形符号表示实际电路，即电路模型。如图 2-2 所示就是图 2-1 手电筒电路的电路模型。

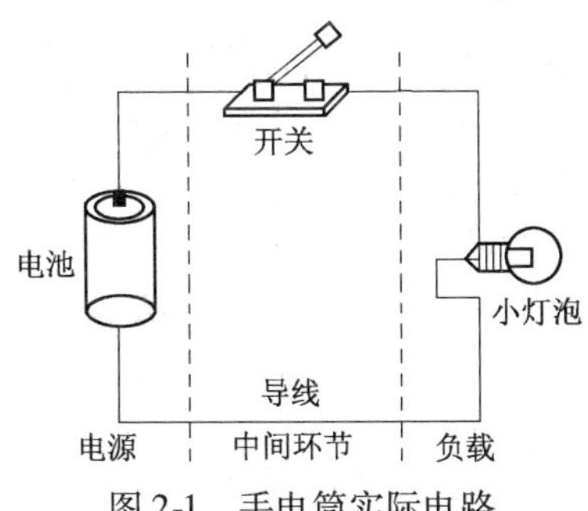

图 2-1　手电筒实际电路

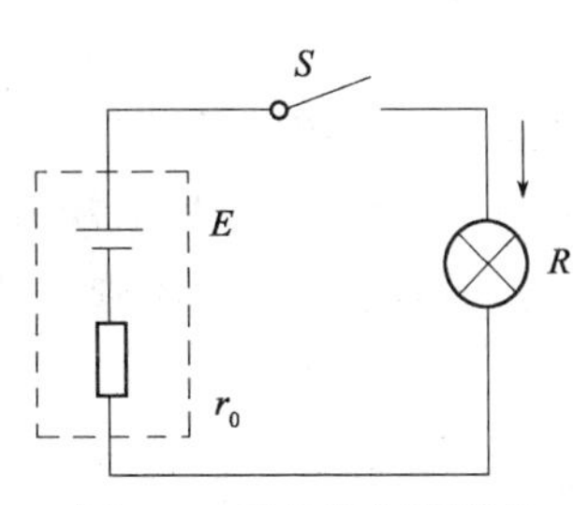

图 2-2　手电筒电路模型

电路通常有三种状态：

（1）通路。电路中的开关闭合，负载中有电流通过，这种状态一般称为正常工作状态。

（2）开路。也称为断路，是指电路中某处断开或电路中开关打开，电路中无电流通过。

（3）短路。电源两端的导线由于某种事故而直接相连，使负载中无电流通过。短路时，电源向导线提供的电流比正常时大几十至几百倍，这种状态一般称为故障状态。

2. 电流与电流强度

（1）电流

在电路中，把电荷的定向运动叫做电流。电流分直流电流和交流电流两大类。

① 直流电流。是指电流方向不随时间变化的电流，如图 2-3 所示。

② 交流电流。是指电流的大小和方向随时间作周期性变化，如图 2-4 所示。最常见的是正弦交流电。

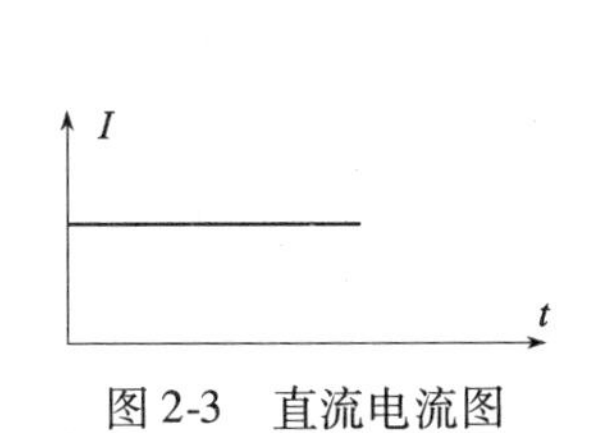

图 2-3　直流电流图

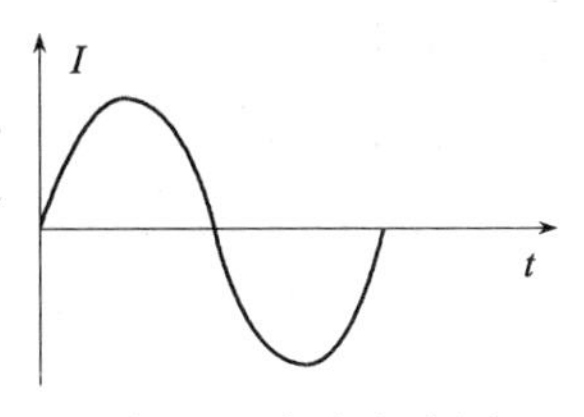

图 2-4　交流电流图

(2)电流强度

电流强度也简称为电流,它是用在单位时间内通过导体横截面的电量多少来度量的。

$$I = \frac{Q}{t}$$

式中 I——电流强度(A);

Q——t 时间内,通过导体横截面电荷电量(C);

t——时间(s)。

3. 电压

在国际单位制中,电压的单位是伏特,简称“伏”,用符号 V 表示。计算微小电压时则以毫伏(mV)或微伏(μV)为单位,高电压时则以千伏(kV)为单位,它们的关系是:

$$1\text{kV} = 103\text{V}; 1\text{V} = 103\text{mV}; 1\text{V} = 106\mu\text{V}$$

电压的方向规定为由高电位端指向低电位端,即为电压降低的方向。

按照规定,直流电压用大写字母“U”表示;交流电压用小写字母“u”表示。

选择电流方向与电压方向一致时,电压为正值。方向相反时,电压为负值。

4. 电阻

导体对电流的阻碍作用,叫电阻。用符号“R”表示。

在国际单位制中,电阻的单位是欧姆(Ω),简称“欧”。

导体电阻的大小除了与以上因素有关外,还与导体的温度有关。一般金属材料,温度升高时导体电阻也增加。

2.1.2 电气识图

1. 电气图

在电气技术中,电气图也逐渐形成为一种独特的专业技术图种。电气图指的是用电气图形符号、带注释的围框或简化外形表示电气系统或设备中的组成部分之间相互关系及其连接关系的一种图。

按照形式和用途的不同,常见的电气图有以下几种:

(1)系统图或框图。用有符号或带注释的框概略表示系统或分系统的基本组成、相互关系及其主要特征的一种简图。

(2)电路图。用图形符号并按工作顺序详细表示电路、设备或成套装置的全部组成和联系关系而不考虑其实际位置的一种简图。

(3)功能图。表示理论的或理想的电路而不涉及实现方法的一种图,其用途是提供绘制电路图或其他有关图的依据。

(4)功能表图。表示控制系统的作用和状态的一种图。

(5)等效电路图。表示理论的或理想元件及其连接关系的一种功能图。

(6)端子功能图。表示功能单元全部外接端子,并用功能图、表图或文字表示其内部功能的一种简图。

(7)接线图或接线表。表示成套装置、设备或装置的连接关系,用以进行接线和检查的一种简图。

(8)位置简图或位置图。表示成套装置、设备或装置中各个项目的位置的一种简图,通称为位置图。

2. 电气工程图

电气工程图是表示电力系统中的电气线路及各种电气设备、元件、电气装置的规格、型号、位置、数量、装配方式及其相互关系和连接的安装工程设计图。电气工程图的种类很多,按照电气工程规模的大小,通常分为首页、内线工程图、外线工程图等。

首页的主要内容包括目录和设计说明两部分,内线工程图包括各系统的系统图、平面图等;外线工程图包括架空线路图、电缆线路图、室外电源配电线路图等。

具体到建筑电气安装施工图,按其表现的内容可分为以下几种类型:电气平面图、电气系统图、电气控制原理图、电气材料表等。

电气平面图是表示各电气设备和线路在建筑平面图上的位置、连线的工程图,根据使用要求不同分为电气照明平面图、配电平面图、各弱电系统平面图、防雷平面图等。

电气系统图从总体上描述系统,它是设计人员编制更为详细的其他电气图的基础,是进行有关电气计算、选择主要电气设备、拟定供电方案的依据,具体体现的内容为电源引线、干线和分干线的规格型号、相数、线路编号,设备型号及电气设备安装容量等弱电系统图体现系统的具体组成、信号来源等内容。

在一般的工程中由于电气设备使用定型产品,因此其原理图一般附在所采用产品的说明书内。

3. 常用电气图形图例

常见电气图形图例见表2-1。平面图中各种标注文字的含义见表2-2。

表2-1　常见电气图形图例

序　号	名　称	新 符 号	旧 符 号
1	发电厂		
2	变电所、配电所		
3	柱上变电站		
4	地下线路		
5	架空线路		
6	沿建筑物敷设通信线路	明敷 暗敷	
7	中性线		
8	保护线		

续表

序　　号	名　　称	新　符　号	旧　符　号
9	保护和中性线共用		
10	母线		
11	向上配线 向下配线	向上配线 向下配线	
12	电力或照明配电箱		
13	照明配电箱		
14	电磁阀		
15	风扇		
16	单相插座		
17	带接地孔的单相插座		
18	带接地孔的三相插座		
19	电信插座		
20	单极开关		
21	双极开关		
22	三极开关		
23	单极拉线开关		
24	双控开关		

续表

序　　号	名　　称	新　符　号	旧　符　号
25	灯或信号灯一般符号		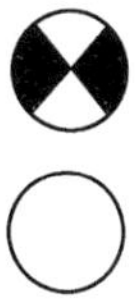
26	荧光灯		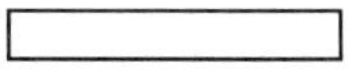

表 2-2　平面图中各种标注文字的含义

名　　称	符　　号	说　　明	名　　称	符　　号	说　　明
照明主干线	WLN	变电所低压母线照明馈电回路	梁	B	位于敷设部门字符串的首位
动力主干线	WPN	变电所低压母线动力馈电回路	顶板	C	位于敷设部位字符串的首位
应急照明主干线	WELN	应急电源配电房照明馈电回路	地板(地面)	F	位于敷设部位字符串的首位
应急动力主干线	WEPN	应急电源配电房动力馈电路	墙	W	位于敷设部位字符串的首位
照明干线	L	区域配电间照明馈电回路	暗敷	C	位于敷设部位字符串的第二位
动力干线	P	区域配电间动力馈电回路	明敷	E	位于敷设部位字符串的第二位
应急照明干线	EL	区域配电间应急照明馈电回路	顶板下明敷设	CE	
应急动力干线	EP	区域配电间应急动力馈电回路	吊顶或顶板内暗敷设	CC	
照明线路	WL	末端照明配电箱出线回路	地板内暗敷设	FC	
动力线路	WP	末端动力配电箱出线回路	地板(面)上明敷设	EF	
空调线路	WC	空调控制箱出线回路	墙内暗敷设	WC	
照明线路	WEL	末端应急照明配电箱出线回路	墙上明敷设	WS	
动力线路	WEP	末端应急动力配电箱出线回路	网架内或梁侧明敷设	BE	
直流线路	WD		地面钢支架敷设	SP	机房内电缆桥架的敷设
链吊	CH		电缆桥架	TT	
管吊	P		镀锌钢管	TC	
线吊	W		焊接钢管	SC	
吸顶	S		电线管	MT	
嵌入	R		塑料管	PVC	
壁装	W		金属软管	MFC	
塑料线槽	PT		金属线槽	MR	

4. 常见电气安装施工图的解读

(1)电气安装施工图解读步骤

① 按目录核对图纸数日,查找设计的标准图。

② 详细阅读设计施工说明,了解材料表内容及电气设备。

③ 偏线、各弱电系统进线方式及导线的规格、型号。

④ 仔细阅读电气平面图,了解和掌握电气设备的布置,线路编号、走向,导线规格、根数及敷设方法。

⑤ 对照平面图,查看系统图分析线路的连接关系,明确配电箱的位置、相互关系及箱内电气设备的安装情况。

(2)电气安装施工图解读注意事项

① 熟悉电气施工图的图例、符号、标注及画法。

② 具有相关电气安装与应用的知识和施工经验。

③ 能建立空间思维,正确确定线路的走向。

④ 电气图与土建图对照解读。

⑤ 明确施工图解读的目的,准确计算工程量。

⑥ 善于发现图中的问题,在施工中加以纠正。

(3)识图举例

【实例3】 图2-5、图2-6、图2-7分别为某三层(一梯两户)住宅楼某个单元的单元总表箱系统接线图、标准户型照明平面图、标准户型插座平面图,下面分别介绍。

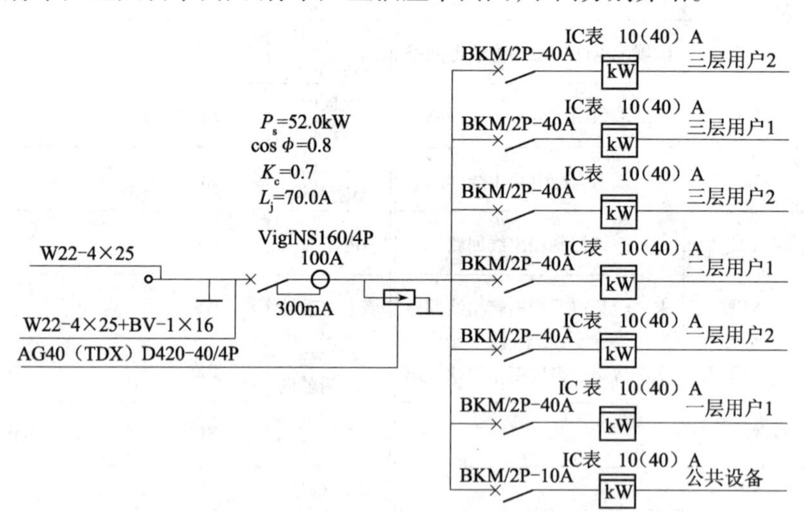

图2-5　单元总表箱系统接线图

① 系统图的解读。由图2-5可以看出单元电表箱电源进线为三相四线制,电源电压为380V/220V,入户处做重复接地,重复接地后随电源线专放接地保护线。单元总表箱内含进线断路器受浪涌保护器,进线断路器应加隔离功能和漏电保护功能。由单元总表箱分7个出线回路,除了为每户提供一个回路外,还设一个公共设备回路,公共设备回路主要给公共照明供电。每个出线回路都设置一个断路器及IC电表。

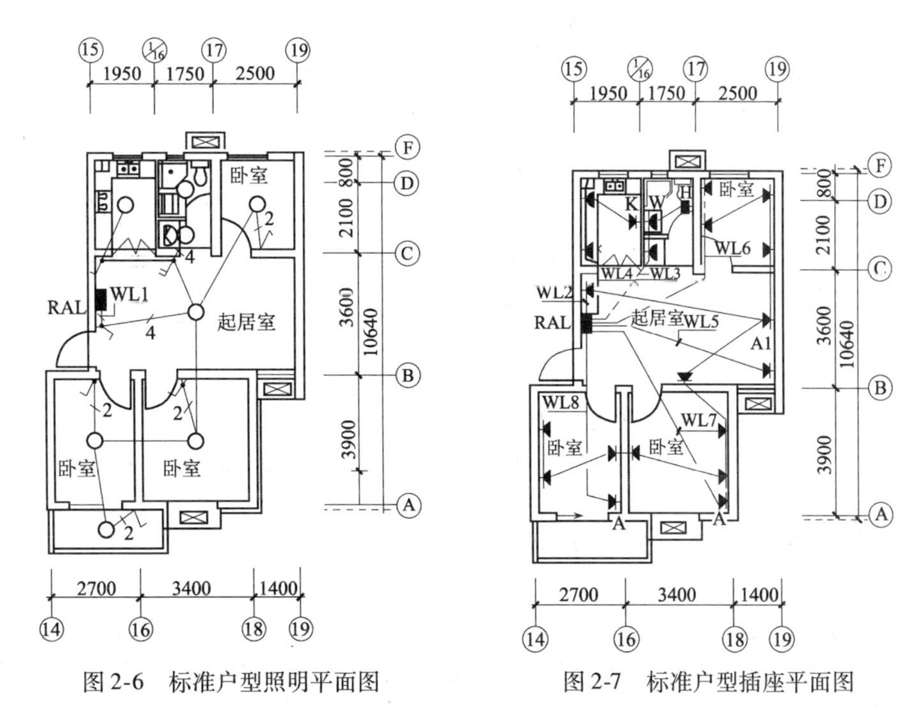

图 2-6　标准户型照明平面图　　　　图 2-7　标准户型插座平面图

② 平面图的解读。由图 2-6、图 2-7 可看出，每户共设 8 处照明灯具，并且所有的照明灯具都连在同一个回路（WL1）中；图中标“2”的线路表示两根导线，标“4”的线路表示 4 根导线，未标注的线路均为 3 根导线。

项目实训三：电气识图

一、实训目的

1. 熟悉电气工程图。
2. 掌握常见电气图形图例表示的名称。
3. 掌握平面图中各种标注文字的含义。
4. 常见电气安装施工图的解读。

二、实训内容

1. 提供一份住宅楼某个单元的单元总表箱系统接线图，能够正确解读。
2. 提供一份住宅楼某个单元的标准户型照明平面图，能够正确解读。
3. 提供一份住宅楼某个单元的标准户型插座平面图，能够正确解读。

三、实训时间

每人解读 30min。

四、实训报告

1. 能够举例写出总表箱系统接线图的表示方法。
2. 写出标准户型照明平面图的解读报告。

3. 写出标准户型插座平面图的解读报告。

2.2　常用电工仪表

2.2.1　分类与符号

在电工作业中，电工仪表通常可分为安装式仪表、便携式仪表、电度表及实验室仪表。这些仪表的共同特点是可以通过读数直接获取测量结果，因此，也称它们为直读式电工仪表。

1. 指示仪表的分类

(1)按作用原理分类

① 磁电系仪表。根据通电导体在磁场中产生电磁力的原理制成。

② 电磁系仪表。根据铁磁物质在磁场中被磁化后，产生电磁力的原理制成。

③ 电动系仪表。根据逐个通电线圈之间产生电动力的原理制成。

④ 感应系仪表。根据交变磁场中的导体感应涡流，与磁场产生电磁力的原理制成。

⑤ 其他。整流系、热电系、电子系、铁磁电动系等。

(2)按被测量的名称分类

按被测量的名称分为电流表(如安培表、毫安表、微安表等)、电压表(如伏特表、毫伏表等)、功率表(瓦特表)、欧姆表、绝缘电阻表(兆欧表)、电度表(瓦时计)、频率表、相位表(功率因数表)、多用途仪表(万用表)等。

(3)按测量的电流种类分类

按测量的电流种类分为直流仪表、交流仪表和交直流两用仪表。常用仪表刻度盘上的标志符号见表 2-3。

表 2-3　仪表刻度盘上的标志符号

分类	符号	名称	分类	符号	名称
电流种类	—	直流表	测量对象	A	电流表
	～	交流表		V	电压表
	≂	交直流表		W	功率表
	≋	三相交流表		Wh	电度表
准确度	0.5	0.5 级	作用原理		电磁式仪表 (有磁屏蔽)
绝缘试验	—	试验电压 2kV			整流式仪表
	2			Ⅲ	防御外磁场 能力第Ⅲ等
作用原理		磁电仪表	防御能力	B	
		电动式仪表	使用条件		

续表

分类	符号	名称	分类	符号	名　称
作用原理		铁磁电动式仪表	工作位置	↑	
		电磁式仪表		⊥	

2. 电工仪表的型号

电工仪表的产品型号可以表达仪表的用途、作用原理。安装式指示仪表型号由五部分组成(图2-8)。形状第一位代号按仪表的面板形状最大尺寸编制;形状第二位代号按仪表的外壳尺寸编制;系列代号按仪表工作原理的系列编制。

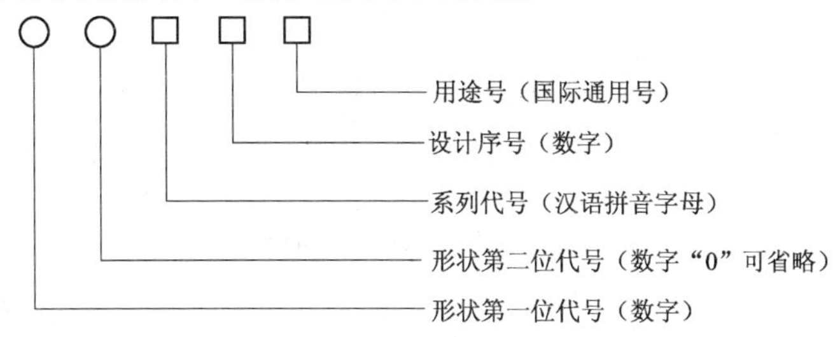

图2-8　安装式仪表型号的编制规则

2.2.2　常用的电工测量方法

使用电工测量仪器或电工仪表,对未知电量进行测量则称之为电工测量。测量方法可分为:

1. 直接测量法

直接测量是指测量结果可从一次测量的过程中得到。它可以使用电工测量仪器或电工仪表直接测得被测量的数值。如用电流表直接测量电流,用电压表直接测量电压,用电桥直接测量电阻等,都属于直接测量方法。直接测量法的优点是简便、读数迅速;缺点是它的准确度除受到仪表的基本误差的限制外,还由于仪表接入测量电路后,仪表的内阻被引入测量电路中,使电路的工作状态发生了改变,因此,直接测量法的准确度比较低。

2. 比较测量法

比较法是将被测量与已知的标准值在仪表内部进行比较,从而测得被测量数值的一种方法。比较测量法可分为三种。

(1)零值法。又称指零法,是利用被测量对仪器的作用,与已知量对仪器的作用两者相比较的方法,由指零仪表作出判断。当指零仪表指零时,表明被测量与已知量相等。用零值法测量的准确度,取决于度量器的准确度和指零仪表的灵敏度。

(2)较差法。是利用被测量与已知量的差值,作用于测量仪器而实现测量目的的一种测量方法。

(3)代替法。利用已知量代替被测量,如不改变测量器原来的读数状态,这时被测量与已知量相等从而获取测量结果。

比较测量法可采用比较式仪表,如电位差计等。它的优点是准确度和灵敏度都比较高,但缺点是操作麻烦、设备复杂、速度较慢。

3. 间接测量法

间接测量法是指测量时,只能测出与被测量有关的电量,然后经过计算求得被测量,如用伏特表、安培表测量电阻,先测得电阻两端的电压及电阻中的电流,然后根据欧姆定律,算出被测的电阻值。

间接测量法的特点是误差比直接法大。但在工程中的某些场合,如对准确度的要求不高,进行估算还是一种可取的测量方法。

2.2.3　常用电工仪表使用

1. 钳形电流表

用电流表测量电流时,需断开被测电路,串入电流表。但在实际测量中,有时被测电路不允许断开,这时可采用钳形电流表进行测量。钳形电流表主要由两部分组成:电磁式仪表和电流互感器。

T—301 型钳形电流表(图 2-9)量程有 10A,25A,50A,100A,250A 等几种。

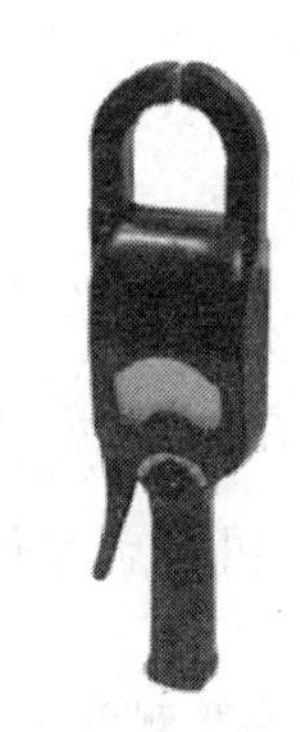

图 2-9　T—301 型钳形电流表

钳形电流表是一种携带式仪表,常用于流动性测量交流电流用。用钳形电流表测量电流时,先让铁芯张开,然后套住被测电流的电线。测量时铁芯密合要好,表要放平,不能让其他交变磁场靠近电表,一定要离开其他通电导线或通电电磁铁一段距离。

目前,生产的钳形电流表还可以测量直流电压、直流电流、交流电压、电阻,具有同万用表一样的功能。如 MG28 型钳形电流表就具有这种功能。它的测量机构是一个电流互感器与一个电工仪表,其测量直流电压、直流电流、交流电压、电阻的原理与万用表完全一样。测量交流电流时,利用电流互感器将电流变小,再利用万用表测交流电压方法通过二极管使电流只从一个方向流过表头。

钳形电流表在使用中应注意以下几个问题。

(1)测量时,应将转换开关置于合适量程。对被测量的电流大小不知时,应将转换开关置于最大量程挡,然后根据被测值的大小,变换到合适量程。应注意不要在测量过程中切换量程。

(2)进行电流测量时,被测导线的位置放在钳口中央,以免发生误差。

(3)为使读数准确,钳口两个面应接合良好,如有杂声,可将钳口重新开合一次。钳口有污垢,可用汽油擦净。

(4)测量小于 5A 以下的电流时,为获得准确的读数,可将导线多绕几圈放进钳口进行测量,但实际的电流数值应为读数除以放进钳口内的导线根数。

(5)不可用钳形电流表测量高压电路中的电流,以免发生事故。

2. 兆欧表

兆欧表又叫摇表(图 2-10),是用于检查、测量电气设备或供电线路绝缘电阻的一种可携式仪表。

电气设备绝缘电阻数值较大，如几十兆欧或几百兆欧，在这个范围内，万用表的刻度是不准确的，并且万用表测量电阻时所用的电源电压比较低。在低电压下呈现的绝缘电阻不能反映在高电压作用下的绝缘电阻的真正数值，因此，绝缘电阻必须用备有高压电源的兆欧表进行测量。

图 2-10　兆欧表

兆欧表由手摇高压直流发电机、磁电式仪表两部分组成。因高压电流发电机产生的额定电压不同，有 250V，500V，1000V，2500V 等几种。一般低压电气设备（额定电压在 500V 及以下的）应用 1000V 以下的兆欧表，以免高的直流电压破坏电气设备的绝缘。电压较高的电气设备应用 1500V 和 2500V 的兆欧表。

兆欧表上有两个接线柱，一个是"线路"（L）接线柱，另一个是"接地"（E）接线柱。在测量线路（或电气设备）对地绝缘电阻时，把 L 接在线路上，把 E 接地（或电气设备外壳），拨动直流发电机手柄，一个小的漏电电流由 L 出来经线路对地绝缘电阻到地，再由地到 E 流到磁电式仪表里去，测定出这个电流大小就可以测出绝缘电阻值。它和万用表测量电阻的原理是类似的（图 2-11）。

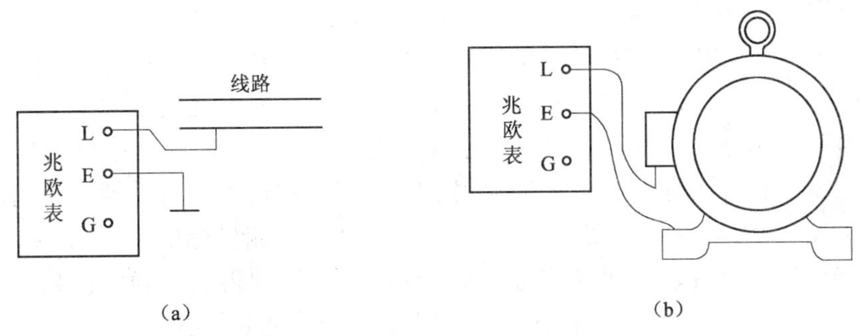

图 2-11　绝缘电阻测量

（a）线路对地绝缘电阻；（b）电动机对地绝缘电阻

有的三相电动机的三相绕组引线是独立的，要测绕组相间绝缘，可将 L、E 分别接到二相绕组引线上就行了。

如空气潮湿或测电缆的绝缘电阻时，应接上屏蔽接线端子 G（或叫保护环）以消除绝缘物表面泄漏电流的影响（图 2-12）。

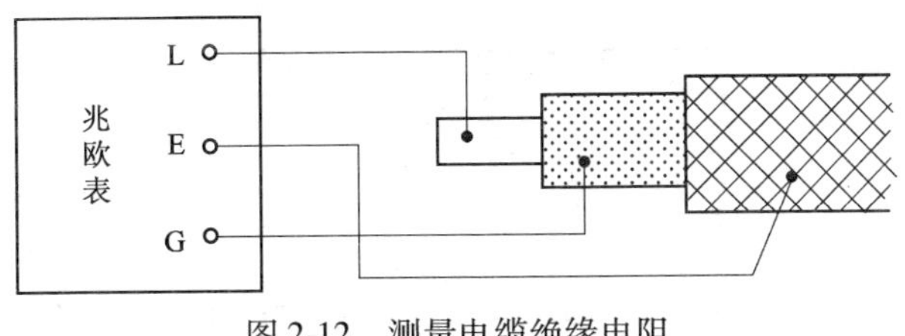

图 2-12　测量电缆绝缘电阻

兆欧表的正确使用方法如下：

(1)兆欧表的连接线应是绝缘良好的单根线。

(2)应将兆欧表放置平稳，摇动手柄由慢到快以120r/min左右为宜。

(3)测量前，应先将兆欧表做次开路试验(连线开路，摇动手柄，指针应指向∞)和一次短路实验(连线直接相连，摇动手柄，指针应指向0)。如果不准，说明仪表有故障。注意，不使用时，仪表指针位置是随意的。

(4)测量时，手柄应摇到使表针稳定。如果表针指零，应立即停摇，以免烧表。

(5)测量绝缘电阻以前，电气设备应停电。对于有电容器的电气设备或本身有很大电容的(如电缆)电气设备，应接地放电或短路放电，以保障人身和设备的安全。

(6)摇表手柄没有停止转动以前，切勿用手触及兆欧表接线柱或设备带电部分，以防触电。

(7)测量完毕时，应将被测设备放电。

3. 接地电阻测量仪

测量各种接地装置的接地电阻测量仪由手摇发电机、电流互感器、滑线电阻、转换开关及检流计等组成。

接地电阻测量仪一般有E、P、C三个端子。在进行测量时按图2-13所示接线。首先将两根探针分别插入大地中，使接地极E′、电位探针P和电流探针C三点在一条直线上。E至P距离为20m，E′至C′的距离为40m，然后用专用的导线分别将E′、P′和C′接至仪表相应的端钮上。将仪器置于水平位置，检查检流计的指针是否指在刻度中间的零位上。如有偏差，应用零位调节螺母进行调整。接地电阻测量仪不仅有“倍率盘”，而且还有用来读数的“测量标度盘”。测量时将“倍率盘”置于最大倍数，在完成上述步骤后缓缓摇动发电机手柄，调节“测量标度盘”，使检流计的指针趋向零位。当指针接近零位时，加快发电机手柄的转速，达到120r/min左右，再调整“测量标度盘”，使指针指于零位上。如果“测量标度盘”的读数小于1，则应将“倍率盘”置于较小的倍数，再重新调整“测量标度盘”，以便得到正确的读数。当指针完全指零，则“测量标度盘”的读数乘以倍率标度，即为所测的接地电阻值。

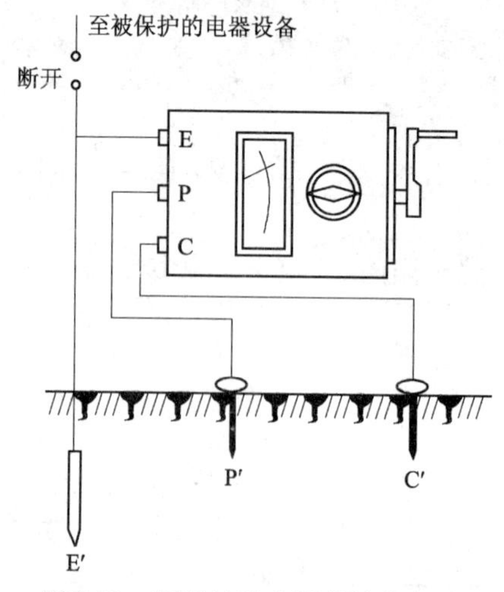

图2-13 测量接地电阻的接线方法

在测量时如发现检流计的灵敏度过高,可将电位探侧针 P′插入土中浅一些。当发现检流计灵敏度不够时,可在电位探测针 P′和电流探测针 C′周围注水使其湿润。

测量时,接地线路要与被保护的设备断开,以便得到准确的测量数据。

4. 万用表

万用表是一种多功能、多量程的测量仪表。万用表可以用来测量直流电压、直流电流、交流电压、电阻和其他电参数。有些万用表还可以测量交流电流、电容、电感、晶体管 B 值等参数。目前,使用的万用表有普通指针式和数字式两种万用表,因测量功能多、操作简单、携带方便,是电工最常用的测量工具。

现以 500 型万用表为例,介绍其测量电压、电流和电阻的使用方法。

万用表主要由表头、测量线路和转换开关三部分组成。外形为便携式或袖珍式,面板上装有标度盘、转换开关,调零旋钮以及插孔等。随着型号的不同,万用表外形布置也不完全相同(图 2-14)。

图 2-14　500 型万用表

万用表表头上都装有一块刻度盘。刻度盘上的标尺一般有以下特点:直流电流和直流电压标度尺的刻度是均匀的,其一端用“ ~ ”或“DC”表示。交流电压标度尺的刻度一般不是均匀的,其一端用“ ~ ”或“ac”表示。电流电压挡标度尺上还同时标上几组读数,以便于选择不同量程时进行换算。电阻(欧姆)标度尺的标度也是不均匀的,而且零点在右端,左端标∞,电阻标度尺的符号是Ω。表盘上一般还有一条非均匀标度的 10V(有些表为 5V)交流电压挡专用标度尺,这是为提高低压测量精度而设置的。

500 型万用表的刻度盘上共设置了四条刻度尺。最上面的是电阻标度尺;接下来依次是直流电流和交直流电压公用刻度尺;0 ~ 10V 交流电压专用标度尺;最下面的一条是测音频电压用的标度尺。另外,测交直流高压 2500V 时,测笔应与 2500V 和“∞”两个插孔相接,以保证安全。测量音频电压则用“dB”与“ * ”两插孔。

万用表面板的转换开关是用来选择不同的被测量和不同量程时的切换元件。

(1)500 型万用表标度尺的读法

万用表的标度尺只有一组数字,但是,对应每种测量项目都有好几种量程,同时这些标度尺的标度又有均匀和不均匀两类。在实际测量中要掌握正确、迅速读取数据的方法。现以交、直流公用标度尺(均匀标度)和欧姆标度尺(非均匀标度)为例,说明如何在标度尺上读取数据。

交、直流公用标度尺下面有 50,100,150,200,250 和 10,20,30,40,5。两组数字(为方便选取不同量程时进行读取换算而设置,且图中只标出一组数字),其中除 0 ~ 25 和 0 ~ 50 的挡次可以直接从标度尺的上排和下排数字上直接读取数据外,其他各挡都要根据这两组数字中较方便的一组进行换算。

对于含有 25 数字的量程在读取时可根据不同挡次,分别缩小 100 倍或 10 倍。例如,转换开关选择 2. 5V 挡时,由于 2. 5 是 250 缩小 100 倍的值,所以标度尺上 50,100,150,200,250 这组数字就应缩小 100 倍,分别为 0. 5,1. 0,1. 5,2. 0,2. 5,这样换算后就能迅速读取数据了。

对于其余的量程，在读取数据时应以标度尺右边的50为依据，将整组数字分别缩小或扩大相应的倍数。例如，转换开关选择在10V档时，由于50是10的5倍，所以10，20，30，40，50分别除以5后为2，4，6，8，10。这样换算后再读数就很方便。

在均匀标度的标度尺上读数，当表头指针位于两个标度线之间的某个位置时，应将两根标度线之间距离等分后估读一个数值。

万用表的欧姆标度尺上只有一组数字，作为测量电阻专用。转换开关选 $R\times1\text{k}$ 挡时，应从标度尺上直接读取数值。当选择其他档时，应乘以相应的倍率。例如，选择 $R\times1\text{k}$ 挡时，就要对读取的数据乘以1000。要注意的是，欧姆标度尺的标度是不均匀的。当表头指针位于两标度之间时，在估读数据时要根据左边和右边标度缩小和扩大的趋势进行。

（2）500型万用表的测量方法

① 交流电压的测量方法和注意事项

A. 测量前，必须将转换开关拨到相应的交流电压量程挡。如果误用直流电压挡，表头指针会不动或略微抖动；如果误用直流电流挡或电阻挡，轻则打弯指针，重则烧坏表头，这是很难修复的。

B. 测量时，将测笔并联在被测电路被测元器件两端。

C. 严禁在测量中拨动转换开关选择量程。在测量较高电压时更是如此，这样可以避免电弧烧坏转换开关触点。

D. 测电压时，必须养成单手操作习惯，即预先把一支表笔固定在被测电路的公共接地端（若表笔带鳄鱼夹则更方便），单手拿一支表笔进行测量。测量过程中必须集中精力。

② 直流电压的测量方法和注意事项

直流电压的测量方法和注意事项与测量交流电压机理相同，下面只介绍不同之处。

A. 仍然要注意正确选择测量项目，如果误选了交流电压挡，读数可能会偏高，也可能为零（与万用表接法有关）；如果误选了电流挡或电阻挡，则会造成打弯指针或烧毁表头的后果。

B. 测量前，必须注意表笔的正负极性。红表笔接高电位端，黑表笔接低电位端。若表笔接反了，表头指针会反向偏转，容易撞弯指针。如果事先不知道被测点电位的高低，可将任意一支表笔先接触被测电路的任一端，另一支表笔轻轻地试触一下另一被测端。若表头指针右偏，说明表笔正负极性接法正确；若表头指针左端，说明表笔极性相反，交换表笔即可。

③ 直流电流的测量方法与注意事项

A. 万用表必须串联到被测电路中。测量时必须先断开电路串入电流表。如果将电流表误与负载并联，因它的内阻太小，会造成短路，导致电路和仪表被烧毁。

B. 必须注意表笔的正负极性，即红表笔接电路端口高电位端，黑表笔接低电位端。如果事先不能判断断口处电位的高低，可按直流电压测量的注意事项进行。

C. 严禁在测量过程中拨动转换开关选择量程，以免损坏转换开关触点，同时也可避免误拨到小量程挡而撞弯指针或烧毁表头。

④ 电阻的测量方法与注意事项

A. 严禁在被测电路带电的情况下测量电阻（特别严禁用万用表直接测电池电阻），否则很容易烧坏表头。如果被测电路中有大容量的电容器，应先将该电容器两极短路放电，避免积存在其中的电荷通过万用表放电，导致表头损坏。

B. 测电阻时直接将表笔接触被测电阻的两端。

C. 测量前或每次更换倍率挡时，都应重新调整欧姆零点。即转动零欧姆调整旋钮，使表头指针准确停留在欧姆标度尺的零点上。如果指针不能调到欧姆零点，说明表内电池电压太低，已不符合要求，应该更换。如果连续使用 $R\times1k$ 挡时间较长（尤其是使用 1.5V 五号电池的万用表），也应重新校正欧姆零点，这是因为五号电池容量小，工作时间稍长，输出电压下降，内阻升高，会造成欧姆零点漂移。

⑤ 用万用表判别电容器的好坏

根据电容器的充放电原理，用万用表的电阻挡（$R\times1k$ 或 $R\times10k$）可以判别电容器的好坏。当电容器容量在 1μF 以上时，欧姆表内部电池对电容器的充电过程较明显。用两测笔分别接触电容器两端时（注意黑表笔接表内电池正极），指针会很快顺时针方向（$R=0$ 的方向）摆动一下，然后按逆时针方向逐步退回到 $R=\infty$ 处。如果回不到“∞”，则指针所指的阻值就是漏电阻。

一般电容的漏电阻很大，约几十至几百兆欧姆，电解电容器约几兆欧姆。如比上述数值小得多，则说明电容漏电严重，不能使用。指针摆动越大，说明充电电流越大，即电容量越大，有时指针甚至摆过零位。如果接通时指针根本不动，说明电容器内部断路；如果指针指到零位不再退回，说明该电容器已被击穿。

项目实训四：常用电工仪表的使用

一、实训目的

1. 掌握常用电工仪表的分类与型号的表示方法。
2. 熟悉常用电工仪表的使用。

二、实训内容

1. 正确掌握常用电工仪表的安全操作规程，养成安全操作习惯。
2. 掌握常用电工仪表的具体操作过程。

三、实训时间

每人操作 15min。

四、实训报告

1. 列出常用电工仪表的日常保养措施。
2. 写出常用电工仪表的具体操作过程。
3. 写出常用电工仪表显示的主要内容。

2.3　常用电工工具

2.3.1　通用工具

1. 验电器

验电器是用来检验电线、电器和电气设备是否带电的一种电工常用工具。验电器可分为低压和高压两种。

（1）低压验电器

低压验电器又称测电笔，有钢笔式或旋具式两种(图2-15)。

钢笔式验电器由氖管、电阻、弹簧、笔身和笔尖等组成。旋具式验电器的结构和钢笔式验电器基本相同。使用验电器时，先把验电器握稳，以手指触及验电器尾的金属体，使氖管小窗背光朝向自己，另一种方法用手遮挡避光，便于观察氖泡是否发光(图2-16)。

当用验电器测试带电体时，电流经带电体、验电器、人体到大地形成通电回路，只要带电体与大地之间的电位差超过60V时，验电器中的氖管就会发光。

低压验电器检测电压的范围为60～500V。灯的控制开关都是单联开关。

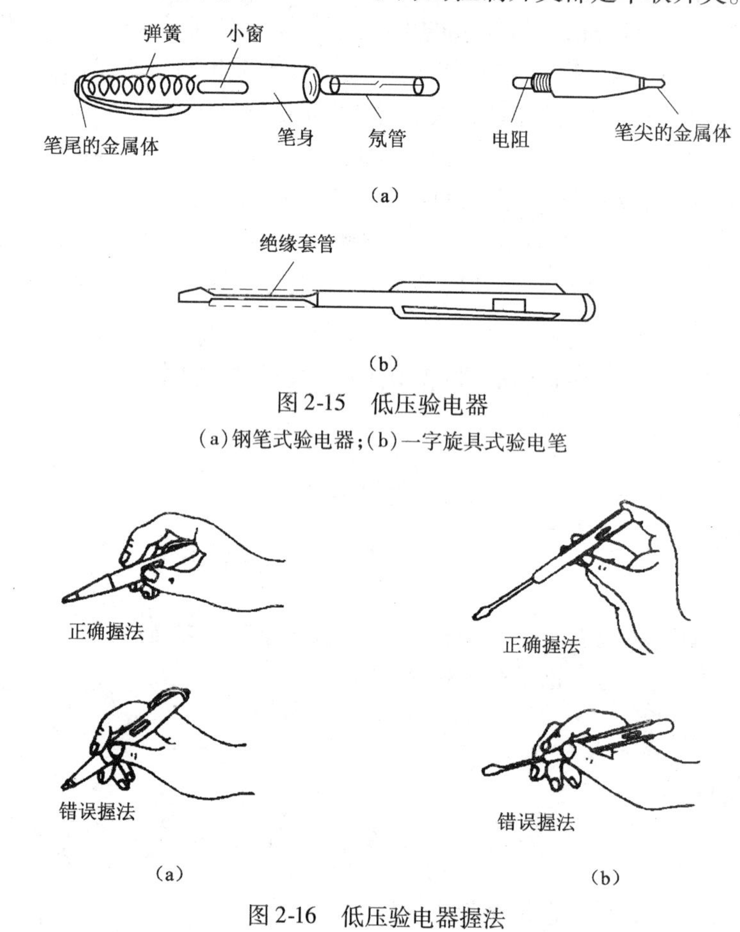

图2-15　低压验电器

(a)钢笔式验电器；(b)一字旋具式验电笔

图2-16　低压验电器握法

(a)钢笔式握法；(b)一字旋具式握法

(2)高压验电器

高压验电器又称高压测电器，10kV高压验电器由金属钩、氖管、氖管窗、固紧螺钉、护环和握柄等组成(图2-17)。

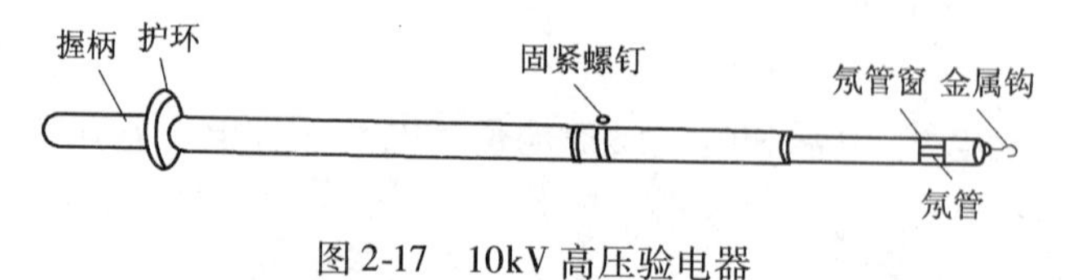

图2-17　10kV高压验电器

使用高压验电器时，应特别注意手握部位不得超过护环（图 2-18）。

（3）使用验电器的安全知识

① 验电器在使用前应在确有电源处试测，证明验电器确实良好，方便使用。

② 使用时，应逐渐靠近被测物体，直至氖管发光，只有氖管不发光时，才可与被测物体直接接触。

③ 室外使用高压验电器，必须在气候条件良好的情况下才能使用。当雪、雨、雾及湿度较大时，不宜使用，以防发生危险。

④ 使用高压验电器测试时必须戴符合耐压要求的绝缘手套，不可一个人单独测试，身旁要有人监护。测试时要防止发生相间或相对地短路事故。人体与带电体应保持足够的安全距离，10kV 高压为 0.7m 以上。

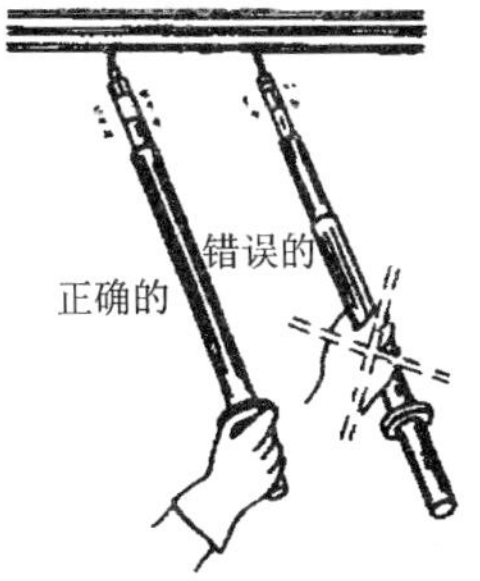

正确的　错误的

图 2-18　高压验电器握法

2. 旋具

旋具又称螺丝刀，它是一种紧固或拆卸螺钉的工具。旋具按头部形状可分为一字形和十字形两种（图 2-19）。

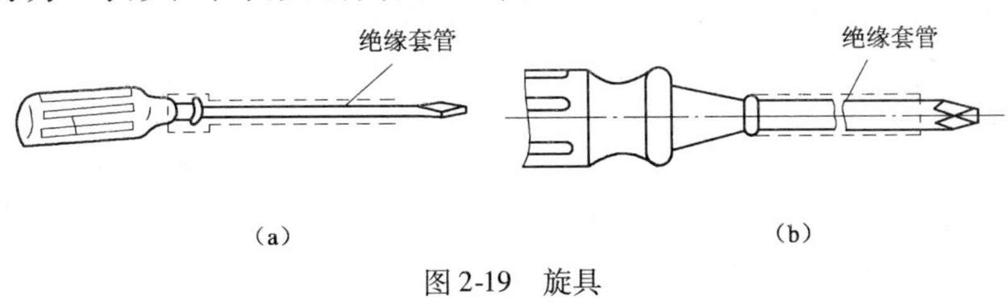

图 2-19　旋具

（a）一字形旋具；（b）十字形旋具

一字形旋具常用的规格有 50mm、100mm、150mm 和 200mm 等规格，电工必备的是 50mm 和 150mm 两种。十字形旋具专供紧固或拆卸十字槽的螺钉，常用的规格有四种：Ⅰ号适用于螺钉，直径为 2 ~ 2.5mm；Ⅱ号为 3 ~ 5mm；Ⅲ号为 6 ~ 8mm；Ⅳ号为 10 ~ 12mm。按握柄材料又可分为木柄和塑料柄两种。

使用旋具的安全知识：

（1）电工不可使用金属杆直通柄顶的旋具，否则使用时很容易造成触电事故。

金属杆直通柄顶的旋具又称穿心旋具（图 2-20）。

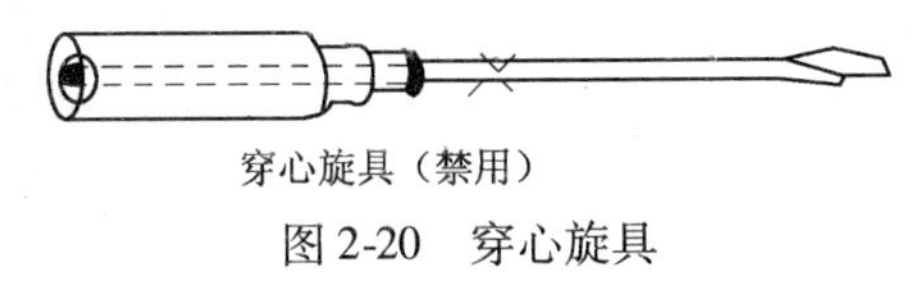

图 2-20　穿心旋具

（2）使用旋具紧固或拆卸带电的螺钉时，手不得触及旋具的金属杆，以免发生触电事故。

（3）为了避免旋具的金属杆触及皮肤或触及邻近带电体，应在金属杆上穿套绝缘管。

3. 钢丝钳

常用的电工钢丝钳有 150mm、170mm 和 200mm 三种规格。

钢丝钳结构由钳头和钳柄两部分组成。钳头有钳口、齿口、刀口和铡口四部分。钢丝钳适用范围较广。电工使用时，常将钳口用来弯绞或钳夹导线线头；齿口用来紧固或起松螺母；刀口用来剪切导线或剖削软导线绝缘层;铡口用来铡切电线线芯、钢丝或铅丝等金属丝(图2-21)。

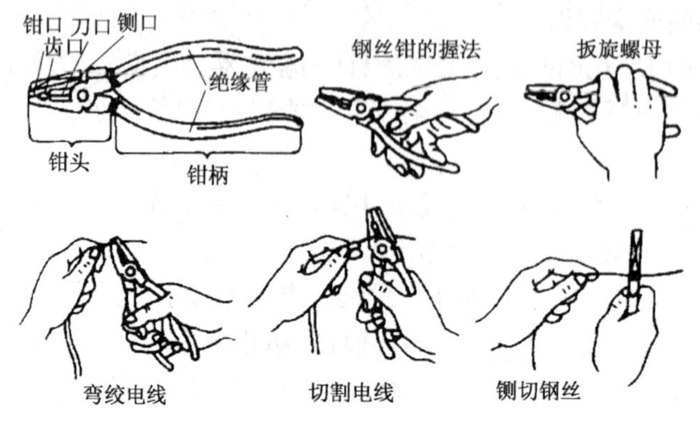

图2-21　钢丝钳的使用方法

使用电工钢丝钳的安全知识:

(1)使用电工钢丝钳以前,必须检查绝缘柄的绝缘是否完好。绝缘如果损坏,进行带电操作时会发生触电事故。

(2)用电工钢丝钳剪切带电导线时,不得用刀口同时剪切相线和零线,以免发生短路故障。

4. 尖嘴钳

尖嘴钳的头部尖细(图2-22),适用于狭小的工作空间操作。尖嘴钳绝缘柄的耐压为500V。

尖嘴钳的用途主要有以下几种:

(1)带有刃口的尖嘴钳能剪断细小金属丝。

(2)尖嘴钳能夹持较小螺钉、垫圈、导线等元件。

(3)在装接控制线路板时,尖嘴钳能将单股导线弯成一定圆弧的接线鼻子。

5. 剥线钳

剥线钳是用于剥削小直径导线绝缘层的专用工具(图2-23)。它的手柄是绝缘的,耐压为500V。

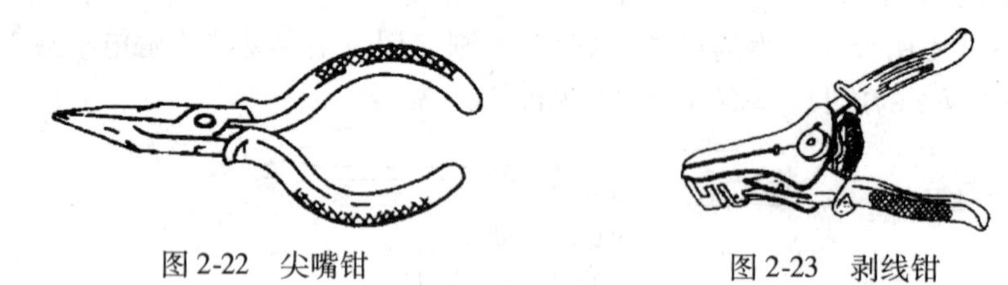

图2-22　尖嘴钳　　　　图2-23　剥线钳

使用剥线钳时,将要剥削的绝缘长度用标尺定好以后,即可把导线放在相应的刃口上(比导线直径稍大),用手将钳柄一握,导线的绝缘层即被割破自动弹出。

6. 电工刀

电工刀是用来剖削电线线头、切割木台缺口、削制木榫的专用工具(图2-24)。

图2-24　电工刀

使用电工刀时,应将刀口朝外剖削。剖削导线绝缘层时,应使刀面与导线成较小的锐角,以免割伤导线。电工刀切削较大塑料线时,其刀口切入的角度应为45°左右。

使用电工刀时应注意以下几点:

(1)使用电工刀时应避免伤手。

(2)电工刀用毕,随即将刀身折进刀柄。

(3)电工刀刀柄是无绝缘保护的,不能在带电导线或器件上剖削,以免触电。

7. 活扳手

活扳手又称活动扳手,是用来紧固和起松螺母的一种专用工具。

活扳手由头部和柄部组成。头部由活动扳唇、呆扳唇、扳口、蜗轮和轴销构成,如图2-25(a)所示。旋动蜗轮可调节扳口的大小。规格以长度(mm)×最大开口宽度(mm)表示。电工常用的活扳手有150mm×19mm,200mm×24mm,250mm×30mm和300mm×36mm四种。

活扳手的使用方法:

(1)扳动大螺母时,需用较大力矩,手应握在近柄尾处,如图2-25(b)所示。

(2)扳动较小螺母时,需用力矩不大,但因螺母较小易打滑,故手应握在近头部的地方,如图2-25(c)所示,可随时调节蜗轮,收紧活动扳唇防止打滑。

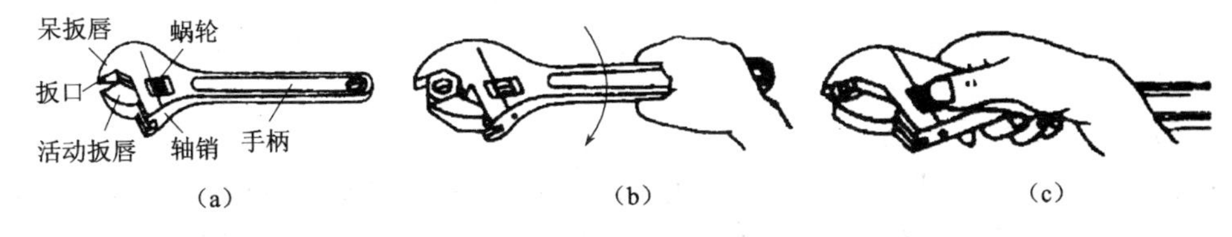

图2-25　活扳手

(a)活扳手构造;(b)扳较大螺母时握法;(c)扳较小螺母时握法

(3)活扳手不可反用,以免损坏活动扳唇,也不可用钢管接长手柄来施加较大的扳拧力矩。

(4)活扳手不得当撬棒使用。

8. 锤子及錾子

(1)锤子

锤子又称榔头、手锤。它由锤头和木柄两部分组成。锤子的规格是用锤头的质量来表示的,有0.5磅、1磅和1.5磅等几种。锤头用碳素工具钢制成,并经淬硬处理。木柄选用较坚固的木材制作,长度一般在350mm左右。

锤子用右手握持,虎口对准锤头的方位,以便施力(图2-26)。木柄的尾部露出15~30mm。挥锤是对楔子进行敲击的手臂动作,有腕挥、肘挥和臂挥三种。

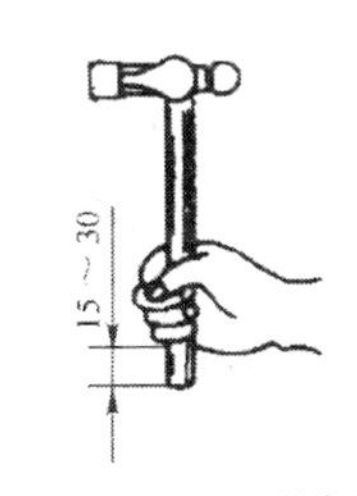

图2-26　锤子的握法

(2)錾子

錾子又称凿子,一般有尖头和平头之分,主要用来錾削墙面和开挖孔洞。电工常用的还有麻线錾、小扁錾和长錾。

錾子用左手握持,尾部伸出约20mm,握持的方法有三种,如图2-27所示。

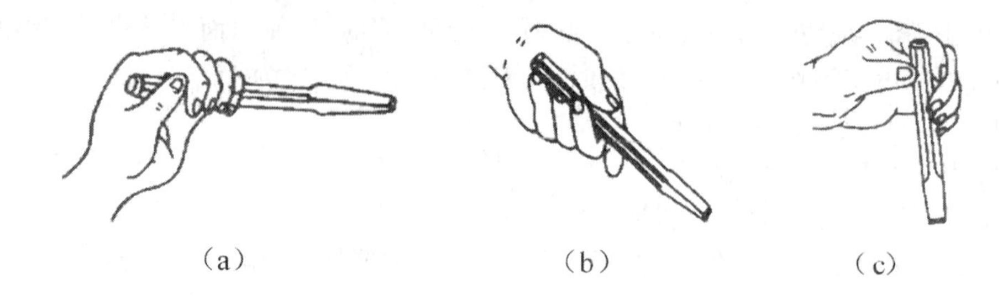

图 2-27　錾子的握法
(a)正握法;(b)反握法;(c)立握法

① 正握法。这种握法适于在平面上进行錾削,如图 2-27(a)所示。錾削时,要保持錾子的后刀面与加下物之间有 50°～80°的夹角。

② 反握法。手背朝向工件,手指自然握住錾子,如图 2-27(b)所示。适用于小錾削量或侧面的錾削。

③ 立握法。保持錾子与工件相垂直的一种握法,如图 2-27(c)所示,用于垂直錾削工件。

2.3.2　常用电工防护用具

1. 高压绝缘棒

高压绝缘棒又称拉闸杆,由浸过绝缘油的木材或环氧树脂玻璃布、硬塑料等制成。它由工作部分、绝缘部分和握手部分组成,根据电压等级的不同,其长度也不相同。用于 10kV 及以下电压等级,一般分为两节,35kV 电压等级的分三节。其连接部分和顶端的工作部分用金属制成(图 2-28)。

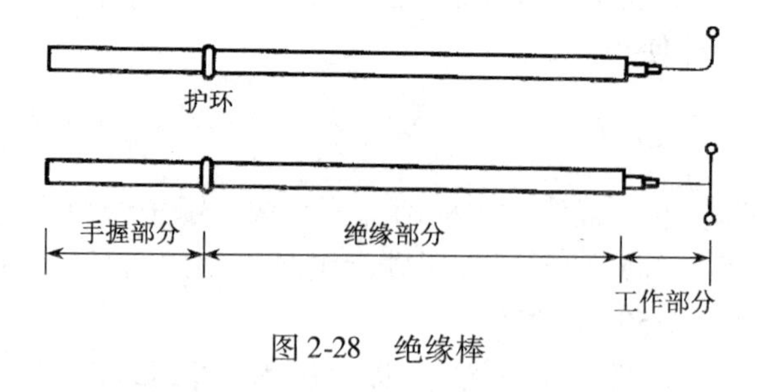

图 2-28　绝缘棒

绝缘棒主要用来操作高压隔离开关和跌落式熔断器、安装和拆除临时接地线等。

2. 绝缘手套和绝缘靴

绝缘手套和绝缘靴一般作为辅助安全用具使用,只有在 1000V 以下的电气设备上使用时,才作为基本安全用具使用。

绝缘手套在使用前要检查是否破损漏气,使用时手套的伸长部分要套到衣袖的外面。戴绝缘手套的同时要穿用绝缘靴,以便与地保持绝缘和防止跨步电压。

绝缘靴和绝缘手套是用特种橡胶制成的,操作时严禁使用医疗、化工手套,严禁用普通防雨靴代替绝缘靴。

3. 携带型接地线

携带型接地线是保证电气作业人员安全的一种必不可少的安全工具。它装设在被检修区段工作点两端的线路上，一是能防止线路两端突然来电；二是能放尽断开设备的剩余电荷；三是能消除邻近高压线路的感应电压。

携带型接地线主要由接线夹头、短路软线、接地夹头组成。短路线采用多股软铜线制成，其截面不能小于25mm^2。头部要连接牢固，接地夹头应固定在专门的接地螺钉上或用接地棒插入地下，接地棒地下部分不小于0.6m。对有电容的设备，在装设临时接地线时要进行连续性的多次放电。

2.3.3　专用工具

1. 弯管器

弯管器的种类很多，常用的有以下几种：

(1)管弯管器。管弯管器是由一个铸铁弯头和一段铁管构成。它的特点是体积小、轻便，适于现场使用，可以按需要将直径50mm以下的管子弯成各种角度。

(2)滑轮弯管器。滑轮弯管器由工作台、滑轮组等组成，它能弯直径100mm以下的管子(图2-29)。弯管时不易损伤管子，适宜弯曲半径相同的成批管子。缺点是笨重不易搬动。

(3)液压或电动弯管器。液压或电动弯管器是一种专用的弯管设备，它能弯曲直径较粗的管子。

2. 冲击电钻

冲击电钻是一种专用电动钻孔工具，通常具备普通电钻和冲击电钻两种功能(图2-30)，当用于普通电钻时，可将调节开关调到标记为“钻”的位置。当用于冲击电钻时，可将调节开关调到标记为“锤”的位置，即可用来冲打砌块和砖墙等建筑材料的木榫孔和导线穿墙孔，通常可冲打直径为6～16mm的圆孔。

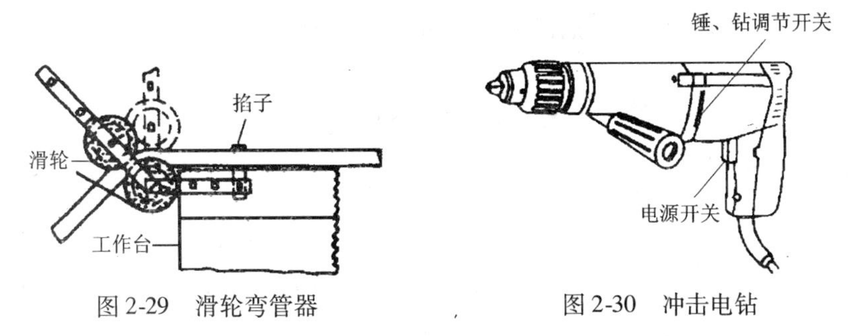

图2-29　滑轮弯管器　　　图2-30　冲击电钻

使用冲击电钻的注意事项：

(1)检查冲击电钻的接地线是否完好，检查电源电压是否与铭牌相符，电源线路上是否有熔断器保护。

(2)钻头必须锋利，钻孔时不宜用力过猛，以防电动机过载。如发现钻头转速降低，应立即切断电源并进行检查，以免烧坏电机。

(3)使用冲击电钻时严禁戴手套。

(4)装卸钻头时，必须用钻头钥匙，不能用其他工具来敲打夹头。

3. 喷灯

喷灯是一种喷射火焰对工件进行加热的工具，常用来焊接铅包电缆的铅包层，大截面铜导线连接处的搪锡，以及其他导体连接表面的防氧化镀锡等。

喷灯的构造如图2-31所示。喷灯按使用燃料不同可分为煤油喷灯和汽油喷灯两种。

(1)喷灯的使用方法

① 加油。旋下加油阀上面的螺栓，倒入适量的汽油，一般以不超过筒体的3/4为宜，保留一部分空间储存压缩空气，以便维持必要的压力。加完油后应旋紧加油口的螺栓，关闭放油阀的阀杆，擦净洒在外部的汽油并检查喷灯各处是否有渗漏现象。

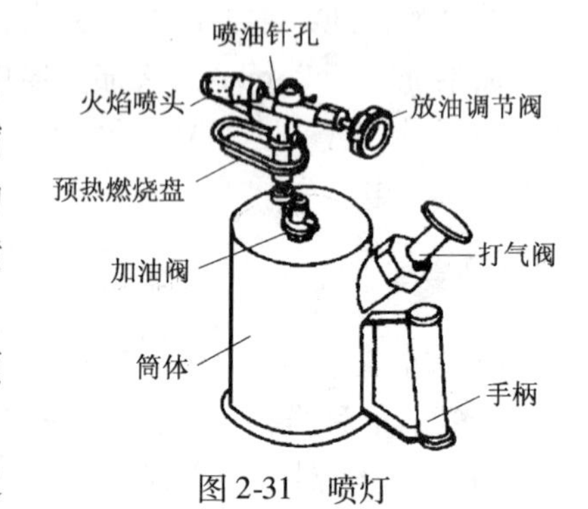

图2-31　喷灯

② 预热。在预热燃烧盘中倒入汽油，用火柴点燃，预热火焰喷头。

③ 喷火。待火焰喷头烧热后，燃烧盘中汽油烧完之前，打气3～5次。将放油调节阀旋松，使阀杆开启，喷出油雾，即点燃喷灯，而后继续打气，到火力正常时为止。

④ 熄火。如需熄灭喷灯，应先关闭放油调节阀，直到火焰熄灭，再慢慢旋松加油口螺栓，放出筒体内的压缩空气。

(2)使用喷灯的安全知识

① 不得在煤油喷灯的筒体内加入汽油。

② 汽油喷灯在加汽油时，应先熄火，再将加油阀上螺栓旋松。听见放气声后不再旋出，以免汽油喷出，待气放尽后，方可开盖加油。

③ 在加汽油时，周围不得有明火。

④ 打气压力不可过高。打气完后，应将打气柄卡牢在泵盖上。

⑤ 在使用过程中应经常检查油筒内的抽量是否少于筒体容积的1/4，以防筒体过热发生危险。

⑥ 经常检查油路、密封圈、零件配合处否有渗漏跑气现象。

⑦ 使用完毕应将剩气放掉。

4. 电烙铁

电烙铁是在锡焊过程中对焊锡加热并使之熔化的最常用的电热工具(图2-32)。它一般由手柄、外管、电热元件和铜头组成。按铜头的受热方式来分，有内热式电烙铁和外热式电烙铁两种类型。电烙铁的规格是以其消耗的电功率来表示，通常在20～500W之间。

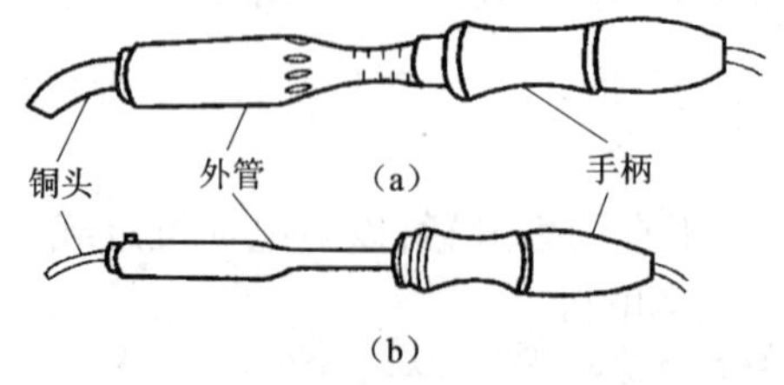

图2-32　电烙铁

(a)大功率电烙铁；(b)小功率电烙铁

锡焊材料分焊料和焊剂两类。焊料是焊锡或纯锡,焊剂有松香、松香酒精溶液、焊膏等。各种焊剂均有不同程度的腐蚀作用,所以焊接完毕后必须清除残留的焊剂。

(1)电烙铁锡焊的方法和要求

① 用电工刀或砂布消除连接线端的氧化层,并在焊接处涂上焊剂。

② 将含有焊锡的烙铁焊头,先蘸一些焊剂,然后对准焊接点下焊,停留时间要根据焊件的大小而决定。

③ 防止虚假焊点和夹生焊点的产生。虚假焊是因焊件表面没有清除干净或焊剂用得太少,焊件表面没有充分镀上锡层,焊件之间没有被锡所固定。夹生焊是锡未被充分熔化,焊件表面的锡晶粒粗糙,焊点强度大为降低。原因是烙铁温度不够高和焊留时间太短造成。

④ 焊接点必须焊牢、焊透。焊接点的锡液必须充分渗透,焊挠点表面处光滑并有光泽。

(2)使用电烙铁的注意事项

① 电烙铁金属外壳必须接地。

② 使用中的电烙铁不可搁置在木板上,要放置在专用烙铁架上。

③ 不准甩动使用中的电烙铁,以免锡珠溅出伤人。

5. 紧线器

紧线器又称紧线钳,在架空线路施工中用于拉紧导线。常用的紧线器有平口式和虎口式两种。它们由夹线钳、棘轮机构、钢丝绳及专用扳手组成(图 2-33)。

(a)

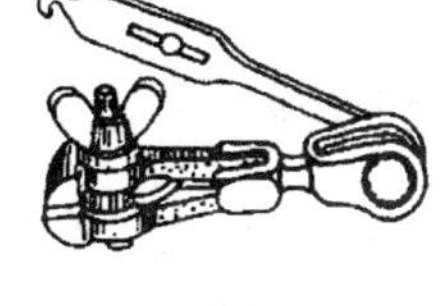

(b)

图 2-33　紧线器

(a)平口式;(b)虎口式

紧线器的规格见表 2-4 和表 2-5。

表 2-4　平口式紧线器的规格

规格(号数)	钳口弹开尺寸(mm)	额定拉力(N)	夹线截面范围(mm^2)	
			钢绞线	铜、铝绞线
1	21.5	15000		95 ~ 185
2	10.5	8000	16 ~ 50	16 ~ 50
3	5.5	3000	1.5 ~ 16	

表 2-5　虎口式紧线器的规格

长度(mm)	150	200	250	300	350	400
钳口宽度(mm)	32	40	48	54	62	70
夹线直径范围(mm)	1.6 ~ 2.6	2.5 ~ 3.5	3 ~ 4.5	4 ~ 6.5	5 ~ 7.2	6.5 ~ 10.5

项目实训五：常用电工工具的使用

一、实训目的

1. 掌握通用工具（验电器、旋具、钢丝钳、尖嘴钳、剥线钳、电工刀、活扳手、锤子及錾子等）的安全使用。

2. 熟悉专用工具（弯管器、冲击电钻、喷灯、电烙铁和紧线器等）的安全使用。

二、实训内容

1. 正确掌握通用工具的安全操作规程和安全操作使用。

2. 掌握专用工具的安全操作规程和安全操作使用。

三、实训时间

每人操作30min。

四、实训报告

1. 列出通用工具和专用工具的日常保养措施。

2. 写出通用工具和专用工具的具体操作报告。

2.4　建筑常用电工材料

建筑常用电工材料参见该书配套系列丛书《建筑水电工程材料》。

模块二　建筑给排水管道安装前的基本准备操作

项目三　管道的制备

3.1　钢管的调直与弯曲

3.1.1　钢管的调直

由于搬运装卸过程中的挤压、碰撞，管子往往产生弯曲变形，这就给装配管道带来困难，因此在使用前必须进行调直。

一般 *DN*15～25（mm）的钢管可在工作台或铁砧上调直。一人站在管子一端，转动管子，观察管子弯曲的地方，并指挥另一人用木锤打弯曲处。在调直时先调直大弯，再调直小弯。管径为 *DN*25～100（mm）时，用木锤敲打已很困难，为了保证不敲扁管子或减轻手工调直的劳累，可在螺旋压力机上对弯曲处加压进行调直。调直后用拉线或直尺检查偏差。*DN*100mm 以下的管子弯曲度每米长允许偏差 0.5mm。

当管径为 *DN*100～200（mm）时，要经加热后方可调直。做法是将弯曲处加热至 600～800℃（呈樱红色），抬到调直架上加压，调直过程中不断滚动管子并浇水。管子调直后允许 1m 长偏差 1mm。

3.1.2　钢管的弯曲

施工中常需要将钢管弯曲成某一角度、不同形状的弯管。弯管有冷弯和热弯两种方法。

1. 钢管弯曲变形与受力分析

钢管弯曲后管子外侧的长度有不同增长，最外侧伸长最多 $a'b' > ab$，如图 3-1 所示。管子内侧长度有不同减少，最内侧减少最多 $c'd' > cd$，而中心线长度基本不变，即 $m'n' > mn$。从变形量即知，管外侧受拉，并使管壁变薄，管内侧受压并使管壁变厚，甚至出现皱折，中心轴的部分没有受拉或受压，管壁厚度不会增减。另外，钢管弯曲也产生了横截面变形，出现扁化。这是由于 a'—c'、b'—d' 断面上，a'、b' 处产生拉力，组成一个向下的合力，c'、d' 处产生压力，组成一个向上的合力，在这两个合力的中性层 m—n 附近的总合力为零。从断面上看 1、2、3、4 这四个点弯曲前后位置保持基本不变，可认为过这四个点的平行于轴线的四条线受力极小，因此在弯制有直焊缝的管子时，应将焊缝置于 45°安全线上。

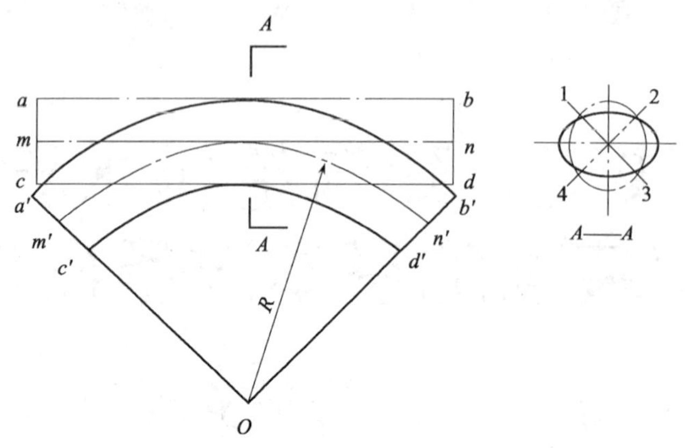

图 3-1　钢管弯曲的变形与焊缝位置

管壁减薄及管子扁化程度分别用壁厚减薄率和椭圆率表示。

$$壁厚减薄率=\frac{弯制前壁厚-弯制后壁厚}{弯制前壁厚}\times 100\%$$

$$椭圆率=\frac{最大外径-最小外径}{最大外径}\times 100\%$$

对于中、低压管道，壁厚减薄率不能超过 15%，且不能小于设计壁厚；椭圆率≤8%。对于高压管道，壁厚减薄率不超过 10%，且不小于设计壁厚；椭圆率不超过 5%。

2. 弯管的最小弯曲半径

弯头的弯曲半径是把弯管看作圆弧，其管中心圆弧的半径，常用 R 表示。最小的 R 值与管径 D 值及其制作方法有关，见表 3-1。

表 3-1　弯管的最小弯曲半径值

管子类别	弯管的制作方法	最小弯曲半径
中、低压钢管	热弯	3.5D
	冷弯	4.0D
	褶皱弯	2.5D
	压制弯	1.0D
	热推弯	1.5D
	焊制	$DN>250$：0.75D
		$DN\leqslant 250$：1.0D
高压钢管	冷、热弯	5.0D
	压制	1.5D

3. 弯管方法

(1)冷弯

在常温下弯管叫冷弯。冷弯时管中不需要灌砂，钢材质量也不受加温影响，但冷弯费力，弯 DN25mm 以上的管子要用弯管机。弯管机形式较多，一般为液压式，由顶杆、胎模、挡轮、手柄等组成。胎模是根据管径和弯曲半径制成的。使用时将管子放入两个挡轮与胎模之间，用手摇动油尖注油加压，顶杆逐渐伸出，通过胎模将管子顶弯。该弯管机可应用于 *DN*50mm 以下的管子。在安装现场还常采用手工弯管台，如图 3-2 所示。其主要部件是两个轮子，轮子由铸铁毛坯经车削而成，边缘处都有向里凹进的半圆槽，半圆槽直径等于被弯管子的外径。大轮固定在管台上，其半径为弯头的弯曲半径。弯制时，将管子用压力钳固定，推动推架，小轮在推架中转动，于是管子就逐渐弯向大轮。靠铁是防止该处管子变形而设置的。

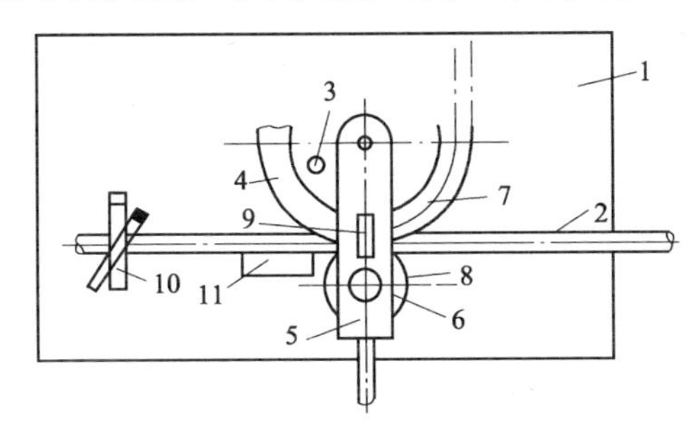

图 3-2　手工弯管台

1—管台；2—要弯的管子；3—销子；4—大轮；5—推架；6—小轮；
7—刻度（指示弯曲角度）；8—小轮销子；9—观察孔；10—压力钳；11—靠铁

(2)热弯的工序

① 充砂

管子一端用木塞塞紧，把粒径 2～5mm 的洁净河砂加热、炒干、灌入管中。弯管量大时应搭设灌砂台，将管竖直排在台前，以便从上向内灌砂。每充一段砂，要用手锤在管壁上敲击振实，填满后以敲击管壁砂面不再下降为合格，然后用木塞塞紧。

② 画线

根据弯曲半径 R 算出应加热的弧长 L：

$$L=\frac{2\pi R}{360}\cdot\alpha$$

其中 α 为弯曲角度。在确定弯曲点后，以该点为中心两边各取 $L/2$ 长，用粉笔画线，这部分就是加热段。

③ 加热

加热在地炉上进行，用焦炭或木炭作燃料，不能用煤，因为煤中含有硫，对管材起腐蚀作用，而且用煤加热会引起局部过热。为了节约焦炭，可用废铁皮盖在火炉上以减少热损失。加热时要不时转动管子使加热段温度一致。加热到 950～1000℃时，管面氧化层开始脱落，表明管中砂子已热透，即可弯管。弯管的加热长度一般为弯曲长度的 1.1～1.2 倍，弯曲操作的温度区间为 750～1050℃，低于 750℃时不得再进行弯曲。

管壁温度可由管壁颜色确定：微红色约为 550℃，深红色约为 650℃，樱红色约为 700℃，浅红色约为 800℃，深橙色约为 900℃，橙黄色约为 1000℃，浅黄色约为 1100℃。

④ 弯曲成型

弯曲工作在弯管台上进行。弯管台是用一块厚钢板做成，钢板上钻有不同距离的管孔，板上焊有一根钢管作为定销，管孔内插入另一个销子，由于管孔距离不同，就可弯制各种弯曲半径的弯头。把烧热的管子放在两个销钉之间，扳动管子自由端，一边弯曲一边用样板对照，达到弯曲要求后，用冷水浇冷，继续弯其余部分，直到与样板完全相符为止。由于管子冷却后会回弹，故样板要较预定弯曲度多弯3°左右。弯头弯成后，趁热涂上机油，机油在高温弯头表面上沸腾而生成一层防锈层，防止弯头锈蚀。在弯制过程中如出现过大椭圆度、鼓包、皱折时，应立即停止成型操作，趁热用手锤修复。

成型冷却后，要清除内部砂粒，尤其要注意要把粘结在管壁上的砂粒除净，确保管道内部清洁。

目前在工厂内制作各种弯头，采用机械热煨弯技术，加热采用氧-乙炔火焰或中频感应电热，制作规范。

热弯成型不能用于镀锌钢管，镀锌钢管的镀锌层遇热即变成白色氧化锌并脱落掉。

(3)几种常用弯管制作

1)乙字弯制作

乙字弯又叫回管、灯叉管，如图3-3所示。它由两个小于90°的弯管和中间一段直管 L 组成，两平行直管的中心距为 H，弯管弯曲半径为 R，弯曲角度为 α，一般为30°、45°、60°。

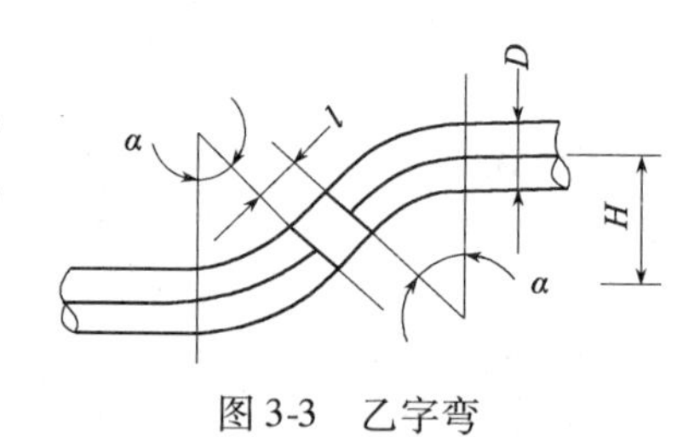

图3-3　乙字弯

可按自身条件求出：

$$l=\frac{H}{\sin\alpha}=2R\tan\frac{\alpha}{2}$$

当 $\alpha=45°$、$R=4D$ 时，可化简求出 $l=1.414H-3.312D$，每个弯管画线长度为 $0.785D=3.14D\approx 3D$，两个弯管加 l 长即为乙字弯的画线长 L。

$$L=2\times 3D+1.414H-3.312D=2.7D+1.414H$$

乙字弯在用作室内采暖系统散热器进出口与立管的连接管时，管径为 $DN15\sim20$(mm)，在工地可用手工冷弯制作。制作时先弯曲一个角度，再由 H 定位第二个角度弯曲点，因为保证两平行管间距离 H 的准确是保证系统安装平、直的关键尺寸。这样做可以避免角度弯曲不准、l 定位不准而造成 H 不准。弯制后，乙字弯管整体要与平面贴合，没有翘起现象。

2)半圆弯的制作

半圆弯一般由三个弯曲半径相同的两个60°(或45°)弯管及一个120°弯管组成，如图3-4所示。其展开长度 L(mm)为

$$L=\frac{3}{4}\pi R$$

制作时，先弯曲两侧的弯管，再用胎管压制中间的120°弯。半圆弯管用于两管交叉在同一平面上，一个管采用半圆弯管绕过另一管。

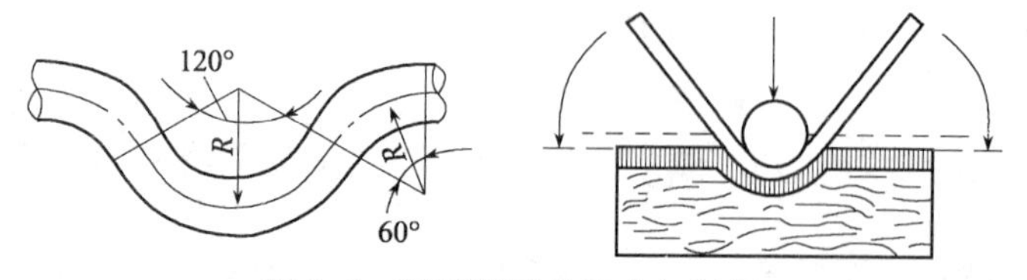

图3-4　平圆弯管的组成与制作

3)圆形弯管的制作

用作安装压力表的圆形弯管如图 3-5 所示。其画线长度为

$$L = 2\pi R + \frac{3}{2}\pi R + \frac{1}{3}\pi r + 2l$$

式中,第一项为一个整圆弧长,第二项为一个 120°弧长,第三项为两边立管弯曲 60°时总弧长,l 为立管弯曲段以外直管,一般取 100mm。按图 3-5 所示,R 取 60mm,r 取 33mm,则划线长度 737.2mm。

煨制此管用无缝钢管,选择稍小于圆环内圆的钢管做胎具(如选择 ϕ100 管),用氧—乙炔火焰烘烤,先煨环弯至两侧管子夹角为 60°状态时浇水冷却后,再煨两侧立管弧管,逐个完成,使两立管在同一中心线上。

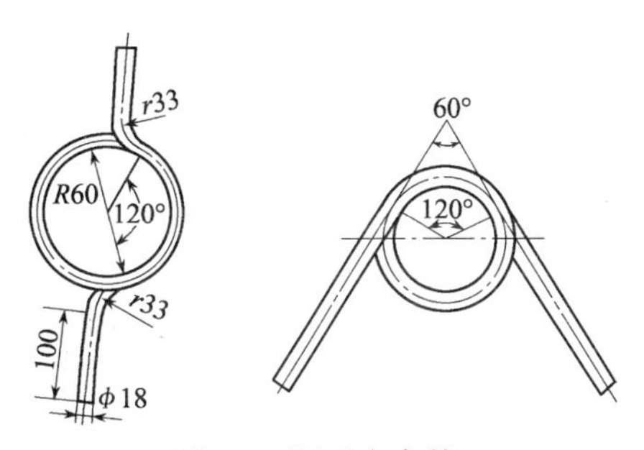

图 3-5　圆形表弯管

(4)制作弯管的质量标准及产生缺陷原因

① 无裂纹、分层、过烧等缺陷。外圆弧应均匀,不扭曲。

② 壁厚减薄率:中、低压管 ≤ 15%,高压管 ≤ 10%,且不小于设计壁厚。

③ 椭圆度:中、低压管≤8%,高压管≤50%。

④ 中、低压管弯管的弯曲角度偏差:按弯管段直管长管端偏差 Δ 计,如图 3-6 所示。

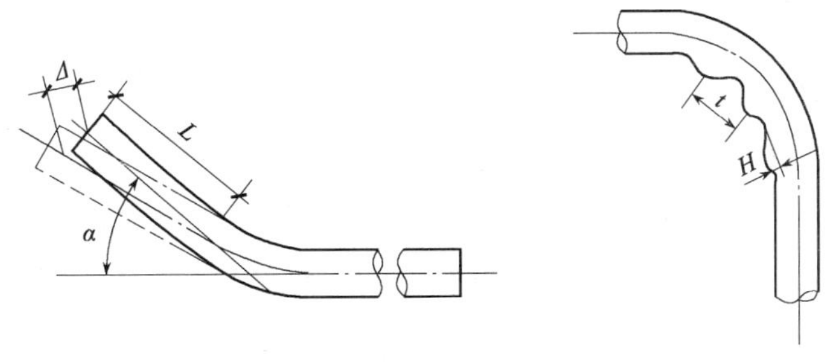

图 3-6　弯曲角度管端轴线偏差及弯曲波浪度

机械弯管:$\Delta \leq \pm 3$mm/m;当直管长度 $L > 3$m 时,$\Delta \leq \pm 10$mm。

地炉弯管:$\Delta \leq \pm 5$mm/m;当直管长度 $L > 3$m 时,$\Delta \leq \pm 15$mm。

⑤ 中、低压管弯管内侧皱折波浪时,波距 $t \leq 4$H,波浪高度 H 允许值依管径而定。当外径 ≤108,$H \leq 4$;外径为 ϕ133 ~ ϕ219,$H \leq 5$;外径为 ϕ273 ~ ϕ325;$H \leq 7$;外径 $\phi \geq 377$,$H \leq 8$。

弯管产生缺陷的原因见表 3-2。

表 3-2　弯管缺陷的原因

缺　陷	产 生 缺 陷 的 原 因
折皱	1. 加热不均匀,浇水不当,使弯曲管段内侧温度过高; 2. 弯曲时施力角度与钢管不垂直; 3. 施力不均匀,有冲击现象; 4. 管壁过薄; 5. 充砂不实,有空隙

续表

缺　　陷	产生缺陷的原因
椭圆度过大	1. 弯曲半径小； 2. 充砂不实
管壁减薄太多	1. 弯曲半径小； 2. 加热不均匀，浇水不当，使内侧温度太低
裂纹	1. 钢管材质不合格； 2. 加热燃料中含硫过多； 3. 浇水冷却太快，气温过低
离层	钢管材质不合适
弯曲角度偏差	1. 样板画线有误，热弯时样板弯曲度应多弯3°左右； 2. 弯曲作业时，定位销活动

项目实训六：钢管的调直与弯曲

一、实训目的

1. 熟悉钢管的调直。
2. 掌握钢管弯曲的制作。

二、实训内容

1. 正确掌握钢管的调直方法。
2. 掌握弯管的冷弯和热弯方法和质量控制。

三、实训时间

每人操作45min。

四、实训报告

1. 写出钢管调直的实训报告。
2. 写出弯管冷弯和热弯的具体操作报告。

3.2　管子切断

在管路安装前，需要根据安装要求的长度和形状将管子切断。常用的方法有锯割、刀割、磨割、气割、凿切、等离子切割等，施工时可根据现场条件和管子的材质及规格，选用合适的切断方法。

3.2.1　钢管切断

钢管切断可用锯割、刀割、气割等方法。

1. 锯割

锯割是常用的一种切断钢管的方法,可采用手工锯割和机械锯割。

手工切断即用手锯切断钢管。在切断管子时,应预先画好线。画线的方法是用整齐的厚纸板或油毡缠绕管子一周,然后用石笔沿样板纸边画一圈即可。切割时,锯条应保持与管子轴线垂直,用力要均匀,锯条向前推动时加适当压力,往回拉时不宜加力。锯条往复运动应尽量拉开距离,不要只用中间一段锯齿。锯口要锯到管子底部,不可把剩余的部分折断,以防止管壁变形。

为满足切割不同厚度金属材料的需要,手锯的锯条有不同的锯齿。在使用细齿锯条时,因齿嘴小,会有几个锯齿同时与管壁的断面接触,锯齿吃力小,而不至于卡掉锯齿且较为省力,但这种齿距切断速度慢,一般只适用于切断直径 40mm 以下的管材。使用粗齿锯条切断管子时,锯齿与管壁断面接触的齿数少,锯齿吃力大,容易卡掉锯齿且较费力,但这种齿距切断速度快,适用于切断直径 15 ~ 50mm 的钢管。机械锯割管子时,将管子固定在锯床上,用锯条对准切断线锯割。它用于切割成批量的直径大的各种金属管和非金属管。

2. 管子割刀切割

切割是指用管子割刀切断管子。一般用于切割直径 *DN*100 以下的薄壁管子,不适用于铸铁管和铝管。管子割刀切割具有操作简便、速度快、切口断面平整的优点,所以在施工中普遍使用。管子割刀见图 3-7。使用管子割刀切割管子时,应将割刀的刀片对准切割线平稳切割,不得偏斜,每次进刀量不可过大,以免管口受挤压使得管径变小,并应对切口处加油。管子切断后,应用铰刀铰去管口缩小部分。

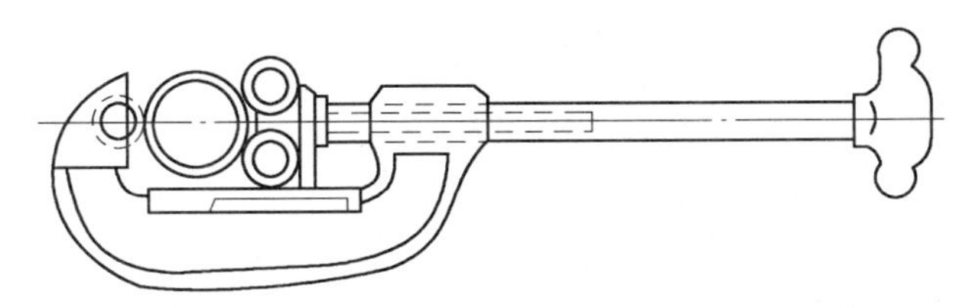

图 3-7　管子割刀

其操作方法步骤如下:

(1)将被切割的管子上画上切割线,放在龙门压力钳上夹紧。

(2)将管子放在割刀滚轮和刀片之间,刀刃对准管子上的切割线,旋动螺杆手柄夹紧管子,并扳动螺杆手柄绕管子转动,边转动边拧紧,滚刀即逐步切入管壁,直至切断为止。

(3)管子割刀切割管子会造成管径不同程度的缩小,须用绞刀插入管口,刮去管口收缩部分。

3. 砂轮切割机磨割

磨割是指用砂轮切割机(无齿锯)上的砂轮片切割管子。它可用于切割碳钢管、合金钢管和不锈钢管。这种砂轮切割机效率高,并且切断的管子端面光滑,只有少许飞边,用砂轮轻磨或锉刀锉一下即可除去。这种切割机可以切直口,也可以切斜口,还可以用来切断各种型钢。在切割时,要注意用力均匀和控制好方向,不可用力过猛,以防止将砂轮拆断飞出伤人,更不可用飞转的砂轮磨制钻头、刀片、钢筋头等。

4. 气割

气割又称氧乙炔切割。主要用于大直径碳钢管及异形复杂切口的切割,它是利用氧气和乙炔燃烧时所产生的热能，使被切割的金属在高温下融化，产生氧化铁熔渣，然后用高压气流，将熔渣吹离金属，此时，管子即被切断。操作时应注意以下问题：

（1）割嘴应保持垂直于管子表面，待割透后，将割嘴逐渐前倾，倾斜到与割点的切线成70°～80°角。

（2）气割固定管时，一般从管子下部开始。

（3）气割时，应根据管子壁厚选择割嘴和调整氧气、乙炔压力。

在管道安装过程中，常用气割方法切断管径较大的管子。用气割切断钢管效率高，切口也比较整齐，但切口表面将附着一层氧化薄膜，需在焊接前除去。

3.2.2　铸铁管切断

铸铁管硬而脆，切断的方法与钢管有所不同。目前，通常采用凿切，有时也采用锯割和磨割。

凿切所用的工具是扁凿和手锤。凿切时，在管子的切断线下和两侧垫上厚木板，用扁凿沿切断线凿1～2圈，凿出线沟，然后用手锤沿线沟用力敲打，同时不断转动管子，连续敲打直至管子折断为止，如图3-8所示。切断小口径的铸铁管时，使用扁凿和和手锤由一人操作即可。切断大口径的铸铁管时，需由两个人操作，一人打锤，一人掌握凿子，必要时还需有人帮助转动管子。操作人员应戴好防护眼镜，以免铁屑飞溅伤及眼睛。

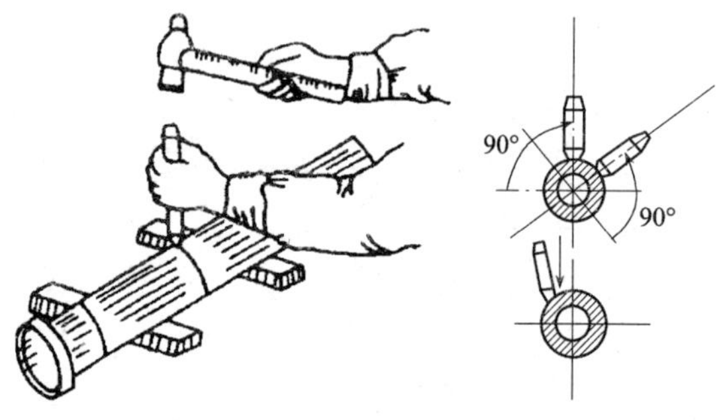

图3-8　切管示意图

3.2.3　塑料管材切断

PP-R管和铝塑复合管的切断可用专用的切管刀，如图3-9所示。

图3-9　切管刀

3.3 钢管套丝

钢管套丝是指对钢管末端进行外螺纹加工。加工方法有手工套丝和机械套丝两种。

3.3.1 手工套丝

手工套丝是把加工的管子固定在管台虎钳上,需套丝的一端管段应伸出钳口外150mm左右。把铰板装置放到底,并把活动盘标盘对准固定标盘与管子相应的刻度上。上紧标盘固定把,随后将后套推入管子至与管牙齐平,关紧后套(不要太紧,能使铰板转动为宜)。人站在管端前方,一手扶住机身向前推进,另一手顺时针方向转动铰板把手。当板牙进入管子两扣时,在切削端加上机油润滑并冷却板牙,然后人可站在右侧继续用力旋转板把,使板牙徐徐而进。

为使螺纹连接紧密,螺纹加工成锥形。螺纹的锥度是利用套丝过程中逐渐松开板牙的松紧螺钉来达到的。当螺纹加工达到规定长度时,一边旋转套丝,一边松开松紧螺钉。*DN*50 ~ *DN*100(mm)的管子可由2 ~4人操作。

为了操作省力及防止板牙过度磨损,不同管径应有不同的套丝次数:*DN*32以下者,最好两次套成;*DN*32、*DN*50者,可分两次到三次套成;*DN*50以上者必须在三次以上,严禁一次完成套丝。套丝时,第一次或第二次铰板的活动标盘对准固定标盘刻度时,要略大于相应的刻度。螺纹加工长度可按表3-3确定。

表3-3 螺纹加工长度

管径(mm)	短螺纹		长螺纹		连接阀门螺纹
	长度(mm)	螺纹数(牙)	长度(mm)	螺纹数(牙)	长度(mm)
15	14	8	50	28	12
20	16	9	55	30	13.5
25	18	8	60	26	15
32	20	9	65	28	17
40	22	10	70	30	19
50	24	11	75	33	21
70	27	12	85	37	23.5
80	30	13	100	44	26

在实际安装中,当支管要求坡度时,遇到管螺纹不端正,则要求有相应的偏扣,俗称“歪牙”。歪牙的最大偏离度不能超过15°。歪牙的操作方法是将铰板套进管子一、二扣后,把后卡爪板根据所需略为松开,使螺纹向一侧倾斜,这样套成的螺纹即成“歪牙”。

3.3.2 机械套丝

机械套丝是使用套丝机给管子进行套丝。套丝前,应首先进行空负荷试车,确认运行正常可靠后方可进行套丝工作。

套丝时,先支上腿或放在工作台上,取下底盘里的铁屑筛的盖子,灌入润滑油;再把电插头插入电源，注意电压必须相符。推上开关，可以看到油在流淌。

套管端小螺纹时，先在套丝板上装好板牙，再把套丝架拉开，插进管子，使管子前后抱紧。在管子挑出一头，用台虎钳予以支撑。放下板牙架子，把出油管放下，润滑油就从油管内喷出来，把油管调在适当的位置，合上开关，扳动进给把手，使板牙对准管子头；稍加一点压力，于是套丝操作开始了。板牙对上管子后很快就套出一个标准丝扣。

套丝机一般以低速工作，如有变速箱，要根据套出螺纹的质量情况选择一定速度，不得逐级加速，以防“爆牙”或管端变形。套丝时，严禁用锤击的方法旋紧或放松背面挡脚、进刀手把和活动标盘。长管套线时，管后端一定要垫平；螺纹套成后，要将进刀把和管子夹头松开，再将管子缓缓地退出，防止碰伤螺纹。套丝的次数：*DN*25mm 以上要分两次进行，切不可一次套成，以免损坏板牙或关系到“硌牙”。在套丝过程中要经常加机油润滑和冷却。

管子螺纹应规整，如有断丝或缺丝，不得大于螺纹全扣数的 10%。

项目实训七：管子切断和钢管套丝

一、实训目的

1. 熟悉管路安装前，需要根据安装要求的长度和形状将管子切断的方法（常用的方法有锯割、切割、磨割、气割）。
2. 掌握钢管末端进行的外螺纹加工方法。

二、实训内容

1. 正确掌握管子是如何进行锯割、切割、磨割、气割的。
2. 掌握手工套丝和机械套丝如何进行钢管末端的外螺纹加工。

三、实训时间

每人操作 60min。

四、实训报告

1. 写出管子进行锯割、切割、磨割、气割的实训报告。
2. 写出手工套丝和机械套丝的具体操作报告。

3.4　非金属管道制备

3.4.1　陶瓷管的切断与连接

切断陶瓷管的方法与用凿子切断铸铁管的方法相似，由于陶瓷管质脆易碎，须防止发生破裂。另外，还可以用切断器进行切割。切断器是用 $\phi20$ 的圆钢制成，形如钳状，钳口内径等于陶瓷管外径。用时将其烧红，夹在陶瓷管切断位置上，使其局部受热后而裂开，然后浇水或用木棒轻轻敲打即可断开。

陶瓷管一般采用承插口连接。由于其内部不承受水压,因此只要求承插口严密即可,填料常用水泥灰或沥青玛琋脂。其具体做法如下:

1. 水泥口做法

清洁承插口内壁后放入一个湿过水的草绳圈,以防水泥灰落入管内,然后分层放入水泥灰。水泥灰的拌合方法与铸铁管接口用料一样。用灰凿轻轻捣实至表面呈黑亮色为止,然后进行养护,接口即成。

2. 沥青玛琋脂接口做法

先将接口处擦干,涂一层冷底子油,塞一圈麻辫,并将麻辫压到插口底部,然后用与灌铅口相同的方法做好灌口,灌入沥青玛琋脂。灌时要缓缓倒入,以排除空气,一次灌好。冷底子油与沥青玛琋脂的材料配方要根据所用材料性质和施工时气温而定,一般配方如下:

冷底子油为沥青与汽油质量比 1∶1 的稀释液体。制法是,把 4 号沥膏小块放在容器内,加热到 180℃完全熔融,然后搅冷到 70℃,慢慢加入汽油,边加边搅即成。涂抹底子油是为了使沥青玛琋脂与管壁更紧密结合起来。沥青玛琋脂由石棉粉、滑石粉与沥青混合而成。在夏季,3 号及 4 号沥青各占质量的 23.5%,在冬季增加到 28.5%。熬制时,先将沥青按质量比放入锅里,加热至融化为止,再将石棉粉、滑石粉的掺和料均匀撒入,边撒边搅,待混合物颜色均匀,温度在 180 ~ 220℃时,即可浇口。

3.4.2　石棉水泥管、钢筋混凝土管的切割与连接

石棉水泥管可以任意钻孔和切割,连接采用水泥套管套在对接管端,套管与管子之间加入填料,打实即可。钢筋混凝土管一般不做切断,可用不同长度的管子进行组合达到要求的总长。钢筋混凝土管的连接可采用套管,或承插口,承插口的填料和做法与铸铁管承插口的填料和做法相同,即采用石棉水泥打口成刚性连接,或用橡胶密封圈做成柔性接口。

用于排水系统上的石棉水泥管、混凝土管,管子连接的柔性接口,常采用石棉沥青卷材接口和沥青砂接口,如图 3-10 所示。

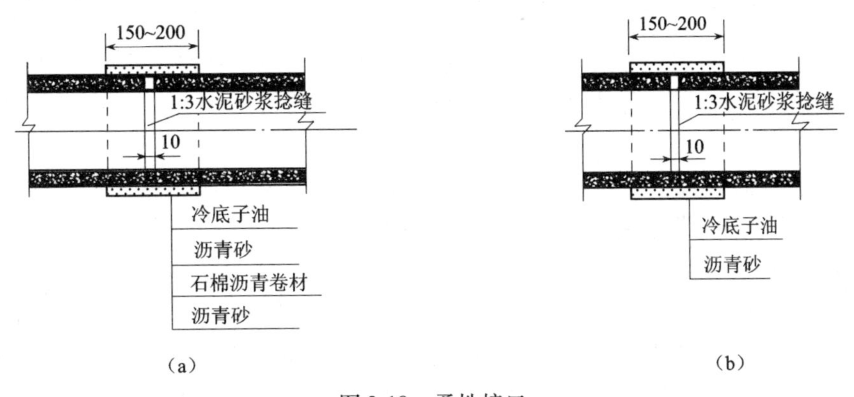

图 3-10　柔性接口

(a)石棉沥青卷材接口;(b)沥青砂接口

石棉沥青卷材接口的做法是,先把混凝土管外壁接口处洗刷干净,晾干后刷冷底子油一道,干燥后刷 3 ~ 5mm 厚的沥青砂,并且立即从下向上包一层石棉沥青卷材。为使沥青砂贴紧

在管皮上，可用木锤敲击使之贴紧。然后再涂一层3mm厚的沥青砂，以增强接口防水能力。石棉沥青卷材又称“保罗杯”，一般在石棉厂制作，具有防水、防腐、质地柔软、不易折断、抗拉力好等性能。沥青砂质量配合比是：30#甲或30#乙油沥青：石棉粉：石粉=1：0.67：0.69，熬制时温度为160～180℃。

沥青砂接口采用上述配方的沥青砂，其中石棉粉纤维要占1/3左右。浇灌温度应保持在220℃以上，否则浆太稠，易出现“蜂窝”状弊病。

3.4.3　塑料管的制备

塑料管包括聚乙烯管、聚丙烯管、聚氯乙烯管等。这些管材质软，在200℃左右即产生塑性变形或能熔化，因此加工十分方便。

1. 塑料管的切割与弯曲

使用细牙手锯或木工圆锯进行切割，切割口的平面度偏差为：*DN*＜50mm，为0.5mm；*DN*＝50～160mm，为1mm；*DN*＞160mm，为2mm。管端用手锉锉出倒角，距管口50～100mm处端不得有毛刺、污垢、凸疤，以便进行管口加工及连接作业。

公称直径*DN*≤200mm的弯管，有成品弯头供应，一般为弯曲半径很小的急弯弯头。需要制作时可采用热弯，弯曲半径*R*＝(3.5～4)*DN*。塑料管热弯工艺与弯钢管的不同在于：

(1)不论管径大小，一律填细砂。

(2)加热温度为130～150℃，在蒸汽加热箱或电加热箱内进行。

(3)用木材制作弯管模具，木块的高度稍高于管子半径。管子加热至要求温度迅速从加热箱内取出，放入弯管模具内，因管材已成塑性，用力很小，用浇冷水方法使其冷却定型，然后取出砂子，并继续进行水冷。管子冷却后要有1°～2°的回弹，因此制作模具时把弯曲角度加大1°～2°。

2. 塑料管的连接

塑料管的连接方法可根据管材、工作条件、管道敷设条件而定。壁厚大于4mm、*DN*≥50mm的塑料管均可采用对口接触焊；壁厚小于4mm、*DN*≤150mm的承压管可采用套管或承口连接；非承压的管子可采用承口粘结、加橡胶圈的承口连接；与阀件、金属部件或管道相连接，且压力低于2MPa时，可采用卷边法兰连接或平焊法兰连接。

(1)对口焊接

塑料管的对口焊接有对口接触焊和热空气焊两种方法。对口接触焊是将塑料管放在焊接设备的夹具上夹牢，清除管端氧化层，将两根管子对正，管端间隙在0.7mm以下，电加热盘正套在接口处加热，使塑料深处表面1～2mm熔化，并用0.1～0.25MPa的压力加压使熔融表面连接成一体。热空气焊接是将压缩空气通过焊枪，焊枪为一电热空气管，可将空气加热至200～250℃，可以调节焊枪内的电热丝电压以控制温度。压缩空气保持压力为0.05～0.1MPa。焊接时将管端对正，用塑料条对准焊缝，焊枪加热将管件和焊条熔融并连接在一起。

(2)承插口连接

承插口连接的程序是先进行试插，检查承插口长度及间隙，长度以管子公称直径的1～1.5倍为宜，间隙应不大于0.3mm，然后用酒精将承口内壁、插管外壁擦洗干净，并均匀涂上一层胶粘剂，即时插入，保持挤压2～3min，擦净接口外挤出的胶粘剂，固化后在承口外端可再行焊接，以增加连接强度。胶粘剂可采用过氯乙烯树脂与二氯乙烷（或丙酮）质量比1：4的调和物，该调和物称为过氯乙烯胶粘剂。也可采用市场上供应的多种胶粘剂。

如塑料管没有承口，还要自行加工制作。方法是在扩张管端采用蒸汽加热或用甘油加热锅加热，加热长度为管子直径的1～1.5倍，加热温度为130～150℃。此时可将插口的管子插入已加热的管端，使其扩大为承口。也可用金属扩口模具扩张。为了使插入管能顺利地插入承口，可在扩张管端及插入管端先做成30°斜口，如图3-11所示。

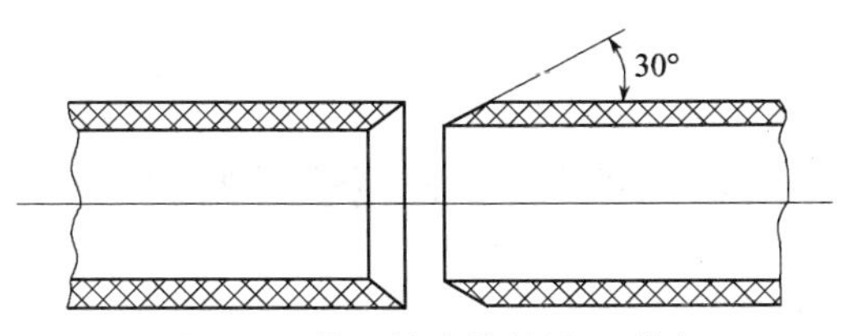

图3-11　管口扩张前的坡口形式

（3）套管连接

套管连接是先将管子对焊起来，并把焊缝铲平，再在接头上加套管。套管可用塑料板加热卷制而成，套管与连接管之间涂上胶粘剂，套管的接口、套管两端与连接管还可焊接起来，增加强度，套管尺寸见表3-4。

表3-4　套管尺寸

公称直径 *DN*（mm）	25	32	40	50	65	80	100	125	150	200
套管长度（mm）	56	72	94	124	146	172	220	272	330	436
套管厚度（mm）	3			4		5		6		7

（4）法兰连接

采用钢制法兰时，先将法兰套入管内，然后加热管进行翻边。采用塑料板材制成的法兰可与塑料管进行焊接。此时塑料法兰应在内径两面车出45°坡口，两面都应与管子焊接。紧固法兰时应把密封垫垫好，并在螺栓两端加垫圈。

塑料管管端翻边的工艺是将要翻边的管端加热至140～150℃，套上钢法兰，推入翻边模具。翻边模具为钢质，如图3-12所示，尺寸如表3-5所示。翻边模具推入前先加热至80～100℃，不使管端冷却，推入后均匀地使管口翻成垂直于管子轴线的翻边。翻边后不得有裂纹和皱折等缺陷。

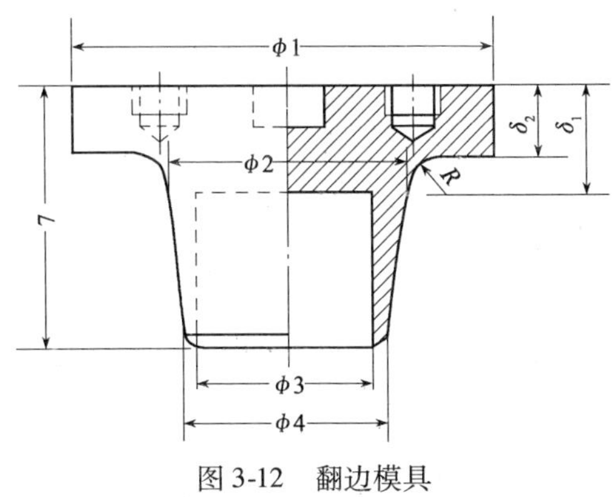

图3-12　翻边模具

表 3-5　翻边模具尺寸

管子规格(mm)	$\phi1$	$\phi2$	$\phi3$	$\phi4$	L	δ_1	δ_2	R
65×4.5	105	56	40	46	65	30	20.5	9.5
76×5	116	66	50	56	75	30	20	10
90×6	128	76	60	66	85	30	19	11
114×7	160	96	80	86	100	30	18	12
166×8	206	150	134	140	100	30	17	13

项目实训八:非金属管道的制备

一、实训目的

1. 熟悉陶瓷管的切断与连接。
2. 掌握石棉水泥管、钢筋混凝土管的切割与连接。
3. 塑料管的切割、弯曲与连接。

二、实训内容

1. 正确掌握陶瓷管的切断与连接方法。
2. 掌握石棉水泥管、钢筋混凝土管的切割与连接方法。
3. 塑料管的切割、弯曲与连接方法。

三、实训时间

每人操作60min。

四、实训报告

1. 写出陶瓷管的切断与连接的实训报告。
2. 写出陶瓷管的切断与连接的具体操作报告。
3. 写出塑料管的切割、弯曲与各种连接具体操作实训报告。

项目四　给排水管道的连接

管道连接是指按照设计图的要求，将已经加工预制好的管段连接成一个完整的系统，以保证其使用功能正常。

施工中，根据所用管子的材质选择不同的连接方法。铸铁管一般采用承插连接；焊接钢管主要采用螺纹连接、焊接和法兰连接；无缝钢管、有色金属以及不锈钢管只能采用焊接和法兰连接；而塑料管可采用粘结、热熔接等。

4.1　螺纹连接

螺纹连接也称线扣连接。连接时，先在管子外螺纹上缠抹适当的填料，内给水管一般采用油麻丝和铅油或聚四氟乙烯带（简称料带或生胶带）。操作时，一般从管螺纹第二扣开始沿螺纹方向进行缠绕，缠好后表面沿螺纹方向均匀涂抹一层铅油（生胶带可不涂抹铅油），然后用手拧上管件，再用管钳或链条钳将其拧紧。

缠绕填料时要适当，不得把铅油、油麻丝或生胶带从管端下垂挤入管腔，以免堵塞管路。

4.2　焊接

焊接使用范围极广，通常有电弧焊、气焊和氩弧焊等。焊接较之螺纹连接可靠、牢固、强度高，而且连接工艺简单方便。但是焊接连接拆卸困难，如需检修、清理管道则须将管路切断。另外，还有可能由于焊接加热而造成材料变质，降低构件的机械强度或造成设备构件的变形。

4.2.1　坡口与清理

管壁较厚的（≥5mm）管道焊接时，如果只能进行单面施焊，那么就需将管子的施焊端面做成坡口，以避免焊缝不实，出现焊不透的现象。焊接常用的坡口形式和尺寸见表4-1。管道焊接前，应将管端50mm范围内的泥土、油渍、污锈等杂物清理干净。用气割坡口的管子，要把残留的氧化铁渣子和毛刺等彻底清理干净。如发现坡口表面有裂纹或加层，不得直接施焊，应重新进行修整。

表4-1　焊接常用坡口形式和尺寸

序号	坡口名称	坡口形式	手工焊坡口尺寸(mm)			
1	I形坡口	C, S	单面焊	S	1.5~2	2~3
				C	$0^{+0.5}$	$0^{+1.0}$
			双面焊	S	3~3.5	3.6~6
				C	$0^{+1.0}$	$0^{+0.5}_{-1.0}$

续表

序号	坡口名称	坡口形式	手工焊坡口尺寸(mm)			
2	V 形坡口	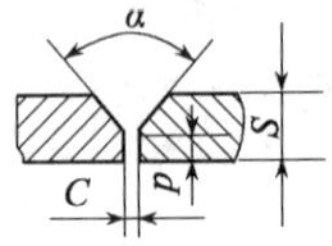	S α C p	3 ~ 9 70° ± 5° 1 ± 1 1 ± 1	9 ~ 26 65° ± 5° 2^{+1}_{-2} 2^{+1}_{-2}	
3	带垫板 V 形坡口	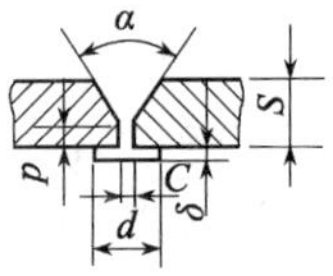	S C	6 ~ 9 4 ± 1		9 ~ 26 5 ± 1
			$p = 1 \pm 1$ $\alpha = 55° \pm 5°$ $\delta = 4 \sim 6$ $d = 20 \sim 40$			
4	X 形坡口	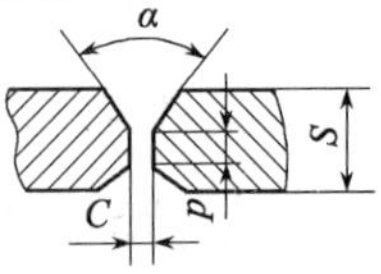	$S = 12 \sim 60$ $C = 2^{+1}_{-2}$ $p = 2^{+1}_{-2}$ $\alpha = 60° \pm 5°$			
5	双 V 形坡口	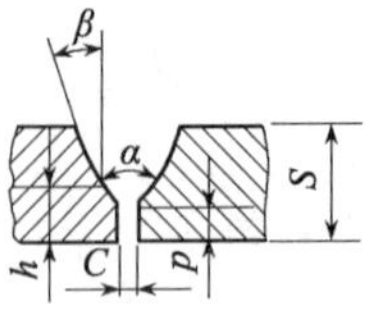	$S = 12 \sim 60$ $C = 2^{+1}_{-2}$ $p = 2 \pm 1$ $\alpha = 70° \pm 5°$ $h = 10 \pm 2$ $\beta = 10° \pm 2°$			
6	U 形坡口	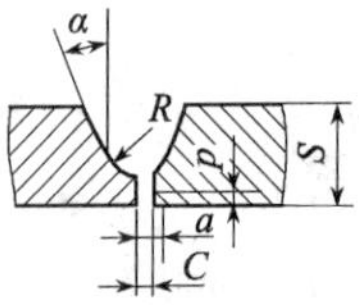	$S = 20 \sim 60$ $C = 2^{+1}_{-2}$ $p = 2 \pm 1$ $R = 5 \sim 6$ $\alpha = 10° \pm 2°$ $a = 1.0$			

4.2.2　焊接质量检查

1. 外观检查

对焊接进行外观检查，可以用肉眼直接观察，也可以用低倍放大镜进行检查。通常在焊缝的外观上存在以下缺陷，如图 4-1 所示。

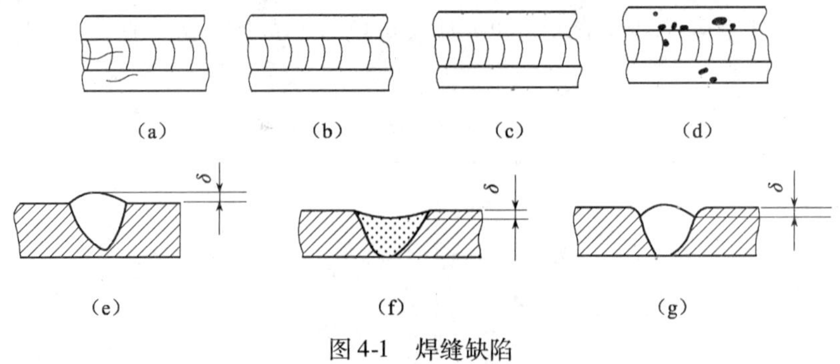

图 4-1　焊缝缺陷

(1)表面裂纹。产生的原因主要是焊条化学成分与母材金属成分不符或由于热应力集中,冷却过快,焊缝有硫、磷杂质。

(2)表面气孔。产生的原因是焊接速度太快,焊接表面有污物,焊条药皮脱落或受潮,焊接电流太大等。

(3)表面夹渣。主要原因是焊层间清理不干净,焊接电流过小,焊条药皮太重且施焊时摆动方法不当。

(4)表面残缺。主要由于熔池温度过高,使液态金属凝固缓慢,并且在自重作用下飞溅产生焊瘤。宽度、高度把握不准也是形成表面残缺不齐的原因之一。

(5)咬边。是在母材上被电弧烧熔的凹槽。主要原因是焊接电流太大,焊条摆动不当及电弧过长等。

(6)表面凹陷。主要原因是电流过小,焊条摆动过快,焊条填入量过少等。

(7)未焊透。产生原因主要是坡口形式不正确,对口间隙过小,焊接电流过小,焊缝表面有污迹等。

2. 强度和严密性实验

强度实验是以该管道的工作压力增加一个数值,来检查管道焊接口的力学性能。严密性实验是将实验压力保持在工作压力或小于工作压力的范围内,较长时间地观察和检查焊接口是否有渗漏现象,同时也观察压力表指示值的下降情况。

3. 无损探伤检验

无损探伤检验可采用射线探伤和超声波探伤两种方法。

4.3 法兰连接

法兰连接就是将固定在两个管口(或附件)上的一对法兰盘,中间加入垫圈,然后用螺栓拉紧密封,使管子(或附件)连接起来。

常用的法兰盘有铸铁和钢制两类。法兰盘与管子连接有螺纹、焊接和翻边松套三种。在管道安装中,一般以平焊钢法兰为多用,铸铁螺纹法兰和对焊法兰则较少用,而翻边松套法兰常用于输送腐蚀性介质的管道,工作压力在0.6MPa以内。下面仅介绍室内给排水中常用的铸铁螺纹法兰连接与平焊钢法兰连接的操作方法。

4.3.1 铸铁螺纹法兰连接

这种连接方法多用于低压管道,它是用带有内螺纹的法兰盘与套有同样公称直径螺纹的钢板连接。连接时,在套丝的管端缠上油麻丝,涂抹上铅油填料。把两个螺栓穿在法兰的螺孔内,作为拧紧法兰的力点,然后将法兰盘拧紧在管端上。连接时要注意法兰一定要拧紧,成对法兰盘的螺栓孔要对应。

4.3.2 平焊钢法兰连接

平焊钢法兰用的法兰盘通常是用A3、A5和20钢加工的,与管子的连接是用手工电焊进行焊接。焊接时先将管子垫起来,用水平尺找平,将法兰盘按规定套在管子上,用角尺或线锤找平,对正后进行点焊。然后,检查法兰平面与管子轴线是否垂直,再进行焊接。焊接时，防止法兰变形，应按对称方向分段焊接，如图4-2所示。平焊法兰的内外两面必须与管子焊接。

法兰连接时，无论使用哪种方法，都必须在法兰盘与法兰盘之间垫上适应输送介质的垫圈，而达到密封的目的。法兰垫圈应符合要求，不允许使用斜垫圈或双层垫圈。垫圈要加工成带把的形状，以便于安装和拆卸。

连接法兰时，要注意两片法兰的螺栓孔对准，连接法兰的螺栓应用同一种规格，全部螺母应位于法兰的一侧。紧固螺栓时应按照图4-3所示的次序对称进行，大口径法兰最好两人在对称位置同时进行。

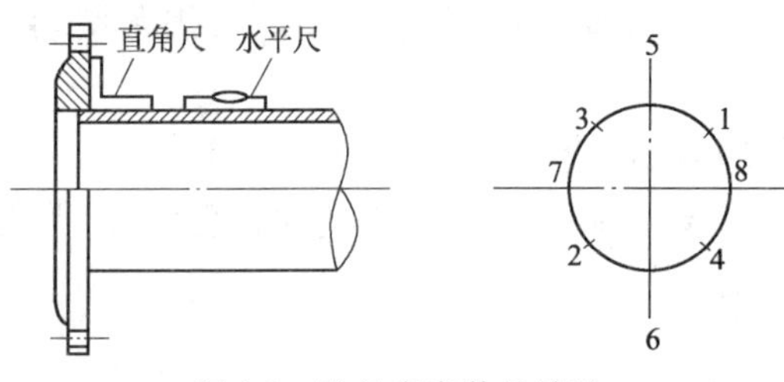

图4-2　法兰盘安装及检验

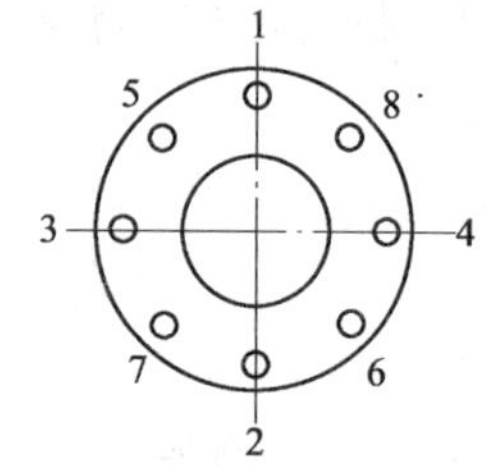

图4-3　紧固法兰螺栓次序

4.4　承插口连接

承插口连接（通常称捻口）就是把承插式铸铁管的插口插入承口内，然后在四周的间隙内加满填料打实、打紧，如图4-4所示。

承插接口的填料分两层：内层用油麻丝或胶圈，其作用是使承插口的间隙均匀，并使下一步的外层填料不致落入管腔，有一定密封作用；外层填料主要起密封和增强作用，可根据不同要求选择接口材料。安装前，应对管材的外观进行检查，查看有无裂纹、毛刺等。插口插入承口前，应将承口内部和插口外部清理干净，用气焊烤掉承口内部及外部的沥青。如采用橡胶圈接口时，应先将橡胶圈套在管子的插口上，调整好管子的中心位置。打麻时，应先将打油麻后打干麻。把每圈麻拧成麻辫，麻辫直径等于承插口环形间隙的1.5倍，长度为周长的1.3倍左右。打锤要用力，凿凿相压，一直到铁锤打击时发出金属声为止。

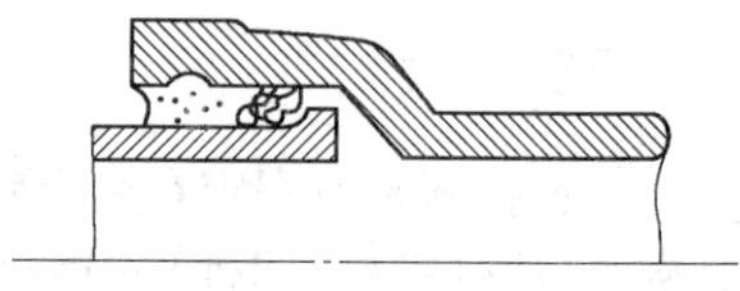

图4-4　承插口连接

采用橡胶圈接口时，填打胶圈应逐渐滚入承口内，防止出现“闷鼻”现象。

4.4.1　铅接口

铅接口是以熔化的铅灌入承插口的间隙内，凝固后用捻凿将铅打紧而成。打完麻丝后，将浸过泥浆的麻绳将口密封，麻绳在靠承口的上方留出灌铅口，将熔化呈紫红色的铅（约600℃），用经过加热的铅勺除去熔化铅面上的杂质（熔铅时，严禁铅块带水或潮湿，避免发生爆炸事故）。然后，将铅液舀到小铅桶内，每次取一个接口的用量灌入承插口内，熔铅要一次罐成。待铅灌入后，取下密封的麻缉，用扁凿将浇口的多余铅去掉，用捻凿由下至上锤打，直至表面平滑，且凹进承口2～3mm为止。最后在铅口外涂沥青防腐层。灌铅时，操作人员一定要戴好帆布手套，脸部不能面对灌铅口，防止热铅灌入时，因空气溢出或遇到水分而产生蒸汽将铅崩出来(俗称“放炮”)伤人。必要时在接口内灌入少量机油,可防止放炮现象。

4.4.2　石棉水泥接口

石棉水泥接口是以石棉绒和水泥的混合物作填料进行连接,其配合比(质量比)为3∶7,石棉绒与水泥拌合,用水量根据施工时的气候干湿情况而定。根据经验,一般拌合后的石棉泥,如用手可捏成团,成团后又可用手指轻轻拨散,则其干湿程度恰到好处。捻口时,先将油麻打入承口内。然后将石棉水泥填入,分4~6层。打好后,灰面不得低于承口2~5mm。每个接口要求一次打完不得间断。紧密程度以锤击时发出金属的清脆声音,同时感到有一定的弹性,石棉水泥呈现水湿现象为最好。接口完毕后,用湿草绳或涂泥养护48h,并每天浇2~4次适量的水。如在冬天施工,还应在涂泥后进行保温处理。

4.4.3　膨胀水泥接口

接口材料主要为膨胀水泥及中砂,膨胀水泥宜用石膏矾土水泥或硅酸盐膨胀水泥,砂应用洁净的中砂。用于接口的砂浆配合比质量比为1∶0.3,当气温较高或风较大时,其用水量可稍增加,但不宜超过0.35。拌合时应十分均匀,外观颜色一致,一次拌合量应在0.5h内用完。

4.4.4　三合一水泥接口

这种水泥接口是以42.5MPa的硅酸盐水泥、石膏粉和氯化钙为原材料,按质量比100∶10∶5用水拌合而成。三种材料中,水泥具有一定强度作用,石膏起膨胀作用,氯化钙粉碎溶于水中,然后与干料拌合,并搓成条状填入已打好油麻丝或胶圈的插接口中,并用灰凿轻轻捣实、抹平。由于石膏的终凝不早于6min,并不迟于30min,因此拌合好的填料要在6~10min内用完,抹平操作要迅速。接口完后要抹黄泥或覆盖湿草袋进行养护,8h后即可通水或进行压力实验。

4.5　塑料管材连接

4.5.1　UPVC管道连接

UPVC管连接通常采用溶剂粘结,即把胶粘剂均匀涂在管子承口的内壁和插口的外壁,等溶剂作用后承插并固定一段时间形成连接。连接前,应先检验管材与管件不应受外部损伤,切割面平直且与轴线垂直,清理毛刺、切削坡口合格,黏合面如有油污、尘砂、水渍或潮湿,都会影响粘结强度和密封性能,因此必须用软纸、细棉布或棉纱擦净,必要时蘸用丙酮的清洁剂擦净。插口插入承口前,在插口上标出插入深度,管端插入承口必须有足够深度,目的是保证有足够的黏合面,端处可用板锉锉成15°~30°坡口。坡口厚度宜为管壁厚度的1/3~1/2。坡口完成后应将毛刺处理干净,如图4-5所示。

管道粘结不宜在湿度很大的环境下进行,操作场所应远离火源、防止撞击和阳光直射。在-20℃以下的环境中不得操作。涂胶宜采用鬃刷,当采用其他材料时应防止与胶粘剂发生化学作用,刷子宽度一般为管径的1/3~1/2。涂刷胶粘剂应先涂承口内壁再刷插口外壁,应重复两次。涂刷时动作迅速、均匀、适量、无漏涂。涂刷结束后应将管子立即插入承口,轴向需用力准确，应使管子插入深度符合所画标记，并稍加旋转。管道插入后应扶持 1 ~ 2min，再静置以待完全干燥和固化。粘结后迅速揩净溢出的多余胶粘剂，以免影响外壁美观。管端插入深度不得小于表 4-2 的规定。

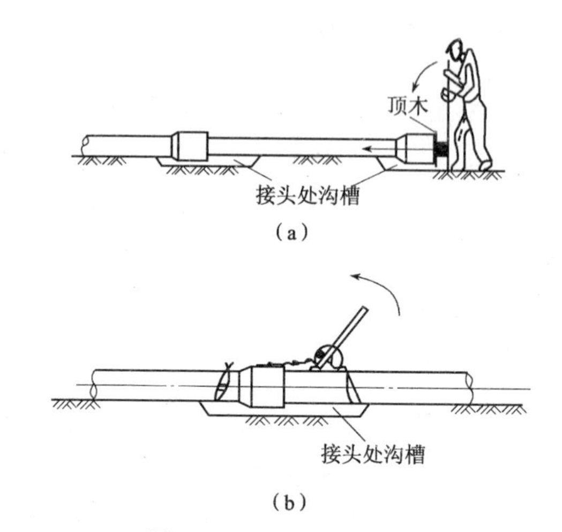

图 4-5　UPVC 管承插连接

(a)ϕ150mm 以下管子插接法；(b)ϕ200mm 以上管子插接法

表 4-2　管端插入深度

代号	1	2	3	4	5
管子外径(mm)	40	50	75	110	160
管端插入深度(mm)	25	25	40	50	60

4.5.2　铝塑复合管连接

铝塑复合管连接有两种：螺纹连接、压力连接。

1. 螺纹连接

螺纹连接如图 4-6 所示。

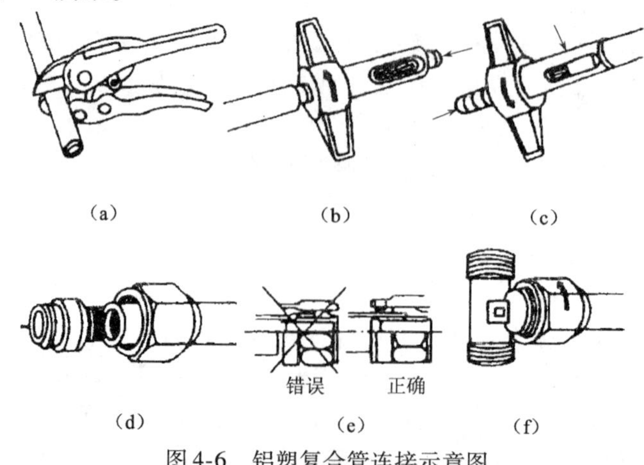

图 4-6　铝塑复合管连接示意图

螺纹连接的工序如下：

(1)用剪管刀将管子剪成合适的长度。

(2)穿入螺级及C形铜环。

(3)将整圆器插入管内到底用手旋转整圆，同时完成管内圆倒角。整圆器按顺时针方向转动，对准管子内部口径。

(4)用扳手将螺母拧紧。

2. 压力连接

压制钳有电动压制工具与电池供电压制工具。当使用承压和螺丝管件时，将一个带有外压套筒的垫圈压制在管末端。用O形密封圈和内壁紧固起来。压制过程分两种：使用螺丝管件时，只需拧紧旋转螺丝；使用承压管件时，需用压制工具和钳子压接外层不锈钢套管。

4.5.3 PP-R管连接

PP-R管道连接方式有热熔连接、电熔连接、丝扣连接与法兰连接。这里仅介绍热熔连接和丝扣连接。

1. 热熔连接

热熔连接工具见图4-7。

(1)用卡尺与笔在管端测量并标绘出热熔深度，如图4-8(a)、(b)所示。

(2)管材与管件连接端面必须无损伤、清洁、干燥、无油。

(3)热熔工具接通普通单相电源加热，升温时间约6min，焊接温度自动控制在约260℃，可连接施工到达工作温度指示灯亮后方能开始操作。

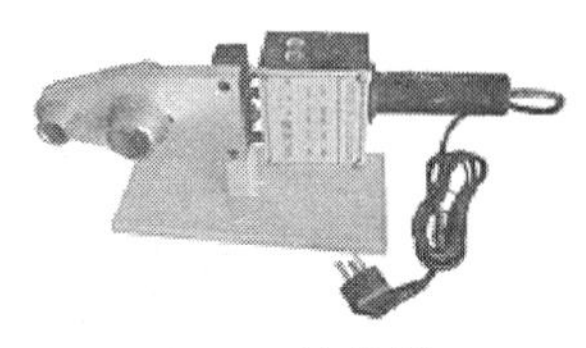

图4-7　熔接器

(4)做好熔焊深度及方向记号，在焊头上把整个熔焊深度加热，包括管道和接头，如图4-8(c)所示。无旋转地把管端导入加热套内，插入到所标志的深度，同时无旋转的把管件推到加热头上，达到规定标志处。

(5)达到加热时间后，立即把管材与管件从加热套与加热头上同时取下，迅速无旋转地直线均匀插入到所标深度，使接头处形成均匀凸缘，如图4-8(d)所示。

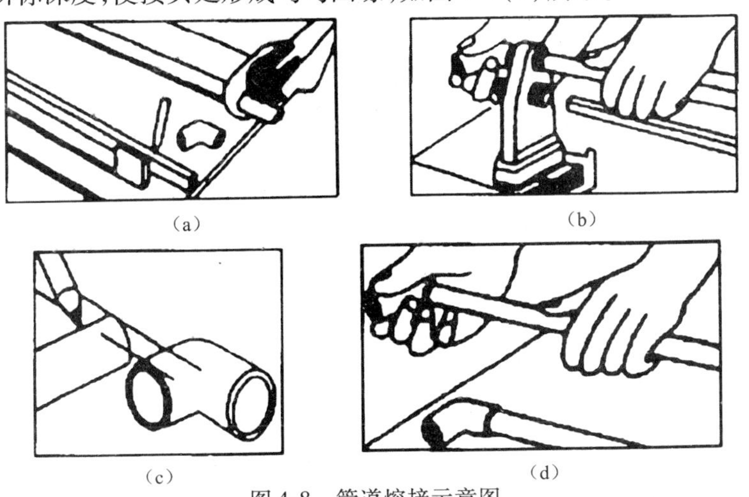

(a)　(b)　(c)　(d)

图4-8　管道熔接示意图

（6）工作时应避免焊头和加热板烫伤，或烫坏其他财物，保持焊头清洁，以保证焊接质量。
（7）热熔连接技术要求见表4-3。

表4-3　热熔连接技术要求

公称直径(mm)	热熔深度(mm)	加热时间(s)	加工时间(s)	冷却时间(min)
20	14	5	4	3
25	16	7	4	3
32	20	8	4	4
40	21	12	6	4
50	22.5	18	6	5
63	24	24	6	6
75	26	2	10	8
90	32	40	10	8
110	38.5	50	15	10

2. 丝扣连接

PP-R管与金属管件连接，应采用带金属嵌件的聚丙烯管件作为过渡，如图4-9所示。该管件PP-R管采用热熔连接，与金属管件或卫生洁具五金配件采用丝扣连接。

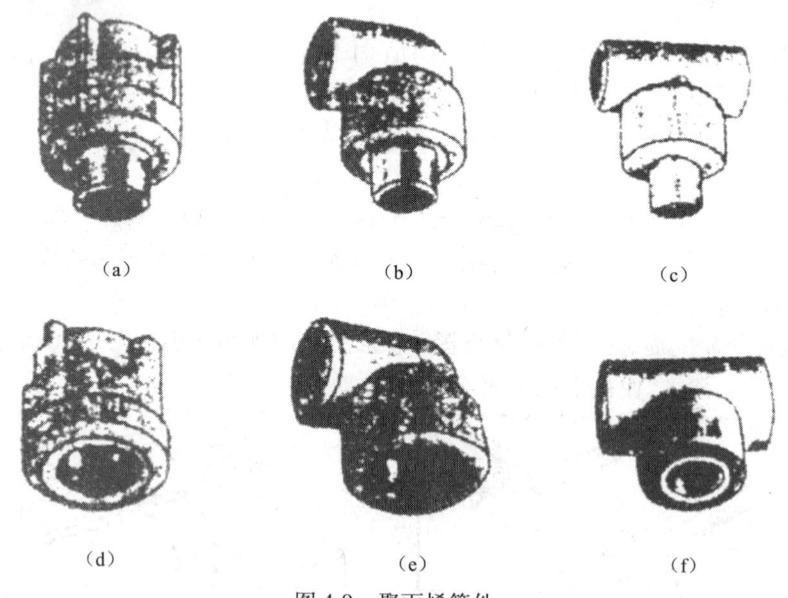

图4-9　聚丙烯管件
(a)阳螺纹接头；(b)阳螺纹弯头；(c)阳螺纹三通；
(d)阴螺纹接头；(e)阴螺纹弯头；(f)阴螺纹三通

项目实训九:给排水管道的连接

一、实训目的

1. 熟悉螺纹连接、螺纹连接、焊接、法兰连接、承插口连接方法和连接质量要求。
2. 掌握塑料管材连接方法和连接质量要求。

二、实训内容

1. 熟悉螺纹连接、螺纹连接、焊接、法兰连接、承插口连接方法的操作原则和操作规范。
2. 正确掌握塑料管材的连接操作实训。

三、实训时间

每人操作60min。

四、实训报告

1. 写出螺纹连接、螺纹连接、焊接、法兰连接、承插口的连接操作实训报告。
2. 写出塑料管材的连接具体操作实训报告。

项目五 管道支架和吊架的安装

为了正确支承管道，满足管道补偿、热位移和防止管道振动，防止管道对设备产生推力等要求，管道敷设应正确设计和施工管道的支架和吊架。

管道的支架和吊架形式和结构很多，按用途分为滑动支架、导向滑动支架、固定支架和吊架等。

固定支架用于管道上不允许有任何位移的地方。固定支架要生根在牢固的房屋结构或专设的结构物上。为防止管道因受热伸长而变形和产生应力，均采取分段设置固定支架，在两个固定支架之间设置补偿器自然补偿的技术措施。固定支架与补偿器相互配套，才能使管道热伸长变形产生的位移和应力得到控制，以满足管道安全要求。固定支架除承受管道的重力(自重、管内介质质量及保温层质量)外，一般还要受到以下三个方面的轴向推力：一是管道伸长移动时活动支架上的摩擦力产生的轴向推力；二是补偿器本身结构或自然补偿管段在伸缩或变形时产生的弹性反力或摩擦力；三是管道内介质压力作用于管道，形成对固定支架的轴向推力。因此，在安装固定支架时一定要按照设计的位置和制造结构进行施工，防止由于施工问题出现固定支架被推倒或位移的事故。

滑动支架和一般吊架是用在管道无垂直位移或垂直位移极小的地方。其中吊架用于不便安装支架的地方。支、吊架的间距应合理担负管道荷重，并保证管道不产生弯曲。滑动支架、吊架的最大间距如表 5-1 所示。在安装中，应按施工图等要求施工，考虑到安装具体位置的便利，支架间距应小于表 5-1 的规定值。

表 5-1 滑动支、吊架间距

管道外径×壁厚(mm×mm)	不保温管道(m)	保温管道(m)		
		岩棉毡 $\rho=100kg/m^3$	岩棉管壳 $\rho=150kg/m^3$	微孔硅酸钙 $\rho=250kg/m^3$
25×2	3.5	3.0	3.0	2.5
32×2.5	4.0	3.0	3.0	2.5
38×2.5	5.0	3.5	3.5	3.0
45×2.5	5.0	4.0	4.0	3.5
57×3.5	7.0	4.5	4.5	4.0
73×3.5	8.5	5.5	5.5	4.5
89×3.5	9.5	6.0	6.0	5.5
108×4	10.0	7.0	7.0	6.5
133×4	11.0	8.0	8.0	7.0

续表

管道外径×壁厚(mm×mm)	不保温管道(m)	保温管道(m)		
		岩棉毡 $\rho=100kg/m^3$	岩棉管壳 $\rho=150kg/m^3$	微孔硅酸钙 $\rho=250kg/m^3$
159×4.5	12.0	9.0	9.0	8.5
219×6	14.0	12.0	12.0	11.0
273×7	14.0	13.0	13.0	12.0
325×8	16.0	15.5	15.5	14.0
377×9	18.0	17.0	17.0	16.0
426×9	20.0	18.5	18.5	17.5

为减少管道在支架上位移时的摩擦力，对滑动支架，可采用在管道在支架托板之间垫上摩擦系数小的垫片，或采用滚珠支架、滚柱支架。这两种支架结构较复杂，一般用在介质温度高和管径较大的管道上。

导向滑动支架也称为导向支架，它是只允许管道作轴向伸缩移动的滑动支架。一般用于套筒补偿器、波纹管补偿器的两侧，确保管道沿中心线位移，以便补偿器安全运行。在方形补偿器两侧10*R*～15*R*距离处（*R*为方形补偿器弯管的弯曲半径），宜装导向支架，以避免产生横向弯曲而影响管道的稳定性。在铸铁阀件的两侧，一般应装导向支架，使铸铁件少受弯矩作用。

弹簧支架、弹簧吊架用于管道具有垂直位移的地方。它是用弹簧的压缩或伸长来吸收管道垂直位移的。

支架安装在室内要依靠砖墙、混凝土柱、梁、楼板等承重结构，用预埋支架或预埋件和支架焊接等方法加以固定。现将常用方法和支架尺寸分述如下。

5.1　砖墙埋设和焊于混凝土柱预埋钢板上的不保温单管滑动支架

此类支架安设方式如图5-1所示，结构尺寸见表5-2。

表5-2　单管（*DN*25～300）支架尺寸

公称直径*DN*(mm)		25	32	40	50	65	80	100	125	150	200	250	300
管子外径*D*(mm)		32	38	45	57	73	89	108	133	159	219	273	325
A(mm)		120	120	130	130	140	150	160	170	180	210	240	270
B(mm)		50	50	60	60	70	80	80	100	110	140	160	180
H(mm)		18	21	25	31	39	47	56	70	83	113	140	166
洞高(mm)		240	240	240	240	240	240	240	240	240	370	370	370
洞宽(mm)	加强角钢3长度	—	—	—	—	—	—	—	—	—	240	240	370
	加强角钢4长度	—	—	—	—	—	—	—	—	—	63	100	126

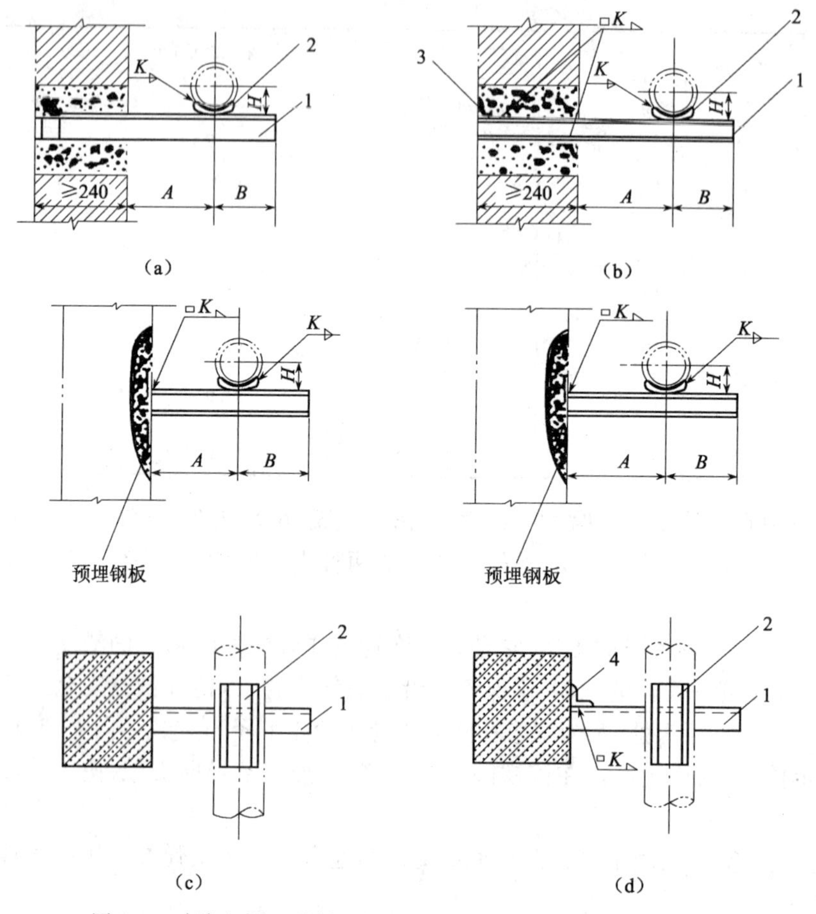

图 5-1　砖墙和焊于混凝土柱预埋钢板上不保温单管滑动支架
(a)砖墙上滑动支架(*DN*25～150)；(b)砖墙上滑动支架(*DN*200～300)；
(c)焊于柱上滑动支架(*DN*25～150)；(d)焊于柱上滑动支架(*DN*200～300)
1—支架；2—弧形板；3—加强角钢；4—加强角钢

5.2　焊于混凝土柱预埋钢板上和夹于混凝土柱上的不保温双管滑动支架

*DN*25～80 的管道支梁只要焊在预埋钢板上即可，随着管道直径增加，支梁承重增加，支梁角钢加大并增加“加强角钢”以增强根部受力状况，或者支梁材料改为槽钢，并加斜撑。详见表 5-3、表 5-4、图 5-2、图 5-3。

表 5-3　双管(*DN*25～150)支架尺寸

公称直径 *DN*(mm)	25	32	40	50	65	80	100	125	150
管子外径 *D*(mm)	32	38	45	57	73	89	108	133	159
A(mm)	120	120	130	130	140	150	160	170	180
B(mm)	50	50	60	60	70	80	80	100	110
E(mm)	150	160	170	180	190	210	230	250	280
H(mm)	18	21	25	31	39	47	56	70	83
加强角钢 3 长度(mm)	—	—	—	—	—	—	50	63	100

表 5-4　双管（DN200～300）支架尺寸

公称直径 DN(mm)	200	250	300
管子外径 D(mm)	219	273	325
A(mm)	210	240	270
E(mm)	340	390	450
B(mm)	140	160	180
H(mm)	113	140	180
斜撑长度(mm)	约 850	约 960	约 1110
加固角钢 5 长度(mm)	150	160	160
加固角钢 6 长度(mm)	800	900	1110
加固角钢 7 长度(mm)	50	50	63

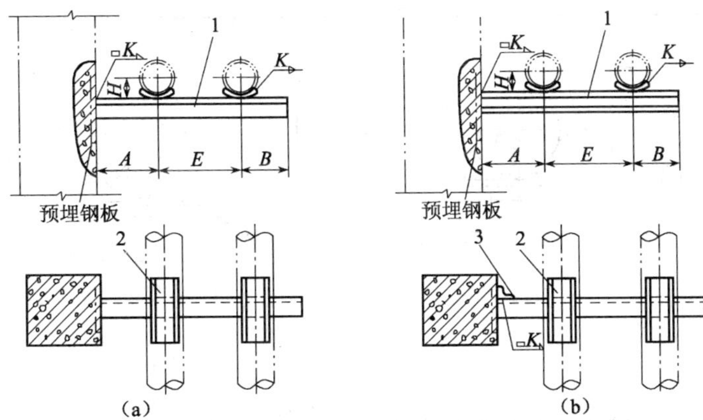

图 5-2　焊于混凝土柱预埋钢板上不保温双管滑动支架

(a)焊于柱上滑动支架(DN25～80)；(b)焊于柱上滑动支架(DN100～150)

1—支架；2—弧形板；3—加强角钢

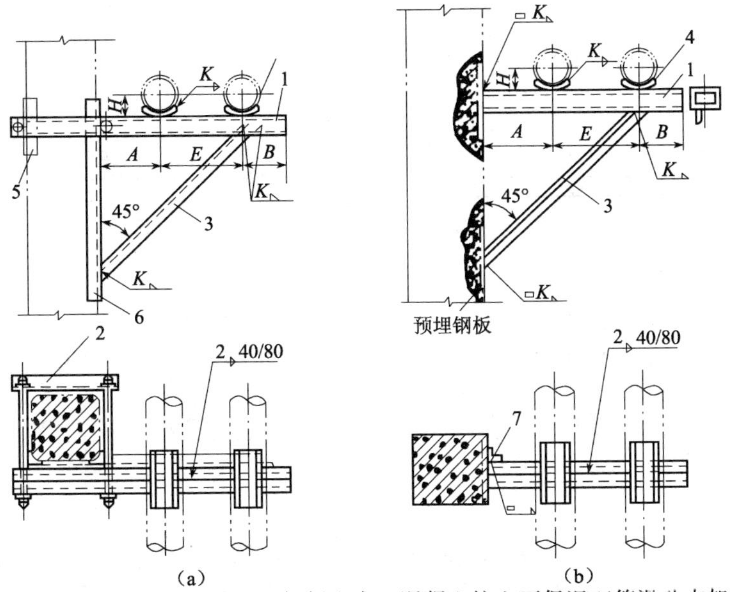

图 5-3　焊于混凝土柱预埋钢板和夹于混凝土柱上不保温双管滑动支架

(a)夹于柱上滑动支架(DN200～300)；(b)焊于柱上滑动支架(DN200～300)

1—支梁；2—夹紧梁；3—斜撑；4—支座弧形板；5—加固角钢；6—加固角钢；7—加固角钢

5.3　焊于混凝土预埋钢板和夹于混凝土柱上保温单管滑动支架

这类支架随着管道直径不同,支梁和夹紧梁规格不同,详见表5-5、图5-4、图5-5。

表5-5　保温单管(DN25~300)支梁尺寸

公称直径 DN(mm)	25	32	40	50	65	80	100	125	150	200	250	300
管子外径 D(mm)	32	38	45	57	73	89	108	133	159	219	273	325
A(mm)	190	200	210	220	230	240	250	270	300	330	370	400
B(mm)	70	70	70	80	90	100	120	120	150	180	210	230
H(mm)	116	119	123	129	157	165	174	187	230	260	287	313
加固角钢4长度(mm)	—	—	—	—	—	—	—	80	50	80	80	100
加固角钢5长度(mm)	—	—	—	—	—	—	—	180	150	180	180	200

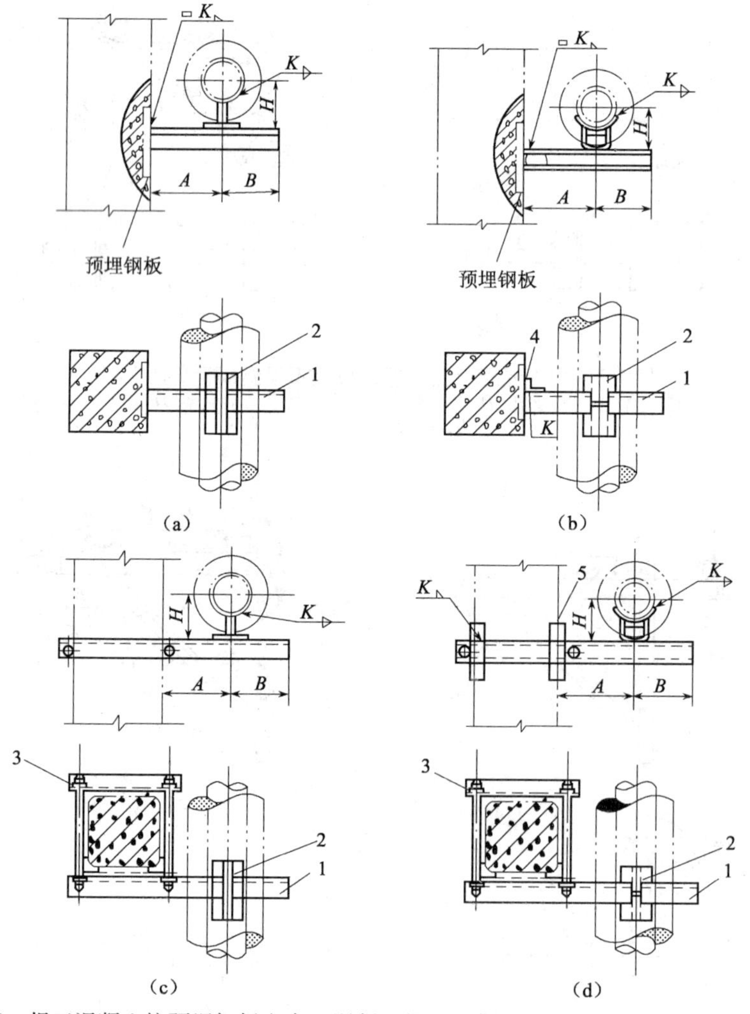

图5-4　焊于混凝土柱预埋钢板和夹于混凝土柱上的保温单管滑动支架(DN25~125)
(a)焊于柱上滑动支架(DN25~100);(b)焊于柱上滑动支架(DN125);
(c)夹于柱上滑动支架(DN25~100);(d)夹于柱上滑动支架(DN125)
1—支梁;2—槽板、丁字板;3—夹紧梁;4—加固角钢;5—加固角钢

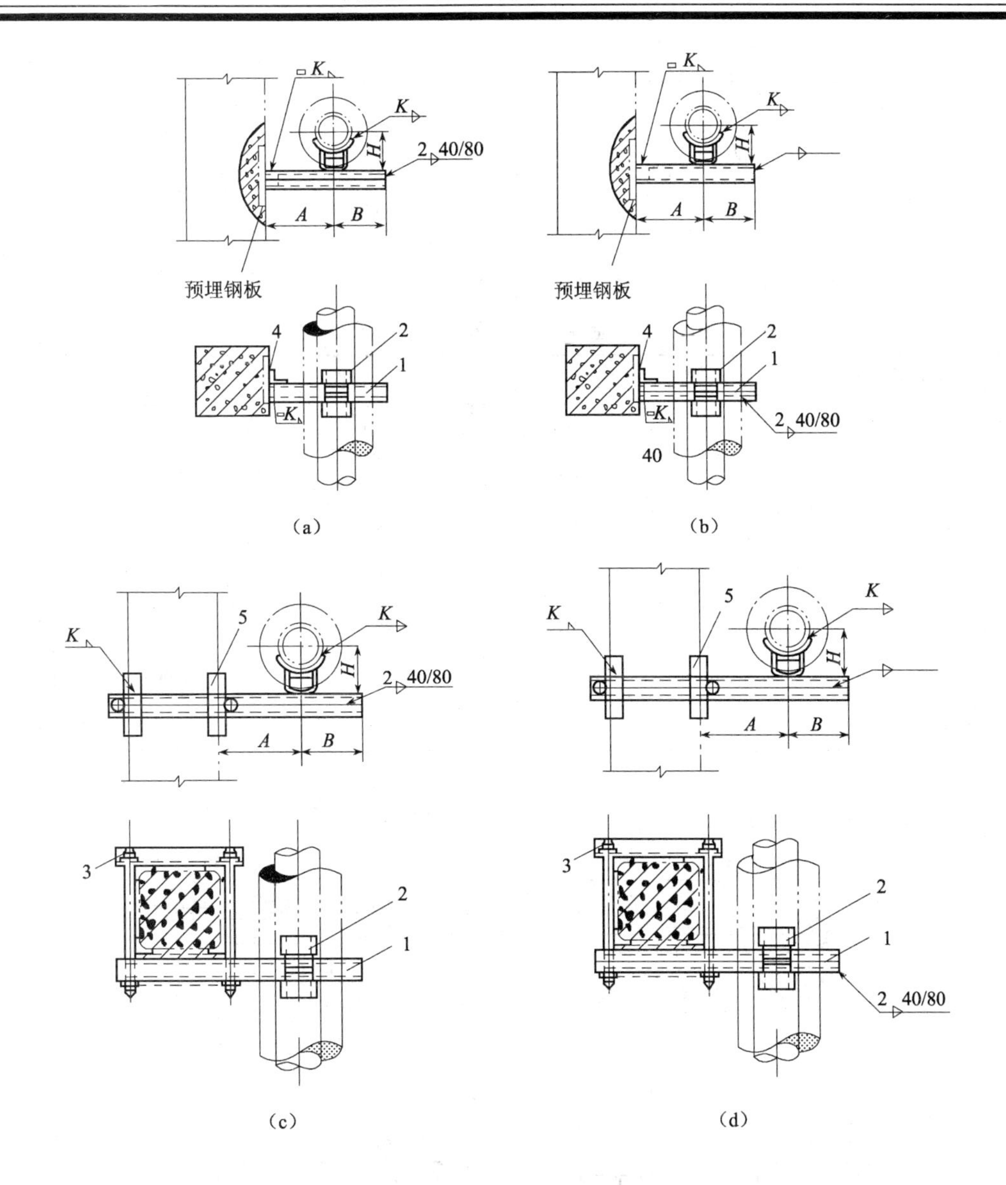

图 5-5　焊于混凝土柱预埋钢板和夹于混凝土柱上的保温单管滑动支架(*DN*25～125)
(a)焊于柱上滑动支架(*DN*150～200);(b)焊于柱上滑动支架(*DN*250～300);
(c)夹于柱上滑动支架(*DN*150～200);(d)夹于柱上滑动支架(*DN*250～300)
1—支梁;2—槽板、丁字板;3—夹紧梁;4—加固角钢;5—加固角钢

5.4　焊于混凝土预埋钢板上保温双管滑动支架

此类支架适用于 *DN*25～100 及 *DN*125～300 的结构,分别见表 5-6、表 5-7、图 5-6、图 5-7。

表 5-6　双温单管(*DN*25～100)支梁尺寸

公称直径 *DN*(mm)	25	32	40	50	65	80	100
管子外径 *D*(mm)	32	38	45	57	73	89	108
A(mm)	190	200	210	220	230	240	250

续表

公称直径 DN(mm)	25	32	40	50	65	80	100
E(mm)	300	320	330	350	370	390	420
H(mm)	116	119	123	129	157	165	174
加固角钢 3 长度(mm)	56	63	50	63	80	80	100

表 5-7　保温双管(DN125～300)支架尺寸

公称直径 DN(mm)	125	150	200	250	300
管子外径 D(mm)	133	159	219	273	325
A(mm)	270	300	330	370	400
E(mm)	450	510	580	640	720
B(mm)	120	150	180	210	230
H(mm)	187	230	260	287	313
斜撑 2 长度(mm)	—	约 1200	约 1340	约 1500	约 1650
加固角钢 4 长度(mm)	80	63	80	126	140

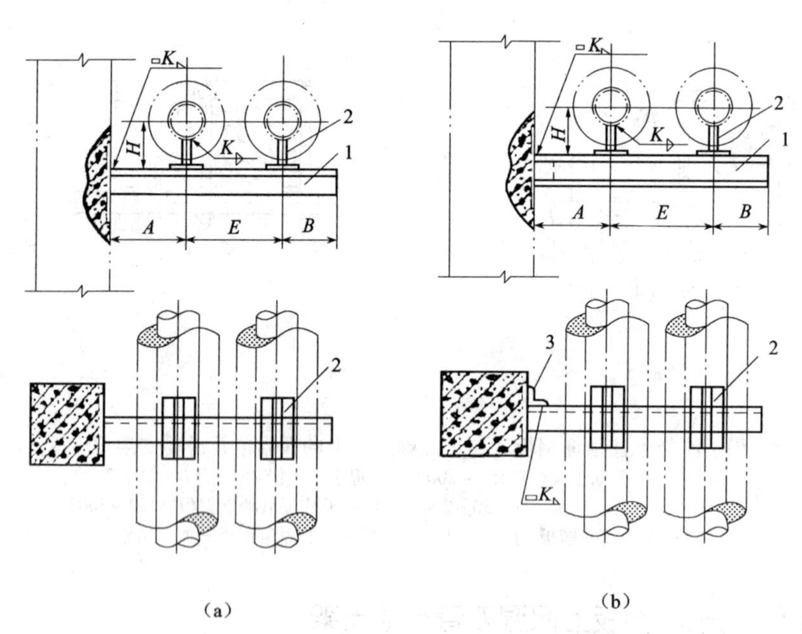

图 5-6　焊于混凝土柱预埋钢板上保温双管滑动支架(DN25～100)
(a)焊于柱上滑动支架(DN25～32);(b)焊于柱上滑动支架(DN40～100)
1—支梁;2—丁字板;3—加固角钢

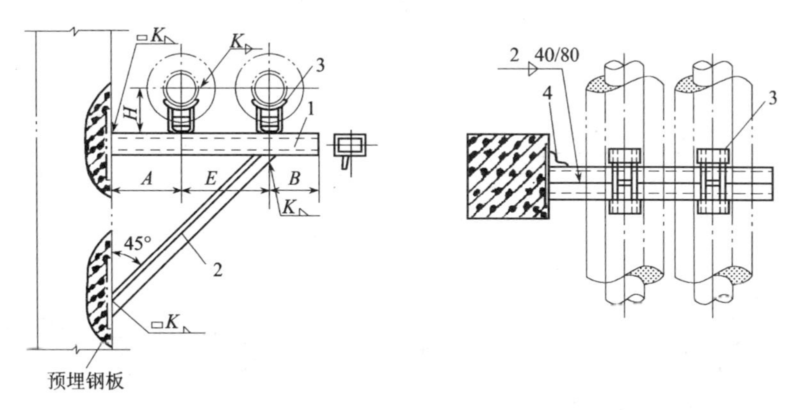

图 5-7　焊于混凝土柱预埋钢板上保温双管滑动支架（*DN*125～300）

1—支梁；2—斜撑；3—槽形板；4—加固角钢

5.5　砖墙焊于混凝土柱预埋钢板和夹于混凝土柱上保温及不保温单管固定支架

这类支架对于不保温 *DN*250～300 管和 *DN*125～300 保温单管的支梁尺寸和结构见表 5-8、图 5-8。对于 *DN*25～125 的支梁尺寸见表 5-9。只有砖墙预埋和焊于混凝土预埋钢板两种结构。

表 5-8　单管固定支架（*DN*150～300）支梁尺寸

公称直径 *DN*（mm）		150	200	250	300
管子外径 *D*（mm）		159	219	273	325
A（mm）	保温	300	330	370	400
	不保温	180	210	240	270
B（mm）		155	200	240	270
加固角钢 4 长度（mm）	保温	80	86	96	106
	不保温	—	—	80	86
加固角钢 5 长度（mm）		240	240	300	300
加固角钢 6 长度（mm）	保温	63	80	100	126
	不保温	—	—	63	80

表 5-9　保温单管（*DN*25～300）支梁尺寸

公称直径 *DN*（mm）		25	32	40	50	65	80	100	125
管子外径 *D*（mm）		32	38	45	57	73	89	108	133
A（mm）	保温	190	200	210	220	230	240	250	270
	不保温	120	120	130	130	140	150	160	170
B（mm）		50	55	60	70	85	100	110	130
加固角钢 5 长度（mm）		240	240	240	240	240	240	240	240
加固角钢 6 长度（mm）		—	—	—	—	—	—	—	100

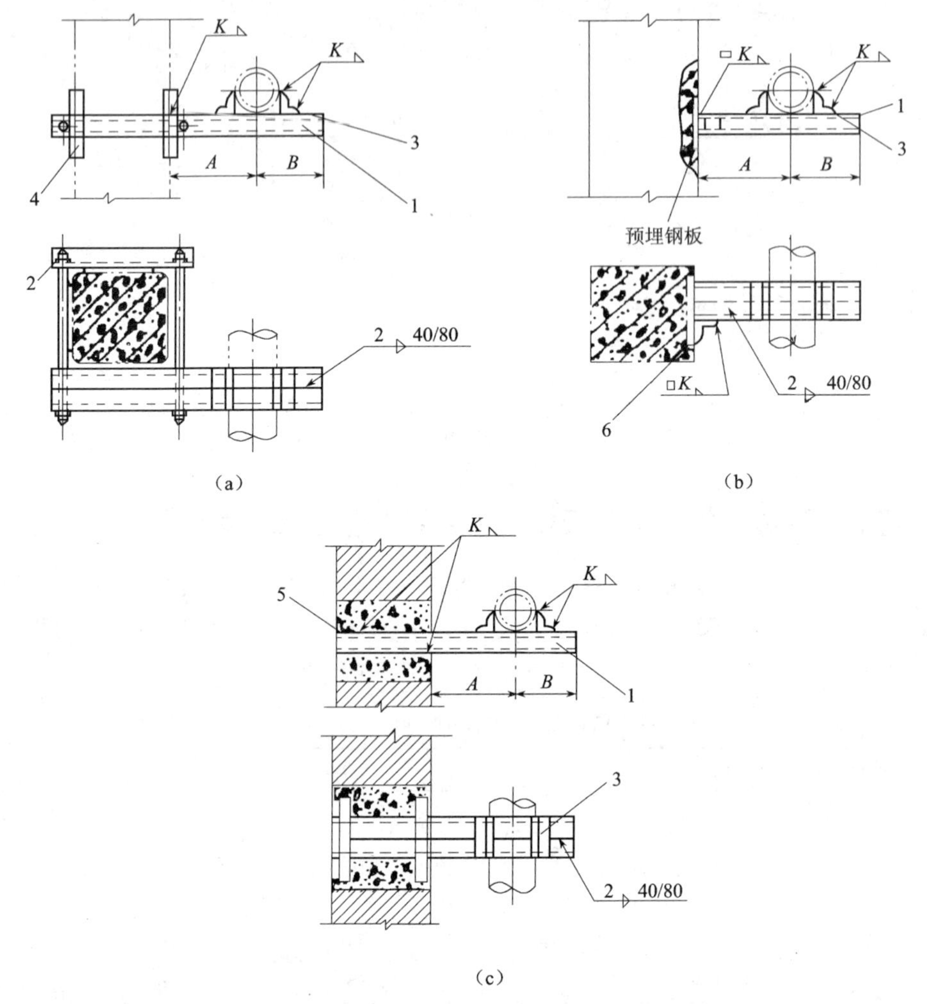

图 5-8 砖墙、焊于混凝土柱预埋钢板和夹于混凝土柱上保温及不保温单管固定支架

(a)混凝土柱上夹梁式固定;(b)混凝土柱上预埋件焊接固定;(c)砖墙上预埋固定

5.6 焊于混凝土柱预埋钢板上不保温双管固定支架和保温双管固定支架

图 5-9 和表 5-10 给出了焊于混凝土柱预埋钢板上不保温双管固定支架,该支架 *DN*25 ~ 125 规格中,支梁材料为角钢或单槽钢;在 *DN*150 ~ 300 规格中,支梁材料一律采用双槽钢复合式,*DN*250、*DN*300 的两个规格支架上还要加斜撑。图 5-9 是按 *DN*150 ~ 300 规格画出的简图。

表 5-10 不保温双管固定支架(*DN*25 ~ 300)支梁尺寸

公称直径 *DN*(mm)	25	32	40	50	65	80	100	125	150	200	250	300
管子外径 *D*(mm)	32	38	45	57	73	89	108	133	159	219	273	325
A(mm)	120	120	130	130	140	150	160	170	180	210	240	270
E(mm)	150	160	170	180	190	210	230	250	280	340	390	450
B(mm)	50	55	60	70	85	100	110	130	155	200	240	270

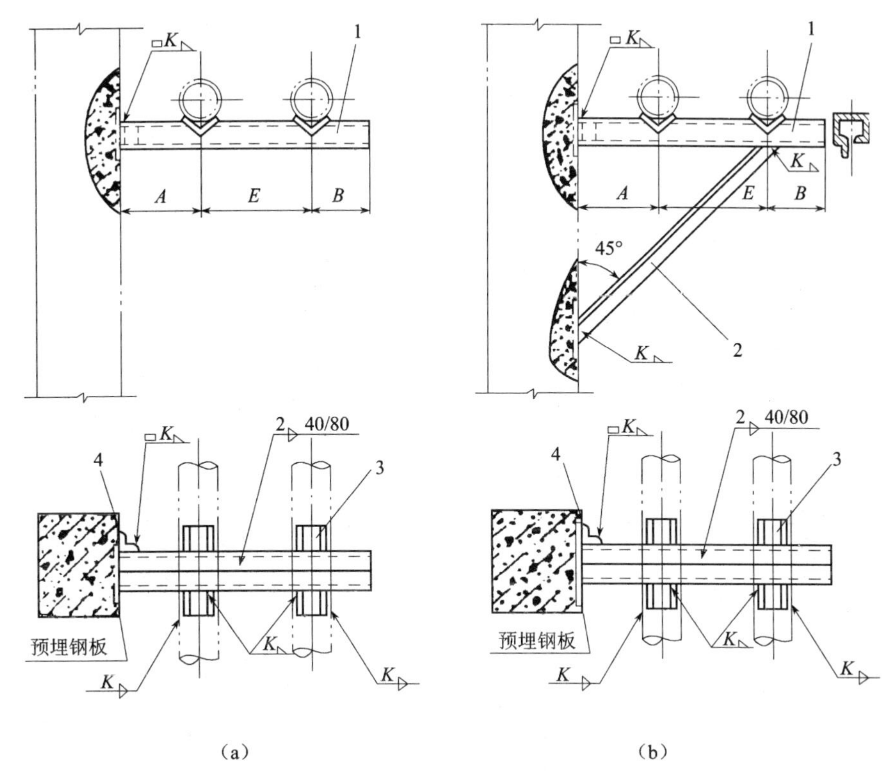

图 5-9　焊于混凝土预埋钢板上不保温双管固定支架

(a)双槽钢梁固定支梁(*DN*150～200),角钢或单槽钢梁固定支梁(*DN*25～125);

(b)双槽钢梁固定支架(加斜撑形式只用于 *DN*250、*DN*300)

1—支梁;2—斜撑;3—固定角钢(焊在管上,卡在支梁两边,起到固定支架作用);4—加固角钢

表 5-11 和图 5-10 给出了焊于混凝土柱预埋钢板上保温双管固定支架的支梁尺寸。该支架 *DN*25 采用角钢支梁,*DN*32、*DN*40 采用单槽钢支梁,*DN*50～100 采用双槽钢支梁,*DN*125 采用单槽钢加斜撑支梁,*DN*150～300 采用双槽钢加斜撑支梁。图 5-10 是按 *DN*125、*DN*150～300 规格画出的简图。

表 5-11　保温双管固定支架(*DN*25～300)支梁尺寸

公称直径 *DN*(mm)	25	32	40	50	65	80	100	125	150	200	250	300
管子外径 *D*(mm)	32	38	45	57	73	89	108	133	159	219	273	325
A(mm)	190	200	210	220	230	240	250	270	300	330	370	400
E(mm)	300	320	330	350	370	90	420	450	570	80	640	720
B(mm)	50	55	60	70	85	100	110	130	155	200	240	270
斜撑长度(mm)	—	—	—	—	—	—	—	1100	1300	1350	1500	1650
固定角钢长度(mm)	70	63	48	74	74	80	126	86	106	116	126	—
加固角钢长度(mm)	70	40	100	50	50	50	63	53	80	126	140	160

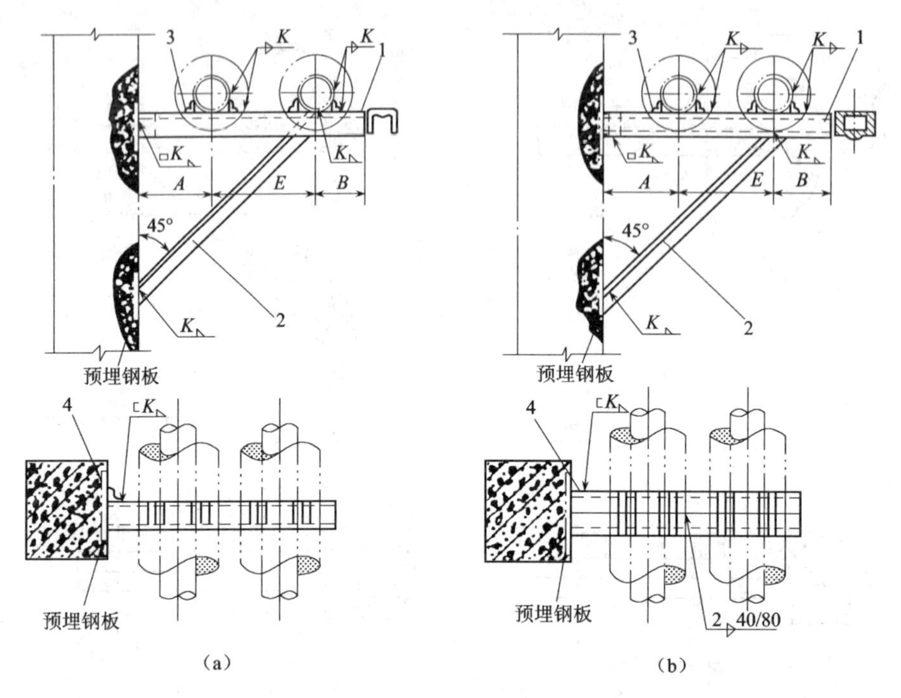

图 5-10　焊于混凝土柱预埋钢板上保温双管固定支架

(a)单槽钢梁固定支架(*DN*35),角钢梁固定支架(*DN*25)、本图为有斜撑单槽钢梁固定支架(*DN*125);

(b)双槽钢梁固定支架(*DN*150～300)

1—支梁;2—斜撑;3—固定角钢(用角钢焊在管壁和支梁上);4—加固角钢

5.7　立管支架

采用扁钢制作的立管支架有两种形式,适用于 *DN*15～80 的竖直管道安装。Ⅰ型的支承扁钢焊接在预埋件上,Ⅱ型的支承扁钢埋设在砖墙的预留洞内。这种支架可承受不大于 3m 长的管道质量。支架结构尺寸见表 5-12 和图 5-11。

表 5-12　扁钢支承立管支架尺寸

公称直径 *DN*(mm)	扁钢规格 ($b \times \delta_0$,mm)		螺栓规格 *Md*(mm)	尺寸(mm)						
				2*R*	*F*	*H*	L_1	α	φ	*r*
15	保温	30×3	*M*8×40	25	10	35.4	110	20	10	3
	不保温	25×3					70			
20	保温	30×3	*M*8×40	30	10	38.2	110	20	10	3
	不保温	25×3					80			
25	保温	35×4	*M*8×40	37	10	41.9	120	20	10	3
	不保温	25×3					80			
32	保温	35×4	*M*10×45	46	10	52.0	120	24	12	4
	不保温	25×3	*M*8×40			46.6	90	20	10	
40	保温	35×4	*M*10×45	52	10	55.1	130	24	12	4
	不保温	25×3	*M*8×40			49.7	100	20	10	

续表

公称直径 DN(mm)	扁钢规格 ($b\times\delta_0$,mm)		螺栓规格 Md(mm)	尺寸(mm)						
				2R	F	H	L_1	α	φ	r
50	保温	35×4	M10×45	64	10	61.3	130	24	12	4
	不保温	25×3	M8×40			55.9	100	20	10	
65	保温	40×4	M10×45	80	10	69.4	140	24	12	4
	不保温	25×3	M8×40			64.0	110	20	10	
80	保温	45×4	M10×45	93	10	76.0	150	24	12	4
	不保温	25×3	M8×40			70.6	130	20	10	

注：每个螺栓配相同规格的螺母及垫圈。

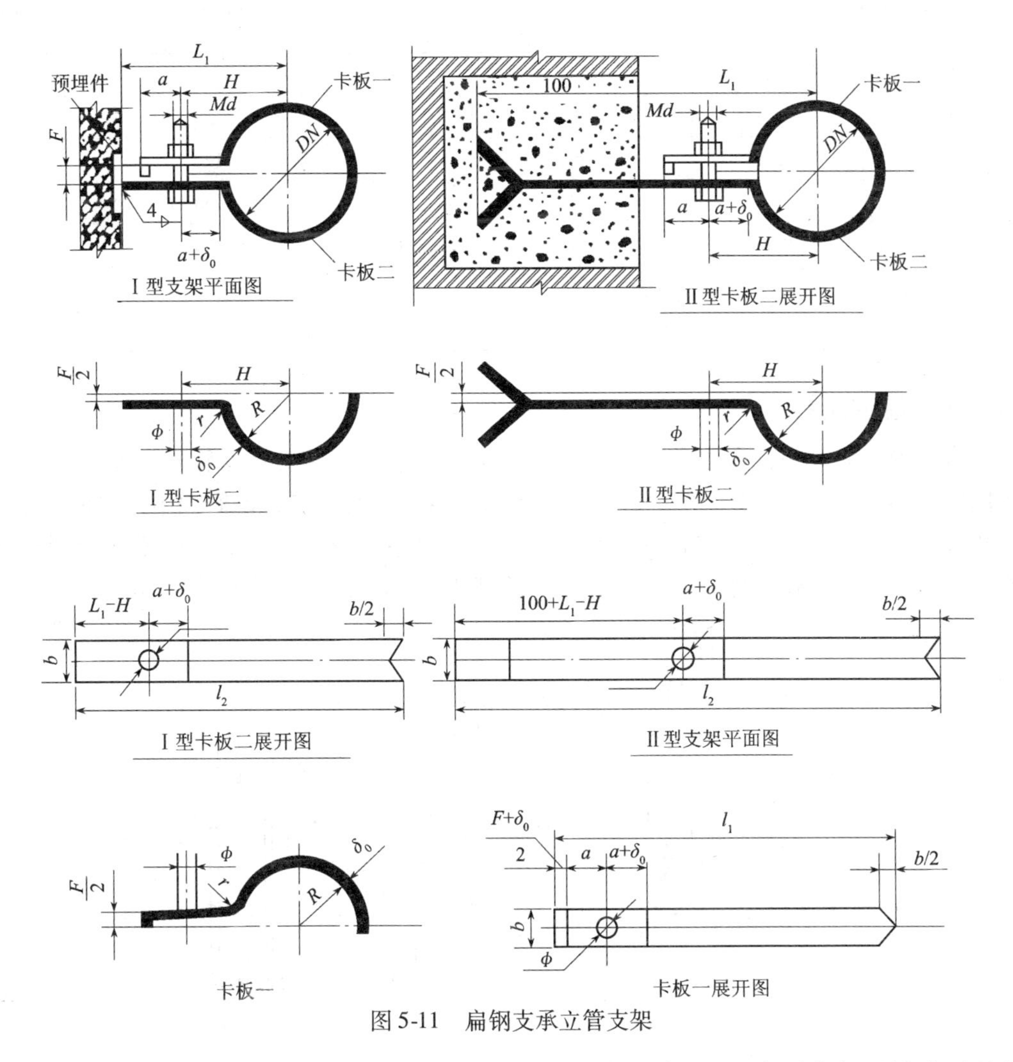

图 5-11　扁钢支承立管支架

采用角钢支承立管支架如图 5-12 所示，材料及尺寸见表 5-13，支承角钢埋设在砖墙的预留洞内。

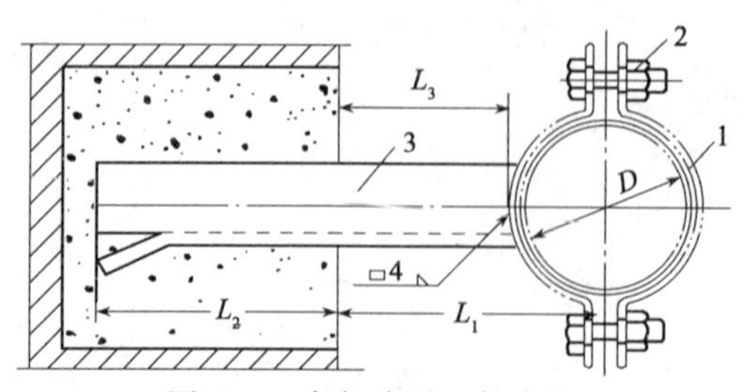

图 5-12　角钢支承立管支架

1—扁钢管卡；2—固定螺栓；3—支承角钢

表 5-13　角钢支承立管支架材料及尺寸

公称直径 DN(mm)	支承角钢(mm)		L_1(mm)	L_2(mm)	L_3(mm)
	规格	长度			
50	30×3	184	100	120	64
65	30×3	186	110	120	66
80	36×4	200	130	120	88
100	40×4	227	140	150	77
125	40×4	234	160	150	84
150	40×4	321	170	240	81
200	40×4	324	200	240	84

5.8　弯管固定托架

当水平管道向上垂直弯曲成为立管敷设时，除在立管上安装支承立管支架外，在弯管处还要用固定托架将立管托住，该托架要承受立管及保温层、立管上装设的阀门附件等的质量。

弯管用固定托架可用管柱（即一段管子）支托，也可用钢板作成工字形支托，其结构形式如图 5-13 所示。支托焊在柱脚板上，柱脚板可与地脚螺栓固定，或与基础的预埋钢板合二为一。

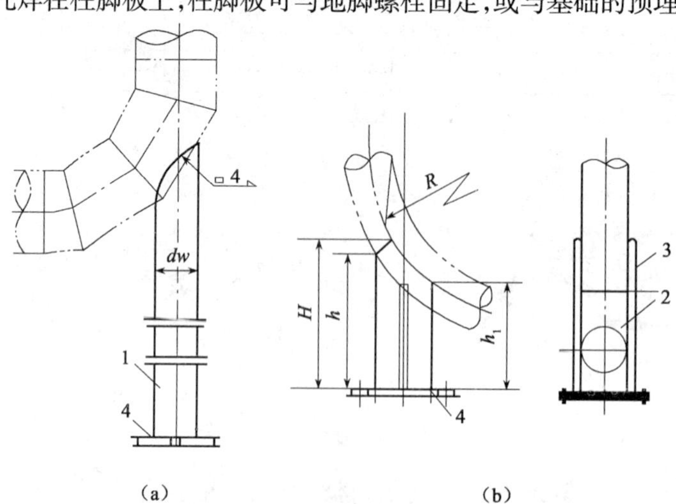

图 5-13　弯管用固定托架

（a）用管柱作支托；（b）用钢板制成支托

1—管柱；2—腹板；3—侧板；4—柱脚板

DN100～300 的弯管固定托架材料规格见表 5-14。

表 5-14　管柱、钢板托架材料表

公称直径 DN(mm)			100	125	150	200	250	300
管柱托架	管柱(外径×壁厚,mm)		57×3.5				73×4	
	柱脚板(长×宽×厚,mm)		100×200×10				120×220×10	
钢板托架	侧板	b_1(mm)	250	250	300	300	400	400
		H(mm)	438	447	506	568	687	745
		h(mm)	400	400	450	490	590	630
		h_1(mm)	232	255	285	365	412	482
		δ_1(mm)	8	8	8	8	10	10
	腹板	R(mm)	432	532	636	876	1092	1300
		b_2(mm)	108	133	159	219	273	325
		h_2(mm)	240	250	280	330	380	420
		δ_2(mm)	8	8	8	8	10	10
	柱脚板(长×宽×厚,mm)		350×250×8		405×290×10	405×350×10	510×405×12	510×450×12

管道安装得是否安全、牢固、平直、符合坡度等要求,其重要条件是支、吊架设计、制作、安装等各环节是否正确。

5.9　管道支、吊架制作要求

支、吊架安装包括支、吊架构件的预制加工、现场安装两部分工序。对支吊架构件的制作目前已有专业化生产工厂,对于一些较简单的支、吊架仍由安装单位制作。

对支、吊架制作,其选型、材质、加工尺寸应符合设计要求,要检查其加工合格证或按施工图核对。焊接质量要牢固,无漏焊、裂纹等缺陷。支、吊架外形规整,焊缝表面光洁,整体美观大方。对于工厂加工的产品,每一品种应抽查 10%,且不得小于 3 件。

5.10　管道支、吊架的安装与固定

管道支、吊架安装与固定一般有埋栽、夹于柱上、预埋件焊接、用膨胀螺栓或射钉固定等多种方法。在各种支、吊架结构图、表中已对固定方法作了说明,现对施工要点分析如下。

5.10.1　埋栽法

其施工步骤为放线、支架位置定位、打洞、插埋支梁。放线也称放坡,按管道的设计安装标高及坡度要求,在墙壁上用墨线弹画出管道安装坡度线,或以两端为基准点、确定标高后,按支架距离算出每点标高,在每个点画出十字线及打洞方块线。打洞时用锤击扁凿,沿砖缝先取下整砖,切断砖时要用力适当,以免影响洞线以外的结构,洞口尺寸及深度依支架要求定。打洞完毕清除洞内垃圾,然后浇水,使洞内四周湿透。插埋支梁时,先在支梁上画出应插入的深度,以保证每个支梁插入深度相同、滑动支座的中心在一条直线上。插入前可用细石混凝土先填入一部分,最后用碎石挤牢固并抹平洞口。埋栽的支梁应平正不扭曲。

5.10.2　夹柱法

管道沿柱安装时,可采用支梁和夹梁用螺栓夹紧在柱子上,将支梁固定。安装时,也要通

过拉线或计算出每个柱上的支梁标高，支梁紧固前靠柱面部分应做防腐处理，如刷红丹漆。安装后的支梁应平正不扭曲。

5.10.3　预埋件焊接法

预埋件是配合土建施工时埋入的，预埋钢板背面应焊上带钩的圆吹风机，以保证土建浇入混凝土后牢固，带钩的圆钢可与混凝土中的钢筋相焊接。预埋件外表面要平正，标高偏差不大，这样才能保证支梁与其焊接后符合要求。

在土建施工中也可采用埋设木砖留洞的方法，作为预埋件或埋栽支梁时第二次浇灌混凝土用。

5.10.4　膨胀螺栓或射钉固定法

这种方法适用于没有预留孔洞的砖石结构及没有预埋钢板的混凝土、钢筋混凝土结构上安装支架。在确定支梁安装位置后，用支梁实物在安装处确定钻孔位置，然后钻孔，打入膨胀螺栓，将支梁用膨胀螺栓的螺母固紧。

膨胀螺栓全称为钢膨胀螺栓，它是一种特殊螺纹连接件。Ⅰ型（普通型）由沉头螺栓、胀管、平垫圈、弹簧垫圈和六角螺母组成，如图5-14所示。使用时先用冲击钻在安装位置钻一个相应尺寸的孔，钻成的孔必须与构件表面垂直，然后将孔内碎屑清除干净，把螺栓、胀管装入孔中，再依次把构件（或设备）平垫圈、弹簧垫圈套在螺栓上面，最后旋紧螺母，在旋紧螺母的同时把螺栓逐渐拔起，螺栓底部呈锥形，将胀管逐步胀开与周围砖体或混凝土固紧，使螺栓、胀管、螺母、构件（或设备）与墙体连接成一个整体。Ⅱ型不同之处是将沉头螺栓分成螺栓和锥形螺母两个零件，可以安装大型机器、设备。使用方法与Ⅰ型相同。钢膨胀螺栓的规格见表5-15。

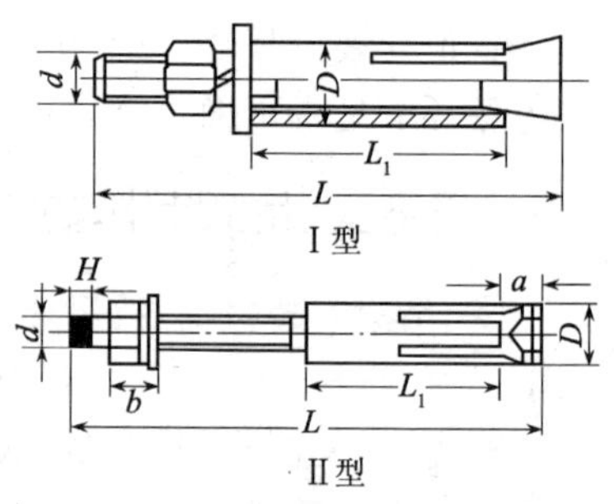

图5-14　钢膨胀螺栓

表5-15　钢膨胀螺栓的规格

型式	螺纹规格（mm）		公称长度 L（mm）	胀管尺寸（mm）		安装钻孔尺寸（mm）		被连接件最大厚度计算公式	允许静荷载（kN）	
	规格	长度		D	L_1	直径	深度		抗拉力	抗剪力
Ⅰ	M6	35	67、75、85	10	35	10.5	40	$L_2=L-55$	2.4	1.8
	M8	40	80、90、100	12	45	12.5	50	$L_2=L-65$	4.3	3.2
	M10	50	95、110、125	14	55	14.5	60	$L_2=L-75$	6.9	5.1
	M12	52	110、130、150	18	65	19.0	75	$L_2=L-90$	10.1	7.3
	M	70	150、170、200、220	22	90	23.0	100	$L_2=L-100$	19.0	14.1
Ⅱ	M10	50	各种尺寸和允许静荷载与Ⅰ型同规格的相同							
	M12	52								
	M16	70								

注：1. 被连接件最大厚度 L_2 计算举例：规格为 M12×110mm 的膨胀螺栓，其被连接件最大厚度 $L_2=L-90=110-90=30$mm。
2. 允许静荷载适用于强度等级大于C15的混凝土。
3. 表面处理为镀锌钝化。

用射钉安装支梁的方法与用膨胀螺栓法步骤相同，只是用射针枪打入带螺纹的射钉，最后用螺母将支梁紧固。射钉规格为 8 ~ 12mm，操作时，将射钉枪顶住墙壁，用力压死枪头后扣动扳机使射钉射入墙内。

项目实训十：管道支架和吊架的安装实训

一、实训目的

1. 真正掌握不同给排水管道的支架安装固定方法的选择。

2. 掌握管道的支架安装在室内要依靠砖墙、混凝土柱、梁、楼板等承重结构，用预埋支架或预埋件和支架焊接等常用方法加以固定。

3. 熟悉安装在室内要依靠砖墙、混凝土柱、梁、楼板等承重结构的管道支架安装尺寸。

二、实训内容

1. 提供不同给排水管道，能正确选择其支架的安装固定方法。

2. 提供管道的支架安装图纸，能正确识别其安装固定的方法。

3. 借助有关书籍、手册了解安装管道支架有关加固方法和规格尺寸。

三、实训时间

每人操作 45min。

四、实训报告

1. 编写管道安装图纸的安装固定方法的实训报告。

2. 标出相关管道安装支架尺寸。

模块三　建筑给排水管道的安装操作

项目六　钢管道安装

6.1　钢管道调直与整圆

6.1.1　管道调直

管子调直分冷调和热调。一般情况下，*DN*100 以下的管子用冷调，大于 *DN*100 的管子用热调。

*DN*25 以下的管子可在普通平台上用木锤敲击管子凸出部位进行冷调。调直时先从大弯调起，继而再调小弯，直至调直为止。

对于大于 *DN*25 的管子，要在特制工作台上调直，如图 6-1 所示。操作时摇转丝杠，将压块提高到适当高度，放入待调直的管子。把管子凸出部位朝上放置，担于两个支块之间，并调整支块间距离，然后旋转丝杠使压块下压，把凸出的部位压下去。经过数次反复，即可将管子调直。

大口径管（*DN*100 以上）一般采用加热调直，即将管子弯曲部分放于烘炉上加热到 600 ~ 800℃以后，平放在用多根管子组成的滚动支承架上滚动，依靠管子自身的质量将管子滚直，如图 6-2 所示。热调直管子时，所有支承管必须放在同一平面上。管子滚直后必须用水或油进行冷却定形，以防再次弯曲。

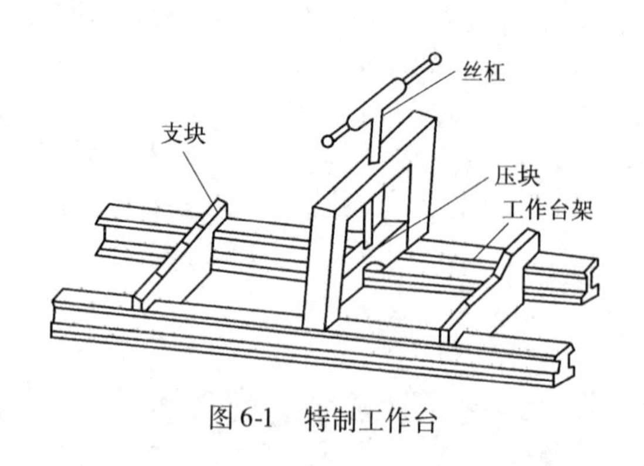

图 6-1　特制工作台

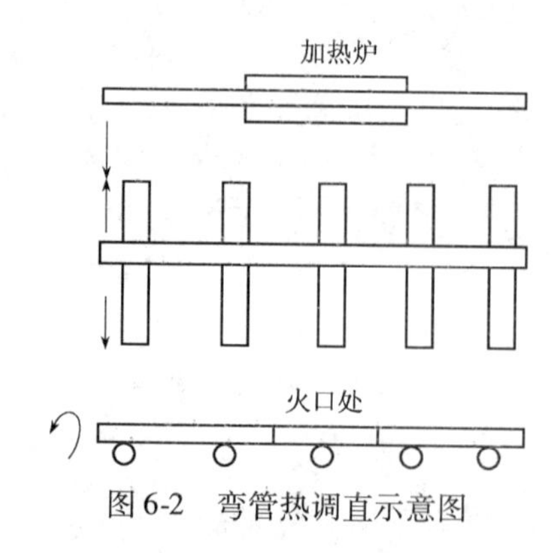

图 6-2　弯管热调直示意图

6.1.2　管道整圆

管子不圆,校正方法有锤击校圆、特制外圆对口器和内校圆器校圆等。

1. 锤击校圆

锤击校圆,如图6-3所示,用锤均匀敲击椭圆的长轴两端附近,并用样板检验校圆效果。

2. 特制对口器校圆

特制对口器如图6-4所示,适用于大口径且椭圆度较轻的管子。把圆箍套进圆口管的端部,并使管口露出约30mm,使之与椭圆管口相对。在圆箍的缺口内打入楔铁,通过楔铁的挤压使管口变圆。

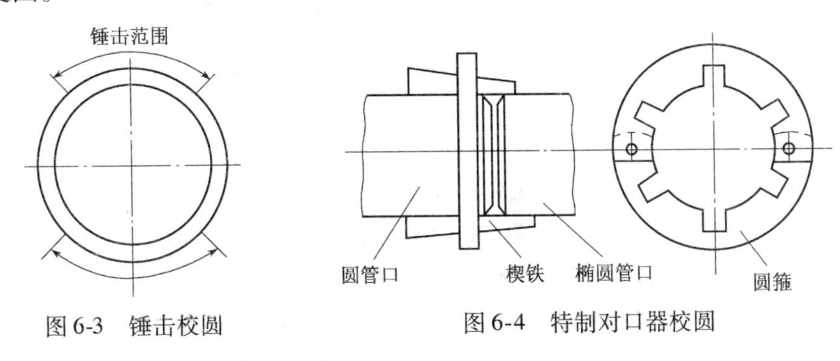

图6-3　锤击校圆　　　　图6-4　特制对口器校圆

3. 内校圆器校圆

如果管口变形较大,可用内校圆器校圆,如图6-5所示。

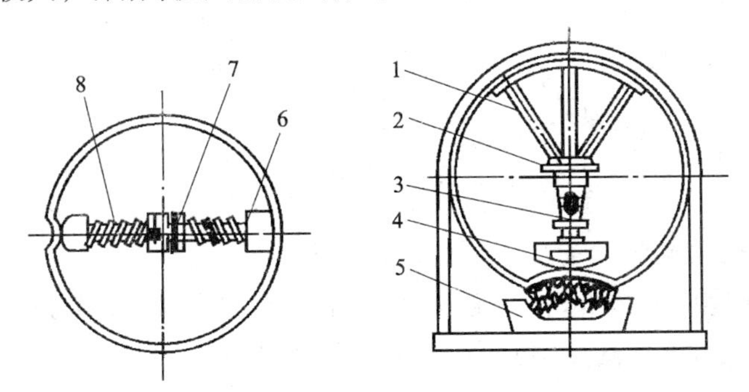

图6-5　内校圆器校圆示意图

1—支柱;2—垫板;3—千斤顶;4—压块;5—火盆;6—螺母;7—板把轴;8—螺纹

6.2　管道量尺与下料

在管道工程安装施工中,为了得到所需长度的管段,需要在实际安装位置对管道分路、变径、预留管口、阀门等位置作出标记,预先对管段的长度进行测量,计算出管子加工时的下料尺寸,然后根据管段的下料尺寸对管子进行切断。以上操作俗称量尺和下料。

6.2.1　管道量尺

通常说的管段是指两管件(或阀件)之间,由管子和管件组成的一段管道。两管件(或阀件)的中心线之间的长度称为构造长度,管段中管子的实际长度称为展开长度或下料长度。量尺的目的就是要得到管段的构造长度,进而确定管子加工的下料长度,如图6-6所示。

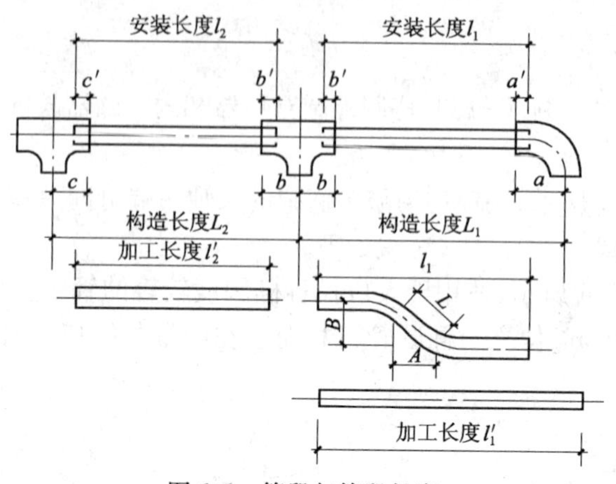

图 6-6　管段与管段长度

1. 直线管道的量尺

直线管道只需用钢尺或皮尺准确丈量地距离即可得到管段的构造长度。

直线管道的量尺如图 6-7 所示，对直管段 *CD* 量尺时，使尺头对准前方管件的中心，就后方管件中心点的尺位置读数，得 L_1 为直管段 *CD* 的构造长度。

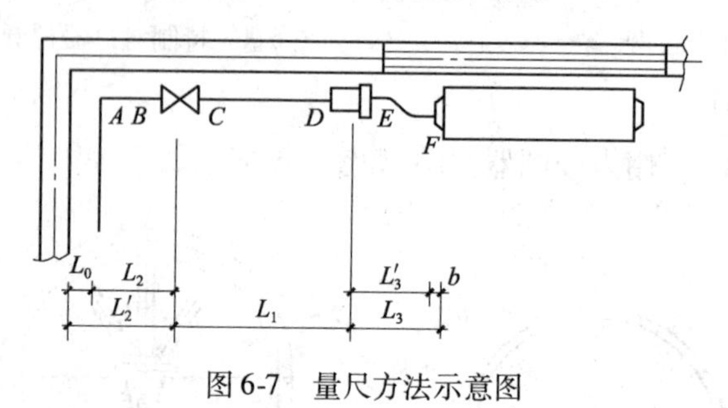

图 6-7　量尺方法示意图

2. 穿越基础洞的垂直管道量尺

使尺头对准基础预留孔洞的中心，读取尺面与一层地坪面接合点读数，再加上一层上第一个管件（或阀件）的设计安装高度，则得到该穿越管段的构造长度。

3. 跨越两个楼层的立管量尺

首先确定各楼层管段的安装标高并在墙上画出定位点，用线锤吊线画出立管安装的垂直中心线，再将皮尺穿过楼板洞，在中心线上测量两定位点之间的距离，即可得到该跨越楼层管段的构造长度。

4. 沿墙、梁、柱等建筑物实体安装的管道量尺

沿墙、梁、柱等建筑物实体安装的管道量尺如图 6-7 所示，量管段 *AB* 的尺寸时，使尺头顶住建筑物的表面，在另一侧管件的中心位置进行读数为 L'_2，那么，从读数中减去管道安装中心线与建筑物实体的距离 L_0（L_0 为规范规定的数值）即可得到管段 *AB* 的构造长度。

5. 与设备连接的管段量尺

与设备连接的管段量尺如图 6-7 所示，对管段 *EF* 量尺时，使尺头顶住设备的接管边缘，在另一侧管件的中心位置进行读数，L'_3 为管段 *EF* 的构造长度；若管道和设备采用螺纹连接时，

还应加上螺纹拧入管件的深度。此时，管段 EF 的构造长度为 L_3。

管螺纹拧入深度的要求见表 6-1。

表 6-1　管螺纹拧入深度

公称直径 DN(mm)	15	20	25	32	40	50
螺纹旋入长度(mm)	11	13	15	17	18	20

6.2.2　管道切割下料

1. 管道切割下料长度

管段的构造长度包括该管段的管子长度加上阀件或管件的长度，因而，要计算管子的下料长度，就要除去管件或阀件占有的长度，同时再加上丝扣旋入配件内或管子插入法兰内的长度。

常用的下科长度计算方法有计算法和比量法两种。计算下料法，需要了解各种不同材质、不同管件的结构数值，因此，在实际安装施工过程中很少采用，常用到的是比量法下料。

比量法是在地面上将各种配件按实际安装位置的距离排列好，然后用管子比量，从而定出管子的实际切割线。具体方法是：先在钢管一端套丝、加填料、拧紧安装前方的管件，在管子的另一端用连接此管后方的管件进行比量，使两管件之间的中心距离等于构造长度，再从管件边缘向里量螺纹拧入深度后，即可得到实际的切割线。

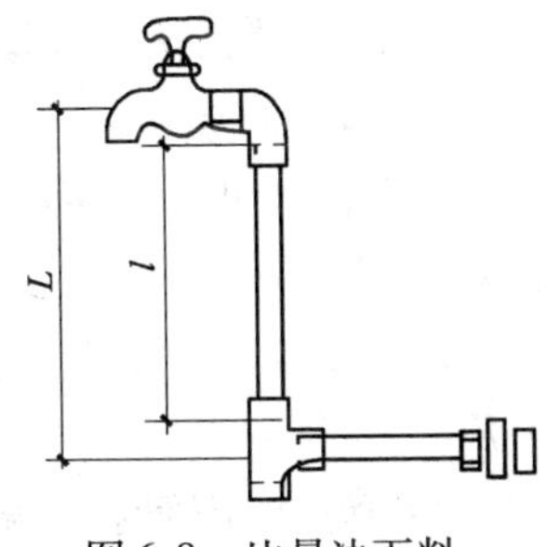

图 6-8　比量法下料

管道切割下料长度如图 6-8 所示，三通至活接头的构造长度为 L，按图中比量法在地面上进行实际比量，可量得实际下料时管子的长度为 l。

法兰连接的管道，也可以采用比量法下料，只是螺纹拧入的长度，改为管子插入法兰的长度及管件加工的长度。

2. 管道切割

管道切割有锯割、磨割、割刀切割、砂轮机割切、切管机切割等多种方法。无论哪种方法，均应使切口表面平整，不得有裂纹、重皮、毛刺、缩口、铁屑等。切口平面倾斜偏差应不大于管子直径的 1%，且不得超过 3mm。高压管或不锈钢管切断后应及时标上原有标记。

(1)锯割

锯割分手工锯割和锯床锯割。手工锯割，多用手切断 *DN*50 以下的各种金属管和非金属管(塑料管、胶管等)，锯床锯割用于切割成批量的和直径较大的各种金属管、非金属管。

锯割管道时，为防锯口偏斜，可在被切的管子上划出切割线，锯割时始终保持锯条与管中心线垂直。壁厚不同的管子锯割时，应选用不同规格的锯条。薄壁管应选用细牙锯条，厚壁管选用粗牙锯条。安装锯条时，应锯齿前倾，锯条要上紧、上直。锯口要锯到底，不能采用不锯完而掰料的方法，以免切口残缺不齐。

(2)管子割刀切割

用于切割 *DN*100 以下的薄壁管，不适用于铸铁管和铅管。一号割刀适用于 *DN*25 以下的管子，二号割刀适用于 *DN*50 以下的管子，三号割刀适用于 *DN*75 以下的管子，四号割刀适用于 *DN*100 以下的管子。其操作方法和步骤如下：

① 在要切割的管子上画上切割线,放在龙门压力钳上夹紧。

② 将管子放在割刀滚轮和刀片之间,刀刃对准管子上的切割线,旋动螺杆手柄夹紧管子,并扳动螺杆手柄绕管子转动,边转动边拧紧,滚刀即逐步切入管壁,直至切断为止。

③ 管子割刀切割管子会造成管径不同程度的缩小,须用绞刀插入管口,刮去管口收缩部分。

(3)砂轮切割机切割

砂轮切割机切割管子,可用于切割碳钢管、合金钢管、不锈钢管。

切割时,首先检查砂轮片是否完好无裂纹,并在被切管上画上切割线,将其置于夹持器中,找正、垫平稳后,摇动手轮夹紧管子,然后右手握手柄,并打开电源开关,待轮速正常后,右手下压使砂轮片接近管子对正切割线,并轻轻下压管子,将断时,应减小压力,直至切断。管断后,断开电源,旋转手轮将管取出。

切管时,旋压不得过大,以免砂轮片崩破伤人。管子切断后,应及时清理管口的毛刺和铁屑。

(4)切管机切割

切管机切割主要用于大直径管及合金钢管的切割,切管前应熟悉切管机操作使用说明书,了解其性能,严格按规程操作。切割不锈钢管时,切割速度应控制在碳钢管的50%以下。

(5)氧乙炔焰切割

氧乙炔焰切割,又称气割,主要用于大直径碳素钢管及异形复杂切口的切割,操作时应注意以下问题:

① 割嘴应保持垂直于管子表面,待割透后,将割嘴逐渐前倾,倾斜到与割点的切线呈70°~80°角。

② 气割固定管时,一般从管子下部开始。

③ 气割时,应根据管子壁厚选择割嘴和调整氧气、乙炔压力。割嘴号码、氧气压力与割件厚度的对应关系见表6-2。

表6-2　割嘴号码、氧气压力与割件厚度的对应关系

管壁厚(mm)	割炬		氧气压力(MPa)	乙炔压力(MPa)
	型　号	割嘴号		
4以下	G01—30	1~2	0.3~0.4	0.001~0.12
4~10	—	2~3	0.4~0.5	

(6)等离子切割

等离子用于切割不锈钢、有色金属管。镍铬不锈钢若用等离子切割,切割后应用铲、砂轮将切口上熔瘤、过热层及热影响区(一般2~3mrn)除去。

6.3　钢管道加工

6.3.1　管道坡口

为了确保焊接连接管子焊缝的强度,管子壁厚大于4mm时,须在焊接前对管子端部进行坡口处理。坡口的形式和尺寸当设计无规定时,按表6-3中规定执行。

坡口加工常用錾削、锉削、车削、气割等方法,也可用砂轮磨削加工。在施工工地上,小管径管道加工坡口多用錾削、锉削方法加工坡口，大管径管道加工坡口多用气割方法。坡口加工技术较为简单。

表 6-3　坡口形式和尺寸

坡口名称	坡口形式	坡口尺寸(mm)			
1 型坡口		单面焊	壁厚 S	≥1.5~2	≥2~3
			间隙 c	0~0.5	0~1.0
		双面焊	壁厚 S	≥3~3.5	≥3.6~6
			间隙 c	0~1.0	0.9~2.5
V 型坡口		壁厚 S	≥3~9		≥9~26
		坡口角度 α	70°±5°		60°±5°
		间隙 c	1±1		0~3
		钝边 p	1±1		0~3

6.3.2　管子缩口

管子缩口又称摔管，是指缩小较大直径管子的管端直径，使之成为同心大小头或偏心大小头的加工过程。

1. 操作方法

(1)预热管端可采用烘炉或气焊燎烤的方法将欲加工的管端进行预热，边加热边转动管子，以使管子预热均匀。

(2)缩口加工当管子加热端呈橘红色时，取出管子放在铁砧上，用手锤对其外表面从后向前进行锻打，边打边转动管子，直至使小头部分加工成均匀收缩状，如图 6-9 所示。

2. 操作要领及注意事项

锻打过程中应始终保持锤面与管面垂直。若管口要求收缩较大时，可分多次加工成形。

6.3.3　管道扩口

管子扩口加工是指将管子端部口径扩大的操作过程。

1. 操作方法

(1)管端预热：采用烘炉或气焊燎烤的方法对管端进行预热。

(2)管子扩口：加热端呈橘红色时取出管子，并将加热端套在圆钢柱上，用手锤对其外表面进行锻打，直至使管端处的管口扩大到要求尺寸，如图 6-10 所示。

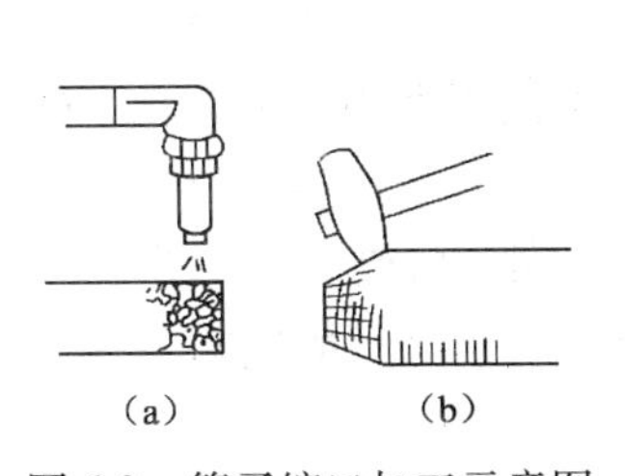

图 6-9　管子缩口加工示意图
(a)预热管端；(b)缩口加工

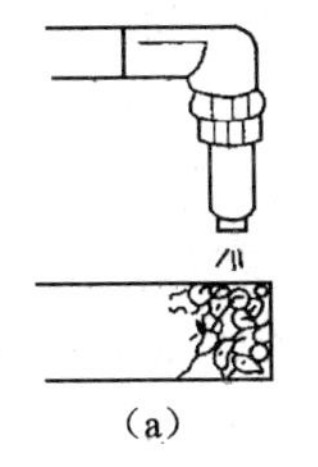

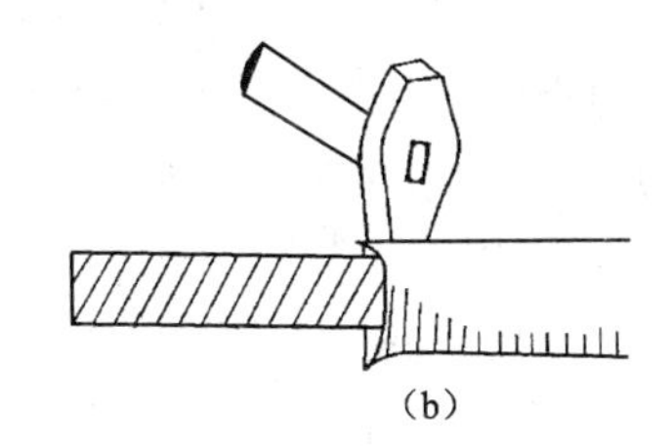

图 6-10　管道扩口示意图
(a)预热管端；(b)扩口加工

2. 操作要领及注意事项

扩口时,只允许扩大一级管径,以免管壁过薄。扩口后的管端不应有皱折、裂纹和管壁厚薄不均等缺陷,管口应圆正、平直,不得出现凸凹不平的现象。

6.3.4　管螺纹制作

当管道采取螺纹连接时,需要制作管螺纹。管螺纹制作,也称套螺纹,是指在管子端头加工管螺纹的操作。管螺纹制作有手工加工和机械加工两种方法。

1. 手工制螺纹

(1)手工制螺纹的工具

手工加工管螺纹所使用的主要工具是板牙架。板牙架又称铰板、套丝板、套螺纹板,有普通式、轻便式和电动式三种。这里重点介绍普通式。

普通式板牙架如图6-11 所示,由下列构件组成:

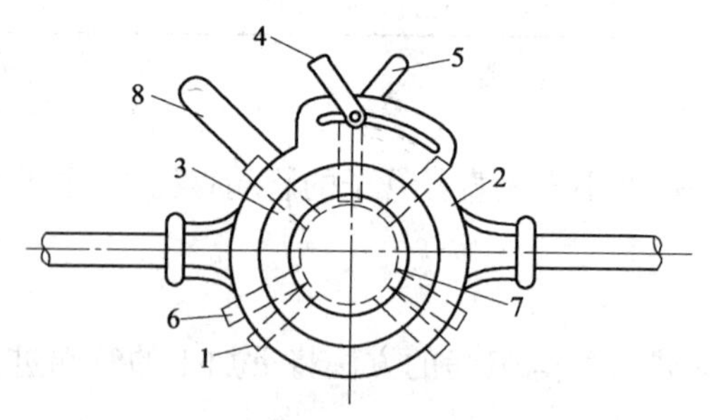

图6-11　普通式板牙架

1—牙体;2—前挡板;3—本体;4—带柄螺母;
5—松扣柄;6—顶杆;7—管子外壁;8—后挡板手柄

① 板牙。不同规格的板牙架都配有不同数量(副)的板牙,例如,2″、(11/4)″的板牙架均配有三副板牙,每副板牙都有一定的适用范围。每副板牙由四个牙体组成,每个牙体都开有斜槽,通过斜槽与前挡板的螺旋线相配合。

② 前挡板。前挡板通过弧形槽与紧固螺丝连接,通过螺旋线梢(位于前挡板背面)与板牙的斜槽配合,以控制板牙。当前挡板逆时针转动时,四个牙体同时向本体中心聚拢,顺时针转动时,则同时向本体边缘离去。前挡板内缘刻有管径标识字样和 A 字标记,外缘刻有①、②、③、④四个序号。

③ 本体。本体与前挡板连接,前挡板可沿弧形槽在本体上转动。本体平面外缘刻有三个“0”和 A 字标记,分别与前挡板上的字样和标记相对应。本体侧面,每隔 90 有一个长方形牙体植(共四个),当本体 A 与前挡板 A 标记转到一条线上时,前挡板上①、②、③、④序号正对本体上的牙槽,此时可将牙体从本体上退出或装入。

④ 紧固螺丝。紧固螺丝是由一个带柄螺母和螺栓组成。螺栓与松扣柄相连,并插在前挡板的弧形槽内,前挡板转到需要的位置时,旋紧带柄螺母,可以将前挡板固定在本体上,不再转动,以保证套丝工作能顺利进行。

⑤ 松扣柄。螺纹套好以后,把松扣柄顺时针旋转,即能使板牙与螺纹间离开一段距离,以便将套丝板顺利从管头上取出;松扣柄另一用途是当螺纹接近套完时,在板转套丝板的同时,

用手慢慢松开松扣柄,可使套出的螺纹带有梢度,从而提高螺纹连接紧密性。

⑥ 后挡板和顶杆。后挡板朝里的一面也有螺旋线梢(表面看不见)与顶杆相配合。顶杆共三个,向后挡板的一面有螺纹槽沟,与后挡板配合。转动后挡板手柄,三个顶杆就能同时向中心聚拢或离开,借助三个顶杆,将套丝板固定在管头上。

⑦ 板把。即手柄。扳动板把完成螺纹制作。

(2)管螺纹加工要求

① 管子螺纹加工长度:管子螺纹加工长度应符合表6-4中的要求。

表6-4　管螺纹的加工尺寸

公称直径 DN(mm)	短　螺　纹		长　螺　纹		连接阀门螺纹长度(mm)
	长度(mm)	螺纹数(牙)	长度(mm)	螺纹数(牙)	
15	14	8	50	28	12
20	16	9	55	30	12.5
25	18	8	60	26	15
32	20	9	65	28	17
40	22	10	70	30	19
50	24	11	75	33	21
65	27	12	85	37	23.5
80	30	13	100	44	26

② 质量要求:加工好的管螺纹应端正,不偏牙、不乱牙、光滑、无裂纹;允许有轻微毛刺;断牙和缺牙的总长度不超过螺纹全长的10%,且各断缺处不得纵向贯通;螺纹要有一定的锥度,松紧适当。

(3)手工制作管道螺纹的方法、步骤及操作要点

① 装板牙。根据管径选用相应的板牙,旋转前挡板,使前挡板上和本体上的"A"对齐,按序号将板牙装进套丝板的板牙槽内(注意要按照标盘的刻度依次序安装,绝对不能调换任意两件板牙的位置,也绝对不能将一副板牙和另一副板牙混用,否则会造成乱丝现象);再转动前挡板,使前挡板上与管子直径对应的刻度线对准本体上的"0"刻度线,旋紧紧固螺丝,板牙安装完毕。

② 固定管子。将管子水平固定在管子压力钳上,加工端伸出150mm左右。

③ 上套丝板。松开套丝板顶杆,将套丝板套在管口上,转动后挡板手柄,使套丝板固定在管子端上。

④ 套丝。开始套丝时,应面向板牙架,双手握住板把两侧,一边用力顺时针旋转板牙架把手,一边用力向前推进,直至板牙架在管端带上扣(感觉到吃劲且进入两扣时)。然后站在管端的侧面,一手压住板牙架面,一手顺时针方向转动板牙架。当套进2~3扣丝时,应在管头上加润滑油以冷却润滑板牙。

*DN*25以内的管子螺纹加工时,可一次套成;*DN*25~40的管子螺纹加工时,宜二次套成;*DN*50以上的管螺纹加工时,应分三次套成。分几次套制螺纹时,前一次或二次板牙架活动标盘对准固定标盘上的刻度时,应略大于相应的刻度。

套制短螺纹（长度小于100mm且两端带螺纹的短管）时，可先在长管上一端套制螺纹，后切断所需长度的管子，将螺纹端与接有管箍的管子相连并固定在管子钳上，然后再按上述方法套制另一端的管螺纹。

⑤ 退板牙架。待螺纹加工到接近规定长度时即可开始退出板牙架。为了保证加工出的螺纹有一定的锥度，退板牙架时要边转动板牙架，边顺时针方向旋松板牙松紧把手到最大位置，保证在2～3扣内松完。然后调节顶杆，将板牙架从管子上卸下。

⑥ 卸板牙。板牙架不用时，松动板牙松紧把手和标盘固定把手，旋转活动标盘到极限位置，即可取下板牙。

2. 机械制作螺纹

机械制作螺纹是采用电动套丝机制作螺纹。电动套丝机不仅可制作管螺纹，同时具备切断管子的功能，故又名切管套丝机，其外形结构如图6-12所示。常用套丝机规格见表6-5。

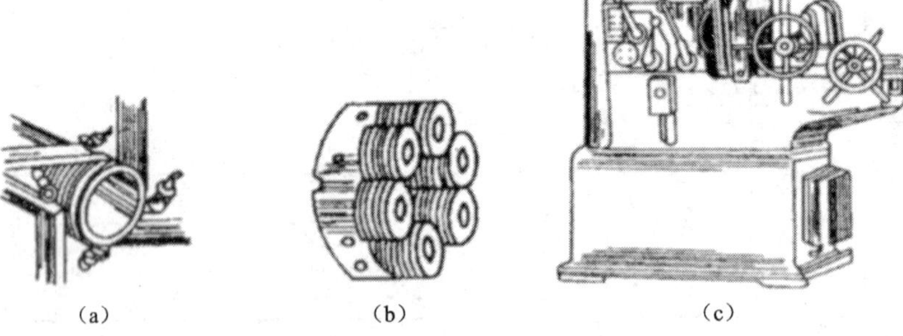

（a）　　（b）　　（c）

图6-12　电动套丝机

（a）切线板牙；（b）搓螺纹夹；（c）套丝机外形

表6-5　电动套丝机规格

型　号	规格（mm）	适用范围	电源电压（V）	电机功率（W）	转速（r/min）	质量（kg）
Z1T—50 Z3T—50	50	*DN*15～50	220 380	≥600	≥16	71
Z1T—80 Z3T—80	80	*DN*15～75	220 380	≥750	≥10	105
Z1T—100 Z3T—100	100	*DN*15～100	220 380	≥750	≥8	153
Z1T—100 Z3T—100	150	*DN*65～150	220 380	≥750	≥5	260

套丝机制作螺纹的操作方法如下：

（1）安装套丝机。将套丝机安放平稳，接通电源，检查设备操作、运转是否正常，喷油管是否顺畅喷油，运转方向是否正确，运动部件有无卡阻现象，再根据管径选择合适的板牙且安装到位。

（2）装管。拉开套丝机支架板，旋开前后卡盘，将管子插入套丝机，旋动前后卡盘将管子卡紧。

(3)套螺纹。根据管径调整好铰板,放下铰板和油管,并调整喷油管使其对准板牙喷油。启动套丝机,移动进给把手,即可进行套丝。待达到螺纹长度时,扳动铰板上的手把,退出铰板,关闭套丝机,旋动卡盘,即可取出管子。

(4)切管。如需切断管子,则应掀起扩孔锥和铰板,放下切管器,移动进给手把,调节使切管刀对准切割线,旋转切管器手柄,夹紧管子,并使油管对准刀口,启动套丝机,即可进行切管,边切割,边拧动割管刀的手柄进刀,直至切断管子。

6.3.5　管子煨弯

弯管是改变管道方向的管件,用于管道交叉、转弯、绕梁等处的连接。在施工现场,往往需要通过煨弯钢管的方法,制作不同角度、不同形状的弯管。常用弯管形式如图 6-13 所示。

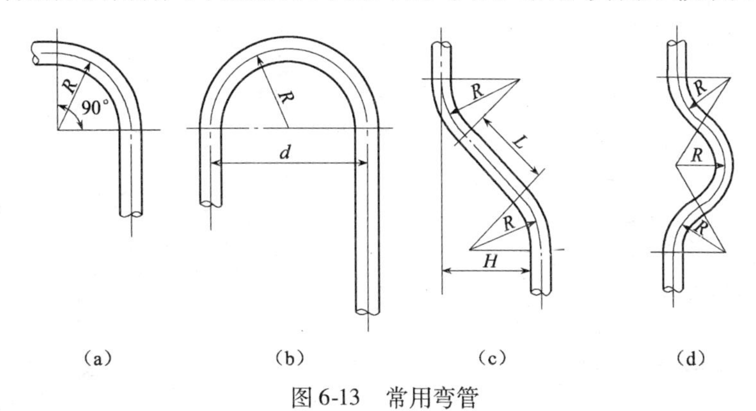

图 6-13　常用弯管

(a)弯头;(b)U 形管;(c)来回弯;(d)弧形弯管

制作的弯管应光滑圆整,不应有皱折等缺陷,弯管角度一般要比所需弯曲角度大 3°～5°。以防钢管卸压后回弹造成弯管弯曲角度不足。煨制焊接钢管时,应注意使焊缝位于不受压区域,即在距中心轴线 45°的区域内,置于弯曲平面的上方或下方,不得置于弯曲部分的内侧或外侧。

制作弯管方法很多,常用的有下面几种:

1. 携带式手动弯管器弯管

当管子小于或等于 *DN*25 时,可用携带式手动弯管器制作弯管(需要配备几对与管子外径相适应的胎轮),操作方法及步骤如下:

(1)确定管子的起弯点和终弯点。根据要求的弯曲角度在弯管胎轮上画出所弯管段的起弯点和终弯点。

(2)弯管。将被弯管段放入弯管胎槽内,使管子一端固定在活动挡板上,慢慢推动手柄,直至将管子弯曲到所要求的角度,最后松开手柄,取出弯制好的管段,如图 6-14 所示。

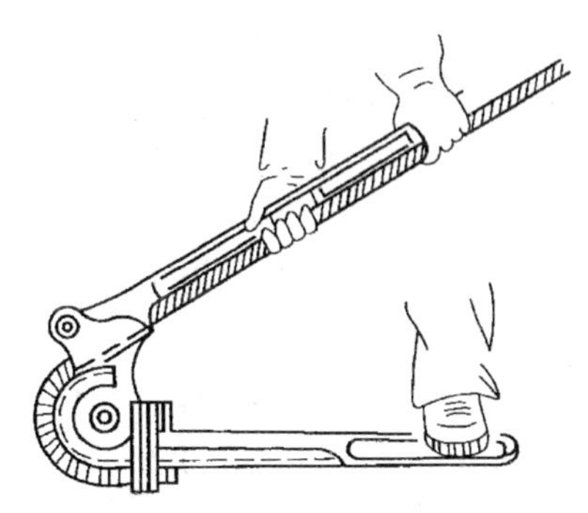

图 6-14　用手动弯管器弯管操作示意图

2. 手动液压弯管机弯管

手动液压弯管机是工地常用的弯管机械，由顶胎、管托、液压缸、回液阀组成，如图 6-15 所示。

用手动液压弯管机弯管时，操作方法如下：

(1)安装顶胎和管托。首先选取并安装与所弯管子直径一致的顶胎，根据弯曲半径将管托安放在合理的位置。安放管托时，要使两个管托位置对称，并调整两个管托间的距离至刚好使顶胎通过，否则会将托板拉偏或拉坏。

(2)弯管。将需弯曲的管子放在顶胎与管托的弧形槽中，并使其弯曲部分的中心与顶胎的中点对齐。关闭回液阀，上下扳动手柄，直至将管子弯成所需要的角度，如图 6-16 所示。在扳动手柄的过程中要用力均匀，注意停顿。随时注意检查弯曲角度(用样板测试)，不得超过管子要求的弯曲角度，以保弯管质量。

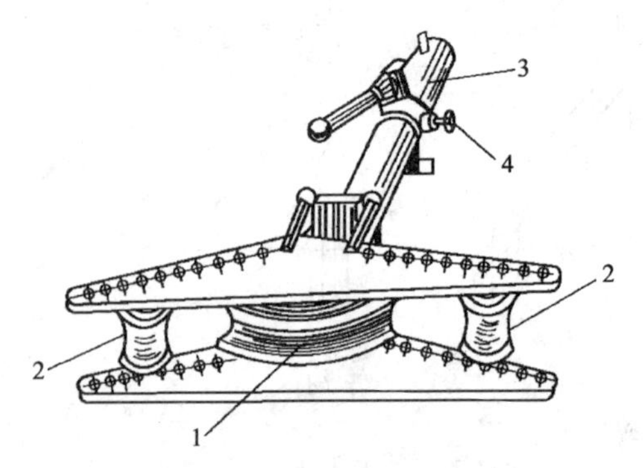

图 6-15　手动液压弯管机
1—顶胎；2—管托；3—液压缸；4—回液阀

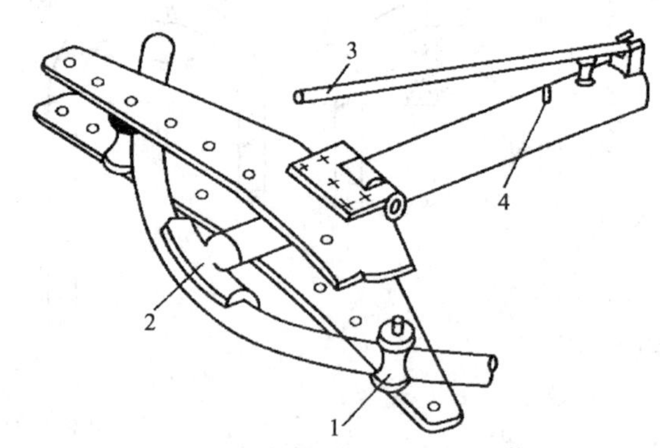

图 6-16　手动液压弯管机操作示意图
1—管托；2—顶胎；3—手柄；4—回液阀

(3)卸管。打开回液阀(此时顶胎会自动复位)，取出弯好的管子，检查角度是否合适。若仍未达到所需要的角度时，可重新放入，继续按照上述方法进行弯制。

3. 电动弯管机械弯管

电动弯管机是由电动机通过传动装置，带动主轴以及固定在主轴上的弯管模具一起转动进行弯管的。操作前应认真检查弯管机电气部分的性能，做好角度样板并调整好弯曲角度。弯管的操作方法和步骤如下：

(1)安装弯管模、导向模和压紧模。根据管子的弯曲半径和管子外径选取合适的弯管模、导向模和压紧模，并安装在操作平台上，如图 6-17 所示。

(2)弯管。将需弯管子沿导向模放入弯管模和压紧模之间，并调整导向模，使起弯点处于切点位置，再用 U 形管卡将管端卡在弯管模上。启动电动机，当终弯点接近弯管模和导向模公切点位置时停车。

(3)卸管。拆除 U 形管卡，松开压紧模，取出弯管。

若被弯曲管子外径大于 65mm 时，必须在管内放置芯棒。芯棒的外径比管子内径小 1 ~ 1.5mm，置于管子起弯点的前方一点儿，如图 6-18 所示。放置芯棒之前，在管子内壁或芯棒表面涂少许润滑油，以减小芯棒与管子内壁的摩擦。

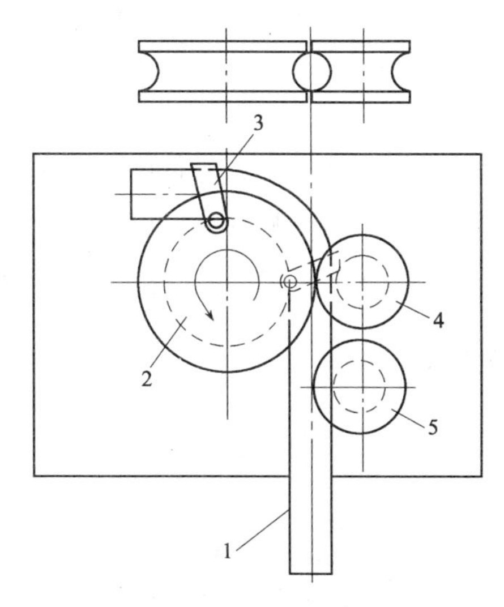

图6-17　电动弯管机弯管示意图

1—管子;2—弯管模;3—U形管卡;4—导向模;5—压紧模

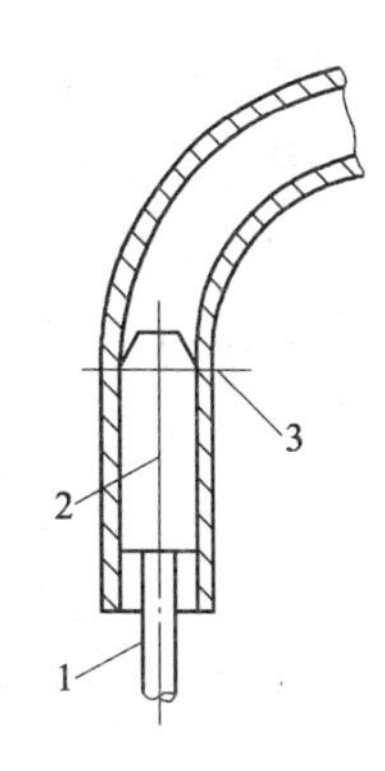

图6-18　弯曲芯棒的放置

1—拉杆;2—芯棒;3—管子起弯点

4. 钢管热弯

钢管热弯是加工制作弯管的传统方法,一般用于煨制 *DN*75 以上、管壁较厚、弯曲角度大或弯曲半径小的管子。因此法目前在施工现场应用正逐步淘汰,故仅就操作方法和步骤简述如下:

(1)备砂。首先选取一定粒度的砂子(*DN*80 以下的管子,砂子粒度 2~4mm;*DN*80~150 的管子,粒度 4~5mm;*DN*150 以上的管子,粒度 5~7mm),将其筛选、洗净、烘干。

(2)灌砂、打砂。将钢管一端用木塞塞紧,从另一端将烘干的砂子灌装到管中。为装砂密实,应边灌边用木锤击打管壁(俗称"打砂")。装满砂后将管口堵死。

(3)确定起弯点和加热长度。首先计算钢管加热长度,然后再根据加热长度,用白漆在钢管上画出起弯点和终弯点。

加热长度按下式计算:

$$L=\frac{2\pi R}{360}\cdot\alpha$$

式中　L——加热长度(mm);

α——弯曲角度(°);

R——弯曲半径(mm)。

(4)加热钢管。将装好砂并画出起弯点和终弯点的钢管放入地炉中加热。为使加热均匀,应不断翻转管子。当管子加热到 850~950℃(颜色呈白亮的火红色)后。即可将钢管抬到弯管台(可用厚钢板制作,也可用混凝土浇筑而成)上,进行煨弯。

(5)煨弯。将管一端卡稳在煨管台两固定桩之间,并在管下垫放两根扁钢;然后将钢管不需弯曲的部分和起弯点用水冷却;用绳索套在另一管端,并拉动管子旋转弯曲。待将弯至所需角度时,应用样板检查。达到要求后,用冷水将弯曲部分冷却定型即可。

(6)清砂。弯管冷却后,去掉管端木塞,倒出管中砂子,并用压缩空气将管内吹净。

6.3.6　管件制作

安装工程施工中常需制作的管件有焊接弯头、三通、大小头等。管件的加工制作,首先要在油毡纸上画出管件展开图(放样图)。然后再画线、下料、开坡口、组对拼制、焊接。

下面我们主要介绍各种管件制作时展开图的画法。

(1)焊接弯头的种类及节数

常用焊接弯头如图6-19所示,其最少的节数见表6-6。

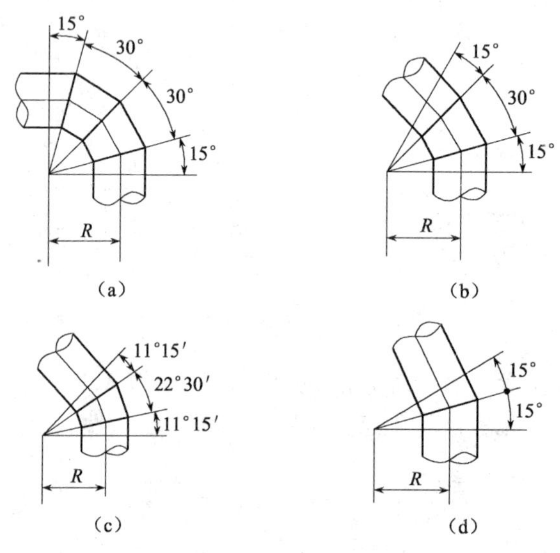

图6-19　焊接弯头的种类

(a)90°;(b)60°;(c)45°;(d)30°

表6-6　焊接弯头最少节数

弯头角度(°)	节　　数	其　　中	
		中间节	端节
30	2	0	2
45	3	1	2
60	3	1	2
90	4	2	2

(2)90°单节虾壳弯头展开图的作图步骤

虾壳弯由若干个带有斜截面的直管段构成,组成的节一般为两个端节及若干个中节,端节为中节的1/2,如图6-20所示。展开图作图步骤如下:

① 作$\angle AOB=90°$,以O为圆心,弯曲半径R为半径,画出虾壳弯的中心线,与OB交于4点。

② 四等分$\angle AOB$,并以弯管中心线与OB交点4为圆心,以管子外径D的一半为半径作圆,并将圆进行六等分。

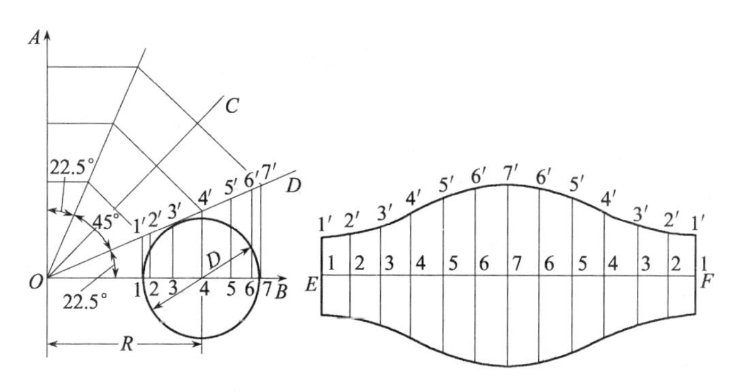

图 6-20　90°单节虾壳弯头展开图

③ 过半圆上的各等分点作垂直于 OB 的直线，分别与 OB 线交于点 1、2、3、4、5、6、7，与 OD 线交于 1′、2′、3′、4′、5′、6′、7′点。则四边形 1′177′为该弯头的端节。

④ 作 OB 的延长线，在延长线上取线段 $EF=\pi D$。将直线 EF 进行 12 等分，并从左向右通过各等分点 1、2、3、4、5、6、7、6、5、4、3、2、1 作垂直于 EF 的垂线。

⑤ 在各条垂线上分别以各等分点为基点，截取线段 11′、22′、33′、44′、55′、66′、77′，与图中相应编号的线段等长，同时用光滑曲线连接 1′、2′、3′、4′、5′、6′、7′、6′、5′、4′、3′、2′、1′即可得到端节的展开图。同样对称地在端节展开图的另一半截取 11′、22′、33′、44′、55′、66′、77′，并用光滑曲线连接 1′、2′、3′、4′、5′、6′、7′、6′、5′、4′、3′、2′、1′即可得到中节的展开图。

制作好样板后即可进行画线下料，画线下料可参考图 6-21。操作时将样板贴紧管子，用粉笔或划针沿样板边缘画线，用氧-乙炔焰进行切割，对厚壁管子一般要进行坡口处理，坡口角度背部为 20°～25°，两侧为 30°～35°，弯头腹部为 40°～45°。完成坡口后即可组对、拼焊成弯头。

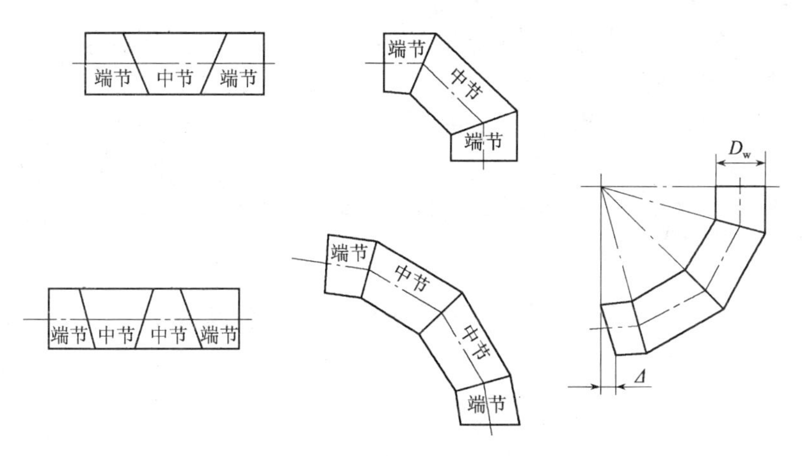

图 6-21　虾壳弯头下料示意图

(3) 三通制作展开图

图 6-22 所示为等径直交三通的展开图，作图步骤如下：

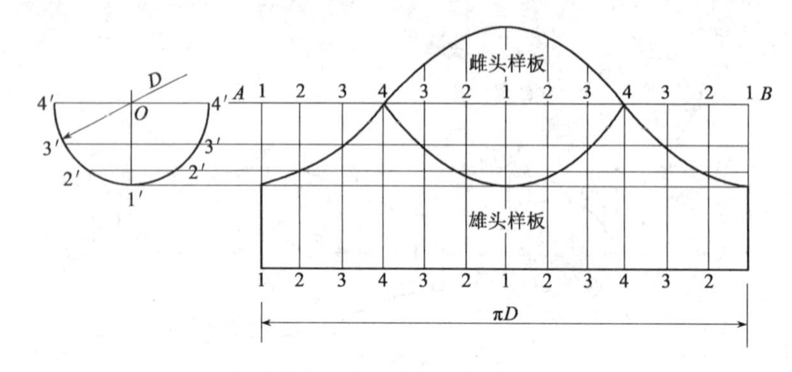

图 6-22　等径直交三通展开图

① 以 O 为圆心，以管外径 D 的一半为半径作半圆，并将其六等分，等分点分别为 4′、3′、2′、1′、2′、3′、4′。

② 做直线 4—4 的延长线并在延长线上量取线段 $AB=\pi D$，并将其进行 12 等分，等分点分别为 1、2、3、4、3、2、1、2、3、4、3、2、1。

③ 过直线 AB 上各等分点作垂直于 AB 的垂线，由半圆上各等点向右引水平延长线与各直线相交，将所得的对应交点连接成光滑曲线，即可得到雄头样板。

④ 以直线 AB 为对称线，将 4—4 范围内的垂直线对称地向上取，并连成光滑的曲线，即可得到雌头样板。

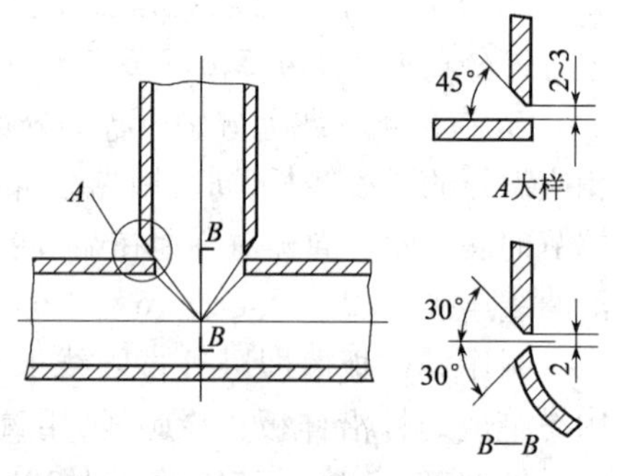

图 6-23　等径直交三通画线下料示意图

样板制作好后，可参照图 6-23 进行画线下料。

画线之前，先在主管和支管上画出定位十字线，并用冲子轻冲，分别将雌、雄样板中心对准管子中心线，画出切割线即可进行切割。

切割时用氧-乙炔焰根据坡口的要求进行。支管上全部要坡口，坡口角度在角焊处为 45°，对焊处为 30°，从角焊处向对焊处逐渐缩小坡口角度，均匀过渡。主管开口处不全坡口，角焊处不坡口，见图 6-23 中 A 节点大样图；在向对焊处伸展的中心点处开始坡口，到对焊处为 30°，见图 6-23 中 B—B 剖面图。坡口完成后，即可组对、焊接成三通。

项目实训十一：钢管及管件的制作实训

一、实训目的

1. 掌握钢管道调直与整圆的具体操作方法。
2. 掌握钢管道量尺与切割下料的具体操作方法。
3. 熟悉管道坡口、管子缩口、管道扩口、管螺纹制作、管子煨弯和管件制作的具体操作方法。

二、实训内容

1. 钢管道调直与整圆的具体实践操作。
2. 钢管道量尺与切割下料的具体实践操作。
3. 管道坡口、管子缩口、管道扩口、管螺纹制作、管子煨弯和管件的具体制作。

三、实训时间

每人操作60min。

四、实训报告

1. 编写钢管道调直与整圆、钢管道量尺与切割下料的具体实践操作报告。
2. 写出管道坡口、管子缩口、管道扩口、管螺纹制作、管子煨弯和管件的具体制作报告。

6.4　钢管道的连接

管道连接形式常用螺纹连接、法兰连接、焊接。近年来又出现一种新的连接形式，即沟槽连接。

6.4.1　管道螺纹连接

螺纹连接是指在管端加工外螺纹，然后拧上带内螺纹的管子配件，与其他管段相连接，构成管路系统的连接形式。常用于*DN*100以下管子的连接，尤其是*DN*50以下管子的连接。

1. 管道螺纹连接形式

常见管螺纹的形状有圆锥形（KG）和圆柱形（G）两种，一般均为右旋螺纹。螺纹连接有圆柱形螺纹接圆柱形螺纹、圆锥形螺纹接圆柱形螺纹、圆锥形螺纹接圆锥形螺纹三种。管子螺纹连接一般采用圆锥外螺纹和圆柱内螺纹连接、圆锥外螺纹和圆锥内螺纹连接。

2. 螺纹连接填料

管道螺纹连接时，为使接头处严密，应在管道外螺纹与管件或阀件内螺纹之间加一定的填料。填料如设计无要求时，可以按表6-7中的规定选用。

表6-7　管道丝扣连接常用填料种类和适用介质

填料名称	适用介质
厚白漆、麻丝	水、压缩空气
黄粉（一氧化铅）、甘油	压缩空气、燃油
黄粉（一氧化铅）、蒸馏水	氧气
四氟乙烯生料带	水、压缩空气、氧气、燃油、乙炔，亦可用于腐蚀介质

3. 管道螺纹连接的操作方法、步骤及注意事项

（1）清理螺纹。首先清除管端外螺纹处的杂物。

（2）缠涂填料（铅油、缠油麻、生料带等）。在外螺纹上涂一层铅油，再用油麻或生料带缠绕4～5圈。油麻应顺着管螺纹方向缠绕。

（3）上管件。先用手将带内螺纹的管件旋入，待用手拧不动时，再用管钳旋转管件，直至

上紧为止。管件上紧后要留有 2 ~ 3 圈螺尾,并且应将外露的麻丝割断并清除多余的铅油。

上管件时,应选用合适的管钳,用力应适度,不可用力过大,更不能在钳柄上加套筒加力,否则会将管件撑裂。管件上紧应一次到位,不允许上过头而倒拧调整位置的操作。

6.4.2　法兰连接

1. 法兰连接的形式

法兰连接是管道工程中广泛采用的一种连接方法,根据连接方式不同,法兰形式有很多种,如图 6-24 所示。

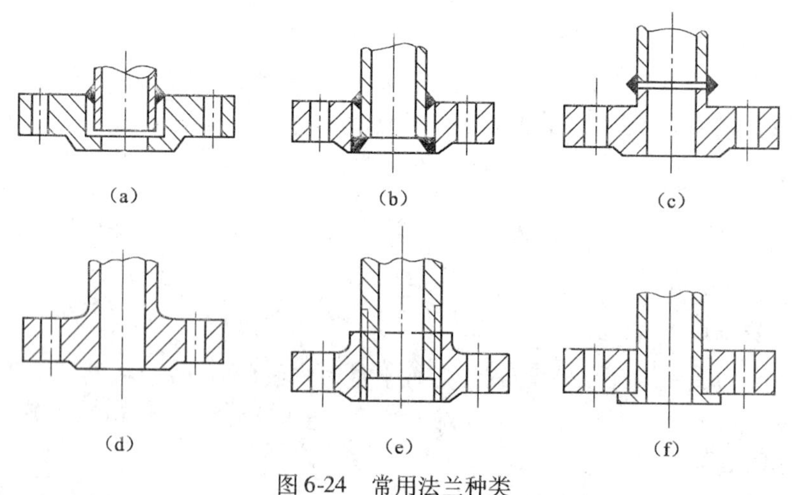

图 6-24　常用法兰种类

(a)、(b)—平焊法兰;(c)—对焊法兰;(d)—铸铁法兰;
(e)—铸铁螺纹法兰;(f)—翻边松套法兰

2. 法兰垫料选用

为保证法兰接口严密不漏,必须在法兰间加垫片。垫片材料应符合设计要求,设计无要求时,可按表 6-8 选用。

表 6-8　法兰垫圈材料选用表

材料名称	适用介质	最高工作压力(MPa)	最高工作温度(℃)
普通橡胶板	水、空气、惰性气体	0.6	60
耐热橡胶板	热水、蒸汽、空气	0.6	120
夹布橡胶板	水、空气、惰性气体	1.0	60
低压石棉橡胶板	水、空气、惰性气体、蒸汽、煤气	1.6	200
中压石棉橡胶板	水、空气、蒸汽、煤气	4.0	350
高压石棉橡胶板	空气、蒸汽、煤气	10.0	450
软聚氯乙烯板	水、空气、酸碱稀溶液	0.6	50
聚四氟乙烯板			
聚乙烯板			

3. 法兰连接的操作方法与步骤

法兰与管道的连接多采用焊接。其操作步骤如下：

(1)焊接法兰。即将法兰盘焊接在管端。装配前首先清除法兰表面及密封面的铁锈、油污，将管端插入法兰2/3处，先进行点焊，再校正法兰盘与管中心线垂直，并上下左右均匀对称。然后进行施焊。

(2)制作并放置垫片。为使法兰接口严密，法兰之间应加法兰垫片。垫片的厚度应符合设计要求，设计无规定者，通常根据管的直径确定。一般情况下，管件公称直径小于125mm时，采用厚度为1.6mm的垫片；管件公称直径在125～500mm时，采用厚度为2.4mm的垫片；管件公称直径大于500mm时，采用厚度为3.2mm的垫片。为便于安装定位，不涂胶粘剂的垫片制作时要留一个"手把"，如图6-25所示。

(3)连接法兰。将两个法兰盘对正，使其对接端面相互平行，相应的螺栓孔对正，保证螺栓能自由穿入。穿入螺栓后，使用扳手拧紧法兰螺栓，拧紧时分两次或三次对称交叉进行，不得一次拧紧。图6-26所示分别为四个和六个法兰螺栓的拧紧顺序。

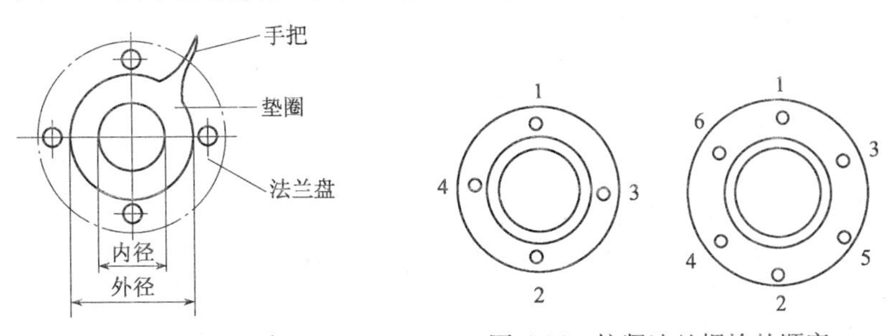

图6-25　法兰垫片　　　图6-26　拧紧法兰螺栓的顺序

4. 操作要领及注意事项

(1)法兰与管子焊接时，应使法兰面垂直于管子中心轴线。可以采用法兰靠尺或90°角尺检查焊接法兰的偏斜度，如图6-27所示，其偏斜度不得超过表6-9值。

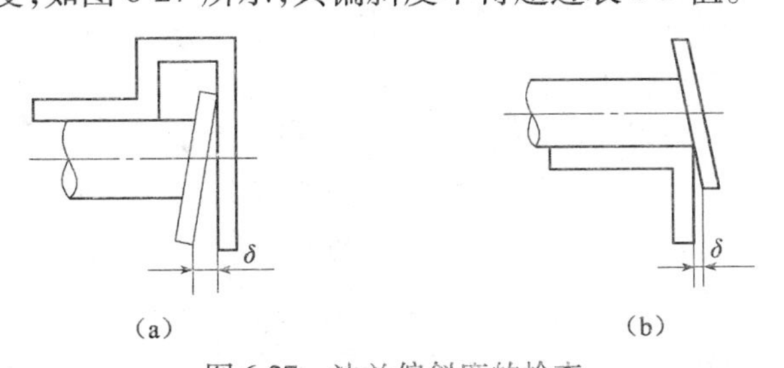

图6-27　法兰偏斜度的检查

(a)用法兰靠尺检查；(b)用角尺检查

表6-9　法兰与管子焊接垂直度允许偏斜值

法兰公称直径 DN(mm)	≤80	100～250	300～350	400～500
法兰允许偏斜度 δ(mm)	±1.5	±2	±2.5	±3

(2)法兰垫片的材质、质量、规格应符合设计要求，设计无要求者应根据表6-8按照介质种类选用。不允许使用斜垫片或双层垫片，且垫片应安装在法兰的中心位置。

(3)连接法兰的螺栓应是同一规格。安装时,其端部伸出螺纹的长度大于螺栓直径的一半,但也不应少于2扣。全部螺母应位于法兰的同一侧。

(4)法兰接头的螺栓拧紧后,两个法兰盘的连接面应互相平行。直径方向两个对称点的偏差,如图6-28所示,不得超过表6-10的规定。

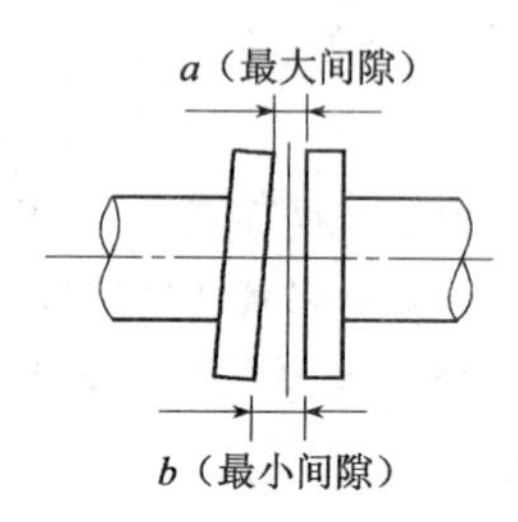

图6-28　法兰密封面不平行度偏差示意图

表6-10　法兰密封面平行度允许偏差

公称直径 DN(mm)	$(a-b)$最大值(mm)	
	$PN<160$Pa	$PN=160$Pa
≤100	0.20	0.10
>100	0.30	0.15

(5)法兰不得埋入地下,埋地管道或不通行地沟内管道的法兰接头处应设置检查井。法兰也不能安装在楼板、墙壁或套管内。

为了便于装拆,法兰与支架边缘或建筑物的距离一般不应小于200mm。

6.4.3　管道焊接

焊接是管道连接的常用方法,等于或小于DN50、壁厚小于或等于3.5mm的管子用气焊焊接;DN65及其以上、壁厚在4mm以上的管子应采用电焊焊接。

1. 管道焊接操作及注意事项

(1)坡口加工。管壁厚小于3mm的管子,对焊时一般可不开坡口,壁厚大于3mm时,管端应开坡口。坡口形式和尺寸当设计无规定时,可按表6-11选用。坡口周围(内外侧均不小于10mrn)应清理干净,不得有油污、铁锈、毛刺等,清理合格后应及时施焊。

表6-11　管道焊接坡口形式和尺寸

坡口形式	手工焊坡口尺寸(mm)		
	S	≥3~9	>9~26
	α	70±5	65±5
	C	1±1	2±1
	P	1±1	2±1

(2)管口组对。管道对口间隙应符合表6-12的规定。同壁厚管道,内壁应平齐;壁厚不同时,应对厚壁进行适当加工,使其平坦过渡。为便于对口,可借助对口工具,如图6-29所示。

表 6-12　沟槽式连接刚性接头的规格

<table>
<tr><th rowspan="2">公称直径
DN(mm)</th><th rowspan="2">实际外径
(mm)</th><th rowspan="2">最大工作压力
(MPa)</th><th rowspan="2">允许管道末
端间隙(mm)</th><th colspan="3">尺寸(mm)</th><th rowspan="2">理论质量(kg)</th></tr>
<tr><th>X</th><th>Y</th><th>Z</th></tr>
<tr><td>DN50</td><td>57</td><td rowspan="3">280</td><td rowspan="3">1.7</td><td>81</td><td>116</td><td rowspan="3">80</td><td>0.7</td></tr>
<tr><td>DN50</td><td>60.3</td><td>87</td><td>114</td><td>0.7</td></tr>
<tr><td>DN65</td><td>76</td><td>104</td><td>137</td><td>0.9</td></tr>
<tr><td>DN80</td><td>89</td><td rowspan="4"></td><td></td><td>115</td><td>153</td><td rowspan="4">53</td><td>1</td></tr>
<tr><td>DN100</td><td>108</td><td rowspan="3">4.1</td><td>140</td><td>178</td><td>1.4</td></tr>
<tr><td>DN100</td><td>114.3</td><td>145</td><td>182</td><td>1.4</td></tr>
<tr><td>DN125</td><td>133</td><td>165</td><td>206</td><td>2</td></tr>
<tr><td>DN125</td><td>139.7</td><td rowspan="6">280</td><td rowspan="3">4.1</td><td>173</td><td>215</td><td rowspan="3">150</td><td>2.2</td></tr>
<tr><td>DN150</td><td>159</td><td>193</td><td>238</td><td>2.5</td></tr>
<tr><td>DN150</td><td>165</td><td>199</td><td>247</td><td>2.3</td></tr>
<tr><td>DN200</td><td>219</td><td>4.8</td><td>264</td><td>335</td><td>64</td><td>5.1</td></tr>
<tr><td>DN250</td><td>273</td><td rowspan="2">3.3</td><td>327</td><td>426</td><td rowspan="2">65</td><td>11.3</td></tr>
<tr><td>DN300</td><td>325</td><td>378</td><td>470</td><td>12.8</td></tr>
</table>

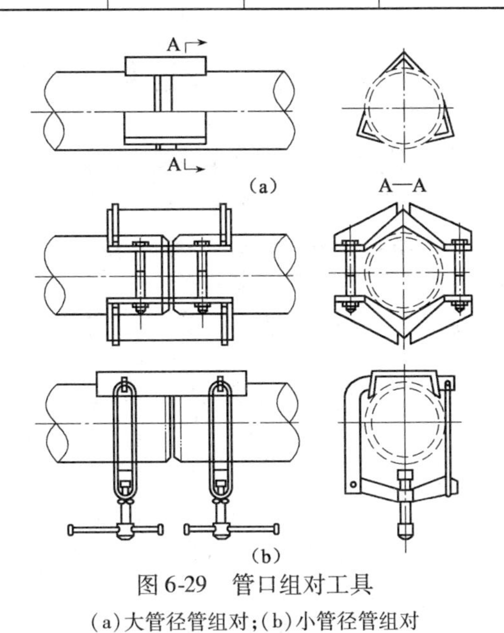

图 6-29　管口组对工具

(a)大管径管组对;(b)小管径管组对

(3)点焊定位。管口对好后,在上下左右四处实施定位焊(最少三处)。定位焊长度一般为 10 ~ 15mm,高 2 ~ 4mm,不超过管壁的 2/3。

(4)施焊。管道点焊定位后,再经检查调直无误后,即正式施焊。施焊时,管道应垫牢固定,适时转动管子,实施焊工作业。减少仰焊。

焊接时,焊缝应焊透,表面形成良好,不得有裂纹、夹渣、气孔、砂眼等缺陷。

6.4.4 管道沟槽式连接和开孔式机械配管

管道沟槽式连接和开孔式机械配管，是一种新的成熟的管道连接方法，近年来在消防工程应用越来越多。管道沟槽式连接和开孔式机械配管包括管道与管道的连接、管道与阀门连接、管道与设备连接、管道分支等。

1. 管道沟槽式连接

(1)管道与管道沟槽式连接

管道与管道沟槽式连接，管接头由管道沟槽、密封圈和卡管箍组成，分刚性接头和挠性接头，如图 6-30 所示，规格见表 6-12、表 6-13。

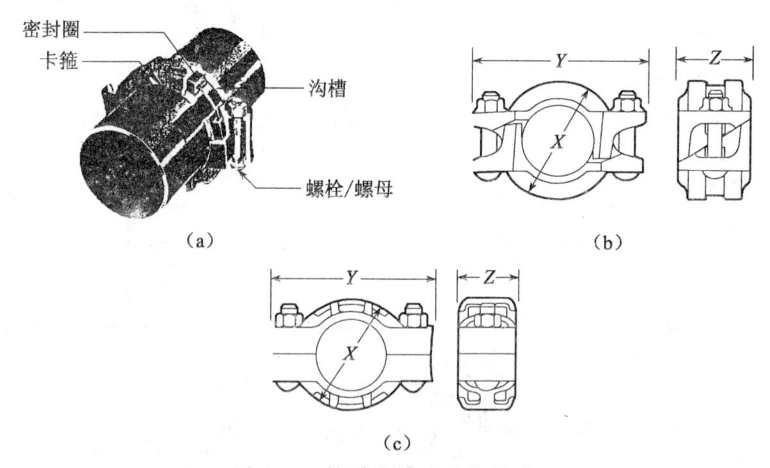

图 6-30 管道沟槽式连接接头

(a)外形结构；(b)001 型刚性接头；(c)101 型挠性接头

表 6-13 沟槽式连接挠性接头的规格

公称直径 DN(mm)	实际外径(mm)	最大工作压力(MPa)	允许管道末端间隙(mm)	尺寸(mm)			理论质量(kg)
				X	Y	Z	
DN20				54	92	44	0.5
DN25				60	108		0.6
DN32				70	111		0.6
DN40				76	117		0.7
DN50	57		0～3.2	88	138		0.9
DN50	60.3			89	140	45	0.9
DN65	73	280		102	146		1.1
DN65	76			102	156		1.1
DN80	89			117	171		1.3
DN100	108			140	197		1.8
DN100	114.3		0～6.4	149	206	51	2.1
DN125	133			165	232		2.6
DN125	139.7			170	238		2.7

续表

<table>
<tr><th rowspan="2">公称直径
DN(mm)</th><th rowspan="2">实际外径
(mm)</th><th rowspan="2">最大工作压力
(MPa)</th><th rowspan="2">允许管道末
端间隙(mm)</th><th colspan="3">尺寸(mm)</th><th rowspan="2">理论质量(kg)</th></tr>
<tr><th>X</th><th>Y</th><th>Z</th></tr>
<tr><td>DN125</td><td>141</td><td rowspan="6">280</td><td rowspan="6">0 ~ 6.4</td><td>178</td><td>244</td><td rowspan="3">51</td><td>2.8</td></tr>
<tr><td>DN150</td><td>159</td><td>191</td><td>264</td><td>3.1</td></tr>
<tr><td>DN150</td><td>165</td><td>203</td><td>279</td><td>3.7</td></tr>
<tr><td>DN200</td><td>219</td><td>264</td><td>337</td><td>64</td><td>6.4</td></tr>
<tr><td>DN250</td><td>273</td><td>327</td><td>445</td><td rowspan="2">67</td><td>11.6</td></tr>
<tr><td>DN300</td><td>325</td><td>381</td><td>495</td><td>13.8</td></tr>
</table>

作业时，首先用专用开槽工具在管端开出一定规格的槽沟（薄壁管采用滚槽，厚壁管采用割槽。沟槽规格见表 6-14），再将连接管管口对好，并装好密封圈，然后用专用的卡管箍包住管口和密封圈（卡箍内缘嵌入管道端部环形沟槽之中），并用螺栓将卡箍上紧即可。

表 6-14 沟槽的规格尺寸

<table>
<tr><th colspan="3">管道外径
(mm)</th><th colspan="3">密封圈座 A(±0.79)
(mm)</th><th colspan="3">沟槽宽度 B(±0.73)
(mm)</th><th colspan="2">沟槽直径
(mm)</th><th rowspan="2">沟槽
深度
(mm)</th><th rowspan="2">管最小
壁厚 T
(mm)</th><th rowspan="2">最大张
口直径
(mm)</th></tr>
<tr><th>基准</th><th>最大</th><th>最小</th><th>基准</th><th>最大</th><th>最小</th><th>基准</th><th>最大</th><th>最小</th><th>最大</th><th>最小</th></tr>
<tr><td>26.7</td><td>27</td><td>26.5</td><td rowspan="20">15.88</td><td rowspan="20">16.67</td><td rowspan="20">15.15</td><td rowspan="4">7.14</td><td rowspan="4">7.93</td><td rowspan="4">6.41</td><td>23.83</td><td>23.44</td><td>1.42</td><td rowspan="6">1.65</td><td>29.2</td></tr>
<tr><td>33.4</td><td>33.7</td><td>33.1</td><td>30.23</td><td>29.85</td><td rowspan="5">1.6</td><td>36.3</td></tr>
<tr><td>42.2</td><td>42.6</td><td>41.8</td><td>38.99</td><td>38.61</td><td>45</td></tr>
<tr><td>48.3</td><td>48.8</td><td>47.8</td><td>45.09</td><td>44.7</td><td>51.1</td></tr>
<tr><td>57</td><td>57.6</td><td>56.4</td><td rowspan="16">8.74</td><td rowspan="16">9.53</td><td rowspan="16">8.01</td><td>53.85</td><td>53.47</td><td>58.7</td></tr>
<tr><td>60.3</td><td>60.9</td><td>59.7</td><td>57.15</td><td>56.77</td><td>63</td></tr>
<tr><td>73</td><td>73.7</td><td>72.3</td><td>69.09</td><td>68.63</td><td rowspan="3">1.98</td><td rowspan="6">2.11</td><td>75.7</td></tr>
<tr><td>76.1</td><td>76.9</td><td>75.3</td><td>72.26</td><td>71.8</td><td>78.7</td></tr>
<tr><td>88.9</td><td>89.7</td><td>88.1</td><td>84.94</td><td>84.48</td><td>91.4</td></tr>
<tr><td>101.6</td><td>102.6</td><td>100.8</td><td>97.38</td><td>96.87</td><td rowspan="5">2.11</td><td>104.1</td></tr>
<tr><td>108</td><td>109.07</td><td>107.21</td><td>103.73</td><td>103.22</td><td>109.7</td></tr>
<tr><td>114.3</td><td>115.4</td><td>113.5</td><td>110.08</td><td>109.57</td><td>116.8</td></tr>
<tr><td>127</td><td>128.3</td><td>126.2</td><td>122.78</td><td>122.27</td><td>2.41</td><td>129.5</td></tr>
<tr><td>133</td><td>134.32</td><td>132.21</td><td>129.13</td><td>128.62</td><td rowspan="8">2.77</td><td>134.9</td></tr>
<tr><td>139.7</td><td>141.1</td><td>138.9</td><td>135.48</td><td>134.97</td><td rowspan="2">2.13</td><td>142.2</td></tr>
<tr><td>141.3</td><td>142.7</td><td>140.5</td><td>137.03</td><td>136.47</td><td>143.8</td></tr>
<tr><td>152.4</td><td>153.8</td><td>151.6</td><td>148.08</td><td>147.52</td><td rowspan="4">2.16</td><td>154.9</td></tr>
<tr><td>158.8</td><td>160.4</td><td>158</td><td>154.68</td><td>153.92</td><td>161.3</td></tr>
<tr><td>165.1</td><td>166.7</td><td>164.3</td><td>160.78</td><td>160.22</td><td>167.6</td></tr>
<tr><td>168.3</td><td>169.9</td><td>167.5</td><td>163.96</td><td>163.4</td><td>170.9</td></tr>
<tr><td>203.2</td><td>204.8</td><td>202.4</td><td>19.05</td><td>19.84</td><td>18.32</td><td>11.91</td><td>12.7</td><td>11.18</td><td>198.53</td><td>197.89</td><td>2.34</td><td>207.5</td></tr>
</table>

续表

<table>
<tr><th colspan="3">管道外径
(mm)</th><th colspan="3">密封圈座 A(±0.79)
(mm)</th><th colspan="3">沟槽宽度 B(±0.73)
(mm)</th><th colspan="2">沟槽直径
(mm)</th><th rowspan="2">沟槽深度
(mm)</th><th rowspan="2">管最小壁厚 T
(mm)</th><th rowspan="2">最大张口直径
(mm)</th></tr>
<tr><th>基准</th><th>最大</th><th>最小</th><th>基准</th><th>最大</th><th>最小</th><th>基准</th><th>最大</th><th>最小</th><th>最大</th><th>最小</th></tr>
<tr><td>219.1</td><td>220.7</td><td>218.3</td><td rowspan="4">19.05</td><td rowspan="4">19.84</td><td rowspan="4">18.32</td><td rowspan="4">11.91</td><td rowspan="4">12.7</td><td rowspan="4">11.18</td><td>214.4</td><td>213.76</td><td>2.34</td><td></td><td>223.5</td></tr>
<tr><td>254</td><td>255.6</td><td>253.2</td><td>249.23</td><td>248.54</td><td rowspan="2">2.39</td><td rowspan="2">3.4</td><td>258.3</td></tr>
<tr><td>273</td><td>274.6</td><td>272.2</td><td>268.28</td><td>267.59</td><td>277.4</td></tr>
<tr><td>325</td><td>326.6</td><td>324</td><td>319.28</td><td>318.43</td><td>2.77</td><td>3.96</td><td>329.3</td></tr>
</table>

由于卡管箍内缘嵌入管道端部环形沟槽之中，可以保证管道轴向不会发生窜动；由于卡管箍通过螺栓将两根管道紧紧包住，成为一个整体，故管道径向不会产生位移；由于密封方式采用“C”形密封环，可形成二重密封，从而保证管端不泄漏。所谓二重密封即“C”形密封圈被卡箍紧紧压在管端表面形成一次密封，再者当流体流入“C”形密封圈内圈时，作用于垫圈唇边，从而使垫圈唇边与管壁紧密配合无间隙，形成二重密封，且流体压力越大密封性越好。

(2)管道与管件、阀门连接

管道与管件、阀门连接采用专用的沟槽系列产品。目前开发使用的系列产品有接头、管件(包括各种弯头、三通、变径管等)、阀门等，形状如图 6-31 所示，规格见表 6-15。

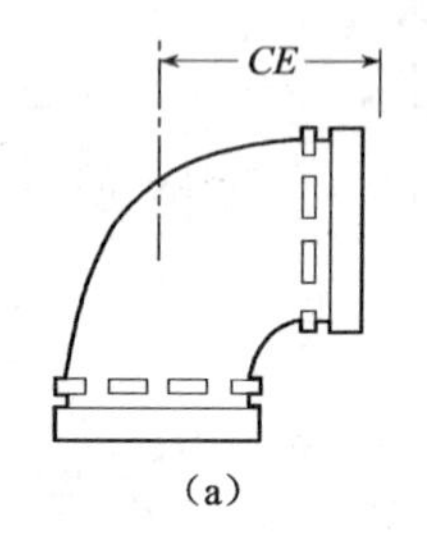

(a)

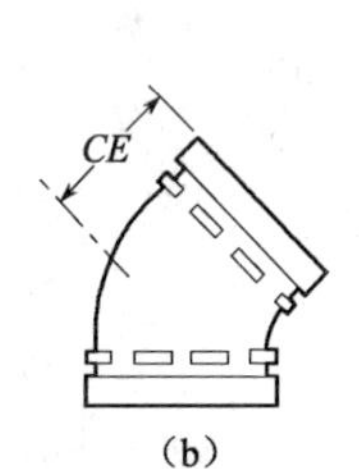

(b)

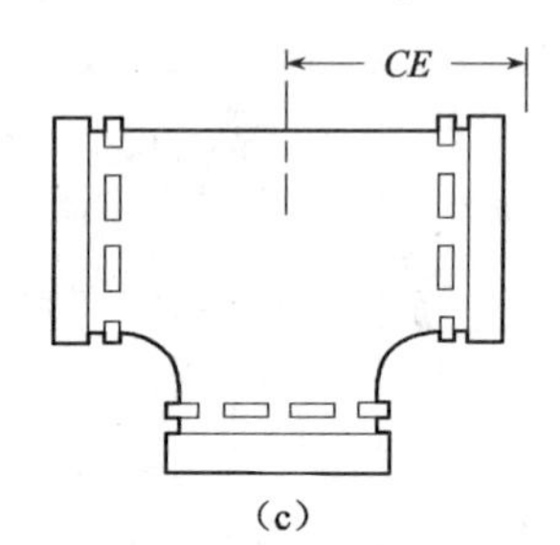

(c)

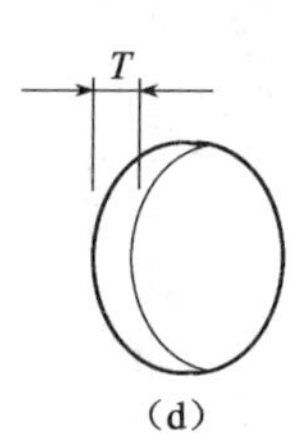

(d)

图 6-31　沟槽式管件

(a)90°弯头；(b)45°弯头；(c)正三通；(d)盲片

表 6-15　沟槽式管件的规格

<table>
<tr><th rowspan="2">公称直径 DN(mm)</th><th rowspan="2">外径(mm)</th><th colspan="2">90°弯头</th><th colspan="2">45°弯头</th><th colspan="2">正三通</th><th colspan="2">盲　片</th></tr>
<tr><th>CE</th><th>质量(kg)</th><th>CE</th><th>质量(kg)</th><th>CE</th><th>质量(kg)</th><th>T</th><th>质量(kg)</th></tr>
<tr><td>DN50</td><td>57</td><td>70</td><td>0.8</td><td>51</td><td>0.5</td><td>70</td><td>1.2</td><td rowspan="5">22</td><td rowspan="2">0.3</td></tr>
<tr><td>DN50</td><td>60.3</td><td>70</td><td>0.9</td><td>51</td><td>0.6</td><td>70</td><td>1.4</td></tr>
<tr><td>DN65</td><td>73</td><td>76</td><td>1.5</td><td>57</td><td>1</td><td>76</td><td>2.1</td><td rowspan="3">0.5</td></tr>
<tr><td>DN65</td><td>76</td><td>76</td><td>1.7</td><td>57</td><td>1.5</td><td>76</td><td>2.3</td></tr>
<tr><td>DN80</td><td>89</td><td>86</td><td>2</td><td>64</td><td>1.4</td><td>86</td><td>3</td></tr>
<tr><td>DN100</td><td>108</td><td>102</td><td>3.5</td><td>76</td><td>2.5</td><td>102</td><td>5.3</td><td rowspan="5">25</td><td>1</td></tr>
<tr><td>DN100</td><td>114.3</td><td>102</td><td>3.4</td><td>76</td><td>2.5</td><td>102</td><td>5.7</td><td>1.1</td></tr>
<tr><td>DN125</td><td>133</td><td>124</td><td>4.7</td><td>83</td><td>3.3</td><td>124</td><td>6.7</td><td rowspan="2">2</td></tr>
<tr><td>DN125</td><td>139.7</td><td>124</td><td>5</td><td>83</td><td>3.3</td><td>124</td><td>7</td></tr>
<tr><td>DN125</td><td>141.3</td><td>124</td><td>5.2</td><td>83</td><td>3.8</td><td>124</td><td>8.1</td><td>2.1</td></tr>
</table>

续表

公称直径 DN(mm)	外径(mm)	90°弯头		45°弯头		正三通		盲　片	
		CE	质量(kg)	CE	质量(kg)	CE	质量(kg)	T	质量(kg)
DN150	159	138	6.8	89	4.3	138	12.3	25	3.1
DN150	165	138	8.2	89	5.3	138	12.4		2.8
DN200	219	173	12.9	108	8.3	173	21.6	30	5.9
DN250	273	229	30.8	121	17	229	40.8	32	9.5
DN300	325	254	33.3	133	30.3	254	60.3		16.2

在这些专用的沟槽系列产品两端已预先做好沟槽，当其与管道连接时，将管道端部用专用工具加工出槽沟后，再使其(阀门或管件等)与管口对正，装上“C”形垫圈，然后用卡箍包紧即可。

(3)管道与法兰式设备连接

管道与法兰式设备连接时，可采用单片沟槽式法兰进行连接。形式同上述情况。单片沟槽式法兰如图6-32所示，规格见表6-16。

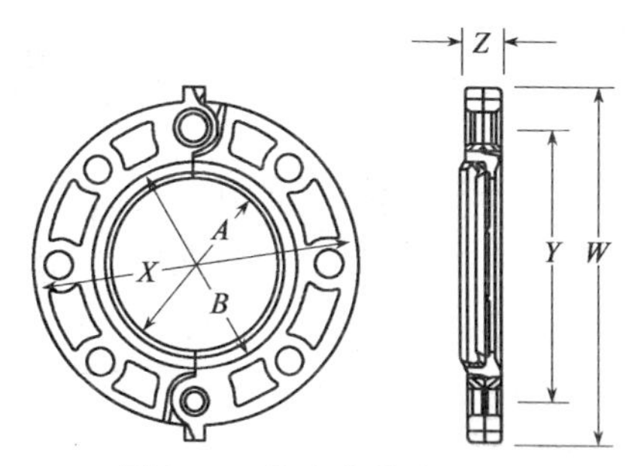

图6-32　单片沟槽式法兰

表6-16　单片法兰的规格尺寸

公称直径 DN(mm)	外径(mm)	工作压力(Pa)	螺孔数量	螺孔直径(mm)	尺寸(mm)				理论质量(kg)
					W	X	Y	Z	
DN50	57	160	4	18	172	165	125	20	1.3
DN50	60.3								1.4
DN65	73				200	185	145	22	2.1
DN65	76								2.2
DN80	89		8		214	200	160	24	2.4
DN100	108				252	220	180		3.3
DN100	114.3								3.5
DN125	133				279	250	210	25	3.9
DN125	139.7								4.1
DN125	141.3								4.2
DN150	159			22	305	285	240		4.5
DN150	165								4.7
DN200	219		12		372	340	295	29	7.5
DN250	273			26	437	405	355	30	11
DN300	325				514	460	410	32	21.2

2. 开孔式机械配管

开孔式机械配管，是配管方式的革新。当管路需要接出支管时，传统做法有两种：一是使用三通管件；二是直接在母管上开孔，然后在开孔处焊接支管。使用三通管件，若采用螺纹连接，需经截断母管、套丝、上管件、接支管等工序；若采用焊接，则需经截断母管、坡口、焊接三通、接支管等工序。若直接在母管上开孔焊接支管，需经做样板、画线、切口、焊接等工序。而开孔式机械配管，是利用开孔工具在需要接出支管的母管上钻出一个圆孔，然后在开孔处安装一个装配式环行支管接头，如图 6-33 所示。

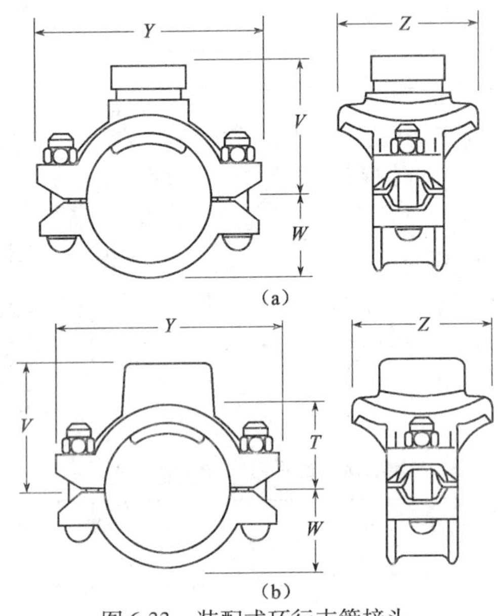

图 6-33　装配式环行支管接头

(a)301 型；(b)302 型

(1)环行支管接头。又称机械三通，规格尺寸见表 6-17。

表 6-17　机械三通的规格尺寸

接管尺寸(mm)		承压能力(Pa)	开孔直径(mm)
主管外径	支管外径		
76	×33	160	38
	×42(48)		51
89	×33		38
	×42(48)		51
	×60		64
108/114	×33		38
	×42(48)		51
	×60		64
	×76		70
	×89		70

续表

接管尺寸(mm)		承压能力(Pa)	开孔直径(mm)
主管外径	支管外径		
133	×42(48)	160	51
	×60		64
	×76		70
	×89		89
	×108		114
159/165	×33		38
	×42(48)		51
	×60		64
	×76		70
	×89		89
	×108(114)		114
219	×60		70
	×76		70
	×89		89
	×108(114)		114

(2)平端管快装接头。平端管快装接头是一种安装于平端钢管上的快装管件,安装时,不需套丝、焊接,只需打磨平管端部即可安装。它靠制动螺栓将其固定在管端,靠反应式的橡胶密封圈保证密封,如图6-34所示。平端管快装接头有三通和弯头,规格种类见表6-18、表6-19。

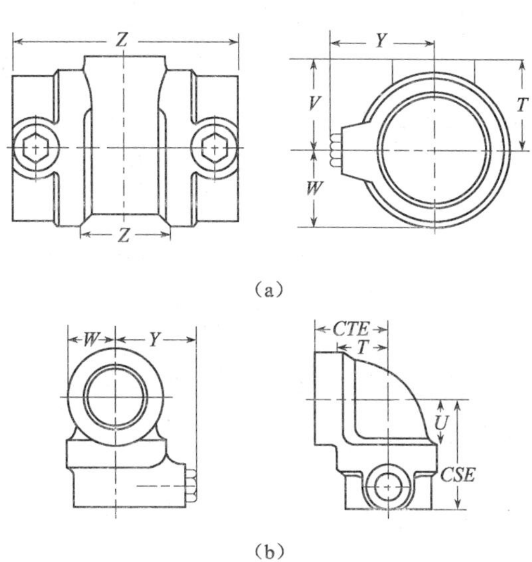

图6-34 平端管快装接头

(a)快装三通;(b)快装弯头

表6-18　快装三通规格种类

实际尺寸(mm)	最大工作压力(Pa)	近似质量(kg)
25×25×15	120	0.9
25×25×20		0.8
25×25×25		0.8
32×32×15		1.0
32×32×20		1.0
32×32×25		0.9
40×40×15		1.2
40×40×20		1.2
40×40×25		1.1
50×50×15		1.6
50×50×20		1.5
50×50×25		1.5
65×65×20		2.4

表6-19　快装弯头规格种类

实际尺寸(mm)	最大工作压力(Pa)	近似质量(kg)
25×15	120	0.8
25×20		0.7
25×25		0.7
32×15		1.0
32×20		1.0
32×25		0.9
40×15		1.1
40×20		1.1
40×25		1.0

3. 沟槽式连接和开孔式机械配管的优点

与传统管道连接、配管方式相比,沟槽式连接和开孔式机械配管方式有下述显著的优点:

(1)安装施工迅速快捷,缩短工期,降低安装费用。沟槽式连接的安装技术简单,不需特殊技巧,一般工人经过简单培训即可胜任。而传统连接、配管方式,工序多,技术复杂,非熟练技术工人不可为。由于安装技术简单,因而安装速度快,可加快施工进度,节约安装费用,而且安装质量更加容易得到保障。

(2)施工过程不污染管道系统,系统清洁工程量小。传统管道螺纹连接,为了使之密封,往往采用铅油和麻丝作填充剂,施工过程容易造成管道系统污染。而焊接连接,焊渣又易落入管内。当管路系统安装完毕后,必须对其清洁处理。沟槽式连接和开孔式机械配管则无焊渣和油污污染管路,大大减少管道清洁工程量,从而也可节约经费,缩短工期。

(3)防振,降低噪声。沟槽式连接较传统管道连接方式有较好的防振功能,这是因为管端存有一定间隙,从而能减少噪声与振动的传递,同时密封圈也可吸收管路系统的噪声和振动。

(4)容易拆卸更换,检修方便。由于沟槽式连接每个接头有着独立性,使得接头拆装非常方便,易于进行系统的改造和设备的调换、维修。

(5)对中方便。沟槽式连接允许管路上的管道、管件、阀门任意旋转而无须刻意对中,这样就避免了对中不准而给管路安装带来的不便。

(6)紧固件简单适用。上紧卡箍的螺栓、螺母等紧固件为专门设计。螺栓颈部为方形结构,防止旋紧螺母时打滑,安装时只用一把扳手即可。螺母为垫片式螺母,使用时无需另加垫片,简化了安装工序。

6.5　钢管道固定

钢管道固定应按设计要求进行,设计要求不明确者,应按该类管道施工规范施工,现尚无施工规范者,可参照本章内容进行。

6.5.1　管道支架、吊架基本类型

1. 固定支架

固定支架又称刚性支架,是固定管道、不允许管道在支架上有任何位移的支架,常用的有衬鞍式和托板式两种,如图6-35、图6-36所示。

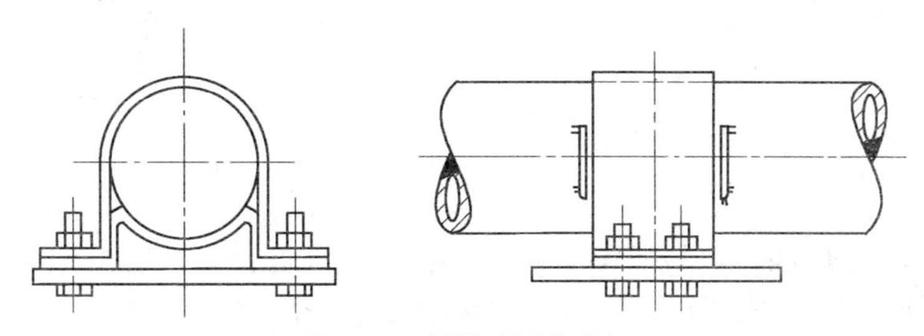

图6-35　衬鞍式固定支架

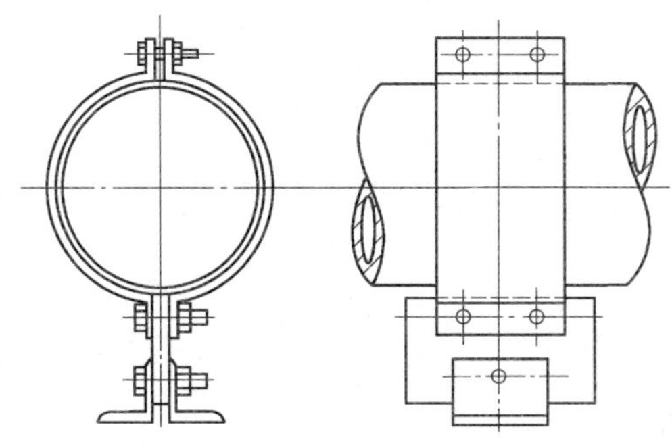

图6-36　托板式固定支架

2. 导向支架

导向支架不允许管道发生径向位移,但允许沿轴线方向移动,一般用于补偿器两侧。导向支架有滑动式和滚动式两种,如图6-37、图6-38所示。

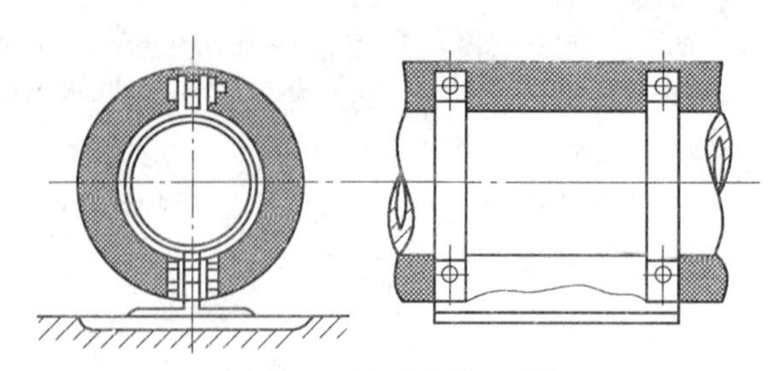

图 6-37　滑动式导向支架

滑动式导向支架阻力较大，而滚动式阻力较小，常用于大管径和管内输送介质温度较高的管道。

3. 弹簧支架

弹簧支架是加装弹簧的支架，如图 6-39 所示。当管路中有垂直管段，并要求管道作垂直方向的位移，则在管路水平管道支架上采用弹簧支架。

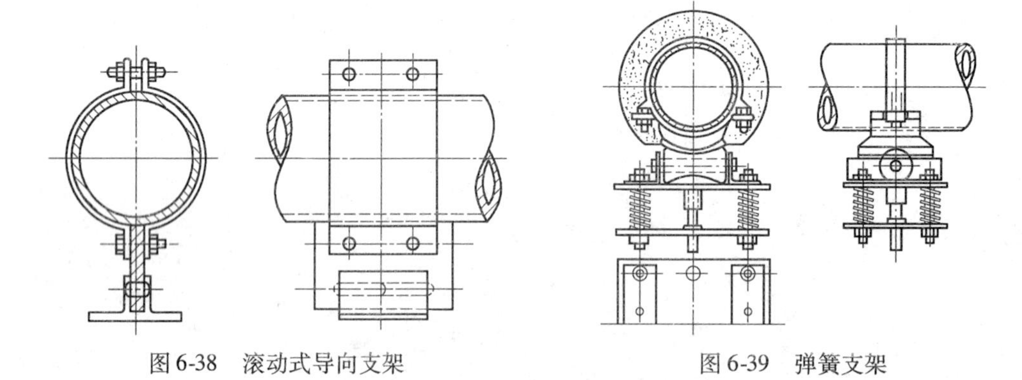

图 6-38　滚动式导向支架　　　图 6-39　弹簧支架

4. 吊架

明敷钢管常使用吊架固定，如图 6-40 所示。其中，整合式管卡吊架管卡为整体，用于 *DN*50 以内的管道；双合式管卡吊架管卡由两半圆组成，用于 *DN*75 以上的管道。当管道有垂直位移时，可加装弹簧，如图 6-41 所示。

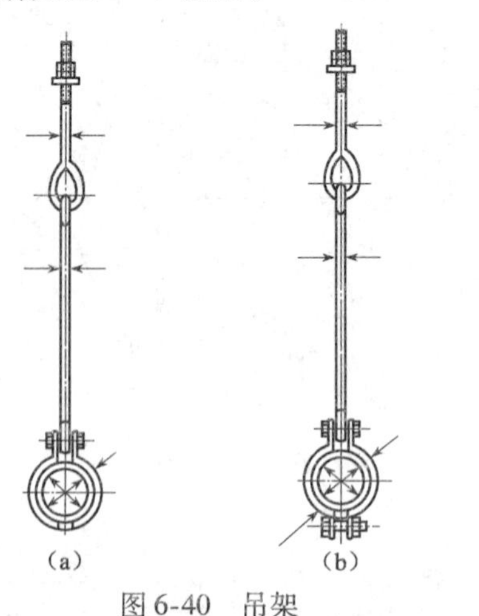

图 6-40　吊架

(a)整合式管卡吊架；(b)双合式管卡吊架

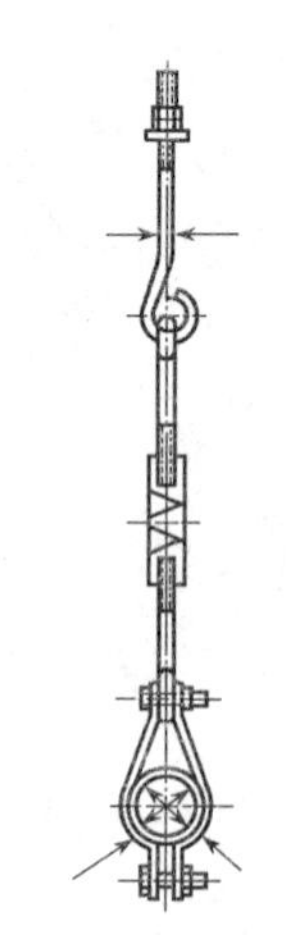

图 6-41　弹簧吊架

吊架吊杆用直径 8～20mm 的圆钢制作，管卡可用扁钢制作。当设计无要求时，扁钢管卡最小宽度和厚度可参考下述数据确定：管子外径小于或等于 63mm 时，最小管卡宽度为 16mm；外径为 75～90mm 时，最小管卡宽度为 20mm；外径为 110mm 时，最小管卡宽度为 22mm。管卡厚度一般为 1.5～3mm。

6.5.2　管道支架最大间距

钢管管道支架的最大间距见表 6-20。

表 6-20　钢管管道支架的最大间距

公称直径 *DN*(mm)	15	20	25	32	40	50	70	80	100	125	150	200	250	300
保温管(m)	2	2.5	2.5		3		4		4.5	6	7		8	8.5
不保温管(m)	2.5	3	3.5	4	4.5	5	6	6	6.5	7	8	9.5	11	12

6.6　阀门安装

6.6.1　阀门安装一般要求

(1)阀门安装前应进行下列检查。阀门型号、规格是否符合设计图样要求；开启是否灵活，有无卡死现象，关闭是否严密；重要工程要做强度、严密性试验(图 6-42)；阀门有无损坏，螺纹阀螺纹是否完好无损；阀门垫料、填料及螺栓是否适合工作介质性质的要求。

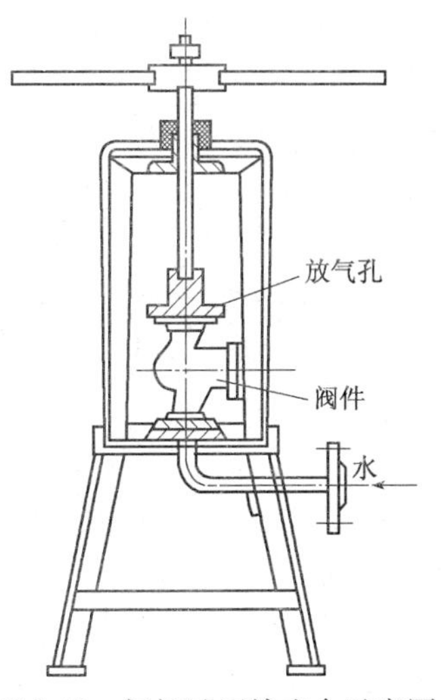

图 6-42　阀门试压检查台示意图

(2)阀门安装位置不仅满足工艺要求，而且要便于操作和维修；立管上阀门，安装高度距地面 1～1.2m 为宜(工艺允许前提下)；水平管道上的阀门，阀杆宜朝上安装或向左、右呈 45°斜装，不得朝下安装；并排立管上的阀门，其中心标高力求一致，且手轮之间的净距不小于 100mm，同一平面内平行管道上的阀门，应错开布置。

(3)阀门较重时，应设阀门架；阀门安装高度较高(1.8m 以上)且操作频繁的阀门，应设置固定的操作平台。

(4)若阀门有箭头指向时(如减压阀、止回阀、安全阀、疏水阀、节流阀)，安装时必须使箭头指向同介质流向一致，不得反装。

(5)安装法兰式阀门时，应使两法兰端面相互平行且同心。法兰垫片的材质、厚度均应符合设计要求，并且只能使用单层法兰垫，不得使用双层或多层法兰垫；

(6)在管路上安装螺纹阀，应在阀门近处安装活接头，以便于投入使用后拆卸维修或更换。

(7)搬运阀门时，不能随手抛掷。吊运、吊装阀门时，绳索应拴在阀体与阀盖的连接法兰处，严禁拴在手轮或阀杆上。

(8)安装法兰阀门时，应沿对角线方向对称旋紧连接螺栓，用力要均匀，以防垫片偏斜或引起阀体变形损坏。

（9）阀门在安装时应处于关闭状态。

6.6.2　常用阀门的安装要点

1. 截止阀

截止阀是利用阀盘来控制启闭、调节流量的阀门，如图 6-43 所示。安装截止阀必须注意流体的流向，管道中的流体必须低进高出流经阀门。也就是进水管接阀门低端，出口管接于高端，不能装反。这样安装阻力小，便于检修。

2. 闸阀

闸阀是利用阀板来控制启闭的阀门，如图 6-44 所示。安装时，没有方向限制。双闸板结构的闸阀，应向上直立安装，即阀杆处于铅垂位置；单闸板结构的闸阀，除不允许倒装外，其他任何方向均可安装。明杆闸阀只能装在地面以上，以防阀杆锈蚀。

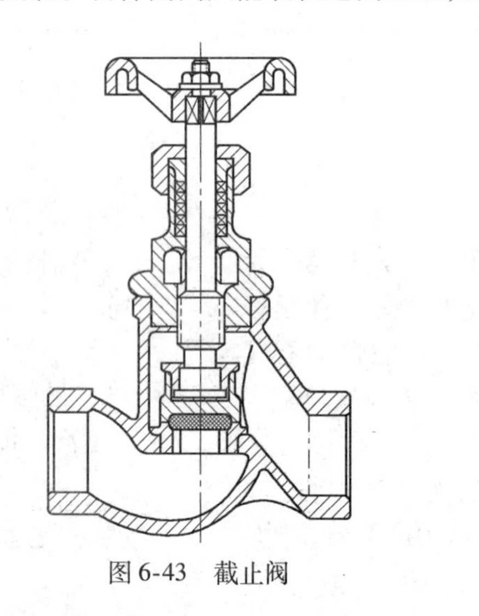

图 6-43　截止阀

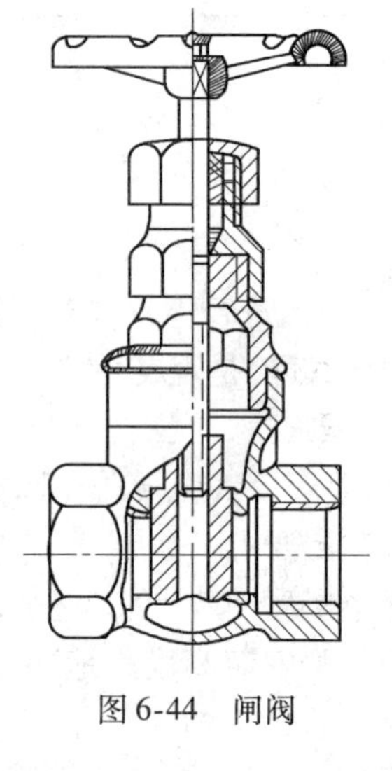

图 6-44　闸阀

3. 止回阀

止回阀是一种在阀门前后压力差作用下自动启闭的阀门，有升降式和旋启式两种，升降式又有卧式和立式之分，如图 6-45 所示。

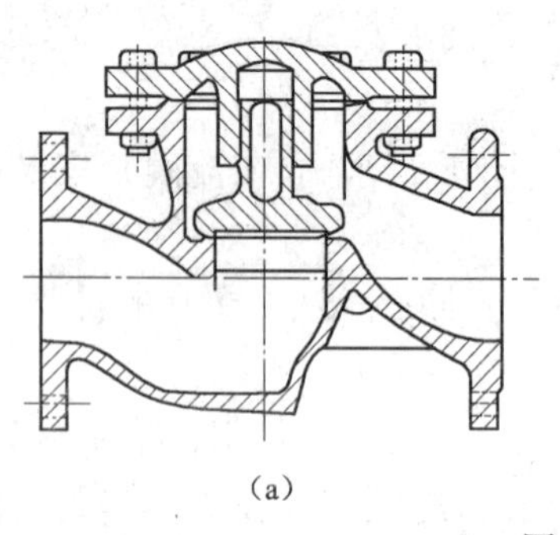

（a）

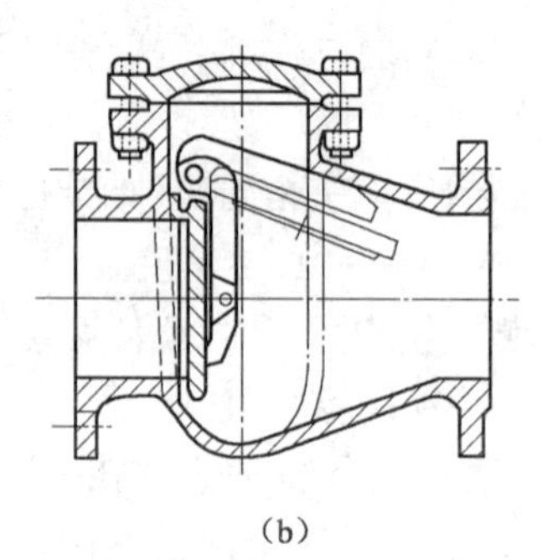

（b）

图 6-45　止回阀

（a）升降式；（b）旋启式

安装时，应特别注意介质流向。卧式升降止回阀只能安装在水平管路上，立式升降式和旋启式既可安装在水平管道上，也可安装在介质自下而上流动的垂直立管上。

4. 减压阀

减压阀又称减压器，按结构不同分为薄膜式、活塞式和波纹管式。减压阀与其他阀件和管道组合成减压阀组。减压阀的两侧应装设截止阀；阀后管径应比阀前管径大一级；阀前后并应装设旁通管；阀前后管道上应设置压力表。薄膜式减压阀的均压管，应装在低压管道上；低压管道上应设置安全阀；用于蒸汽减压时，要设置泄水管；净化要求较高的系统，减压阀前应设过滤器。

安装减压阀组时应注意：

(1)减压阀一般应安装在操作、维修方便的地方。垂直安装的减压阀组一般沿墙设置在型钢托架上，减压阀中心距墙面不应小于200mm。水平安装的减压阀组一般安装在永久平台上。

(2)减压阀组安装时采用焊接连接，旁通管采用弯管，截止阀采用法兰截止阀。其组成尺寸应符合设计要求，设计无明确要求时，薄膜式减压阀安装可参照图6-46施工，膜片-活塞式可参照图6-47施工，具体尺寸可参照表6-21确定。

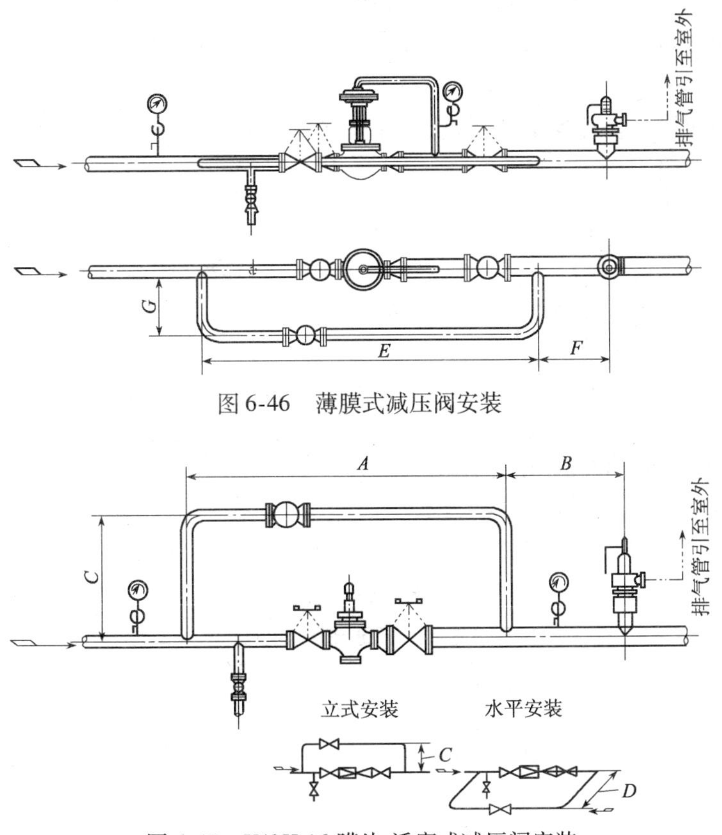

图6-46　薄膜式减压阀安装

图6-47　Y43H-16 膜片-活塞式减压阀安装

表 6-21 减压阀组安装尺寸

型 号	A(mm)	B(mm)	C(mm)	D(mm)	E(mm)	F(mm)	G(mm)
DN25	1100	400	350	200	1350	250	200
DN32	1100	400	350	200	1350	250	200
DN40	1300	500	400	250	1500	300	250
DN50	1400	500	450	250	1600	300	250
DN65	1400	500	500	300	1650	350	300
DN80	1500	550	650	350	1750	350	350
DN100	1600	550	750	400	1850	400	400
DN125	1800	600	800	450	—	—	—
DN150	2000	650	850	500	—	—	—

注:膜片-活塞式减压阀水平安装时,尺寸 C 改为 D。

(3)减压阀应直立安装在水平管道上,阀体箭头应与介质流动方向一致,不能反装。

5. 疏水阀

疏水阀又称疏水器、回水器、阻气排水阀等,是用于自动排泄系统中凝结水、阻止蒸汽通过的阀门。疏水阀有高压、低压之分。按结构不同,分为浮筒式、倒吊桶式、热动力式及脉冲式。

(1)疏水阀安装图式

疏水阀安装应符合设计要求图式,设计无明确要求时可参照图 6-48、图 6-49、图 6-50 所示的常见疏水阀安装图式。

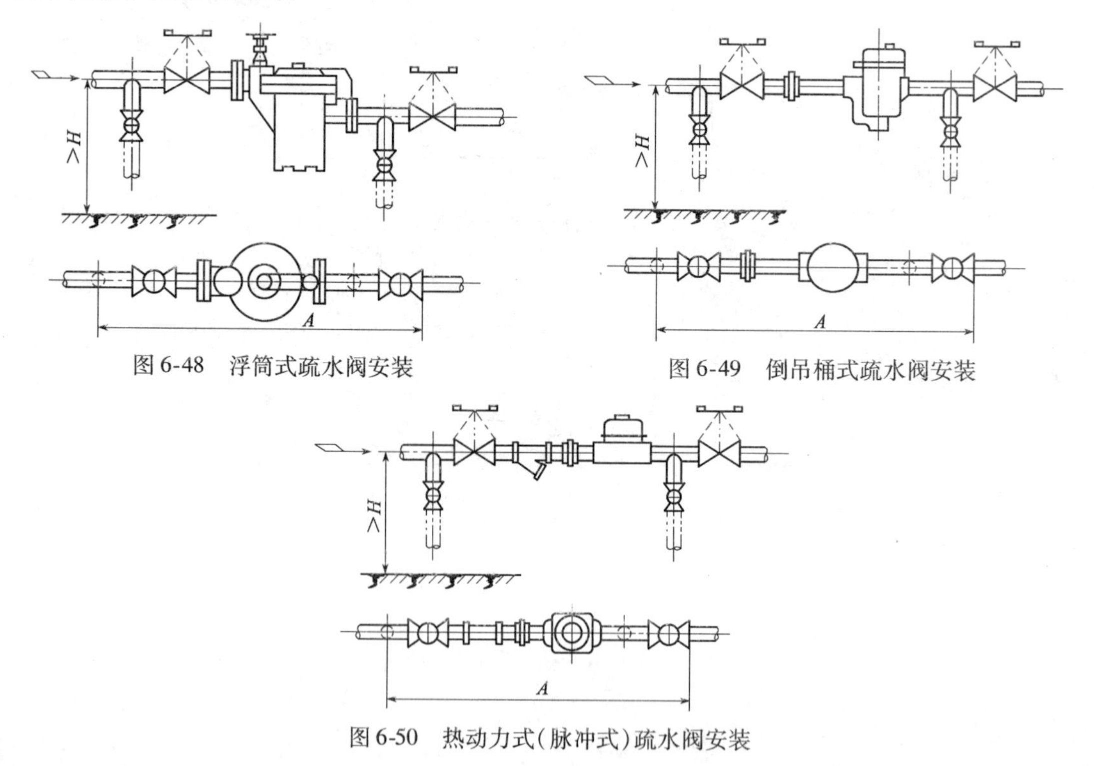

图 6-48 浮筒式疏水阀安装

图 6-49 倒吊桶式疏水阀安装

图 6-50 热动力式(脉冲式)疏水阀安装

(2)疏水阀安装尺寸

当疏水阀不带旁通管时,安装尺寸见表6-22。当疏水阀带旁通管时,图6-48～图6-50应配合图6-51使用,安装尺寸见表6-23。

表6-22 疏水阀不带旁通管安装尺寸

型号 \ 规格		DN15	DN20	DN25	DN32	DN40	DN50
浮筒式疏水阀	A(mm)	680	740	840	930	1070	1340
	H(mm)	190	210	260	380	380	460
倒吊桶式疏水阀	A(mm)	680	740	830	900	960	1140
	H(mm)	180	190	210	230	260	290
热动力式疏水阀	A(mm)	790	860	940	1020	1130	1360
	H(mm)	170	170	180	190	210	230
脉冲式疏水阀	A(mm)	750	790	870	960	1050	1260
	H(mm)	170	180	180	190	210	230

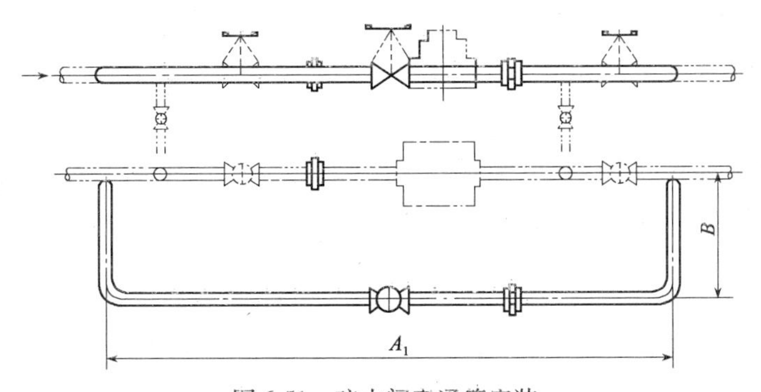

图6-51 疏水阀旁通管安装

表6-23 疏水阀带旁通管安装尺寸

型号 \ 规格		DN15	DN20	DN25	DN32	DN40	DN50
浮筒式疏水阀	A_1(mm)	800	860	960	1050	1190	1500
	B(mm)	200	200	220	240	260	300
倒吊桶式疏水阀	A_1(mm)	800	860	950	1020	1080	1300
	B(mm)	200	200	220	240	260	300
热动力式疏水阀	A_1(mm)	910	980	1060	1140	1250	1520
	B(mm)	200	200	220	240	260	300
脉冲式疏水阀	A_1(mm)	870	910	990	1080	1170	1420
	B(mm)	200	200	220	240	260	300

(3)疏水阀安装注意事项

高压疏水阀应直立安装在冷凝水管道的最低处和便于检修的地方。进出口应同一水平,不得倾斜。阀体箭头应和介质流向一致，不得反装。

低压疏水阀组对安装时，应按设计图样进行。当 $DN<25\text{mm}$ 时，应以螺纹连接，安装时应设胀力圈，且两端应装活接头，阀门应垂直，胀力圈应与旁通管水平。安装图式见图6-52，安装尺寸见表6-24。

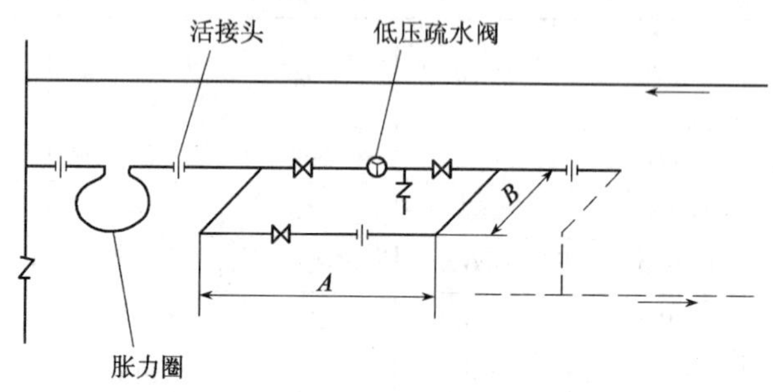

图6-52　低压疏水阀安装示意图

表6-24　低压疏水阀带旁通管安装尺寸

规　格	DN15	DN20	DN25	DN32	DN40	DN50
A(mm)	800	860	960	1050	1190	1500
B(mm)	200	200	220	240	260	300

6. 安全阀

安全阀按结构不同分为杠杆式（重锤式）和弹簧式。安全阀应按设计安装，设计不明确时可参照图6-53进行。安装时应注意下列问题：

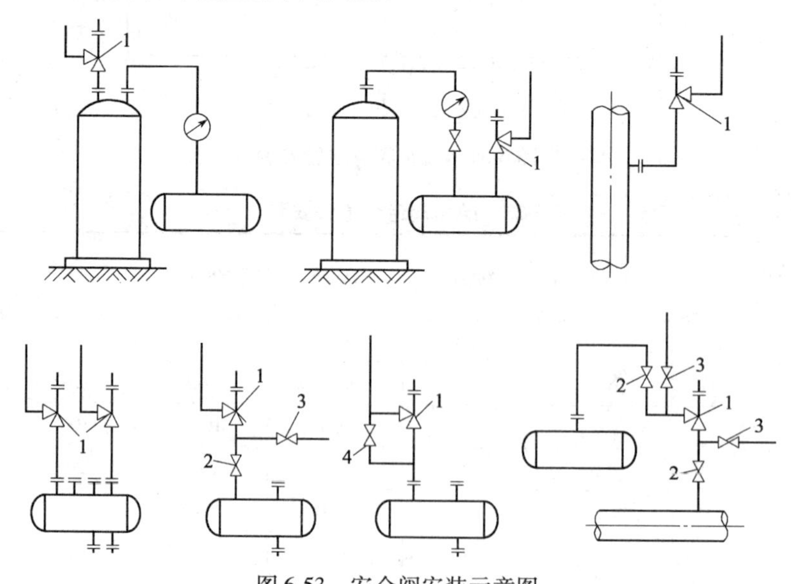

图6-53　安全阀安装示意图

1—安全阀；2—截止阀；3—检查阀；4—旁通阀

(1)设备的安全阀应装在设备容器的开口上，也可装在接近容器出口的管道上，但安全阀的入口管道直径应不小于安全阀进口直径，出口管道（如需设排出管时）直径，不得小于阀门的出口直径。

(2)安全阀应垂直安装,不得倾斜。杠杆式安全阀杠杆应保持水平,应使介质从下向上流出。

(3)安全阀泄压。当介质为液体时,一般排入管道或其他密闭容器,当介质为气体时,一般排至室外大气。对于单独排入大气的安全阀,应在其入口处装设一个常开的截断阀,并铅封。对于排入密闭系统或用集气管排入大气的安全阀,则应在它的入口和出口处各装一个常开的截断阀,且铅封。截断阀应选用明杆闸阀、球阀或密封好的旋塞阀。安全阀排出管过长,则应加以固定。

(4)安全阀定压。安全阀安装后,应进行试压,并校正开启压力,即称为定压。开启压力由设计及有关部门规定,一般为工作压力的1.05~1.1倍。当工艺设备或管道内的介质压力达到规定压力时,才对安全阀定压。定压时,应与该系统中的压力表相对照,边观察压力表指示数值,边调整安全阀。具体操作如下:

① 弹簧式安全阀:首先拆下安全阀顶盖和拉柄,然后旋转调整螺钉。当调整螺钉被拧到规定的开启压力时,安全阀便自动放出介质来,此时,再微拉拉柄,若立即有大量介质喷出,即认为定压合格。然后,打上铅封,定压完毕。

② 杠杆式安全阀:首先旋松重锤定位螺钉,然后慢慢移动重锤,待到安全阀出口自动排放介质为止,旋紧定位螺钉,定压即告完成。最后要加以铅封。

项目实训十二:钢管道连接与固定实训

一、实训目的

1. 掌握钢管道连接的操作方法、步骤及注意事项。
2. 熟悉管道支架、吊架的基本类型。
3. 掌握常用阀门的安装要点。

二、实训内容

1. 管道螺纹连接、法兰连接、管道焊接、管道沟槽式连接和开孔式机械配管等各种连接操作实训。
2. 提供管道的支架安装图纸,能正确识别管道支架、吊架的基本类型。
3. 常用各种阀门的安装操作。

三、实训时间

每人操作60min。

四、实训报告

1. 编写管道螺纹连接、法兰连接、管道焊接、管道沟槽式连接和开孔式机械配管等各种连接操作的实训报告。
2. 写出相关管道支架、吊架的基本类型。
3. 编写各种阀门的安装操作实训报告。

项目七　铸铁管、钢筋混凝土管安装

7.1　铸铁管安装

7.1.1　铸铁管及管件的质量检查

(1)管及管件表面不得有裂纹,管及管件不得有妨碍使用的凹凸不平的缺陷。

(2)采用橡胶圈柔性接口的铸铁、球墨铸铁管,承口的内工作面和插口的外工作面应光滑、轮廓清晰,不得有影响接口密封性的缺陷。

(3)铸铁管、球墨铸铁管及管件的尺寸公差应符合现行国家产品标准的规定。

(4)管及管件下沟前,应清除承口内部的油污、飞刺、铸砂及凹凸不平的铸瘤;柔性接口铸铁管及管件承口的内工作面、插口的外工作面应修整光滑,不得有沟槽、凸脊缺陷;有裂纹的管及管件不得使用。

沿直线安装管道时,宜选用管径公差组合最小的管节组对连接,接口的环向间隙应均匀,承插口间的纵向间隙不应小于3mm。

7.1.2　铸铁管安装

承插口连接是铸铁管的主要连接方式,有刚性接口和柔性接口之分。刚性接口主要工序及技术要求如下:

1. 接口准备

在接口前应将承口内壁及插口外壁清扫干净,不得有油污、泥砂、毛刺和沥青等。

2. 嵌缝

嵌缝即是将承插口之间的缝隙进行部分填塞,为密封材料施工做好准备工作。嵌缝材料常用油麻和橡胶圈。

(1)油麻嵌缝

用油麻作嵌缝材料时,应采用纤维较长、无皮质、清洁、松软、富有韧性的油麻。嵌缝时,若承插之间缝隙较小,可填充麻1~2圈,缝隙较大时,可填充2~3圈。操作时,先将油麻拧成麻辫,麻辫截面直径约为接口间隙的1.5倍。每缕麻辫在管子上绕过整圈后,应有50~100mm的搭接长度,由接口下方逐渐向上塞进缝隙内,然后用麻凿依次打入间隙,打麻应做到缝隙均匀、麻面紧密、平整,直至锤击发出金属声、麻凿被弹回时,表明油麻已被打实。打麻时,要循序逐次敲打,切忌用力过猛,以免将油麻打断。

油麻填打深度为承口总深度的1/3,不得超过承口水线里缘(图7-1)。铅接口应距承口水线里缘5mm。

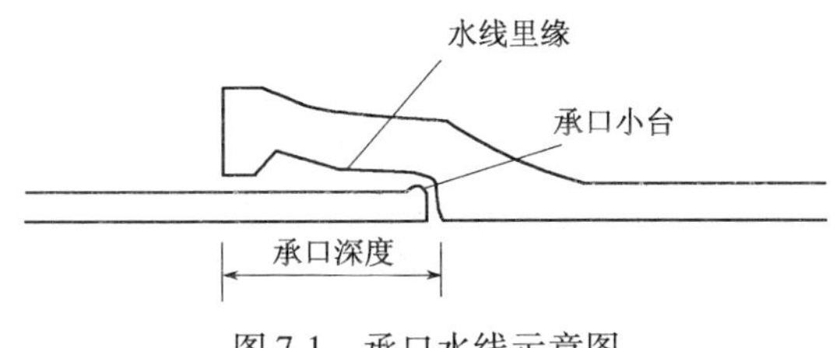

图 7-1　承口水线示意图

(2)橡胶圈嵌缝

橡胶圈嵌缝时,采用橡胶圈(1~2个)代替油麻辫条。橡胶圈富有弹性和水封性,即使管子发生轴线径向微小位移,也不致渗漏水。

选用橡胶圈嵌缝时,若管子口径小于或等于300mm,其圈内环直径应为管插口外径的0.85倍;管径大于300mm时,则为0.9倍。

操作时,先用楔钻将接口下方揳大,嵌入胶圈,然后由下而上逐渐移动楔钻将胶圈全部嵌入接口缝中。开始嵌入深度不宜过深(一般第一次填塞到承口内三角槽处),待全部嵌入后,再用麻凿贴插口管壁均匀施力锤击橡胶圈,分2~3次使胶圈均匀滚入承口,填塞到位。

当管子插口有凸台时,胶圈填塞到凸台为止,否则,填塞到距插口边缘10~20mm处为宜,以防胶圈从插口管脱掉。

在填塞过程中,当胶圈出现扭曲(即麻花状)或多余一段形成堆积时,可用楔钻将接口间隙揳大调整。

采用青铅为密封材料而采用热铅浇灌法施工的接口,在填塞胶圈后,必须打油麻1~2圈。

3. 密封填料施工

密封填料施工俗称打灰。即用填料填塞承插管之间嵌缝的剩余缝隙。密封填料种类应符合设计要求。常用密封填料有石棉水泥和膨胀水泥砂浆,有时也用青铅。

(1)石棉水泥填料施工

石棉水泥即石棉和水泥混合物,水泥宜采用强度等级为42.5级的水泥,石棉应选用机选4F级温石棉。施工程序和要求如下:

① 拌料。将石棉绒和水泥以3:7的质量比混合均匀,再加干石棉水泥总重的10%~12%的水,拌合均匀待用。所拌石棉水泥填料,以能用手捏成团,轻轻在手掌上摊开即松散为佳。石棉水泥要随拌随用,最好在15min内用完,一般不超过1h。

② 填塞填料。填塞填料又称打灰。打灰前应复查打麻情况,且应用水刷洗接口,加以湿润。然后,将拌好的石棉水泥塞入管口缝隙,并用灰浆由下往上分层填打。每层厚约10mm,每层最好打三遍,承口、插口侧各打一遍,中间打一遍。每填打一遍,每一凿位最少要击打三下,在凿移位时,应重叠1/2~1/3,直至表面呈灰黑色,并有强烈回弹力。最初及最后一层填打应用力较轻,打成后的接口应平整光滑,深浅一致,凹入承口边缘不大于2mm,以用凿子连打三下表面不再凹入为好。

③ 接口养护。接口打好后,应进行养护24h以上。养护方法可视情而定,可用湿黏土覆盖接口并将其湿润,也可用草袋覆盖接口浇水养护等。

(2)膨胀水泥砂浆填料施工

膨胀水泥砂浆填料施工的程序和要求如下：

① 拌料。将膨胀水泥和沙(最大粒径不超过 2.5mm)按 1∶1 的比例混合均匀，加水(必须纯净，水灰比约为 0.3 ~ 0.4)拌合，手捏成团、轻掷不散、捣而不塌、能微提浆为好。

② 填料。将拌好的水泥砂浆分层沿管腔周围均匀填入捣实，以表面见稀浆为止。一般三填三捣，第一次喂料不宜过多，约为承口深度的 1/2。二、三道可喂满，刮去多余砂浆，使与承口齐平或稍低 2mm 并抹光即可。

③ 接口养护。同石棉水泥填料养护办法。

(3)铅接口

铅接口不但具有刚性，而且具有抗震性和弹性，不需干燥养护，口捻好后可立即通水。但造价较高，一般用于特殊场所或管道抢修。铅接口是在油麻打完之后进行，首先要熔铅，然后灌铅，最后打铅。

① 熔铅。根据管径大小和一个接口用铅量，准备好一定容积的铅锅，如图 7-2 所示。另备铅勺，用以补充灌铅。

将铅锭切成小块，放入铅锅，用炭火(木炭或焦炭均可)将其熔化(呈紫红色时)即可使用。

② 灌铅。灌铅前，应用扁形麻辫将承口封闭，并在管口上方做成一个浇灌口，如图 7-3 所示。具体做法是先编一条麻辫，宽度尺寸要大于接口缝隙，然后套在承口处(上方留口)，并在麻辫上涂上干泥并抹光，但表面不得有泥浆和水。

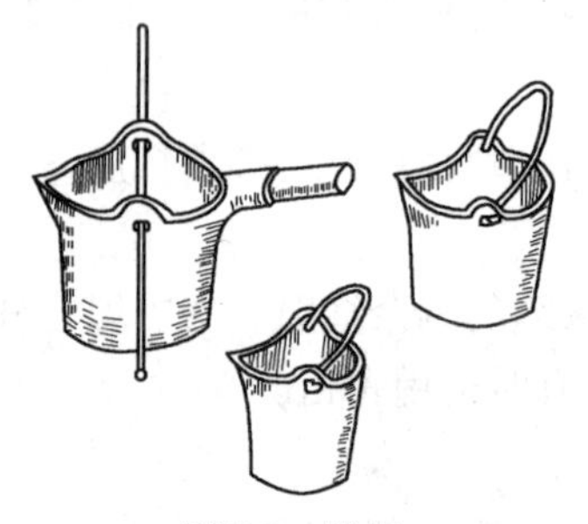

图 7-2　铅锅

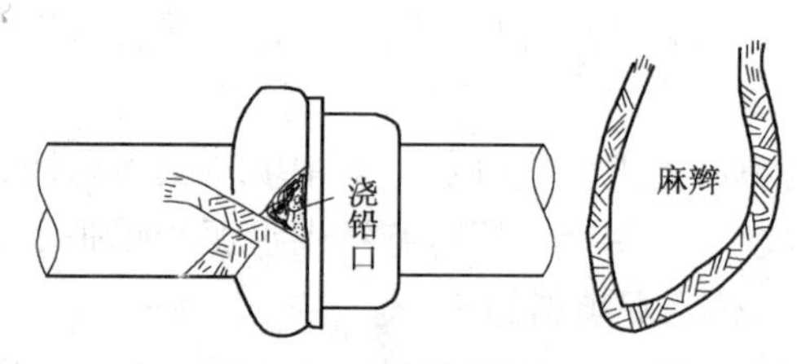

图 7-3　用麻辫密封承口

灌铅要连续进行，中间不得停顿。浇灌速度要适中，过慢则管口底部铅量不足，过快则承口内空气不能及时排出，影响施工质量。

保证灌铅连续进行的另一个条件就是熔化的铅量要足够。如果一旦发现所熔铅量不足，不足浇灌一个接口，应立即向铅锅内添加铅块。但注意不能直接加冷铅块，应先将铅块放在火上加热后，再用火钳夹住慢慢地沿锅壁滑入锅内，以免铅水飞溅伤人。

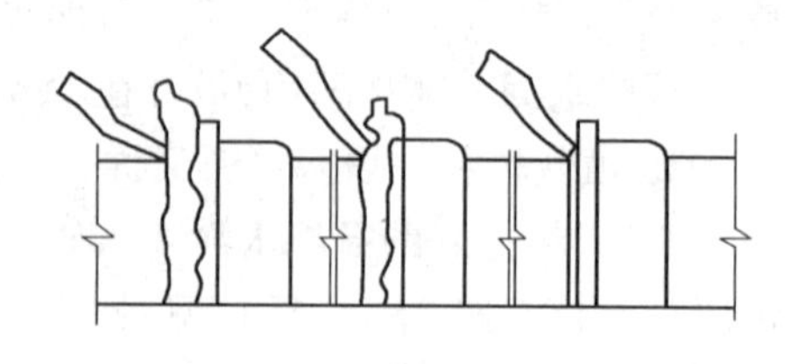

图 7-4　铲除铅口外余铅

③ 打铅口。铅口浇灌完以后，应用錾子将铅打实，俗称打铅口。打铅口时首先将贴管外皮口处的铅全部铲起，把多余的铅打到承口凸缘处铲掉，如图 7-4 所示。然后再实施打口操作。

打口时，要一钎压半钎进行(即后一钎压前一钎的半钎)，打实打平，打至表面光滑，油黑发亮，击打时发出金属声音即可。

如果个别地方出现缺铅现象，可以补打入铅条，但一定将铅条和铅口打成一个整体。

7.1.3　柔性接口介绍

刚性接口抗应变能力差,受外力作用常产生填料碎裂导致渗漏水。所以,在地基较弱的地区、地基不均匀沉陷区和地震区常使用柔性接口。现介绍几种常见接口方法。

(1)楔形橡胶圈接口。楔形橡胶圈是一种与承、插口形状相配合特制胶圈。铸铁管承口内部为斜形槽,插口端部为坡形,安装时先在承口斜形槽内嵌入楔形橡胶圈,再将插口插入,如图 7-5 所示。橡胶圈在管内水压作用下与管壁压紧,具有自封性能,使接口对于承插口的圆度、尺寸误差及轴向相对位移和角位移均具一定的适应性。

(2)螺栓压盖接口。螺栓压盖接口如图 7-6 所示,用于法兰承口铸铁管。承口呈坡形,将橡胶圈套在承口后,将插口插入承口内,再用螺栓压盖压紧橡胶圈且与承口法兰用螺栓紧固。

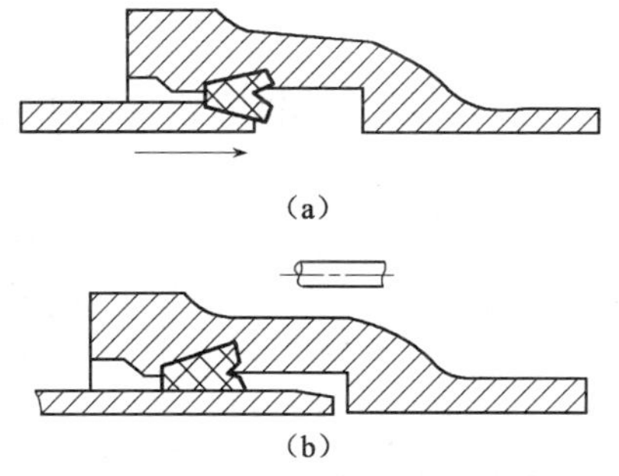

图 7-5　铸铁管承插口楔形橡胶圈接口
(a)起始状态;(b)插入后状态

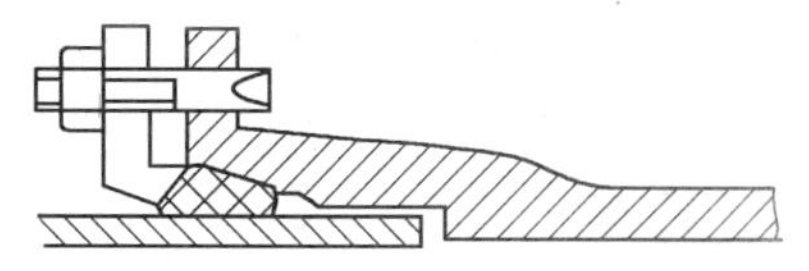

图 7-6　螺栓压盖接口

(3)中缺形胶圈接口。中缺形胶圈接口如图 7-7 所示,承口为中突形,而胶圈则为中缺形。安装时,先将胶圈套在承口上,再将插口插入承口内,将胶圈挤压密实。

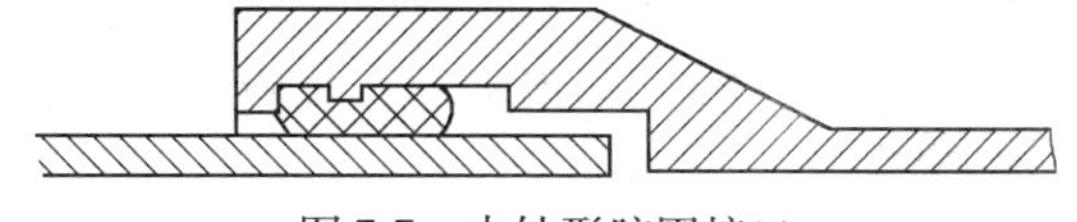

图 7-7　中缺形胶圈接口

(4)角唇形胶圈接口。角唇形胶圈接口如图 7-8 所示,这种接口承口和胶圈均呈角唇形,安装时先将胶圈套入承口,再将插口插入承口内,将胶圈压紧。

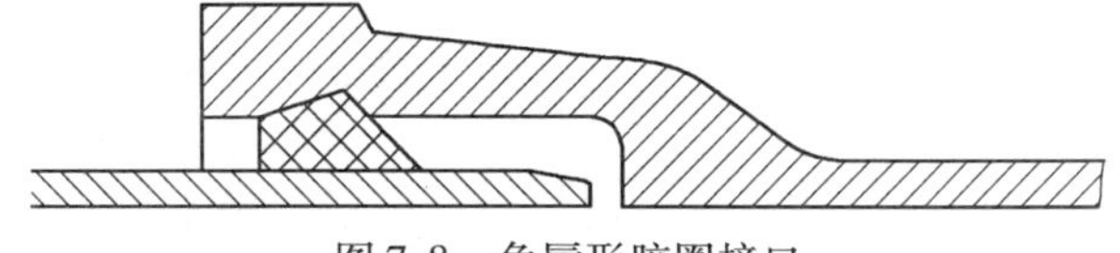

图 7-8　角唇形胶圈接口

(5)圆形橡胶圈接口。圆形橡胶圈接口如图 7-9 所示,将插口做成台形,安装时先将胶圈套在插口上,再将插口连同胶圈插入承口,将胶圈挤压密实即可。

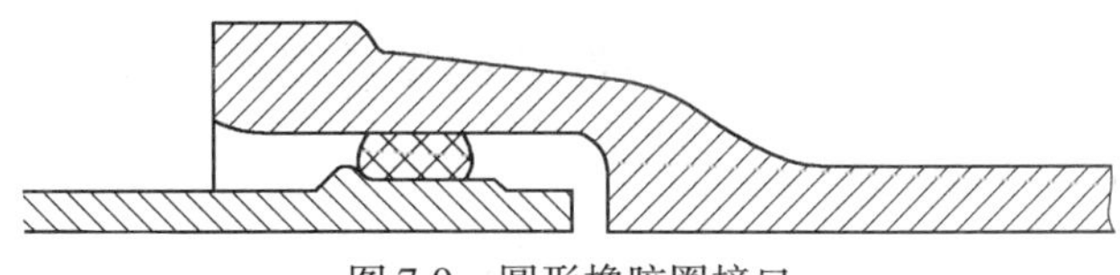

图 7-9　圆形橡胶圈接口

7.1.4 铸铁管安装注意事项

(1)管道沿曲线安装时,接口的允许转角,不得大于表7-1的规定。

表7-1 沿曲线安装接口的允许转角

接口种类	管径(mm)	允许转角(°)
刚性接口	75~450	2
	500~1200	1
滑入式T形、梯唇形橡胶圈接口及柔性机械式接口	75~600	3
	700~800	2
	900以上(含900)	1

(2)采用石棉水泥作接口外层填料时,当地下水对水泥有侵蚀作用时,应在接口表面涂防腐层。

(3)当柔性接口采用滑入式T形、梯唇形橡胶圈接口及柔性机械式接口时,橡胶圈的质量、性能、细部尺寸,应符合现行国家铸铁管、球墨铸铁管及管件标准中有关橡胶圈的规定。每个橡胶圈的接头不得超过2个。

安装滑入式橡胶圈接口时,推入深度应达到标记环,并复查与其相邻已安好的第一至第二个接口推入深度。安装柔性机械接口时,应使插口与承口法兰压盖的纵轴线相重合;螺栓安装方向应一致,并均匀、对称地紧固。

橡胶圈安装就位后不得扭曲。当用探尺检查时,沿圆周各点应与承口端面等距,其允许偏差应为±3mm。

(4)当特殊需要采用铅接口施工时,管口表面必须干燥、清洁,严禁水滴落入铅锅内。灌铅时,铅液必须沿注孔一侧灌入,一次灌满,不得断流。脱膜后将铅打实,表面应平整,凹入承口深度宜为1~2mm。铅的纯度不应小于99%。

(5)铸铁管道安装轴线位置及高程偏差应符合表7-2的规定,闸阀安装应牢固、严密,启闭灵活,与管道轴线垂直。

表7-2 铸铁管道安装允许偏差

项目	允许偏差(mm)	
	无压力管道	压力管道
轴线位置	15	30
高程	±10	±20

(6)热天或昼夜温差较大地区的刚性接口,宜在气温较低时施工,冬期宜在午间气温较高时施工,并应采取保温措施。刚性接口填打后,管道不得碰撞及扭转。

项目实训十三:铸铁管的安装操作实训

一、实训目的

1. 掌握铸铁管的刚性接口主要工序及技术要求。

2. 熟悉铸铁管的刚性接口常用方法。

3. 熟悉铸铁管安装注意事项。

二、实训内容

1. 铸铁管的刚性连接操作实训。

2. 楔形橡胶圈接口、螺栓压盖接口、中缺形胶圈接口、角唇形胶圈接口和圆形橡胶圈接口的连接操作实训。

三、实训时间

每人操作45min。

四、实训报告

1. 编写铸铁管的刚性连接操作实训报告。

2. 编写楔形橡胶圈接口、螺栓压盖接口、中缺形胶圈接口、角唇形胶圈接口和圆形橡胶圈接口的连接操作实训报告。

7.2 非金属管安装

这里所说的非金属管指的是混凝土、钢筋混凝土管、瓦管、缸瓦管和陶瓷管。

7.2.1 混凝土及钢筋混凝土管

混凝土及钢筋混凝土管多用于排水管道。预应力钢筋混凝土管可以代替钢管和铸铁管，用作压力给水管道，其接口形式多采用承插接口。接口施工程序和操作要点与铸铁管承插连接基本相同，只是由于管节较重，常需动用起重设备。这里不再详述，只就一些规范规定和注意事项加以简要叙述。

1. 施工前管材和材料的检查

(1)混凝土及钢筋混凝土管外观质量及尺寸公差应符合现行国家产品标准的规定。混凝土及钢筋混凝土管刚性接口宜采用强度等级为42.5级的水泥，粒径0.5～1.5mm、含泥量不大于3%的洁净砂，网格10mm×10mm、丝径为20号的钢丝网；石棉应选用机选4F级温石棉；油麻应采用纤维较长、无皮质、清洁、松软、富有韧性的油麻。

(2)管节安装前应进行外观检查，发现裂缝、保护层脱落、空鼓、接口掉角等缺陷时，使用前应修补并经鉴定合格后，方可使用。

2. 管道基础施工

(1)采用混凝土管座基础时，管节中心、高程复验合格后，应及时浇筑管座混凝土。

(2)混凝土管座的模板，可一次或两次支设，每次支设高度宜略高于混凝土的浇筑高度。浇筑混凝土管座时，应清除模板中的尘渣、异物，核实模板尺寸。管座分层浇筑时，应先将管座平基凿毛冲净，并将管座平基与管材相接触的三角部位，用同强度等级的混凝土砂浆填满，捣实后，再浇混凝土。

(3)采用垫块法一次浇筑管座时，必须先从一侧灌注混凝土，当对侧的混凝土与灌注一侧混凝土高度相同时，两侧再同时浇筑，并保持两侧混凝土高度一致。管座基础留变形缝时，缝的位置应与柔性接口相一致。浇筑混凝土管座时，应留混凝土抗压强度试块。

(4)砂及砂石基础材料应振实，并应与管身和承口外壁均匀接触。

3. 管道安装

(1)管座分层浇筑时，管座平基的混凝土抗压强度应大于 5.0N/mm^2 方可进行安管。管节安装前应将管内外清扫干净；安装时应使管节内底高程符合设计规定；调整管节中心及高程时，必须垫稳，两侧设撑杠，不得发生滚动。管道暂时不接支线的预留孔应封堵。

(2)当柔性接口采用圆形橡胶圈时，橡胶圈使用前必须逐个检查，不得有割裂、破损、气泡、大飞边等缺陷，其材质应符合国家现行《预应力、自应力钢筋混凝土管用橡胶密封圈》[JC/T 748—1996]的规定。圆形橡胶圈截面直径应按设计执行。设计无要求的可按下列公式计算确定：

$$d_0 = \frac{e}{\sqrt{K_R} \cdot (1-\rho)}$$

$$D_R = K_R \cdot D_W$$

式中　d_0——圆形橡胶圈截面直径(mm)；

e——接口环向间隙(mm)；

ρ——压缩率，取35%~45%；

D_R——安装前橡胶圈环向内径(mm)；

K_R——环径系数，取0.85~0.90；

D_w——插口端外径(mm)。

(3)预应力管、自应力混凝土管安装应平直、无突起、突弯现象。沿曲线安装时，管口间的纵向间隙最小处不得大于5mm，接口转角不得大于表7-3的规定。

表7-3　沿曲线安装接口允许转角

管材种类	管径(mm)	转角(°)
预应力混凝土管	400~700	1.5
	800~1400	1.0
	1600~3000	0.5
自应力混凝土管	100~800	1.5

(4)混凝土及钢筋混凝土管沿直线安装时，管口间纵向间隙应符合表7-4的规定。

表7-4　直线安装管口间纵向间隙

管材种类	接口类型	管径(mm)	纵向间隙(mm)
混凝土、钢筋混凝土管	平口、企口	<600	1.0~5.0
		≥700	7.0~15.0
	承插式甲型口	500~600	3.5~5.0
	承插式乙型口	300~1500	5.0~15.0
陶管	承插式接口	<300	3.0~5.0
		400~500	5.0~7.0

注：甲型口、乙型口如图7-10所示。

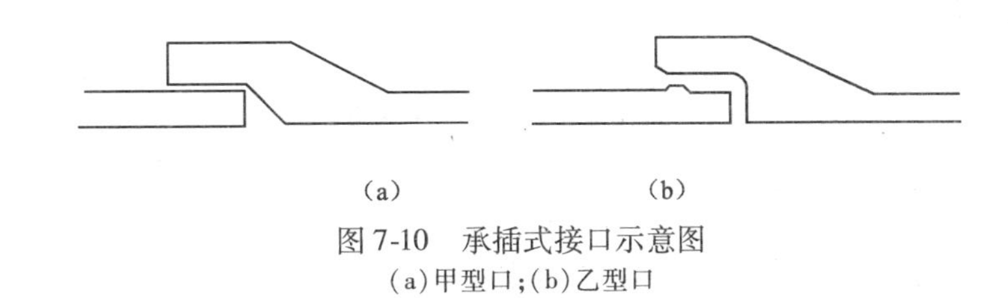

图 7-10　承插式接口示意图
(a)甲型口;(b)乙型口

(5)预应力、自应力混凝土管及乙型接口的钢筋混凝土管安装时,承口内工作面、插口外工作面应清洗干净;套在插口上的圆形橡胶圈应平直、无扭曲。安装时,橡胶圈应均匀滚动到位,放松外力后回弹不得大于 10mm,就位后应在承、插口工作面上。

(6)预应力、自应力混凝土管不得截断使用。

(7)当预应力、自应力混凝土管道采用金属管件连接时,管件应进行防腐处理。

(8)当采用水泥砂浆填缝及抹带接口时,落入管道内的接口材料应清除。管径大于或等于 700mm 时,应采用水泥砂浆将管道内纵向间隙部位抹平、压光;当管径小于 700mm 时,填缝后应立即拖平。

(9)钢丝网水泥砂浆及水泥砂浆抹带接口施工时,抹带前应将管口的外壁凿毛、洗净。当管径小于或等于 400mm 时,水泥砂浆抹带可一次抹成;当管径大于 400mm 时,应分两层抹成。钢丝网端头应在浇筑混凝土管座时插入混凝土内,在混凝土初凝前,分层抹压钢丝网水泥砂浆抹带。抹带完成后,应立即用平软材料覆盖,3 ~ 4h 后洒水养护。

(10)承插式甲型接口采用水泥砂浆填缝时,安装前应将接口部位清洗干净。插口进入承口后,应将管节接口环向间隙调整均匀,再用水泥砂浆填满、捣实、表面抹平。

(11)水泥砂浆抹带及接口填缝时,水泥砂浆配合比应符合设计规定。当设计无规定时,水泥砂浆配合比宜按表 7-5 的规定执行。

表 7-5　水泥砂浆配合比

使用范围	质量配合比		
	水泥	砂浆	水灰比
甲型接口填缝	1	2.0	≤0.5
抹带	1	2.5	

(12)承插式甲型接口、套环口、企口应平直,环向应均匀,填料密实、饱满,表面平整,不得有裂缝现象;钢丝网水泥砂浆抹带接口应平整,不得有裂缝、鼓等现象,抹带宽度、厚度的允许偏差应为 0 ~ 5mm;预应力混凝土管及钢筋混凝土管乙型接口,橡胶圈应位插口小台内,并无扭曲现象。

(13)非金属管道基础及安装的允许偏差见表 7-6。

表 7-6　非金属管道基础及安装的允许偏差

项　目		允许偏差	
		无压力管道	压力管道
垫层	中线每侧宽度	不小于设计规定	
	高程	0 ~ －15(mm)	

续表

<table>
<tr><th colspan="4" rowspan="2">项　　目</th><th colspan="2">允许偏差</th></tr>
<tr><th>无压力管道</th><th>压力管道</th></tr>
<tr><td rowspan="9">管道基础</td><td rowspan="7">混凝土</td><td rowspan="3">管座平基</td><td>中线每侧宽度</td><td colspan="2">0 ~ -10(mm)</td></tr>
<tr><td>高程</td><td colspan="2">0 ~ -15(mm)</td></tr>
<tr><td>厚度</td><td colspan="2">不小于设计规定</td></tr>
<tr><td rowspan="4">管座</td><td>肩宽</td><td colspan="2">+10 ~ -5(mm)</td></tr>
<tr><td>肩高</td><td colspan="2">±20(mm)</td></tr>
<tr><td>抗压强度</td><td colspan="2">不低于设计规定</td></tr>
<tr><td>蜂窝麻面面积</td><td colspan="2">两井间每侧≤1.0%</td></tr>
<tr><td colspan="2" rowspan="2">土弧、砂或砂砾</td><td>厚度</td><td colspan="2">不小于设计规定</td></tr>
<tr><td>支承角侧边高程</td><td colspan="2">不小于设计规定</td></tr>
<tr><td rowspan="5">管道安装(mm)</td><td colspan="3">轴线位置</td><td>15</td><td>30</td></tr>
<tr><td colspan="2" rowspan="2">管道内底高程</td><td>D≥1000</td><td>±10</td><td>±20</td></tr>
<tr><td>D<1000</td><td>±15</td><td>±30</td></tr>
<tr><td colspan="2" rowspan="2">刚性接口相邻管节内底错口</td><td>D≥1000</td><td>3</td><td>3</td></tr>
<tr><td>D<1000</td><td>5</td><td>5</td></tr>
</table>

注:D 为管道内径(mm)。

7.2.2 瓦管、缸瓦管和陶瓷管

瓦管、缸瓦管和陶瓷管常用于排水,接口形式多为承插接口,也有刚性和柔性接口之分。刚性接口材料有普通水泥砂浆、膨胀水泥、石棉水泥等。柔性接口材料有环氧聚酰、沥青砂浆、耐酸沥青玛琋脂、硫磺水泥等。

1. 刚性接口

刚性接口要求承、插口之间间隙均匀,填料填压密实;大管径管管内竖缝要填满;填料不得漏入管内。为此在施工时应先填塞一圈阻挡材料,然后再填塞接口填料,并轻微击实,进行湿养护。为防水泥砂浆裂缝,三角处应分两次压实抹光。

2. 柔性接口

柔性接口填口材料配比要合适。现介绍几种柔性接口填口材料配比及做法。

(1)环氧浸胶接口

环氧浸胶配比:环氧树脂:聚酰胺 =1:0.3,丙酮适量。

环氧胶泥配比:环氧胶:耐酸水泥 =1:2.5 ~4.8。

配制时,先将环氧树脂与聚酰胺按上述比例混合拌匀,再慢慢加入丙酮继续拌匀,然后将石棉绳浸透、晒干。安装管子时,在承口 2/3 深度处填入石棉绳(操作方法同给水管打麻),剩余部分分两次填塞环氧胶泥。

(2)沥青砂浆接口

沥青砂浆配比:沥青:石棉粉:砂子 =3:2:5。

首先将石棉粉和砂混合均匀，然后将沥青加热至180℃，再加入混合均匀的石棉粉和砂并拌匀，加热至220～250℃，沥青砂浆即制备。

接口前，应在管口处刷冷底子油，阴干后，在接口内塞入油麻（以防沥青砂浆漏入管内），安装模子，然后浇灌沥青（温度在200℃左右）。

（3）耐酸沥青玛琋脂接口

耐酸沥青玛琋脂配比为：沥青：耐酸水泥：石棉绒：砂子=24：21：2：53。

接口时，先在接口处填塞耐酸石棉绳、安装模子，再浇灌耐酸沥青玛琋脂，最后用沥青砂浆封口。沥青砂浆在140～160℃时分层涂抹。

（4）硫磺水泥接口

硫磺水泥配比为：硫磺粉：石英砂：石棉绒：聚硫橡胶=59：39：1：1

接口时，先刷一道硫磺水泥为底，然后填塞一圈油麻，再支模浇灌。接口要一次完成，灌完后要养护23d。养护接口严禁洒水。

项目实训十四：非金属管的安装操作实训

一、实训目的

1. 掌握混凝土及钢筋混凝土管的接口形式多采用承插接口，接口施工程序和操作要点与铸铁管承插连接基本相同。
2. 熟悉混凝土及钢筋混凝土管的安装操作具体规范。
3. 掌握瓦管、缸瓦管和陶瓷的接口形式多为承插接口，也有刚性和柔性接口之分。

二、实训内容

1. 混凝土及钢筋混凝土管的安装操作实训。
2. 瓦管、缸瓦管和陶瓷的刚性和柔性接口的操作实训。

三、实训时间

每人操作40min。

四、实训报告

1. 编写混凝土及钢筋混凝土管的安装操作实训报告。
2. 写出瓦管、缸瓦管和陶瓷的刚性和柔性接口的操作实训报告。

项目八　塑料管安装

塑料管道在安装之前，首先必须对建筑塑料管材、管件性能的进行检测。

8.1　建筑塑料管材、管件性能的检测

8.1.1　热塑性塑料管材拉伸性能的检测

1. 主要检测设备仪器

(1)拉力试验机：应符合《橡胶塑料拉力、压力、弯曲试验机(恒速驱动)技术规范》(GB/T 17200—2008)的规定。

(2)夹具：用于夹持试样的夹具连在试验机上，使试样的长轴与通过夹具中心线的拉力方向重合。试样应夹紧，使它相对于夹具尽可能不发生位移。夹具装置系统不得引起试样在夹具处过早断裂。

(3)负载显示计：拉力显示仪应能显示被夹具固定的试样在试验的整个过程中所受的拉力，它在一定速率下测定时不受惯性滞后的影响且其测定的准确度应控制在实际值的±1%范围内。注意事项应按照《橡胶塑料拉力、压力、弯曲试验机(恒速驱动)技术规范》(GB/T 17200—2008)的要求。

(4)引伸计：测定试样在试验过程中任一时刻的长度变化。此仪表在一定试验速度时必须不受惯性滞后的影响且能测量误差范围在1%内的形变。试验时，此仪表应安置在使试样经受最小的伤害和变形的位置，且它与试样之间不发生相对滑移。夹具应避免滑移，以防影响伸长率测量的精确性。

注：推荐使用自动记录试样的长度变化或任何其他变化的仪表。

(5)测量仪器：用于测量试样厚度和宽度的仪器，精度为0.01mm。

(6)裁刀：应可裁出符合《热塑性塑料管材　拉伸性能测定》(GB/T 8804—2003)中的相应要求的试样。

(7)制样机和铣刀：应能制备符合《热塑性塑料管材　拉伸性能测定》(GB/T 8804—2003)中相应要求的试样。

2. 具体检测步骤

检测应在温度(23±2)℃环境下按下列步骤进行：

(1)测量试样标距间中部的宽度和最小厚度，精确到0.01mm，计算最小截面积。

(2)将试样安装在拉力试验机上并使其轴线与拉伸应力的方向一致，使夹具松紧适宜，以防止试样滑脱。

(3)使用引伸计，将其放置或调整在试样的标线上。

(4)选定检测速度进行检测。

(5)记录试样的应力/应变曲线直至试样断裂，并在此曲线上标出试样达到屈服点时的应力和断裂时标距间的长度，或直接记录屈服点处的应力值及断裂时标线间的长度。

如试样从夹具处滑脱或在平行部位之外渐宽处发生拉伸变形并断裂，应重新取相同数量的试样进行检测。

3. 检测结果计算与评定

(1)拉伸屈服应力

对于每个试样，拉伸屈服应力以试样的初始截面积为基础，按下式计算：

$$\sigma = \frac{F}{A}$$

式中 σ——拉伸屈服应力(MPa)；

F——屈服点的拉力(N)；

A——试样的原始截面积(mm^2)。

所得结果保留三位有效数字。

注：屈服应力实际上应按屈服时的截面积计算，但为了方便，通常取试样的原始截面积计算。

(2)断裂伸长率

对于每个试样，断裂伸长率按下式计算：

$$\varepsilon = \frac{L - L_0}{L_0} \times 100$$

式中 ε——断裂伸长率(%)；

L——断裂时标线间的长度(mm)；

L_0——标线间的原始长度(mm)。

所得结果保留三位有效数字。

(3)如果所测的一个或多个试样的检测结果异常，应取双倍试样重做检测。例如五个试样中的两个试样结果异常，则应再取四个试样补做检测。

8.1.2 热塑性塑料管材、管件维卡软化温度的检测

1. 主要检测设备仪器

维卡软化温度检测原理如图8-1所示。主要检测设备仪器有：

(1)试样支架、负载杆

试样支架用于放置试样，并可方便地浸入到保温浴槽中，支架和施加负荷的负载杆都应选用热膨胀系数小的材料组成(如果负载杆与支架部分线性膨胀系数不同，则它们在长度上的不同变形会导致读数偏差)，每台仪器都用一种低热膨胀系数的刚性材料进行校正，校正应包括整个的工作温度范围，并且测定出每一温度的校正值。如果校正值大于或等于0.02mm时，应对其进行标记，并且在其后的每次试验中均应考虑此校正值。

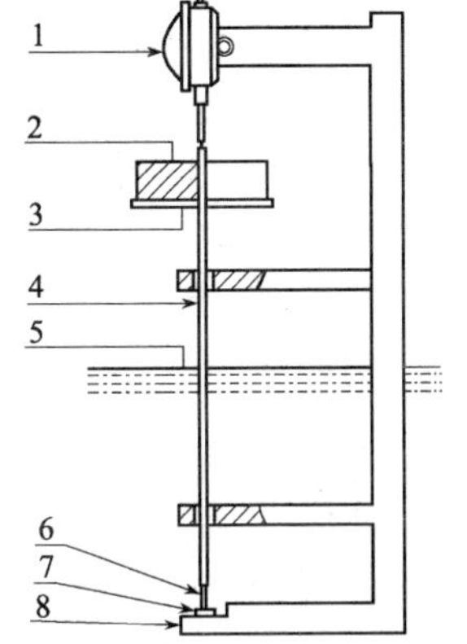

图8-1 维卡软化温度检测原理图
1—千分表；2—砝码；3—载荷盘；4—负载杆；5—液面；6—压针；7—试样；8—试样支架

负载杆能自由垂直移动，支架底座用于放置试样，压针固定在负载杆的末端(见图8-1)。

(2)压针

压针的材料最好选用硬质钢，压针长3mm且横截圆面积为(1±0.015)mm^2，安装在负载

杆底部。压针端应是平面并且与负载杆轴向成直角，压针不允许带有毛刺等缺陷。

（3）千分表（或其他测量仪器）

千分表是用来测量压针压入试样的深度，精度应小于或等于 0.01mm。作用于试样表面的压力应是可知的。

（4）载荷盘

载荷盘安装在负载杆上，质量负载应在载荷盘的中心，以便使作用于试样上的总压力控制在（50 ±1）N。由于向下的压力是由负载杆、压针及载荷盘综合作用的，因此千分表的弹力应不超过 1N。

（5）砝码

试样承受的静负载 $G = W + R + T = 50\text{N}$，则应加砝码的质量由下式计算：

$$W = 50 - R - T$$

式中　W——砝码质量（N）；

R——压针、负载杆和载荷盘的质量（N）；

T——千分表或其他测量仪器附加的压力（N）。

（6）加热浴槽

放一种合适的液体在浴槽中（见注 1、注 2），使试验装置浸入液体中，试样至少在介质表面 35mm 以下。浴槽中应具有搅拌器及加热装置，使液体可按每小时（50 ±5）℃等速升温检测过程中，每 6min 间隔内温度变化应在（5 ±0.5）℃范围内。

注：1. 液体石蜡、变压器油、甘油和硅油可用作传热介质，也可用其他介质，但无论选用哪种介质都应确定其在测试温度下是稳定的，并且在测试中对试样不产生影响，如软化、膨胀、破裂。如果没有合适的传热介质，也可使用带有空气环流的加热箱。

2. 检测结果与传热介质的热传导率有关。

3. 通过手动或自动控制加热都可达到等速升温，推荐使用后者给定从最初测试温度开始所要达到的升温速率，通过调节一个电阻器或可调变压器增大或减少加热功率。

4. 为减少连续的两次检测间的冷却时间，建议在加热浴槽中装一个冷却盘管。由于冷却剂的存在会影响其升温速率，因此，冷却盘管应在下次检测前拆除或排空。

（7）水银温度计

局部浸入式水银温度计（或其他合适的测温装置），分度值为 0.5℃。

（8）加热箱

加热箱内需具有空气环流装置，且温度应控制在标准规定的范围之中。

2. 具体检测步骤

（1）将加热浴槽温度调至约低于试样软化温度 50℃并保持恒温。

（2）将试样凹面向上，水平放置在无负载金属杆的压针下面，试样和仪器底座的接触面应是平的。对于壁厚小于 2.4mm 的试样，压针端部应置于未压平试样的凹面上，下面放置压平的试样。压针端部距试样边缘不小于 3mm。

（3）将试验装置放在加热浴槽中。温度计的水银球或测温装置的传感器与试样在同一水平面，并尽可能靠近试样。

（4）压针定位 5min 后，在载荷盘上加所要求的质量，以使试样所承受的总轴向压力为（50

±1)N,记录下千分表(或其他测量仪器)的读数或将其调至零点。

(5)以每小时(50±5)℃的速度等速升温,提高浴槽温度。在整个检测过程中应开动搅拌器。

(6)当压针压入试样内(1±0.01)mm时,迅速记录下此时的温度,此温度即为该试样的维卡软化温度(*VST*)。

3. 检测结果评定

两个试样的维卡软化温度的算术平均值,即为所测试管材或管件的维卡软化温度(*VST*),单位以℃表示。若两个试样结果相差大于2℃时,应重新取不少于两个的试样再次检测。

8.1.3 热塑性塑料纵向回缩率的检测

热塑性塑料纵向回缩率的检测方法有两种:一种是液浴检测;另一种是烘箱检测。

1. 液浴检测

(1)主要检测设备仪器

① 热浴槽。除另有规定外,热浴槽应恒温控制在国家标准《热塑性塑料管材纵向回缩率的测定》(GB/T 6671—2001)中附录A规定的温度 T_R 内。

热浴槽的容积和搅拌装置应保证当试样浸入时,槽内介质温度变化保持在检测温度范围内,所选用的介质应在检测温度下性能稳定,并对塑性材料无不良影响(图8-2)。

注:甘油、乙二醇、无芳烃矿物油和氯化钙溶液均是适宜的加热介质,其他满足上述要求的介质也可使用。

② 夹持器。悬挂试样的装置,把试样固定在加热介质中(图8-2)。

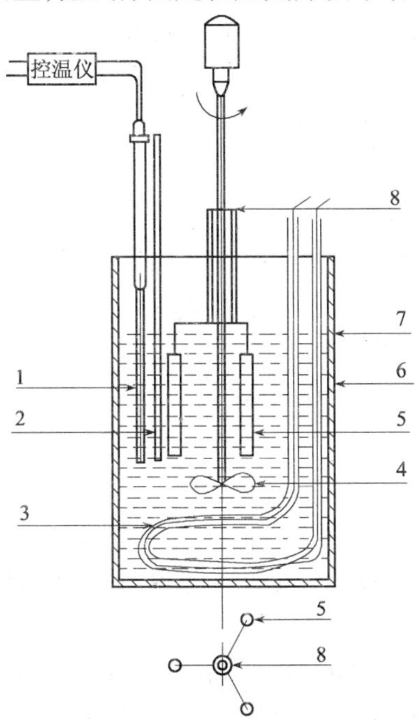

图8-2 液浴检测装置图

1—电接点温度计;2—温度计;3—加热器;4—搅拌器;5—试样;6—容器;7—加热介质;8—夹持器

③ 画线器。保证两标线间距为100mm。

④ 温度计。精度为0.5℃。

(2)具体检测步骤

① 在(23 ±2)℃下,测量标线间距 L_0,精确至 0.25mm。

② 将液浴温度调节到国家标准《热塑性塑料管材纵向回缩率的测定》(GB/T 6671—2001)中附录 A 的规定值 T_R。

③ 把试样完全浸入热浴槽中,使试样既不触槽壁也不触槽底,保证试样的上端距液面至少 30mm。

④ 试样浸入液浴保持国家标准《热塑性塑料管材纵向回缩率的测定》(GB/T 6671—2001)中附录 A 规定的时间。

⑤ 从热浴槽中取出试样,将其垂直悬挂,待完全冷却到(23 ±2)℃时,在试样表面沿母线测量标线间最大或最小距离 L_1,精确至 0.25mm。

注:切片试样,每一管段所切的四片应作为一个试样,测得 L_1,且切片在测量时,应避开切口边缘的影响。

(3)检测结果计算与评定

① 按下式计算每一试样的纵向回缩率 R_{L1},以百分率表示。

$$R_{L1} = \frac{L_0 - L_1}{L_0} \times 100$$

式中　R_{L1}——每一试样的纵向回缩率(%);

L_0——浸入前两标线间距离(mm);

L_1——检测后沿母线测定的两标线间距离(mm)。

选择 L_1,使 $L_0 - L_1$ 的值最大。

② 计算出三个试样 R_{L1} 的算术平均值,其结果作为管材的纵向回缩率 R_L。

2. 烘箱检测

(1)主要检测设备仪器

① 烘箱。除另有规定外,烘箱应恒温控制在国家标准《热塑性塑料管材纵向回收率的测定》(GB/T 6671—2001)中附录 B 规定的温度 T_R 内,并保证当试样置入后,烘箱内温度应在 15min 内重新回升到检测温度范围。

② 画线器。保证两标线间距为 100mm。

③ 温度计。精度为 0.5℃。

(2)具体检测步骤

① 在(23 ±2)℃下,测量标线间距 L_0,精确至 0.25mm。

② 将烘箱温度调节到国家标准《热塑性塑料管材纵向回收率的测定》(GB/T 6671—2001)中附录 B 的规定值 T_R。

③ 把试样放入烘箱,使试样不触烘箱壁和底。若悬挂试样,则悬挂点应在距标线最远的一端。若把试样平放,则应放于垫有一层滑石粉的平板上,切片试样,应使凸面朝下放置。

④ 把试样放入烘箱内保持国家标准《热塑性塑料管材纵向回收率的测定》(GB/T 6671—2001)中附录 B 规定的时间,这个时间应从烘箱温度回升到规定温度时算起。

⑤ 从烘箱中取出试样,将其垂直悬挂,待完全冷却到(23 ±2)℃时,在试样表面沿母线测量标线间最大或最小距离 L_1,精确至 0.25mm。

注：切片试样，每一管段所切的四片应作为一个试样，测得 L_1，且切片在测量时，应避开切口边缘的影响。

(3)检测结果计算与评定

① 按下式计算每一试样的纵向回缩率 R_{L1}，以百分率表示。

$$R_{L1}=\frac{L_0-L_1}{L_0}\times 100$$

式中　R_{L1}——每一试样的纵向回缩率(%)；

L_0——放入烘箱前前两标线间距离(mm)；

L_1——检测后沿母线测定的两标线间距离(mm)。

选择 L_1，使 L_0-L_1 的值最大。

② 计算出三个试样 R_{L1} 的算术平均值，其结果作为管材的纵向回缩率 R_L。

8.1.4　硬聚氯乙烯(PVC-U)管件的坠落检测

1. 主要检测设备仪器

(1)秒表。分度值 0.1s。

(2)温度计。分度值 1℃。

(3)恒温水浴(内盛冰水混合物)或低温箱[温度为(0±1)℃]

2. 具体检测步骤

(1)将水浴放入(0±1)℃的恒温水浴或低温箱中进行预处理，最短时间见表 8-1。异型管件按最大壁厚确定预处理时间。

表 8-1　试样最短预处理时间

壁厚 δ(mm)	最短预处理时间(min)	
	恒温水浴	低温箱
δ≤8.6	15	60
8.6<δ≤14.1	30	120
δ>14.1	60	240

(2)恒温时间达到后，从恒温水浴或低温箱中取出试样，迅速从规定高度自由坠落于混凝土地面，坠落时应使 5 个试样在 5 个不同位置接触地面。

(3)试样从离开恒温状态到完全坠落，应在 10s 之内完毕，检查检测后试样表面状况。

3. 检测结果评定

检查试样破损情况，如其中一个或多个试样在任何部位产生裂纹或破裂，则该组试样为不合格。

8.1.5　流体输送用热塑性塑料管材耐内压的检测

1. 主要检测设备仪器

(1)密封接头

密封接头装在试样两端。通过适当方法，密封接头应密封试样并与压力装置相连。密封接头应采用以下类型中的一种：

① A 型:与试样刚性连接的密封接头,但两个密封接头彼此不相连接,因此静液压端部推力可以传递到试样中,如图 8-3 所示。对于大口径管材,可根据实际情况在试样与密封接头间连接法兰盘,当法兰、接头、堵头及法兰盘的材料与试样相匹配时可以把它们焊接在一起。

② B 型:用金属材料制造的承口接头,能确保与试样外表面密封,且密封接头通过连接件与另一密封接头相连,因此静液压端部推力不会作用在试样上,如图 8-4 所示。这种封头可由一根或多根金属拉杆组成,且试样两端在纵向能自由移动,以免试样由于受热膨胀而引起弯曲变形。

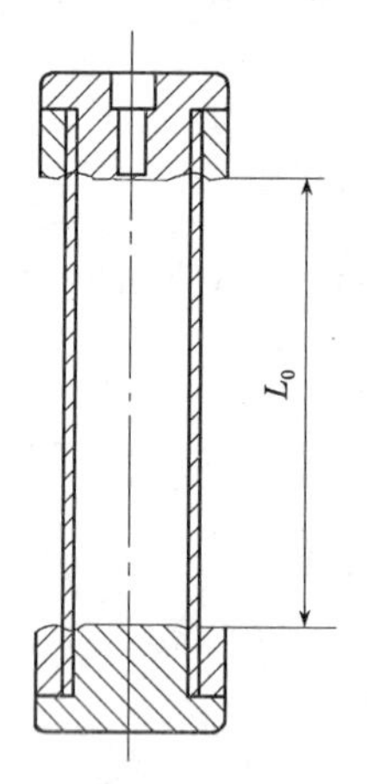

图 8-3　A 型密封接头示意图

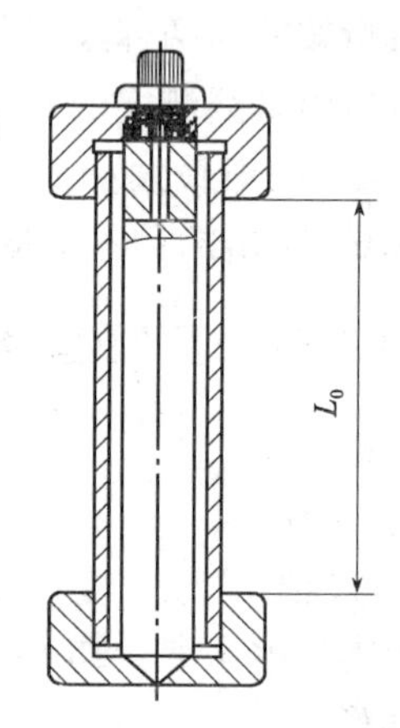

图 8-4　B 型密封接头示意图

密封接头除夹紧试样的齿纹外,任何与试样表面接触的锐边都需修整。密封接头的组成材料不能对试样产生不良影响。

注:1. 一般来说,由于管材的形变应力的不同,采用 B 型封头的破坏时间比采用 A 型封头的短。

2. 如无一定的预防措施,当试样在低于试验温度的环境下组装,B 型封头易使试样弯曲变形。

根据《塑料管道系统　用外推法对热塑性塑料管材长期静液压强度的测定》(GB/T 18252—2000)评价管材或管件材料性能的试验中,除非在相关标准中有特殊规定,否则应选用 A 型封头。

(2)恒温箱

根据相关标准规定,恒温箱内充满水或其他液体,保持恒定的温度,其平均温差为 ±1℃,最大偏差为 ±2℃。恒温箱为烘箱时,保持在规定温度,其平均温差 $^{+3}_{-1}$℃,最大偏差 $^{+4}_{-2}$℃。

当检测在水以外的介质中进行时,特别是涉及安全及所用液体与试样材料之间的相互作用,都应采取必要的防护措施。

当检测在水以外的介质中进行时,用于相互对比的检测应在相同环境下进行。

由于温度对检测结果影响很大,应使检测温度偏差控制在规定范围内,并尽可能小。例如:采用流体强制循环系统。若检测介质为空气时,除测量空气的温度外还建议测量试样表面温度。

水中不得含有对检测结果有影响的杂质。

(3)支承或吊架

当试样置于恒温箱中时能保持试样之间及试样与恒温箱的任何部分不相接触。

(4)加压装置

加压装置应能持续、均匀地向试样施加试验所需的压力,在试验过程中,压力偏差应保持在要求值的$^{+2}_{-1}$%范围内。

由于压力对试验结果影响很大，压力偏差应尽可能控制在规定范围内的最小值。

注：1. 压力最好能单独作用在每个试样上。但在一个试样发生破坏时不会对其他试样产生干扰，允许运用装置将压力同时作用到各个试样上（例如：使用隔离阀或在一个批次中根据第一个破坏而得出结果的测试）。

2. 当压力较规定值稍有下降时（如由于试样的膨胀），为保证压力维持在规定偏差范围内，系统应具有自动补偿压力装置，补充压力到规定值。

（5）压力测量装置

能检查试验压力与规定压力的一致性，对于压力表或类似的压力测量装置的测量范围是：要求压力的设定值应在所用测量装置的测量范围内。

压力测量装置不能污染试验液体。

建议用标准仪表来校准测量装置。

（6）温度计或测温装置

用于检查试验温度与规定温度的一致性。

（7）计时器

计时器应能记录试样加压后直至试样破坏或渗漏的时间。

注：建议使用对由于渗漏或破坏所引起的压力变化较敏感并能自动停止计时的设备，必要时能关闭与试样有关的压力循环系统。

（8）测厚仪

符合《塑料管材尺寸测量方法》（GB/T 8806—1988）测量管材壁厚的要求。

注：可以采用超声波测量仪。

（9）管材平均外径尺

符合《塑料管材尺寸测量方法》（GB/T 8806—1988）测量管材平均外径的要求，例如金属卷尺。

2. 具体检测步骤

（1）按相关标准要求，选择试验类型如水-水检测、水-空气检测或水-其他液体检测。

将经过状态调节后的试样与加压设备连接起来，排净试样内的空气，然后根据试样的材料、规格尺寸和加压设备情况，在30s至1h之间用尽可能短的时间，均匀、平稳地施加检测压力至根据下列公式计算出的压力值，压力偏差为$^{+2}_{-1}$%。

$$P=\sigma\frac{2e_{\min}}{d_{em}-e_{\min}}$$

式中　σ——由试验压力引起的环应力（MPa）；

d_{em}——测量得到的试样平均外径（mm）；

$e_{\min}$——测量得到的试样自由长度部分壁厚的最小值（mm）。

当达到检测压力时开始计时。

（2）把试样悬放在恒温控制的环境中，整个试验过程中试验介质都应保持恒温，具体温度见相关标准，恒温环境为液体时，保持其平均温差为±1℃，最大偏差为±2℃，恒温环境为烘箱时，保持其平均温差$^{+3}_{-1}$℃，最大偏差$^{+4}_{-2}$℃。

按下面步骤（3）或检测评定直至检测结束。

（3）当达到规定时间或试样发生破坏、渗漏时，停止试验，记录时间，检测评定除外。

如果试样发生破坏，则应记录其破坏类型，是脆性破坏还是韧性破坏。

注：在破坏区域内，不出现塑性变形破坏的为“脆性破坏”，在破坏区域内，出现明显塑性变形的为“韧性破坏”。

如检测已经进行1000h以上，试验过程中设备出现故障，若设备在3天内能恢复，则检测可继续进行；如检测已超过5000h，设备在5天内能恢复，则检测可继续进行。如果设备出现故障，试样通过电磁阀或其他方法保持检测压力，即使设备故障时间超过上述规定，检测还可继续进行；但在这种情况下，由于试样的持续蠕变，检测压力会逐渐下降。设备出现故障的这段时间不应计入试验时间内。

3. 检测结果评定

如果试样在距离密封接头小于$0.1L_0$处出现破坏，则检测结果无效，应另取试样重新检测（L_0为试样的自由长度）。

8.1.6　热塑性塑料管材耐外冲击性能的检测（时针旋转法）

1. 主要检测设备仪器

（1）落锤冲击试验机

① 主机架和导轨：垂直固定，可以调节并垂直、自由释放落锤。校准时，落锤冲击管材的速度不能小于理论速度的95%。

② 落锤：落锤应符合图8-5和有关的规定，锤头应为钢的，最小壁厚为5mm，锤头的表面不应有凹痕、划伤等影响测试结果的可见缺陷。质量为0.5kg和0.8kg的落锤应具有$d25$型的锤头，质量大于或等于1kg的落锤应具有$d90$型的锤头。

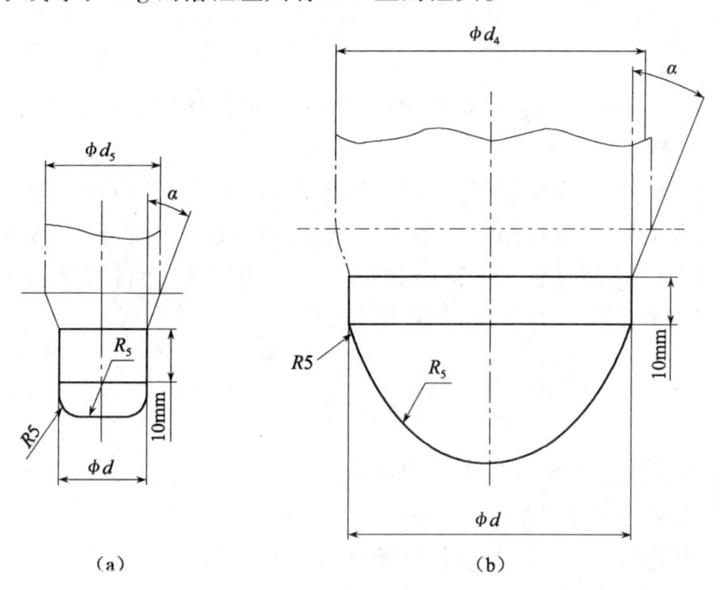

图8-5　落锤的锤头

（a）$d25$型（质量为0.5kg和0.8kg的落锤）；（b）$d90$型（质量大于或等于1kg的落锤）

③ 试样支架：包括一个120°角的V形托板，其长度不应小于200mm，其固定位置应使落锤冲击点的垂直投影在距V形托板中心线的2.5mm以内。仲裁检验时，采用丝杠上顶式支架。

④ 释放装置：可使落锤从至少2m高的任何高度落下，此高度指距离试样表面的高度，精确到±10mm。

⑤ 应具有防止落锤二次冲击的装置:落锤回跳捕捉率应保证 100%。

2. 具体检测步骤

(1)按照产品标准的规定确定落锤质量和冲击高度。

(2)外径小于或等于 40mm 的试样,每个试样只承受一次冲击。

(3)外径大于 40mm 的试样在进行冲击检测时,首先使落锤冲击在 1 号标线上,若试样未破坏,则按标准的规定,再对 2 号标线进行冲击,直至试样破坏或全部标线都冲击一次。

注:当波纹管或加筋管的波纹间距或筋间距超过管材外径的 0.25 倍时,要保证被冲击点为波纹或筋顶部。

(4)逐个对试样进行冲击,直至取得判定结果。

3. 检测结果评定

根据试验结果,批量或连续生产管材的 *TIR* 值可表示为 A,B,C,其意义如下:

A:*TIR* 值小于或等于 10%;

B:根据现有冲击试样数不能作出判定;

C:*TIR* 值大于 10%。

8.1.7　注射成型硬质聚氯乙烯(PVC-U),氯化聚氯乙烯(PVC-C)、丙烯腈-丁二烯-苯乙烯三元共聚物(ABS)和丙烯腈-苯乙烯-丙烯酸盐三元共聚物(ASA)管件热烘箱检测

1. 主要检测设备仪器

(1)带温控器的温控空气循环烘箱,能使试验过程中工作温度保持在(150 ±2)℃,并有足够的加热功率,试样放入烘箱后,能使温度在 15min 内重新达到设定的试验温度。

(2)温度计精度为 0.5℃。

2. 具体检测步骤

(1)将烘箱升温,使其达到(150 ±2)℃。

(2)试验前,应先测量试样壁厚在管件主体上选取横切面,在圆周面上测量间隔均匀的至少六点的壁厚,计算算术平均值作为平均壁厚 *e*,精确到 0.1mm。

(3)将试样放入烘箱内,使其中一承口向下直立,试样不得与其他试样和烘箱壁接触,不易放置平稳或受热软压后易倾倒的试样可用支架支撑。

(4)待烘箱温度回升至设定温度时开始计时,根据试样的平均壁厚确定试样在烘箱内恒温时间(表 8-2)。

表 8-2　试样在烘箱内恒温时间

平均壁厚 e(mm)	恒温时间 t(min)
$e \leqslant 3.0$	15
$3.0 < e \leqslant 10.0$	30
$10.0 < e \leqslant 20.0$	60
$20.0 < e \leqslant 30.0$	140
$30.0 < e \leqslant 40.0$	220
$e \geqslant 40.0$	240

(5)恒温时间达到后,从烘箱中取出试样,小心不要损伤试样或使其变形。

(6)待试样在空气中冷却至室温,检查试样出现的缺陷,例如:试样的开裂、脱层、壁内变化(如气泡等)和熔接缝开裂,并确定这些缺陷的尺寸是否在结果评定规定的最小范围内。

3. 检测结果评定

(1)试样的开裂、脱层、气泡和熔接缝开裂等缺陷,应满足下面要求:

① 在注射点周围:在以 15 倍壁厚为半径的范围内,开裂、脱层或气泡的深度应不大于该处壁厚的 50%。

② 对于隔膜式浇口注射试样:任一开裂、脱层或气泡应在距隔膜区域 10 倍壁厚的范围内,且深度应不大于该处壁厚的 50%。

③ 对于环形浇口注射试样:试样壁内任一开裂应在距离浇口 10 倍壁厚的范围内,如果开裂深入环形浇口的整个壁厚,其长度应不大于壁厚的 50%。

④ 对于有熔接缝的试样:任一熔接处部分开裂深度应不大于壁厚的 50%。

⑤ 对于注射试样的所有其他外表面,开裂与脱层深度应不大于壁厚的 30%,试样壁内气泡长度应不大于壁厚的 10 倍。

(2)判定时,需将试样缺陷处剖开进行测量,三个试样均通过判定为合格。

8.1.8　建筑塑料管材、管件性能的检测实训报告

建筑塑料性能检测实训报告见表 8-3。

表 8-3　建筑塑料管材、管件性能的检测实训报告

工程名称:　　　　　　　　　　　　报告编号:　　　　　　工程编号:

委托单位		委托编号		委托日期	
施工单位		样品编号		检验日期	
结构部位		出厂合格证编号		报告日期	
厂　别		检验性质		代表数量	
发证单位		见证人		证书编号	

1. 热塑性塑料管材拉伸性能的检测			
拉伸屈服应力 σ/(MPa)		断裂伸长率 ε/(%)	
屈服点的拉力 F/(N)	试样的原始截面积 A/(mm^2)	断裂时标线间的长度 L/(mm)	标线间的原始长度 L_o/(mm)
拉伸屈服应力的平均值 σ/(MPa):		断裂伸长率的平均值 ε/(%)	
拉伸屈服应力的标准偏差 σ/(MPa):		断裂伸长率的标准偏差 ε/(%)	
结　论:			
执行标准:			

续表

2. 热塑性塑料管材、管件维卡软化温度的检测			
维卡软化温度(VST)/(℃)			
试样1	试样2	算术平均值	结论:
执行标准:			

3. 热塑性塑料纵向回缩率的检测				
试样	浸入前两标线间距离 L_0/(mm)	检测后两标线间距离 L_1/(mm)	纵向回缩率 R_{L1}/(%)	平均值
试样1				
试样2				
试样3				
结　论:				
执行标准:				

主要仪器设备	检测仪器		管理编号	
	型号规格		有效期	
	检测仪器		管理编号	
	型号规格		有效期	
	检测仪器		管理编号	
	型号规格		有效期	
	检测仪器		管理编号	
	型号规格		有效期	
备　注				
声　明				
地　址	地址: 邮编: 电话:			

审批(签字):________审核(签字):________ 校核(签字):________检测(签字):________

检测单位(盖章):____________
报 告 日 期 :　　年　月　日

注:本表一式四份(建设单位、施工单位、检测试验室、城建档案馆存档各一份)。

塑料管大都具有配套管件,因此,塑料管安装不存在制作管件问题,主要是管道的连接和固定。

8.2　聚丙烯(PP-R)管道的安装

8.2.1　PP-R 管连接方法及其选用

PP-R 管道的连接方法有热熔连接、电熔连接、法兰连接和丝扣连接。热熔连接、电熔连接适用于同质的 PP-R 管材与管件的连接。法兰连接是法兰管件和 PP-R 法兰式管套的连接,它适用于大口径管道连接;丝扣连接是丝扣管件和带金属丝扣嵌件的 PP-R 管件的连接,它适用于小口径管道的连接。

同样材质的给水 PP-R 管及管配件之间,应优先采用热熔连接。安装部位狭窄处,施工不方便的场合,宜采用电熔连接(成本较高)。

PP-R 管与金属管件连接或与不同材质的管件连接宜采用法兰连接,这时,应采用带金属嵌件的 PP-R 管件作为过渡,该管件与塑料管采用热熔连接。

PP-R 管与金属管件、卫生洁具五金配件、水表及阀门等连接这些地方因可能要拆卸,宜采用法兰或丝扣连接。暗敷墙体、地坪面层内管道不得采用丝扣或法兰连接。

8.2.2　热熔连接法

1. 热熔连接机具——专用热熔器

专用热熔器主要由带温控的电加热装置、焊头、固定支架组合而成,如图 8-6 所示。

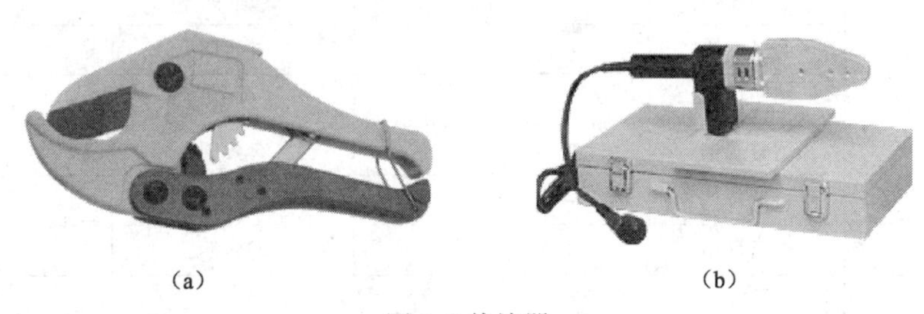

(a)　　(b)

图 8-6 热熔器

(a)管剪;(b)电加热熔接器

目前,市场上供应的热熔焊接设备,有 $\phi20\sim63$mm、$\phi75\sim110$mm 两种。按操作方法分为手工作业($\phi16\sim32$mm)和半自动作业($\phi40\sim110$mm)两类。

用户购置热熔器时,最好选用有信誉的管材、管件生产厂家提供的专用配套的焊接设备,或选用市场上有信誉、有品牌的焊接设备。在选购热熔焊接设备时,应注意:

(1)热熔焊接器的聚能板厚度应≥24mm,这是保障热能量储存的必要条件。

(2)热熔焊接器在负荷条件下热能补充的时间 t 为:$2\text{min}\leqslant t<3\text{min}$。

(3)预热套外径不能超出厂家提供的热熔焊接器的聚能板边缘,反之则不符合使用要求。

(4)设备的实际工作温度必须符合热熔接技术规定 260℃的要求,大于或小于该要求都是不合格的。

(5)热熔焊接器是在带电、260℃高温条件下连续工作的,因此,要求热熔焊接器坚固耐用、安全可靠。

(6)热熔焊接器应附有权威机构检测报告、说明书和质保书。

2. 热熔焊接器选用

热熔焊接器应根据不同管材、管件的口径,正确合理地选用。由于PP-R管材的壁厚不同,对热熔焊接的预热时间、焊接时间、冷却时间的要求是不同的。所以,对热熔焊接设备的功率、热能量储存及补充、温度及其时间的控制,可否用手工作业都有不同的要求。PP-R管道热熔连接时,最好使用管材生产厂提供的专用配套热熔焊接器。热熔焊接器选用可参考表8-4。

表8-4 热熔焊接器选用参考表

管径(mm)	$\phi16\sim32$	$\phi40\sim63$	$\phi75\sim100$
功率(W)	500	600~750	>10000
作业方式	手工操作	手工或半自动操作	半自动操作

3. 预热套的选择

预热套又称焊套、模套、模头等,它是热熔焊接设备中重要的组成部分,它对焊接部位的质量有举足轻重的影响。预热套的选择应注意以下几点:

(1)必须注意预热套的匹配性,以保证焊接处的吻合性。由于各管材生产厂家允许存在的注塑模具的尺寸偏差,市场上即使同一规格的管材,其外径的上下公差相差很大。因此,一般应采用指定热熔焊接器厂专门为其生产的符合该厂管材尺寸的预热套配件。

(2)预热套的表面涂层,应手感光滑、无爆裂、脱落、毛刺,四周无棱角,同时应具备在热态条件下可供拆卸的装置。

(3)在冷态条件下,将管材和管件分别插入预热套,若插入至预热套端口的5mm处再插不下去,则可视为合适的;反之,若管材和管件分别不能插入预热套内,或插入预热套5mm以上的,均可视为不合适。

(4)预热套在热态条件下的不黏塑性是最基本的要求,预热套的工作孔径要求管材和管件熔融结合后推挤出的堆积物不得超过管道内径,否则,预热套不合格。

(5)预热套的工作长度必须符合管材和管件规定的熔融结合深度,否则,预热套不合格。

4. 热熔连接的操作步骤

具体操作步骤如下:

(1)接通电源,热熔工具加热。热熔工具接通电源[单相(220±22)V,50Hz],升温约6min,焊接温度控制在约260℃,到达工作温度指示灯亮后方能开始操作。

(2)切割管材。切割管材时,必须使端面垂直于管轴线。管材切割一般使用管子剪或管道切割机,必要时可使用锋利的钢锯,但切割后,管材端面应去除毛边和毛刺。

(3)清洁管材与管件。连接端面必须清洁、干燥、无油。

(4)标绘出热熔深度。用卡尺和合适的笔在管端测量并标绘出热熔深度。

(5)加热管材与管件。无旋转地把管端导入加热套内,插入到所标志的深度,同时,无旋转地把管件推到加热头上,达到规定标志处。加热时间应满足表8-5的规定(也可按热熔工具生产厂家的规定)。熔接弯头或三通时,按设计图纸要求,注意其方向,在管件和管材的直线方向上,用辅助标志标出其位置。

(6)熔接。达到加热时间后,立即把管材与管件从加热套与加热热头上同时取下,迅速无旋转地沿轴线均匀压入到所标深度,使接头处形成均匀凸缘。在表8-5规定的调节时间内,刚熔接好的接头还可校正,但严禁旋转。

5. 热熔连接操作技术参数

(1)热熔连接操作时间参数

热熔连接操作时间参数见表8-5。

表8-5　热熔连接操作时间参数

公称外径(mm)	加热时间(s)	调节时间(s)	冷却时间(s)
20	5	4	3
25	7	4	3
32	8	4	4
40	12	6	4
50	18	6	5
63	24	6	6
75	30	10	8
90	40	10	8
110	50	10	10

(2)热熔连接管件的承口和尺寸

热熔连接管件的承口和尺寸应符合图8-7和表8-6的规定。

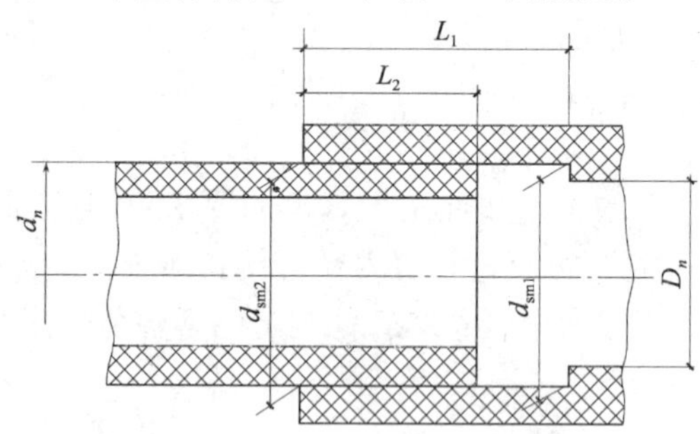

图8-7　热熔连接管件承口尺寸

表8-6　热熔连接管件的承口尺寸

公称外径 D_n(mm)	最小承口深度(mm)	最小承插深度(mm)	承口平均内径(mm)				最大不圆度(mm)	最小直径 D(mm)
			d_{sm1}		d_{sm2}			
			最小	最大	最小	最大		
16	13.3	9.8	14.8	15.3	15.0	15.5	0.6	9
20	14.5	11.0	18.8	19.3	19.0	19.5	0.6	13
25	16.0	12.5	23.5	24.1	23.8	24.4	0.7	18
32	18.1	14.6	30.4	31.0	30.7	31.3	0.7	25

续表

公称外径 D_n(mm)	最小承口深度(mm)	最小承插深度(mm)	承口平均内径(mm)				最大不圆度(mm)	最小直径 D(mm)
			d_{sm1}		d_{sm2}			
			最小	最大	最小	最大		
40	20.5	17.0	38.3	38.9	38.7	39.3	0.7	31
50	23.5	20.0	48.3	48.9	48.7	49.3	0.8	39
63	27.4	23.9	61.1	61.7	61.6	62.2	0.8	40
75	31.0	27.5	71.9	72.7	73.2	74.0	1.0	58.2
90	35.5	32.0	86.4	87.4	87.8	88.8	1.2	69.8
110	41.5	38.0	105.8	106.8	107.3	108.5	1.4	85.4

6. 注意事项

(1)热熔连接时首先检查热熔工具是否完好,电网电压是否符合要求,加热头与施工管子规格是否相符。

(2)中等口径以上的管材、管件焊接作业时,必须使用半自动化机械焊接设备,否则,很难保证熔按的质量。不允许用小功率设备焊接大口径管材。

(3)预热套外径绝对不能超出热熔焊接设备的聚能板边缘,否则,就容易产生半生不熟的焊接情况。

(4)施工环境温度较低时,热熔管道加热时间可稍长些。当操作环境接近0℃时,加热时间应延长50%,调节时间相应缩短。

(5)插入深度要达到规定要求,太深会使管道断面减小,太浅会使强度降低。用力要适度。

(6)保持焊头清洁,以保证焊接质量。预热套的表面涂层若发生脱落情况,不能再使用,应及时更换,否则,会产生沾塑拉丝的情况,造成焊接部位吻合不良。

(7)热熔焊接器是带电工作,要有良好的接地设备。操作中一定要注意人身和设备的安全。避免人员触电、烫伤或烫坏其他物品。

8.2.3 电熔连接法

电熔连接是近几年新开发的塑料管材连接方法,它是采用控制设备自动进行熔接。所以,电熔接口具有性能稳定、质量可靠、操作简便等优点。但需要设备较多,故适宜于大型工程施工。

1. 电熔连接件及电熔接口设备

(1)电熔连接件

电熔连接件是由加热线圈、控制器插座等组成。当电流通过控制箱导线进入连接件插座后,承口加热线圈升温并使管子表面也受热,当达到熔点时,承口与管表面熔合成一体,此时,控制箱能自动切断电源。

(2)电熔接口设备

① 接口夹具。或称电熔连接机具,一般有两种:一种是有管接头夹具,它是在同一座体上有同一轴心的两环形夹箍及调节螺栓组成;另一种是鞍形管件夹具,它是有鞍形座、紧固螺栓和调节手柄组成。

② 电熔控制箱。电熔控制箱由小型发电机、电器操纵箱等组合而成。小型发电机功率为2kW(40V,5A),输出电压稳定在±0.5V。电熔控制箱设有自动显示、自动检查、对比、调整系统的自动控制系统及手动调节系统等。

2. 电熔连接操作及注意事项

(1)断管按设计要求量好尺寸,用专用工具或细齿锯断管。管端口应垂直,并应用洁净棉布擦净管材和管件连接面上的污物,并标出插入深度,刮除其表皮。电熔管件与管材的熔合部位不得受潮。

(2)管子定位在夹具上将连接管固定,校直两对应的连接件,使其处于同一轴线上。

(3)接线正确连通电熔连接机具与电熔管件的导线。接线前,应检查通电加热的电压。

(4)通电加热熔接接通电源加热熔接,加热时间应符合电熔连接机具与电熔管件生产厂家的有关规定,在熔合及冷却过程中,不得移动、转动电熔管件和熔合的管道,不得在连接件上施加任何压力。

(5)拆卸接口夹具焊接完毕,细心拆卸接口夹具和接线。

3. 电熔连接的有关技术参数

(1)电熔连接的标准加热时间应由生产厂家提供,并应随环境温度的不同而加以调整。电熔连接的加热时间与环境温度的关系应符合表8-7的规定。若电熔机具有温度自补偿功能,则不需调整加热时间。

表8-7　电熔连接的加热时间与环境温度的关系

环境温度(℃)	修正值	举　例
10	$T+12\%T$	112s
0	$T+8\%T$	108s
+10	$T+4\%T$	104s
+20	标准加热时间 T	100s
+30	$T-4\%T$	96s
+40	$T-4\%T$	92s
+50	$T-4\%T$	88s

(2)电熔连接管件的承口应符合图8-8和表8-8的规定。

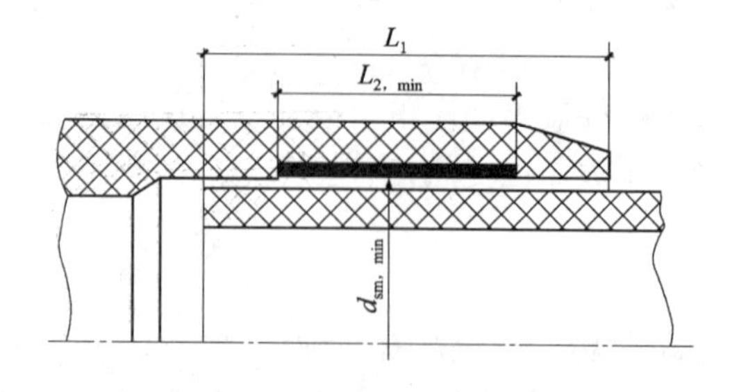

图8-8　电熔连接管件承口构造尺寸

表 8-8　电熔连接管件的承口尺寸

连接管公称外径 D_n(mm)	熔合段最小内径 D_{min}(mm)	熔合段最小长度 L_{2min}(mm)	插入长度 L_1(mm)	
			L_{1min}	L_{1max}
16	16.1	10	20	35
20	20.1	10	20	37
25	25.1	10	20	40
32	32.1	10	20	44
40	40.1	10	20	49
50	50.1	10	20	55
63	63.2	11	23	63
75	75.2	12	25	70
90	90.3	13	28	79
110	110.3	15	32	85
125	125.3	16	35	90
140	140.3	18	38	95
160	160.4	20	42	101

8.2.4　法兰连接

法兰连接方法步骤及注意事项如下：

(1)断管并套法兰根据设计图纸要求尺寸，量好管道并将其切断，并将法兰盘套在管道上，断管时，应使管口端面垂直管中心线，并去除管口毛刺。管道下料的长度应精确，当紧固螺栓时，不应使管道产生轴向拉力。

(2)上接头将 PP-R 管过渡接头与管道按热熔连接方法步骤连接到管道上。

(3)上法兰校直两对应的连接件，使连接的两片法兰垂直于管道中心线，表面相互平行。将法兰垫放入，用螺栓将法兰上紧。法兰的衬垫，应采用耐热无毒橡胶圈。同一组法兰所使用的螺栓应同规格，螺栓安装方向一致。上螺栓应对称紧固。紧固好的螺栓应露出螺母之外，宜齐平。螺栓、螺帽宜采用镀锌件。

(4)法兰连接部位应设置支吊架。

8.2.5　丝扣连接

当 PP-R 管与金属管道及用水器连接时，必须使用厂家提供的钢塑转换过渡件，不能直接在 PP-R 管上采用丝扣或法兰连接形式，弯头、三通等过渡件一端可现场热熔连接，而另一端则通过内或外嵌金属镀铬丝扣与金属管道及用水器连接。

8.2.6　管道固定

PP-R 管必须按设计要求进行固定，设计无要求时可参照表 8-9、表 8-10 进行。

表 8-9　PP-R 管冷水管道支吊架最大间距

公称外径 D_n(mm)	20	25	32	40	50	63	75	90	110
横管(mm)	850	800	950	1100	1250	1400	1500	1600	1900
立管(mm)	1000	1200	1500	1700	1800	2000	2000	2100	2500

表 8-10　PP-R 管热水管道支吊架最大间距

公称外径 D_n(mm)	20	25	32	40	50	63	75	90	110
横管(mm)	500	600	700	800	900	1000	1100	1200	1500
立管(mm)	900	1000	1200	1400	1600	1700	1700	1800	2000

项目实训十五:聚丙烯(PP-R)管道的安装操作实训

一、实训目的

1. 掌握 PP-R 管道的热熔连接具体操作规范。
2. 熟悉 PP-R 管道的电熔连接具体操作规范。
3. 掌握 PP-R 管道的法兰连接和丝扣连接具体操作方法。

二、实训内容

1. PP-R 管道的热熔连接具体操作实训。
2. PP-R 管道的电熔连接具体操作实训。
3. PP-R 管道的法兰连接和丝扣连接具体操作实训。

三、实训时间

每人操作 40min。

四、实训报告

1. 编写 PP-R 管道的热熔连接具体操作实训报告。
2. 写出 PP-R 管道的电熔连接具体操作实训报告。
3. 编写 PP-R 管道的法兰连接和丝扣连接具体操作实训报告。

8.3　聚乙烯(PE)和交联聚乙烯(PE-X)管道安装

8.3.1　聚乙烯和交联聚乙烯管道的连接方式及选用

聚乙烯管道,主要采用热熔连接与电熔连接方法。交联聚乙烯管主要有卡箍式连接、卡套式连接、U 形夹式连接和扩口法连接等机械连接方法。

当 D_e(管外径)小于或等于 25mm 时,管道与管件连接宜采用卡箍式连接;D_e 大于或等于 32mm 时宜采用卡套式连接;中口径受力不大的情况下,可采用 U 形夹式连接;大口径并且受力较大情况下,可采用扩口法兰连接方式。

8.3.2　卡箍式管件连接

卡箍式连接是将铜制的卡紧环套在管道的外周，用工具将卡紧环卡紧，使环将管紧紧地压入插入式管件凹槽中，形成永久性的密封连接。具体操作步骤如下：

（1）断管。按设计要求的长度截取管段。截取管段要用专用剪刀或细齿锯进行，管口应平整，端面应垂直管轴线。

（2）套环插管。首先选择与管道相应口径的紫铜紧箍环套入管道，然后将管口用力压入管件的插口，直至管件插口根部。

（3）紧环。将紧箍环推向已插入管件的管口方向，使环的端口距管件插口根部2.5～3mm为止，然后用相应管径的专用夹紧钳夹紧铜环直至钳的头部二翼合拢为止。

（4）用专用定径卡板检查紧箍环周边，以不受阻为合格。

管道施工时，应采用企业配套的铜质管件、紧固环及施工紧固工具进行。

8.3.3　卡套式管件连接

对小口径PE-X管，常用带插管的卡套连接法和带扩口插管的卡套锁紧法，如图8-9和图8-10所示。它用在要求密封性较高和抽拔力较大的场合。

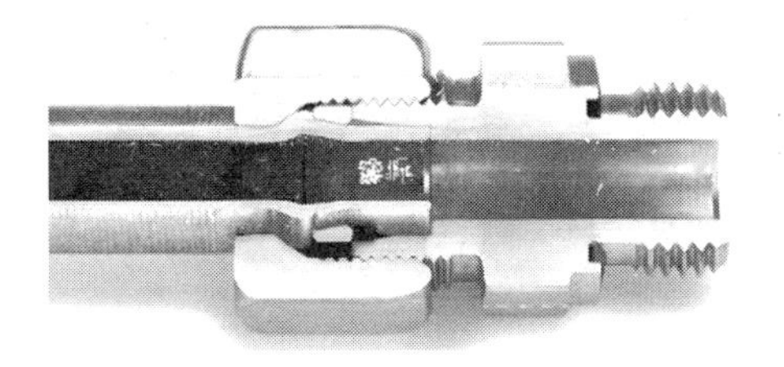

（a）

（b）

图8-9　卡套连接

（a）管接头剖面图；（b）管件连接

操作方法具体为：

（1）断管。先将管子调直，再按设计的管道长度，用专用剪刀或细齿锯进行断料，管口应平整，端面应垂直于管轴线。

（2）坡口。用专用铰刀将管内口进行坡口，坡度为20°～30°，深度1～1.5mm，坡口结束后再用清洁布将残屑揩擦干净。

（3）管子整圆并扩孔。管子若不圆整，用专门的整圆铰刀将管子整圆并扩孔。

（4）套入锁紧件。将卡套螺帽和C形锁紧环套入管口。

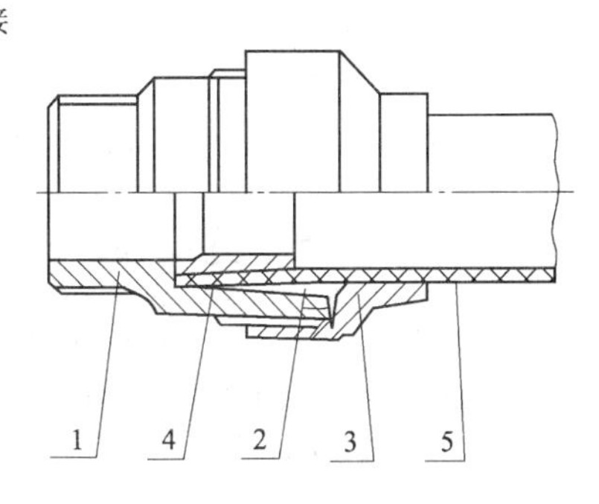

图8-10　带扩口插管连接

1—连接体；2—卡套；3—锁紧螺母；4—扩口缠管；5—交联管

（5）将管子插入管件将管口一次用力推入管件插口至根部。管道推入时应注意橡胶圈位置，不得将其延位或顶歪，如发生顶歪情况应修正管口的坡口，放正胶圈后，重新推入。

（6）将C形锁环推到管口位置，用扳手把螺帽旋紧，固定在管件本体外螺纹上。

卡套式连接橡胶密封圈材质应符合卫生要求，且应采用耐热的氟橡胶或硅橡胶材料。

8.3.4　管道固定

管道固定必须按设计要求施工,设计无要求时可参考表8-11进行。

表8-11　PE-X管道支承间距

公称外径 D_n(mm)		20	25	32	40	50	63
立管支承间距(mm)		800	900	1000	1300	1600	1800
横管支承间距(mm)	冷水管	600	700	800	1000	1200	1400
	热水管	300	350	400	500	600	700

项目实训十六:聚乙烯(PE)和交联聚乙烯(PE-X)管道的安装操作实训

一、实训目的

1. 掌握聚乙烯(PE)和交联聚乙烯(PE-X)管道的卡箍式连接具体操作规范。
2. 熟悉聚乙烯(PE)和交联聚乙烯(PE-X)管道的卡套式管件连接具体操作规范。

二、实训内容

1. 聚乙烯(PE)和交联聚乙烯(PE-X)管道的卡箍式连接的具体操作实训。
2. 聚乙烯(PE)和交联聚乙烯(PE-X)管道的卡套式管件连接具体操作实训。

三、实训时间

每人操作30min。

四、实训报告

1. 编写聚乙烯(PE)和交联聚乙烯(PE-X)管道的卡箍式连接的具体操作实训报告。
2. 写出聚乙烯(PE)和交联聚乙烯(PE-X)管道的卡套式管件连接具体操作实训报告。

8.4　PVC-U管道的安装

PVC-U管材的连接方式主要是承插口连接,也可采用法兰连接和螺纹连接,缺少管件时也可采用接触(摩擦)焊。PVC-U管材不能采用熔接连接。

承插口连接有两种:一是使用粘合剂的承插口(俗称平直承插口),二是用弹性密封圈的承插口(俗称R形承插口)。以承插胶粘接口是PVC-U管道连接的最理想接口,工艺简单,施工速度快,施工成本低,强度高、气密性可靠。但胶粘接口的承插管和管子的公差配合要求较高。

8.4.1　管道承插粘结(TS)法

PVC-U管道承插粘结接口适用于管外径 D_e 为20~200mm的管道连接。部分管材承插口断面和尺寸详见图8-11和表8-12。

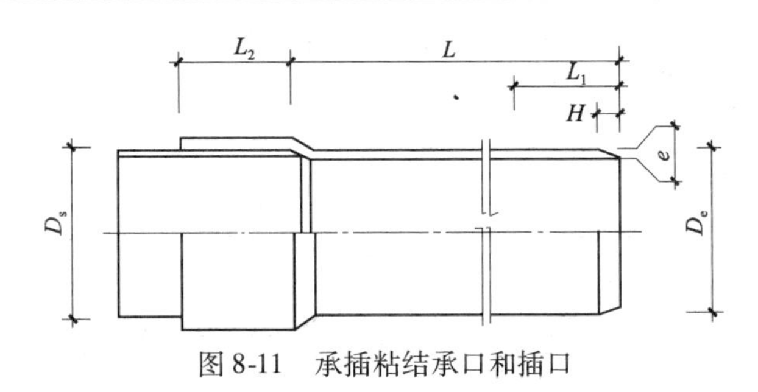

图 8-11　承插粘结承口和插口

表 8-12　承插粘结承口和插口尺寸

公称外径 D_e(mm)	承口 D_s(mm)				L_1(mm)	L_2(mm)	H(mm)	L(mm)
	稀胶粘剂		稠胶粘剂					
	min	max	min	max				
110	110.2	110.6	110.4	110.8	54	48	6	5000 6000
125	125.2	125.7	125.3	125.9	61	51	6	
160	160.2	160.7	160.5	161.0	74	58	7	
200	200.2	200.8	200.6	201.1	90	66	9	

PVC-U 管材与管件的粘结,是通过 PVC-U 用胶粘剂来实现的,这种专用胶粘剂主要以能溶解 PVC 材质的试剂为溶剂,以 PVC 同类材料为溶质配制而成的。PVC-U 专用胶粘剂的粘结力为化学键力,这种胶粘剂能溶解被粘合体的两接合面,使之溶为一体,待溶剂挥发尽后,则获得很高的结合力,因此,这种粘结亦称之为“冷焊”。但是这种粘合力的物理强度还是不能等同于 PVC-U 材质本体的物理强度。实验数据表明,加压情况下的 PVC 粘合面其粘合强度仅占 PVC 材料本体强度的 70% 左右。

1. 管道承插粘结接口操作步骤和方法

(1)管材与管件质量检查。认真检查管材、管件的规格型号和质量。

(2)切管。根据设计要求,量好尺寸,然后切管。可使用细齿锯或割管机进行切割,切割管材时要保证管口平整且垂直于轴线。

(3)坡口。管材切割后需将插口处倒小圆角,即管口外缘倒角,形成坡口后再进行连接。坡口坡度宜 15°~20°,边坡长度按管径大小确定,宜取 2.5~4.0mm。坡口加工完后,应将残屑清除干净。

(4)试承插。将承插口试插一次,使插入深度及配合情况符合要求,并在插入端表面画出插入承口深度的标线,管端插入承口深度不应小于表 8-12 中的规定。

(5)清理工作面。用洁净干布或棉纱将承口内侧插口外侧擦拭干净,若粘结表面有油污时,须用丙酮等清洁剂擦拭承口及管口表面,但不得将管材、管件头部浸入清洁剂。

(6)涂刷胶粘剂。待清洁剂全部挥发后,将管口、承口用清洁无污的鬃刷蘸取胶粘剂迅速涂刷在插口外侧、管件承口内侧结合面。涂刷时先涂承口,后涂插口,宜轴向由里向外均匀涂刷,不得漏涂,一般应涂刷两遍以上。大口径管道承插面应同时涂刷。每个接口胶粘剂用量参见表 8-13。

表 8-13 每个接口胶粘剂用量标准

管径(mm)	用量(g)	管径(mm)	用量(g)	管径(mm)	用量(g)
16	1.0	50	4.8	200	54
20	1.2	65	6.0	250	84
25	2.0	75	9.0	300	120
32	2.4	100	13	350	160
40	3.6	150	30	400	210

(7)连接。胶粘剂涂刷经检查合格后,应立即找正方向将插口对准承口迅速插入,用力挤压,使管端插入的深度至所画线并到达承口根部,且保证承插接口的同心度和接口位置正确,同时必须保持表 8-14 所规定的时间。承插应一次完成,当插入 1/2 承口时应稍加转动,但不应超过 1/4 圈,然后一次插到底部,插到底后不得再旋转。全部过程应在 20s 内完成。当施工期间气温较高,发现涂刷部位胶粘剂已部分干燥,应按以上规定重新涂刷。

表 8-14 承插接口操作完成后应保持最少时间

公称外径(mm)	<63	63 以上
保持时间(s)	>30	>60

(8)承插口的养护。粘结工序完成,应将残留承口的多余胶粘剂擦揩干净,粘结部位在 1h 内不应受外力作用,24h 内不得通水试压。

2. 管道承插粘结接口操作注意事项

(1)胶粘剂应呈流动状态,不得为凝胶体,不得有分层现象和析出物,胶粘剂内不得有团块、不溶颗粒和其他影响胶粘剂粘结强度的杂质。胶粘剂中不得含有有毒物质和利于微生物生长的物质。使用时应随开随盖,冬季施工发现胶粘剂有结冻现象,应使用热水温热,不得明火烘烤。

(2)承口和插口均应涂抹胶粘剂,且有足够的厚度。不可只涂承口或插口。所用的毛刷应为管径的 1/3 ~ 1/2 宽为宜,如果毛刷过小,会产生“干粘现象”。

(3)胶粘剂涂抹后暴露在空气中的时间不要过长,应确保粘结时粘结面湿润并溶解软化。

(4)环境温度大于 43℃时,应在阴凉处或用湿布使粘结处表面降温并等干燥后粘结。

(5)承插面含水分、油污等杂质,或环境空气过于湿润,会严重影响粘结质量,要使粘结面干净且干燥。

(6)管端插入承口后保持足够的时间,一般应使粘结处初步固化,固化时间一般在 30 ~ 60s 以上,低温下要保持 1 ~ 3min 以上。胶粘剂完全干好前,承插部位不应受到外力而扭动。

(7)管道内部不可溅入胶粘剂,接口部位多余胶粘剂一定擦干净。否则,会出现溶剂破裂现象。即一段时间后,管道可能会出现破裂,即为“溶剂破裂”现象。

(8)施工环境温度在 0℃以下时,胶粘剂要放在一个保温的环境中,以保证它的流动性,另一方面,要增加涂胶层厚度和较长的固化期。

8.4.2 管道橡胶圈连接(R-R)法

橡胶圈连接适用管外径 D_e 为 63 ~ 315mm 管道连接。据《埋地排污、废水用硬聚氯乙烯

(PVC-U)管材》(GB/T 10002.3—2006)标准，部分管材橡胶圈连接承口和插口连接剖面、尺寸见图8-12和表8-15。

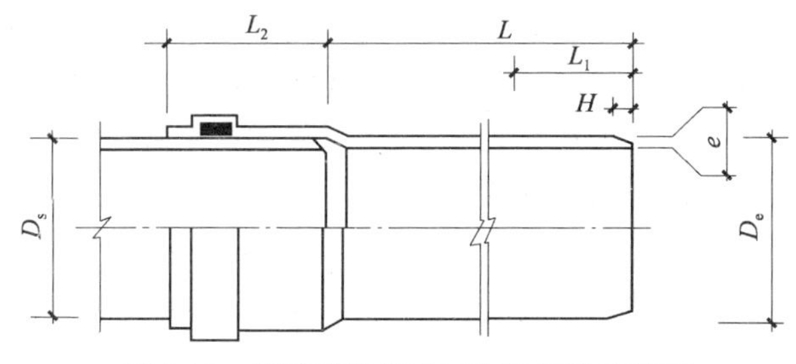

图8-12　橡胶圈连接承口和插口连接剖面

表8-15　橡胶圈连接承口和插口连接剖面尺寸

公称外径 D_e(mm)	壁厚 e(mm)			L_1(mm)	L_2(mm)	H(mm)	D_s(mm)	L(mm)
	强度等级(kPa)							
	2	4	8					
110	—	3.2	3.2	54	54	6	110.4	5000 6000
125	3.2	3.2	3.7	61	61	6	125.4	
160	3.2	4.9	4.7	74	74	7	160.5	
200	3.9	4.9	5.9	90	90	9	200.6	
250	4.9	6.2	7.3	125	125	9	250.8	
315	6.2	7.7	9.2	132	132	12	316.0	
400	7.8	9.8	11.7	140	140	15	401.5	
500	9.8	12.3	14.6	160	160	18	501.5	

管道橡胶圈连接应严格按下列操作规程进行：

(1)管道和管件的质量检查。认真检查管道和管件的质量，主要包括直管式管材、弹性密封圈(R-R)承插连接型管材、弹性密封圈(R-R)承口连接配件。不合格者禁止使用。管材、管件应有质量检验部门的质量检验合格证。管材表面每支至少必须有两处永久性标志，应标明商标、用途、生产厂名、公称外径、壁厚、公称压力等级、执行产品标准和出厂时间。管件应标明商标、规格、公称压力等级。

管材、管件的颜色应一致，无色泽不均和分界变色线；管材、管件内外表面应光滑、平整、无凹陷及明显痕纹；管材轴线不得有异向弯曲，管材端口平整，且应垂直于轴线；管件应无缺损变形、明显合缝，浇口应平整。

(2)切管及坡口。根据需要管长切料后，须在插口端另行倒角(15°~20°)，坡口端厚度为管壁的1/3~1/2。切断管材时应保证切口平整且垂直于管轴线。

(3)画出插入长度标线。在完成切割和管端坡口后，将残屑清除干净，进行试连接，画出插入长度的标线，插入长度应使管接头承口预留约5~10mm。管子接头承口长度应符合表8-12的规定。

(4)清理配合面。承口内橡胶圈及插口端工作面须用抹布擦拭干净。若插管端有画花或过于粗糙，宜用砂纸擦拭。

（5）放橡胶圈。将擦干净的橡胶圈放入承口内。

（6）涂润滑剂。用毛刷将润滑剂均匀地涂在装嵌在承口处的橡胶圈和插口端的外表面上，润滑剂可采用V型脂肪酸盐（如洗洁精），禁止用黄油类作润滑剂，因为此类物质往往对橡胶圈有腐蚀作用。

（7）连接。将连接管道的插口对准承口，保持插入管段的平直，用手动葫芦或其他拉力机械将管一次插入至标线。若插入阻力过大，切勿强行插入，以防橡胶圈扭曲。

（8）检查。用塞尺顺承口间隙插入，沿管圆周检查橡胶圈的安装是否正常。

8.4.3　法兰连接法

法兰盘方式连接，主要用于大口径PVC-U管与钢、铜管道、各种机械的金属接口的连接。这种连接方法，首先用TS承插粘结法，将PVC-U管与法兰承口粘结，再垫上橡胶圈以螺栓对角均匀锁紧法兰。

8.4.4　螺纹连接

PVC-U管与金属管配件采用螺纹连接方法，其连接的PVC-U管径不宜大于63mm。

必须采用注射成型的螺绞塑料件，不得在PVC-U管及管件上车制螺纹或用铰板制作螺纹。

项目实训十七：PVC-U管道的安装操作实训

一、实训目的

1. 掌握PVC-U管道的承插粘结（TS）连接方法。
2. 熟悉PVC-U管道的橡胶圈连接（R-R）方法。

二、实训内容

1. PVC-U管道的承插粘结（TS）连接的具体操作实训。
2. PVC-U管道的承插粘结（TS）连接具体操作实训。

三、实训时间

每人操作30min。

四、实训报告

1. 编写PVC-U管道的承插粘结（TS）连接的具体操作实训报告。
2. 写出PVC-U管道的承插粘结（TS）连接具体操作实训报告。

8.5　玻璃钢夹砂管（RPM）安装

玻璃钢夹砂管多为埋地敷设。安装前，施工有关人员应认真阅读设计图纸，实地踏勘施工现场，准确掌握管道铺设地段的水文、地质及地下隐蔽工程情况。认真检查管材管件公称直径、公差配合、壁厚、外观，作全面质量检查，管材、管件必须具有出厂合格证。对施工管道操作人员，应进行培训，掌握玻璃纤维夹砂管施工特点，确保施工质量。

玻璃纤维夹砂管有承插式双“O”形密封圈连接和平端糊口连接两种连接方式。

8.5.1　承插式双“O”形密封圈连接

承插式双“O”形密封圈连接安装方法步骤如下：

1. 开挖管沟

埋地管道安装前应按设计要求开挖管沟，并在管道接口位置下挖一个凹槽（图 8-13），凹槽长度 L 大于或等于承插口的长度，凹槽深 $h \approx D$。目的是使整个管身底部放在原状土或砂垫层上，使管道均匀受力。

管沟开挖应根据不同的土壤条件，开挖不同的管沟基槽，根据管道的直径不同，按下式决定沟槽开挖尺寸：

$$W = D + 2b$$

式中　W——沟槽底宽（mm）；

D——管子的外径（mm）；

b——管道每侧工作宽度（mm）。管道外径 $D = 600 \sim 1000$mm 时，可取 $b = 500$mm。

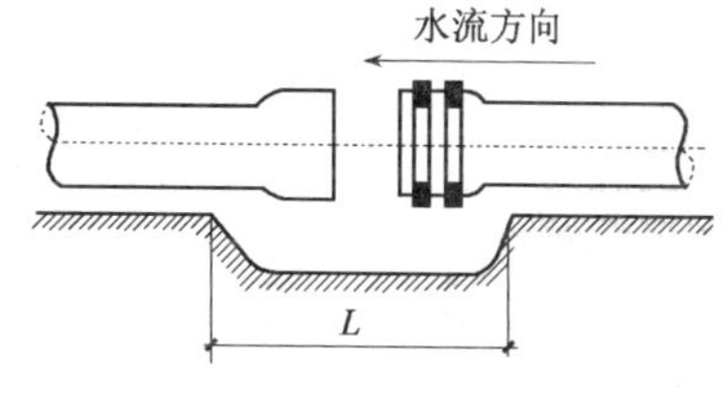

图 8-13　凹槽尺寸

沟槽开挖后，应根据土壤的不同耐力处理沟槽基础。土质耐力为 0.5～0.7MPa 时，采用原土夯实加固处理法，其夯实程度为 95%；沟槽土壤承载能力较好时，采用砂或砾石垫层，其厚度控制在 100～150mm；对不稳定的松软或湿陷性土壤，加做人工基础，并在此基础上再做 150mm 厚的管座。

管道安装前应将管床处理得连续平整，为了增大管道底部与基础接触面积，防止应力集中，在基础上铺垫 50～100mm 的砂层，以确保玻璃钢夹砂管免受损伤。

2. 放管

用起重设备将管道吊入安装的管沟中。将管道的承口及插口部位擦干净。

3. 套密封圈

在承口内表面均匀涂上液体润滑剂，然后把两个 O 形橡胶圈分别套装在插口上。

4. 插管

用手动葫芦将管道先吊离地面，然后将待安装的管道拽（用另一手动葫芦）进已安装的管道承口内。拽进管道的安装力的大小可参见表 8-16。

表 8-16　管子安装力

管径（mm）	安装力（kN）	管径（mm）	安装力（kN）	管径（mm）	安装力（kN）
200	2.0	500	5.0	900	9.0
250	2.5	600	6.5	1000	10.5
300	3.0	700	7.0	1200	12.0
400	4.0	800	8.0	2000	20.0

5. 试压

RPM 管之间采用承插式双 O 形密封圈连接时，每安装一根管道，就要在承插口处进行打压试验，以检验双 O 形圈的密封效果。用手动试压泵直接通过管材出厂时设置的试验孔，加水打压至管道工作压力的 1.5 倍，保压时间为 3min，以不漏为合格。若压力降较快，说明密封效果不佳，需要重新安装。

8.5.2　平端糊口连接

为加快施工进度，常采用多点施工，当各打压段试验合格后，再将各段连接起来，常采用平端糊口连接法，如图 8-14 所示。其方法步骤如下：

1. 管口加工

首先要加工待连接管口，切割的管端应垂直于轴线且平整光滑，两端接缝尽量小。并将连接部位擦拭干净。

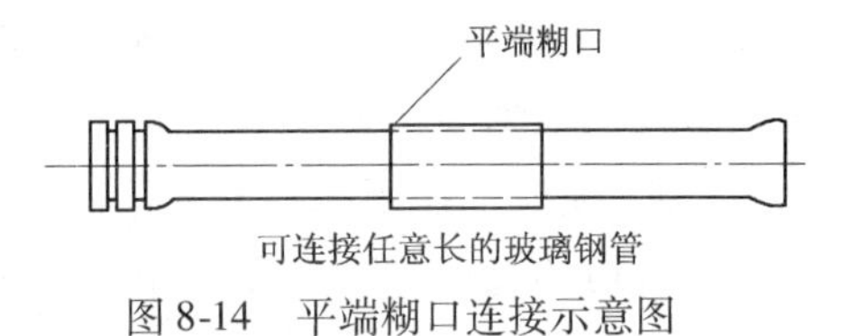

图 8-14　平端糊口连接示意图

2. 糊口连接

在管口连接位置刷一层环氧树脂，贴一层玻璃纤维布，接口平糊长度为 500mm 左右，贴糊时应将玻璃纤维布均匀拉紧，使它紧密贴在管道表面。通常贴糊 5 ~ 6 层较为牢固，一次所贴糊的层数不宜多，待前一层初凝后再贴下一层。

8.6　ABS 管安装

ABS 管的连接主要是用 ABS 溶胶粘结，也可用螺纹连接。

8.6.1　溶胶粘结

ABS 溶胶是一种黏稠状的粘合剂，其中溶剂很容易挥发。当把 ABS 溶胶涂在 ABS 管和管件上，通过溶胶中的溶剂使 ABS 母材表面的树脂开始熔化一部分，在管和管件插在一起后，溶胶中的溶剂慢慢挥发出去，从而固化，形成坚硬的 ABS 树脂，使管件与管结合在一起，形成一个整体。

溶胶粘结方法如图 8-15 所示，具体步骤如下：

1. 检查管材、管件

检查管材、管件是否被损坏或划伤；规格、公差是否符合要求；溶胶质量是否符合要求；ABS 溶胶的稠度是否合适，太稠，不便涂刷；太稀，粘缝区形成的 ABS 树脂固化后，因密度太低会降低粘接质量。

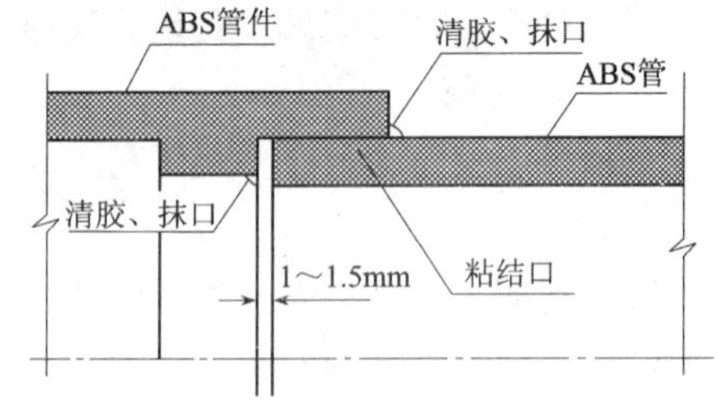

图 8-15　ABS 溶胶粘接示意图

2. 下料

考虑连接件所占的长度和连接间隙、加工过程中锉平余量，计算出准确的管段长度后用钢锯断管下料，并锉平管端面，锉平锯痕，使管端平整光滑。

3. 试插

试插时首先要检查管与管件径向之间配合间隙，如果间隙很小，拉毛时可重一些，以便增加间隙。若配合间隙适中，拉毛时可轻些。若配合间隙过大，则不能使用。第二要确定管插入深度，同时做好管子插入深度记号，以便在正式插入连接时，在轴向留有1～1.5mm的间隙。

4. 表面粗糙化处理

表面粗糙化处理，俗称拉毛，即用细砂纸（120目）将承插表面擦毛。拉毛表面一方面可增加胶接面积，还可以调整承插配合间隙。

5. 清理表面

用厂家提供的专用清洗剂把拉毛的结合面清理干净，也可用干燥干净的软布擦洗。

6. 涂胶

将合格的溶胶用刷子涂在清理好的配合表面上，涂胶时运刷的方法应是环向运刷和轴向运刷相结合，以环向运刷为主。涂胶遍数，不应少于3遍。

管头部分的结合面上要全面涂ABS溶胶，在管件的承插结合面上，外端正常涂胶，里端1/3～1/2处要涂得薄一些，这样在管端插入管时带入的溶胶就足以粘结所需的胶量了。若管件结合面全面均匀涂胶，在管端插入时可能挤出的溶胶过多而造成管腔缩颈，严重时将管腔堵塞，这种现象在25mm以下管径粘结时易发生。

涂胶厚度，可根据配合间隙大小来确定。间隙大，可涂厚一些；间隙小，可涂薄一些。

ABS溶胶使用前，应充分搅拌，使其均匀。同时，ABS溶胶盒要随开随关，以防溶剂挥发和落入灰尘。如果出现稀稠不均的浆糊汤状态，或存在大量的微小气泡，就不能使用。

7. 插接

涂完胶后，根据溶胶的稠度和气温的高低，晾置时间为5～30s，溶胶中的溶剂有所挥发时即进行插接。晾置时间过长，溶剂挥发过多会影响粘结效果。晾置时间太短，溶剂会全部进入粘缝区，影响溶剂的挥发，从而延长固化时间。

当管子插入管件到位后，立即将管子和管件结合面相互旋转15°～20°再返回，转动的目的是挤出溶胶中的微小气泡，可使溶胶和母材树脂更好地溶合在一起。转角不宜过大，从插接到旋转角度间隔时间不可拖长，否则会影响粘结的严密性和粘结效果。

插按时，不要把管端推到底，应参照试插时划的记号，留有1～1.5mm的间隙。然后把持住管和管件使之稳定10～60min，粘结面不能相互错位。

8. 清胶

清除在插接时挤出来的余胶和管内外多余粘胶，这些余胶不及时清除，溶剂会对母材侵蚀或堵塞管道。

9. 抹口

管道和管件连接后，清除密封粘结口的端面存留的余胶，并形成坡危过渡和光滑表面，称为抹口。管件内外端面接口都应进行抹口。

10. 定位固化

上述工序后，必须保持粘结口的两个结合面相对静止，不能错位，使其充分固化。一旦发生扭动、旋转、受力，二者配合面造成错位，可能造成粘结的失败。具体固化时间，可参照厂家提供的说明书。一般固化时间与温度有关，20℃时需要60h，－10℃时固化时间需更长。加热可以缩短固化时间，但加热温度不宜过高。

施工过程中，一定要保持ABS管内外的清洁，不得沾有灰尘、泥水、油污，这些杂物会严重影响粘结质量。尽量减少在沟底粘结作业，管道系统的连接点最好在沟顶统一粘结、打压、吹扫完，合格后再下入管沟敷设。

分段敷设的ABS管道，两端要用管帽粘牢密封，防止灰尘、泥水和杂物进入管腔。

8.6.2　螺纹连接

ABS管和管件螺纹连接法，在施工规则没公布之前，可参照镀锌管的施工方法。

项目实训十八：玻璃钢夹砂管（RPM）和ABS管的安装操作实训

一、实训目的

1. 掌握玻璃钢夹砂管的承插式双“O”形密封圈连接安装和平端糊口连接安装方法。
2. 熟悉ABS溶胶粘结方法。

二、实训内容

1. 玻璃钢夹砂管的承插式双“O”形密封圈连接安装和平端糊口连接安装具体操作实训。
2. ABS溶胶粘结具体操作实训。

三、实训时间

每人操作30min。

四、实训报告

1. 编写玻璃钢夹砂管的承插式双“O”形密封圈连接安装和平端糊口连接的具体操作实训报告。
2. 写出ABS溶胶粘结具体操作实训报告。

8.7　建筑给水氯化聚氯乙烯（PVC-C）管道安装

本节内容根据中国工程建设标准化协会标准《建筑给水氯化聚氯乙烯（PVC-C）管管道工程技术规程》（CECS 136:2002）编写，适用于工业与民用建筑生活给水和热水管道（计压力不大于1.0MPa、给水温度不大于45℃的冷水管道系统，以及管道设计压力不大于0.6MPa、给水温度不大于75℃的热水管道系统）的施工及验收。不适用于建筑物内消防供水系统，或与消防供水系统相连接的生活给水系统。

8.7.1　材料检查

1. 管材、管件

（1）拟安装的管材上应标明产品名称、规格、生产厂名称、生产日期、商标、执行标准号。管件上应标明产品名称、规格、商标、执行标准号。管材、管件的包装上应标明产品名称、规格、生产厂名称、厂址、生产日期或生产批号。

（2）管材和管件内外壁应光滑平整，无气泡、裂口、裂纹和划痕，无凹陷、色泽不均和分解变色。

(3)管材的端面应垂直于管材的轴线。

(4)管材、管件的管壁应不透光。

(5)与金属管道和给水栓、阀门等螺纹连接的塑料管件,应带有耐腐蚀金属螺纹嵌件。

2. 粘结剂

盛装粘结剂的容器上应标明产品名称、生产厂名称或代理商名称,产品牌号、执行标准号、生产日期、生产批号(不得印在罩子或盖子上),以及安全警告,并附有产品合格证书和使用说明书。

8.7.2　管道敷设

(1)管道应先进行室内地坪 ±0.00 以下至基础外墙段敷设,然后进行室外敷设。

(2)室外埋地管道应按设计覆土厚度和管径开挖管沟。管沟内不得有突出的尖硬物块。管道可直接敷设在未经扰动的原土上。

(3)埋地管道应在土建工程回填夯实后,重新开挖敷设。

(4)埋地管道回填时,回填土中不得夹杂尖硬物块。应根据管道下部的土质情况,采取夯实、砂垫或局部素混凝土垫层加固。

(5)建筑给水引入管穿越基础或地下室墙(梁)时,应设置金属套管,并应采取防水措施。

(6)冷水立管穿越楼板、屋面时,其空隙部位应采用 C20 细石混凝土分二次浇捣密实。采用 M10 水泥砂浆在立管周围砌筑阻水圈,其高度不宜小于 25mm。

(7)热水管穿越楼板、墙壁时应预留套管。立管套管应高出地面 50mm,套管底部应与楼板底齐平。套管内径应比管道外径大 50mm,对管道与套管之间的环形空隙,当为地下套管时,应先用防水胶泥封堵,再用 M10 水泥砂浆填实;当为地上套管时,应用油麻填实。

(8)管道嵌墙敷设或在找平层中埋设时,管道外径不得大于 25mm,管道不得采用非粘结连接管件;管道在槽内应设管卡,其间距可取 1.0m;墙槽的宽度、深度均不宜小于管外径加 30mm。墙槽应横平竖直。管道试压后应用 M7.5 水泥砂浆填补密实。

(9)管道中设置的补偿器和转弯自由臂,应按设计要求确定。

(10)管道支承点的最大间距可按表 8-17 确定(设计有要求者,按设计施工)。

表 8-17　管道支承点的最大间距

公称外径 D_n(mm)	20	25	32	40	50	63	75	90	110	125	140	150
立管(mm)	1000	1100	1200	1400	1600	1800	2100	2400	2700	3000	3400	3800
横冷水管(mm)	800	800	850	1000	1200	1400	1500	1600	1700	1800	2000	2000
横热水管(mm)	600	650	700	800	900	1000	1100	1200	1200	1300	1400	1500

(11)明敷管道应根据设计要求设置固定支架。固定支架应采用金属件。紧固件应衬橡胶垫,不得损伤管材表面。

（12）活动支吊架不得支承在管道配件上，支承点距配件不宜小于80mm。

（13）伸缩接头的两侧应设置活动支架，支架距接头承口边不宜小于80mm。

（14）阀门和给水栓处应设支承点。

8.7.3　管道配管与连接

1. 管道的粘结连接

管道的粘结连接应按下列工序进行：

（1）管道切割。应采用手工锯或切管机切割管道，不得采用盘锯。切割后的管端应去除切屑和毛边，并在端面外轻倒角，倒角宜为15°~20°。

（2）清洁管与配件连接端部。用清洁布将管与配件连接端部擦干净，若连接部位有油污，应采用丙酮等清洁剂将其擦净。

（3）试插管。将管试插入承口至插不进为止，在管上标出插入深度标线，试插深度应为承口深度的1/3~3/4，并在管上标出承口深度标线。

（4）涂刷粘结剂。用鬃刷或尼龙刷将粘结剂均匀地涂刷在承口和插口上，刷子宽度应为管径的1/3~1/2。涂刷时应先涂承口，后涂插口（当 D_n≥75mm 时，应由两人同时涂刷承口和插口），应轴向涂刷，重复2~3次。涂刷承口应由里向外，涂刷插口应从承口深度标线至管端。

（5）插管连接。胶粘剂涂刷完毕后，迅速将涂了胶粘剂的管子插入配件（插入时应确保粘结面湿润），直至承口深度标线。不得采用锤子敲入。当管径大于75mm时，宜采用机械插入，并保证承插接口的直度。在保持时间内不得松懈，插入保持时间可按表8-18确定。在达到插入保持时间后，应用布擦净多余的胶粘剂，并静置15min。粘结操作不宜在0℃以下的低温环境中进行。

表8-18　插入保持时间

公称外径 D_n（mm）	保持时间（s）	
	夏季	冬季
20~50	15~20	30~60
63~160	30~60	60~120

2. 螺纹、法兰连接

当管道与其他种类的管材、金属阀门、设备装置连接时，应采用专用嵌螺纹的或带法兰的过渡连接配件。

（1）螺纹连接。管道螺纹连接程序和方法可参照钢管进行。螺纹连接专用过渡件的管径不宜大于63mm；严禁在管子上套丝口；螺纹连接应采用聚四氟乙烯生料带做填料，不得使用麻丝、稠白漆。

（2）法兰连接。管道法兰连接时，首先将法兰与管道粘结连接后（应按表8-18保持插入时间），并在静止15min后方可进行法兰连接。连接时，法兰孔应对准连接的阀门、设备的法兰孔。

(3)与铜管连接。与铜管连接时,应先将铜质内螺纹管接头或法兰与铜管进行钎焊,待冷却后再进行管道连接。

8.7.4 管道安装注意事项

(1)到达工地的管材、管件应符合国家现行有关标准的要求,且有生产企业的产品安装说明书和合格证。

(2)胶粘剂应为氯化聚氯乙烯管专用,且有生产企业的产品合格证、产品保质期和安全使用说明书。

(3)施工安装时,应复核冷、热水管道的压力等级和种类,不同压力等级的管道不得混装。

(4)管道安装过程中应防止油漆、沥青、丙酮、稀释剂等有机溶剂直接接触管壁。

(5)管道搬运时不得抛、摔、滚、拖。管道应存放在阴凉、通风的库房或棚内,防止阳光直射。

(6)胶粘剂和清洁剂等易燃物品应远离火源,存放在危险品库房内。施工场地应通风良好。在进行粘结工序时,操作人员应戴防护眼镜和手套。不得使用不清洁布或赤手涂抹胶粘剂和清洁剂。粘结施工时严禁烟火。

盛放胶粘剂、清洁剂的容器应随用随开,不用时应立即盖严。

施工残留的沾有胶粘剂、清洁剂的棉纱和材料,应在每日施工结束后及时清除。

不得使用变浓或成凝胶体的胶粘剂。冬季施工时如发现胶粘剂结冻,应用温水加热,不得以明火烘烤。

(7)管道间断施工时,管口应及时做临时封堵。

(8)直埋、嵌装的管道,应在地面、墙面标明管道位置和走向。严禁在管道上冲击钻孔、钉金属钉等。

(9)室外冷水管道可直敷于土壤中,在非车行道下覆土深度不宜小于0.5m;在车行道下覆土深度不得小于0.7m。热水管道应架空敷设或安装于地下管沟内。

(10)室内管道宜在管井、管窿、吊顶内暗设或嵌墙敷设,以及在楼(地)面的找平层内直埋敷设。在钢筋混凝土剪力墙部位宜明设。

(11)管道不得浇筑在钢筋混凝土墙、板、柱、梁内。在找平层内直埋和嵌墙敷设的管道,管径不宜大于25mm。管道不得沿灶台边明设,立管距家用灶具边不得小于0.4m。

(12)管道不得与燃气水加热器直接连接,应用长度不小于150mm的耐腐蚀金属管道连接。

(13)冷水立管穿越楼板、屋面时,穿越部位应作为固定支承点,并应做好防渗漏措施。热水立管穿越楼板部位应设套管。

(14)明装管道不得穿越卧室、贮藏室、变配电室、烟道、风道等。

(15)管道不宜穿越建筑物沉降缝、伸缩缝和变形缝。当必须穿越时,应采取防沉降或防伸缩措施。

(16)管道穿越地下室外墙和水池(箱)池壁时,应设刚性或柔性防水套管,并有可靠的防渗和固定措施。

(17)架空明敷管道应设支、吊架,并应利用管道转弯处的自由臂或偏置,补偿管道的伸缩变形。

立管接出的横支管、横干管接出的立管和横支管接出的分支管均应偏置。偏置的自由臂与接出的立管或横干管、支管的轴线间距不得小于0.2m。

室外直埋管道和室内直埋于墙体或楼板找平层内的冷水支管可不考虑管道的伸缩。

热水管敷设在地下管沟内且直线距离较长时,应设置专用伸缩器。

项目实训十九:建筑给水氯化聚氯乙烯(PVC-C)管道的安装操作实训

一、实训目的

1. 掌握建筑给水氯化聚氯乙烯(PVC-C)管的管材和管件的材料检查。
2. 熟悉建筑给水氯化聚氯乙烯(PVC-C)管的室外敷设原理。
3. 掌握建筑给水氯化聚氯乙烯(PVC-C)管道的粘结连接具体步骤。
4. 熟悉建筑给水氯化聚氯乙烯(PVC-C)管道的螺纹、法兰连接方法。

二、实训内容

1. 建筑给水氯化聚氯乙烯(PVC-C)管的管材和管件的材料检查实训。
2. 建筑给水氯化聚氯乙烯(PVC-C)管道的粘结连接具体操作方法。
3. 建筑给水氯化聚氯乙烯(PVC-C)管道的螺纹、法兰连接操作实训。

三、实训时间

每人操作30min。

四、实训报告

1. 写出建筑给水氯化聚氯乙烯(PVC-C)管的管材和管件的材料检查实训报告。
2. 编写建筑给水氯化聚氯乙烯(PVC-C)管道的粘结连接具体操作报告。
3. 写出建筑给水氯化聚氯乙烯(PVC-C)管道的螺纹、法兰连接操作方法及建筑给水氯化聚氯乙烯(PVC-C)管道安装注意事项。

项目九 复合管安装

9.1 薄壁不锈钢和不锈钢塑料复合管的连接方法

9.1.1 伸缩可挠性接头

伸缩可挠性接头具有伸缩性和可挠性，用于热水管道系统可不设伸缩节，接头拆装容易，连接可靠。伸缩可挠性接头的配管与接头结构如图9-1所示，伸缩原理图如图9-2所示。

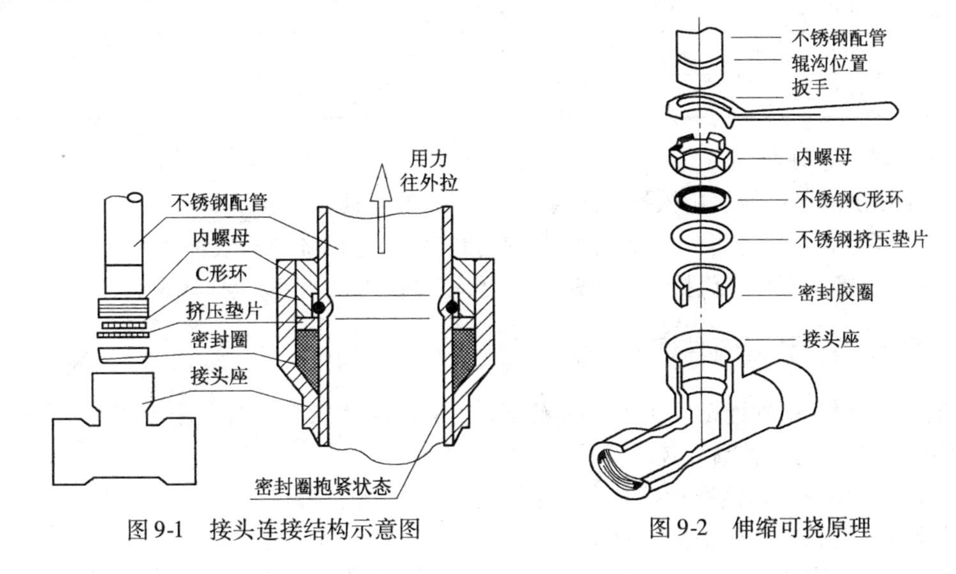

图9-1 接头连接结构示意图

图9-2 伸缩可挠原理

不锈钢伸缩可挠性接头不怕温度变化而引起的膨胀，耐折动和耐伸缩。如果以60次/min频率、连续10h用大于0.75MPa水压垂直折动或纵向抽动10mm，能保持不漏水。此接头耐水压5MPa以上，负压为0.093MPa以上，破坏压力20MPa以上。使用温度为-10~20℃。

用此种接头连接，安装方便，不需要生料带，只需简单扳手旋紧即可。伸缩可挠性接头与管子连接的方法和步骤如下：

1. 截管

可用手动切割机或砂轮机，按需要长度截取管长。

2. 打磨管口，清除毛刺

用细砂纸打磨管口，清除毛刺，管口一定要光滑，避免损伤密封圈。

3. 辊沟槽

用厂家提供的专用电动或手动辊沟机，在管的两端辊出沟槽，辊出的沟槽要光滑，深浅要均匀，不得成螺旋状。沟槽的深度及距管端的距离如图9-3所示，详见表9-1。

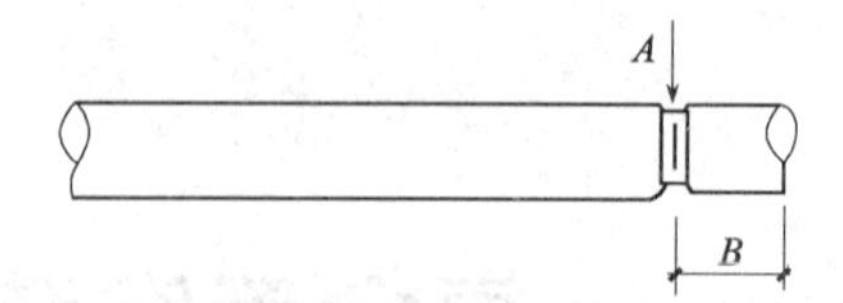

图 9-3　沟槽的深度及距管端的距离示意图

表 9-1　沟槽的深度及距管端的距离

管材公称外径 *DN*(mm)	沟深(mm)	沟槽距管端的距离(mm)
13	0.7	15 ~ 20
20	0.7	15 ~ 20
25	1.0	15 ~ 20
30	1.0	20 ~ 25
40	1.0	20 ~ 25
50	1.0	25 ~ 33
60	1.0	25 ~ 33

4. 管件与管子连接

用厂家提供的专用扳手旋松接头螺母，将滚好沟的管插入管接头，插好后应外拉一下，要感觉到 C 形环套在沟里方可（C 形环不能在沟内时，管道连接部位将会漏水）。然后用扳手拧紧螺母，螺母与接头口平齐或拧进一个螺距即可，不要拧得过紧，以免损坏密封圈。

9.1.2　不锈钢形状记忆管箍件连接

据生产厂家称，这种连接方法所用的配套不锈钢管件及其连接的专用不锈钢记忆金属管箍件，为国内首创，是一种高新技术产品。连接方法为：

(1)切管。用割刀切割钢管。并去除管端毛刺。

(2)将管或管件插入管箍内，再用专用工具加热管箍至 140 ~ 150℃，再加压管箍收缩固紧管道或管件，从而使管箍与管和管件紧密结合。这种连接方法快速简便，连接可靠。

不锈钢形状记忆管箍件连接应注意的事项：

(1)薄壁不锈钢管搬运时要小心轻放，严禁撞击、摔、滚、拖。管材应平堆放，避免弯曲、重压。

(2)管道嵌墙暗敷时，宜配合土建预留凹槽，凹槽宽度及深度一般可按 *DN* + 20mm。

(3)薄壁不锈钢管自重轻，而有时接头较重，所以固定管道应优先固定接头部位，特别是拐弯处和立管与支管连接处。

(4)立管固定。层高≤5m 时，每层设一个支架，层高 >5m 时，每层不得少于 2 个支架。

(5)水平管的固定。水平管的支吊距离不得大于表 9-2 的规定。

表 9-2　薄壁不锈钢管水平管支吊架距离

管材公称直径 *DN*(mm)		13	20	25	30	40	50	60
最大间距(m)	有保温层	1.0	1.5	1.5	2.0	2.5	2.5	3.0
	无保温层	1.5	2.0	2.0	2.5	3.0	3.0	3.5

(6)当采用生铁或镀锌铁等金属材料作支架时,要用塑料或橡胶材料隔离。

(7)不锈钢与镀锌管连接时,有时需在带螺纹的可挠性接头后加铜接头作过渡,再与镀锌管连接。若不锈钢管与镀锌管直接连接,将产生电化学反应,会腐蚀不锈钢管。

9.2 建筑给水超薄壁不锈钢塑料复合管管道安装

9.2.1 几个基本概念

1. 超薄壁不锈钢塑料复合管

超薄壁不锈钢塑料复合管的外层为不锈钢(0Cr18Ni9 或 00Cr17Ni12Mo2)材料,其厚度 S 大于管材外径的1/60,内层为符合卫生要求的塑料,塑料与不锈钢间采用热熔胶或特种胶粘剂粘合而构成的三层组合管材。根据内层材料不同,管材分为冷水用和热水用两类。

冷水管即内层采用符合卫生要求的高密度聚乙烯(HDPE)或硬聚氯乙烯(PVC-U),工作温度不大于40℃。

热水管即内层采用符合卫生要求的耐温聚乙烯(PE-RT,PE-X)或氯化聚氯乙烯(PVC-C),长期工作温度不大于70℃,瞬时温度不大于90℃。

2. 卡套式连接

在管材端部的凹槽中套入C形金属环和锥形橡胶圈,当管螺帽与管件锁紧的同时收紧C形环并压紧胶圈,而使管材与管件紧固密封的连接方式。

3. 不锈钢套法兰连接

由薄壁不锈钢管(0Cr18Ni9Ti)等材料加工成型的法兰短管,在与管道、带法兰的设备或管道附件连接时,套入经涂塑的钢制法兰,且用螺栓连接的连接方式。

4. 承插式不锈钢管件

由薄壁不锈钢(0Cr18Ni9 或 00Cr17Ni12Mo2)材料冲压及加工成型的承插式管件。

5. 径向密封承插式不锈钢管件

在承口部位嵌有O形橡胶圈的承插式不锈钢管件。

6. 弹性密封圈承插式管件

由薄壁不锈钢管加工成型、带1~2道环形槽,并在槽内嵌入弹性橡胶密封圈的承插式管件。

7. 管材端口密封

在管材端口旋入或插入带O形橡胶圈的短管后,插入不锈钢承插管件的密封方式。

9.2.2 材料检查

管道安装前应对管材、管件和其他材料进行检查,不符合要求者不能使用。

1. 材料一般要求

(1)在工程中使用的超薄壁不锈钢塑料复合管材、管件,应有企业质量检验部门出具的质量合格证书。

(2)管材应标明适用介质(冷水或热水)、规格、商标、生产厂名称和出厂日期。管件应标明商标、规格,管件包装上应有生产批号、生产日期和检验人员代号。

(3)管材与管件连接用的橡胶圈、特种胶粘剂、低温钎焊料和有关的施工工具等,均应由管材生产企业配套供应。施工工具应附有操作说明书。

2. 材料质量要求

(1)管材、管件内外表面应光滑平整,色泽一致,无明显的痕纹凹陷,断口平直,冷热水管标志醒目,内壁清洁无污染。

(2)配套的辅助材料(橡胶圈、卡环、胶粘剂、卡箍等)应符合相应的材质和性能要求。

(3)设有预置橡胶圈的承插式管件,其橡胶件应平整,坐入位置应正确。

9.2.3　施工条件检查

管道工程在施工前应具备下列条件:

(1)设计施工图及其他有关文件齐全并经会审,且已由设计单位进行技术交底。

(2)到达工地的材料已进行外观质量检查,管材、管件配套齐全,并经试插合格,施工机具、施工人员能保证正常施工。

(3)施工组织设计、施工方案已获批准。

(4)施工现场用水、用电和材料堆放场地、储存库房等条件能满足正常施工需要。

(5)施工安装前,施工人员应了解建筑物的结构构造形式、各类管道的关系,且应根据施工方案确定与其他工种的配合措施。

(6)施工安装人员应掌握和了解超薄壁不锈钢塑料复合管材、管件的主要物理力学性能和连接技术,管道安装应尽量做到一次断料、连接成功。安装工人应培训上岗,必要时应考核合格后上岗。

(7)管道工程施工前应配合土建做好管道穿越墙体、楼板的预留孔洞、预埋套管和必要的凿洞及凿槽工作。留洞、留槽尺寸应符合设计图要求,做到洞位、槽位和洞径正确无误。

9.2.4　管道敷设

(1)管道敷设时,应按设计施工图确定的管位、标高和走向进行安装。嵌墙和埋设管道应采用承插式连接;明装管道宜采用卡套式或承插式连接。

(2)嵌墙和埋设管道应在墙面粉刷和地坪找平层施工前进行。其管外壁保护层厚度,冷水管不宜小于10mm,热水管不宜小于15mm,地坪找平层内埋设管的覆盖层不宜小于15mm。

(3)室内明装和暗装管道应按表9-3规定设置支吊架及管卡。沿板底敷设时管壁距顶板不宜小于100mm。配水点两端应设支承固定,支承件离配水点中心间距不得大于150mm。管道折角转弯时,在折转部位不大于500mm的位置应设支承固定。立管应在距地(楼)面1.6~1.8m处设支承。

表9-3　管道最大支承间距

公称直径 DN(mm)	20	25	32	40	50	63	75	90	100
立管(mm)	2000	2300	2600	3000	3500	4200	4800	4800	5000
不保温横管(mm)	1500	1800	2000	2200	2500	2800	3200	3800	4000
保温横管(mm)	1200	1600	1800	2000	2300	2500	2800	3200	3500

（4）室内 $DN \leqslant 32$ 的明装管道，应在建筑装饰结束后安装。首先按（3）中的规定确定管道和配水点的管卡位置，当饰面为瓷砖时宜将管卡固定在砖缝位置；管道与装饰面的净距：$DN20$ 为 15mm，$DN25$ 为 12mm，$DN32$ 为 10mm；保持饰面与管中心线间距一致。

管材正确断料并配置管件，先加工分段组合件，再按设计要求安装到位；管道在管卡位置紧固前，应进行横向和竖向的安装质量检查，合格后紧固管卡并清理管道表面污物；管道试压或管道冲洗结束后，宜采用合理的保护措施。

（5）暗装管道安装结束后，必须在封闭前进行试压和隐蔽工程验收。

（6）室内埋地管道施工时，应在夯实土壤后开挖管沟进行敷设。管道敷设后，应通过隐蔽工程验收合格方可回填。在管周围的回填土中应无大颗粒坚硬石块，当回填到距管顶 100mm 以上后进行常规回填和施工。

（7）由室外引入室内的埋地管道宜分两段敷设。在室内管道安装完毕并伸出外墙 200～250mm 后进行临时封堵；在主体建筑物完工后进行室外工程施工时，再连接户外管段。

（8）室外埋地管道不得穿越设备基础及有集中荷载的部位。室外埋地管应敷设在冰冻线以下，且管顶的覆土厚度不应小于 150mm。管道基础土层应夯实，管道敷设验收合格后方可覆土。覆土时管道周围应回填不含石块或其他尖硬物块的土壤。当人工覆土厚度达 300mm 以上时方可采用机械回填和夯实。

（9）对穿越道路的室外埋地管道，当管顶埋设深度不大于 650mm 时，应按设计要求加设金属或钢筋混凝土套管保护。

（10）管道穿越楼板、屋面、墙壁及嵌装墙内时，应配合土建预留孔、槽或预埋套管；预留孔洞直径应大于管道外径 70mm 以上；嵌装墙内的管道，预留墙槽尺寸深度 $DN+30$mm，宽度不小于 $DN+40$mm；横管嵌墙开槽长度超过 1.0m 时，应征得结构设计单位同意；管道穿越地下室墙壁、水池（箱）壁，应预埋带防水翼环的套管，套管内径应大于管道外径 $DN+60$mm；热水管穿越楼板、墙体应预埋金属或硬聚氯乙烯套管，套管内径不小于热水管外径 $DN+50$mm。

（11）立管穿越地面时，在地坪上部宜设置钢制护套管，护套管应坐入地坪找平层内，套管应高出地坪 120mm 以上，护套管内径应大于立管外径 $DN+10$mm。

（12）管道与管道附件连接应采用带管螺纹的管件。管材外壁不得以任何方式加工螺纹。

（13）管道安装时，应将表示管材介质工作温度、产品标志等的字样处于醒目位置。

（14）管道系统安装完成或告一段落时，应采用专用材料或配件及时封堵管口开敞处。

（15）冷热水管道穿越楼板、屋面预留孔洞的间隙应采用 C20 细石混凝土分二次嵌实填平：第一次为板厚 2/3，达到 50% 强度后再进行第二次嵌实到与结构面层相平。热水管与护套管间隙宜用发泡聚乙烯或其他耐热软性填料填实。管道穿越水池（箱）和地下室混凝土墙板的防水套管间隙，中间部位应采用防水胶泥嵌实，其宽度不小于池（箱）壁厚度的 50%，其余部分应采用 M10 的防水水泥砂浆嵌实。

（16）管道转弯处宜采用管件连接。$DN \leqslant 32$mm 的管材，当采用直管材折曲转弯时，其弯曲半径不应小于 $12DN$，且在弯曲时应套有相应口径的弹簧管。管道弯曲部位不得有凹陷和起皱现象。

（17）冷热水管道应采用金属管卡和支吊架。卡吊支座应与墙体结构牢靠固定。明装管道中，管卡与管材固定的卡环宜采用不锈钢材料制作。

(18)安装前发现管材有纵向弯曲的管段时,应采用手工方法进行校直,不得锤击划伤。管道在施工中不得抛、摔、踏踩。管道不得用于挂、攀、支吊件,不得用于系安全带、搭搁脚手架,也不得有其他可能损伤管道的行为。

9.2.5　管道断料

(1)管道断料:$DN \leqslant 50$mm 的管材宜使用专用割刀手工断料,或专用机械切割机断料;$DN > 50$mm 的管材宜使用专用机械切割机断料。手工割刀应有良好的同圆性。

(2)管道应根据承口深度正确断料。管材端口应平整、光滑、无毛刺,不锈钢面层应向管材圆心方向收口。

(3)当管材、管件采用管材端口径向密封时,管材端面嵌入的橡胶圈应该紧固、压缩。其压缩变形程度应控制在插入管件时保持一定阻力,不宜有松弛现象。

9.2.6　管道连接

管材、管件不同的连接方式和适用条件应符合表9-4 的规定。

表 9-4　管材、管件连接方式和适用条件

序号	管　　件	承接方式	适　　用　　条　　件
1	径向密封承插式不锈钢管件	低温钎焊	冷热水管道系统(DN32 ~ 110)各种敷设方法;DN25 及以下嵌装和埋设管道
		胶粘剂粘结	冷热水管道系统 DN32 及以下,明装和暗敷
2	承插式不锈钢管件	低温钎焊	冷热水管道系统(DN32 ~ 110)各种敷设方法;DN25 及以下嵌装和埋设管道
		胶粘剂粘结	冷热水管道系统 DN32 及以下,明装或暗敷和冷水管嵌装
3	卡套式金属管件	螺纹紧固	冷热水管道系统 DN32 及以下,明装或暗敷
4	不锈钢套法兰管件	螺栓紧固	冷热水管(DN50 ~ 110);管道附件与设备连接(DN50 ~ 110)
5	给水用硬聚氯乙烯(PVC-U)管件	胶粘剂粘结	明装或暗敷冷水管 DN32 及以下
6	弹性密封圈承插式管件	承插连接	明装或暗敷冷、热水管 DN40 及以下

1. 管材与不锈钢和给水硬聚氯乙烯(PVC-U)管件连接(胶粘剂粘结)方法

(1)检查胶粘剂。胶粘剂应通过卫生性能测试合格,粘结的剪切强度、配合比和固化时间等应符合表 9-5 中的规定。

表 9-5　胶粘剂性能要求

项　　目		指标、要求
外观	*A* 组分	乳白色膏状体,无异味
	B 组分	橙色胶体,无异味

续表

项　　目		指标、要求
黏度（MPa·s）	A 组分	4000～7000
	B 组分	4000～7000
拉伸强度（MPa）		≥25
剪切强度（MPa）		≥25
耐冷水性（25℃，48h 浸泡）		剪切强度≥25MPa
耐热水性（85℃，48h 浸泡）		剪切强度≥18MPa
25～30℃，20% 强度固化时间		≥30min

注：胶粘剂配比 A∶B 组分 1∶5（每组成分不应超过 ±5%）。强度为常温 48h 固化测试性能。

（2）清洁承口和插口部位。当受有机物污染时应采用丙酮或无水酒精揩擦，表面挥发干燥后方可涂胶。涂胶应先涂承口后涂插口，由里向外均匀涂抹。胶粘剂应涂刷均匀，当采用管材端口径向密封形式时，只涂管材插口部位。

（3）插管。将插口管插入承口，当插到承口底部后旋转 90°并保持 15～25s。粘结完成后，将挤出的多余胶粘剂沿管口周边揩擦干净即可。

（4）试压。粘接管段应在安装 24h 后进行试压。

2. 低温钎焊连接

管材与管件采用低温钎焊连接时，现场施工应符合下列规定：

（1）清洁焊接部位表面，当有油类等有机污染物时，应采用丙酮或无水酒精擦净。

（2）管件承口有嵌入式焊料时，应采用由企业提供的电热卡钳操作，其加热方法和控制要求应符合说明书的规定。

（3）采用火焰加热焊接时，施工人员必须经培训考核方可上岗，未取得上岗证者不得操作。

（4）焊接结束后应检查焊缝质量，严格防止缺焊、漏焊现象。

（5）在火焰加热焊接现场，必须遵守明火操作的有关规定。

3. 弹性密封圈管件的管道连接

（1）检查管件承口胶圈检查管件承口胶圈放置位置是否正确，胶圈应平整妥贴。

（2）测量承口长度用直尺测量承口长度和胶圈后部的有效承口长度，并在管材端头作出标记。

（3）清洁管口用清洁干布揩擦管材端口和承口部位。

（4）插管在管材插口涂适量洗洁精或医用凡士林，然后将管材插入承口。插管时应一次插入管件承口，直到有效承口长度中间部位为止即可。

每支管道的承口部位、管道系统的三通、90°弯管部位，应设固定支承和防止推脱的固定装置。

4. 卡套式连接

（1）管材端口按次序套入锁紧螺母、C 形卡圈、锥形橡胶圈。

（2）管材端部用专用工具卡成凹槽后插入管件根部，推动 C 形环，将胶圈与管件口部压紧，锁紧螺母即可。

项目实训二十:复合管的安装操作实训

一、实训目的

1. 掌握超薄壁不锈钢塑料复合管的材料检查。
2. 熟悉超薄壁不锈钢塑料复合管的敷设原理。
3. 掌握超薄壁不锈钢塑料复合管的断料方法和要求。
4. 熟悉超薄壁不锈钢塑料复合管的连接方法。

二、实训内容

1. 超薄壁不锈钢塑料复合管的断料实训。
2. 超薄壁不锈钢塑料复合管的连接操作实训。

三、实训时间

每人操作45min。

四、实训报告

1. 编写超薄壁不锈钢塑料复合管的材料检查报告。
2. 写出超薄壁不锈钢塑料复合管的断料实训报告。
3. 编写超薄壁不锈钢塑料复合管的连接具体操作报告。

项目十 建筑给水薄壁不锈钢管道安装

建筑给水薄壁不锈钢管是用壁厚为0.6～2.0mm的不锈钢带或不锈钢板，通过制管设备用自动氩弧焊等熔焊焊接制成的管材，是我国近年来发展的、高档次的新型管材，有卡压连接（以带有特种密封圈的承口管件连接管道，用专用工具压紧管口而起密封和紧固作用的一种连接方式）、卡套式连接（通过拧紧螺帽，使管件内的鼓形不锈钢圈变形紧固而封堵不锈钢管连接处缝隙的挤压连接方式）、压缩式连接（用螺母紧固，使管口部分的套管通过密封圈压缩起密封作用的一种连接方式）等连接方式。

10.1 管材、管件检查

管道安装前，必须对管材、管件进行规格、型号核对和质量检查，符合要求后方可施工。

10.1.1 管材、管件质量文件核查

建筑给水薄壁不锈钢管管道所选用的管材和管件，应具有国家认可的产品检测机构的产品检测报告和产品出厂质量保证书。生活饮用水用的管材和管件，还应具有卫生部门的认可文件。不具有上述文件的管材、管件不得使用。

10.1.2 管材、管件材质核查

管材、管件的材质应符合表10-1的要求。

表10-1 管材、管件材料及使用范围

管材、管件材料牌号	管材、管件使用范围
0Cr18Ni9(304)	冷水、热水、饮用净水等管道
0Cr17Ni12Mo2(316)	耐腐蚀要求高的管道
00Cr17Ni14Mo2(316L)	海水管道

10.1.3 管材、管件规格核查

1. 建筑给水系统使用的薄壁不锈钢管规格

建筑给水系统使用的薄壁不锈钢管规格应符合表10-2、表10-3、表10-4的规定。

表10-2 Ⅰ系列卡压式管件连接用薄壁不锈钢管管材规格

公称直径 DN(mm)	管外径 D_W(mm)	PN1.6MPa	
		壁厚 t(mm)	计算内径 d_j(mm)
15	18.0	1.0	16.0
20	22.0	1.2	19.6
25	28.0		25.6

续表

公称直径 DN(mm)	管外径 D_W(mm)	PN1.6MPa	
		壁厚 t(mm)	计算内径 d_j(mm)
32	35.0	2.0	32.0
40	42.0		39.0
50	54.0		51.0
65	76.1		73.1
80	88.9	2.0	84.9
100	108.0		104.0
125	133.0		129
150	159.0	3.0	153

注:公称直径 DN 大于 100mm 的管道采用法兰连接。

表 10-3　Ⅱ系列卡压式管件连接用薄壁不锈钢管管材规格

公称直径 DN(mm)	管外径 D_W(mm)	PN1.6MPa	
		壁厚 t(mm)	计算内径 d_j(mm)
15	15.88	0.6	14.68
20	22.22	0.8	20.62
25	28.58		26.98
32	34.00	1.0	32.00
40	42.70		40.70
50	48.60		46.60

注:公称直径 DN 大于 50mm 的管道采用Ⅰ系列卡压式管件连接。

表 10-4　压缩式管件连接用薄壁不锈钢管管材规格

公称直径 DN(mm)	管外径 D_W(mm)	PN1.6MPa	
		壁厚 t(mm)	计算内径 d_j(mm)
10	10.0	0.6	8.8
15	14.0		12.8
20	20.0		18.8
25	25.4	0.8	23.8
32	35.0	1.0	33.0
40	40.0		38.0
50	50.0		59.0
65	67.0	1.2	64.6
80	76.1	1.5	73.1
100	102.0		99.0
125	133.0	2.0	129.0
150	159.0	3.0	156.0

注:公称直径 DN 大于 50mm 的管道采用法兰等其他连接方式。

2. 卡压式连接的管件与管材内、外径允许偏差

卡压式连接的管件与管材内、外径允许的偏差应分别符合现行国家标准《不锈钢卡压式管件连接用薄壁不锈钢管》(GB/T 19228.2—2003)和《不锈钢卡压式管件》(GB/T 19228.1—2003)的规定。其他连接方式的允许偏差应符合国家现行有关标准的规定。

3. 卡压式管件的承口结构及规格尺寸

不锈钢卡压式管件的承口结构如图 10-1 所示。规格尺寸应符合表 10-5、表 10-6 的要求。

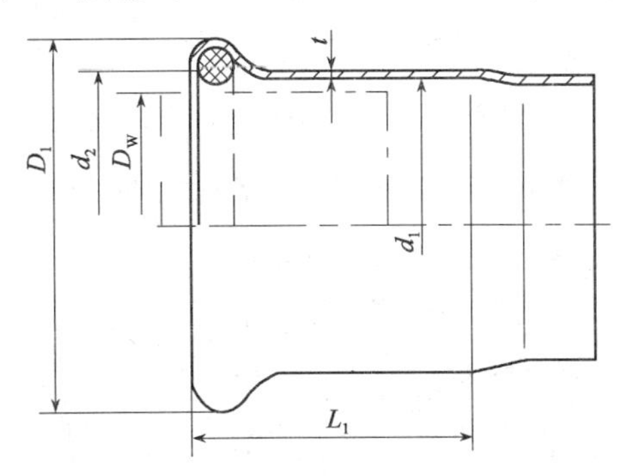

图 10-1　不锈钢卡压式管件的承口结构

表 10-5　I 系列不锈钢卡压式管件承口尺寸

公称直径 DN(mm)	管外径 D_W(mm)	最小壁厚 t(mm)	承口内径 d_1(mm)	承口端外径 d_2(mm)	承口端内径 D_1(mm)	承口长度 L_1(mm)
15	18.0	1.2	18.2	18.9	26.2	20
20	22.0		22.2	23.0	31.6	21
25	28.0		28.2	28.9	37.2	23
32	35.0		35.3	36.5	44.3	26
40	42.0		42.3	43.0	53.3	30
50	54.0		54.4	55.0	65.4	35
65	76.1	1.5	76.7	78.0	94.7	53
80	88.9		89.5	91.0	109.5	60
100	108.0		108.8	111.0	132.8	75

表 10-6　II 系列不锈钢卡压式管件承口尺寸

公称直径 DN(mm)	管外径 D_W(mm)	最小壁厚 t(mm)	承口内径 d_1(mm)	承口端外径 d_2(mm)	承口端内径 D_1(mm)	承口长度 L_1(mm)
15	15.88	0.6	16.3	16.6	22.2	21
20	22.22	0.8	22.5	22.8	30.1	24
25	28.58		28.9	29.2	36.4	
32	34.00	1.0	34.8	36.6	45.4	39
40	42.70		43.5	46.0	56.2	47
50	48.60		49.5	52.4	63.2	52

4. 不锈钢压缩式管件的承口结构及规格尺寸

不锈钢压缩式管件的承口结构如图 10-2 所示。规格尺寸应符合表 10-7 的要求。

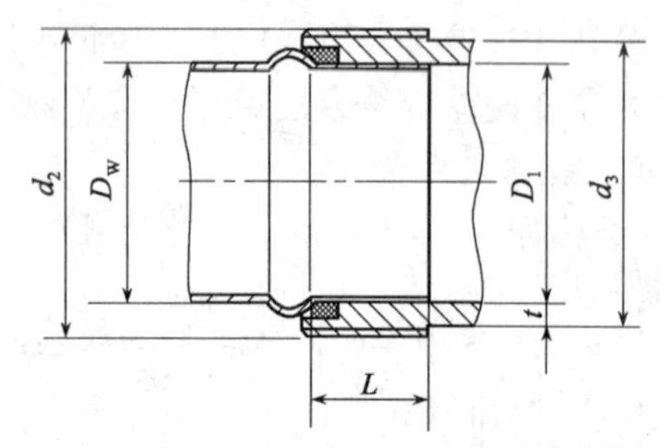

图 10-2　不锈钢压缩式管件的承口结构

表 10-7　不锈钢压缩式管件的承口规格尺寸

公称直径 DN(mm)	管外径 D_W(mm)	承口内径 D_1(mm)	螺纹尺寸 d_2(mm)	承口外径 d_3(mm)	壁厚 t(mm)	承口长度 L(mm)
15	14	14 + (0.07 ~ 0.02)	G1/2	18.4	2.2	10
20	20	20 + (0.09 ~ 0.02)	G3/4	24	2	10
25	26	26 + (0.104 ~ 0.02)	G1	30	2	12
32	35	35 + (0.15 ~ 0.05)	G11/4	38.6	1.8	12
40	40	40 + (0.15 ~ 0.05)	G11/2	44.4	2.2	14
50	50	50 + (0.15 ~ 0.05)	G2	56.2	3.1	14

10.2　预留孔洞、沟槽检查

管道安装前，应首先对预留孔洞、沟槽进行检查，不符合要求者要加以处理，未留孔洞要打洞，未开槽者要开槽。留孔或开槽的尺寸宜符合下列规定：

(1)预留孔洞的尺寸宜比管外径大 50 ~ 100mm。

(2)嵌墙暗管的墙槽深度宜为管道外径加 20mm，宽度宜为管道外径加 40 ~ 50mm。

(3)架空管道管顶上部的净空不宜小于 100mm。

10.3　管道配管与连接

10.3.1　配管

管道系统的配管首先应按设计图纸规定的坐标和标高线绘制实测施工图，然后按实测施工图进行配管。必要时应制定薄壁不锈钢管和管件的安装顺序，进行预装配。

配管时应注意以下问题：

(1)截管工具宜采用专用的电动切管机或手动切管器。

(2)截管的端面应平整，并垂直于管轴线。

(3)截管后，管端的内外毛刺宜采用专用工具去除干净。

10.3.2　管道连接

薄壁不锈钢管可采用卡压式、卡套式、压缩式、可挠式、法兰、转换接头等连接方式，也可采用焊接。对不同的连接方式，应分别符合相应标准的要求。允许偏差不同的管材、管件，不得互换使用。

在引入管、折角进户管件、支管接出和仪表接口处，应采用螺纹转换接头或法兰连接。

薄壁不锈钢管与阀门、水表、水嘴等的连接应采用转换接头，严禁在薄壁不锈钢水管上套丝。

1. 不锈钢卡压式管件连接

不锈钢卡压式管件端口部分有环状 U 形槽，且内装有 O 形密封圈。当采用不锈钢卡压式管件连接时，需用专用卡压工具使 U 形槽凸部缩径，且将薄壁不锈钢水管、管件承插部位卡成六角形。

具体方法步骤如下：

(1)用专用画线器在管子端部画标记线一周，以确认管子的插入长度。插入长度应满足表 10-8 的规定。

表 10-8　管子插入长度基准值

<table>
<tr><td>管子公称直径(mm)</td><td>10</td><td>15</td><td>20</td><td>25</td><td>32</td><td>40</td><td>50</td><td>65</td></tr>
<tr><td>管子插入长度基准值(mm)</td><td>18</td><td>21</td><td colspan="2">24</td><td>39</td><td>47</td><td>52</td><td>64</td></tr>
</table>

(2)将 O 形密封圈安装在正确的位置上。安装时严禁使用润滑油。

(3)应将管子垂直插入卡压式管件中，不得歪斜，以免 O 形密封圈割伤或脱落。插入后，应确认管子上所画标记线距端部的距离，公称直径 10 ~ 25mm 时为 3mm；公称直径 32 ~ 65mm 时为 5mm。

(4)用卡压工具进行卡压连接。操作前，应仔细阅读卡压工具使用说明书。操作时，卡压工具钳口的凹槽应与管件凸部靠紧，工具的钳口应与管子轴心线垂直。然后开始卡压作业，凹槽部应咬紧管件，直到产生轻微振动才可结束卡压连接过程。卡压连接完成后，应采用六角量规检查卡压操作是否完好。如卡压连接不能到位，应将工具送修。卡压不当处，可用正常工具再做卡压，并应再次采用六角量规确认。当与转换螺纹接头连接时，应在锁紧螺纹后再进行卡压。

2. 不锈钢压缩式管件连接

不锈钢压缩式管件端口部分拧有螺母，且内装有硅胶密封圈。安装时，先用专用工具把配管与管件的连接端内胀成山形台凸缘或外加一挡圈，依次将密封圈放入管件端口内，把配管插入管件内并拧紧螺母。

具体方法步骤如下：

(1)断管。用砂轮切割机将配管切断，切口应垂直，且把切口内外毛刺修净。

(2)将连接管件端口部分螺母拧开，并把螺母套入配管上。

(3)用专用工具(胀形器)将配管内胀成山形台凸缘或外加一挡圈。

胀形器按不同管径附有模具，公称直径 15 ~ 20mm 用卡箍式(外加一挡圈)，公称直径

25～50mm 用胀箍式(内胀成一个山形台)，装、卸合模时可借助木锤轻击。

配管胀形过程凭借胀形器专用模具自动定位，上下拉动摇杆至手感力约为 30～50kg，配管卡箍或胀箍位置按表 10-9 的确定。

表 10-9　管子胀形位置基准值

管子公称直径(mm)	15	20	25	32	40	50
胀形位置外径(mm)	16.85	22.86	28.85	37.70	42.80	53.80

(4)将硅胶密封圈放入管件端口内。硅胶密封圈应平放在管件端口内，严禁使用润滑油。

(5)将事先套入螺母的配管插入管件内，插入管件时，切忌损坏密封圈或改变其平整状态。

(6)手拧螺母，并用扳手拧紧，即完成配管与管件的连接。

需要说明，水嘴等管路附件连接时，在常规管件丝扣处应缠麻丝或生料带。

10.4　管道固定

10.4.1　固定支架固定

薄壁不锈钢管固定支架间距不宜大于 15m，热水管固定支架间距的确定应根据管线热胀量、膨胀节允许补偿量等确定。固定支架宜设置在变径、分支、接口及穿越承重墙、楼板的两侧等处。

10.4.2　活动支架固定

薄壁不锈钢管活动支架的间距应符合设计要求，设计无要求者可按表 10-10 确定。

表 10-10　薄壁不锈钢管活动支架最大间距

公称直径(mm)	10～15	20～25	32～40	50～65
水平管(mm)	1000	1500	2000	2500
立管(mm)	1500	2000	2500	3000

10.4.3　其他方式固定

公称直径不大于 25mm 的管道安装时，可采用塑料管卡固定。采用金属管卡或吊架时，金属管卡或吊架与管道之间应采用塑料或橡胶等软物隔垫。

在给水栓和配水点处应采用金属管卡或吊架固定；管卡或吊架宜设置在距配件 40～80mm 处。

10.5　管道补偿与保温

10.5.1　管道补偿

1. 当热水薄壁不锈钢管的直线段长度超过 15m 时，应采取补偿管道的措施。当公称直径不小于 40mm 时，宜设置不锈钢波形膨胀节，其补偿量按 1.21mm/m 计算(供水温度不大于 75℃时)。

2. 当热水水平干管与水平支管连接、水平干管与立管连接、立管与每层热水支管连接时，应采取在管道伸缩时相互不受影响的措施。

10.5.2　管道保温

建筑给水薄壁不锈钢管明敷时，应采取防止结露的措施。当嵌墙敷设时，公称直径不大于20mm 的热水配水支管，可采用覆塑薄壁不锈钢水管；公称直径大于 20mm 的热水管应采取保温措施，且保温材料应采用不腐蚀不锈钢管的材料。保温层厚度应按设计要求执行。对防结露管和供水温度不大于 75℃的热水管，保温层厚度设计无要求者，可按表 10-11 确定。

表 10-11　防结露管和 75℃热水管保温层厚度

公称直径(mm)	10	15	20	25	32	40	50	65
防结露(mm)	0.8							
75℃热水管保温(mm)	2.6		3.3	4.5	7.0	8.0	9.0	

10.6　管道坐标、标高的允许偏差

管道系统的坐标、标高的允许偏差应符合表 10-12 的规定。水平管道纵、横方向的弯曲，立管的垂直度，平行管道和成排阀的位置允许偏差应符合表 10-13 的规定。

表 10-12　管道的坐标、标高的允许偏差

项目			允许偏差(mm)
坐标	室外	埋地	50
		架空或地沟	20
	室内	埋地	15
		架空或地沟	10
标高	室外	埋地	±15
		架空或地沟	±10
	室内	埋地	±10
		架空或地沟	±5

表 10-13　管道和阀门的位置允许偏差

序号	项目		允许偏差(mm)
1	水平管道纵横方向弯曲	每 1m	5
		每 10m	≤10
		室外架空、地沟、埋地每 10m	≤15
2	立管垂直度	每 1m	3
		每 10m	≤10
		高度超过 10m，每 10m	≤10
3	平行管道和成排阀门位置	在同一直线上，间距	3

10.7 薄壁不锈钢管安装应注意事项

10.7.1 与其他材料的管材、管件和附件相连接

建筑给水薄壁不锈钢管管道系统应全部采用薄壁不锈钢制管材、管件和附件。当与其他材料的管材、管件和附件相连接时,应采取防止电化学腐蚀的措施。

10.7.2 管道穿越

(1)引入管不宜穿越建筑物的基础。

(2)管道不宜穿越建筑物的沉降缝、伸缩缝和变形缝。必须穿越时,应采取相应的防护措施。

(3)管道穿过楼板时应设置套管,套管可采用塑料管;当穿过屋面时应采用金属套管,套管应高出地面、屋面50mm,并采取严格的防水措施。

(4)当管道穿墙壁、楼板及嵌墙暗敷时,应配合土建工程预留孔、槽。

(5)管道穿过地下室或地下构筑物外墙时,应采取严格的防水措施。

10.7.3 管道敷设

(1)管道不得敷设在卧室、储藏室、配电间和强弱电管道井、烟道、风道和排水沟内。

(2)管道敷设时,不得有轴向弯曲和扭曲,穿过墙或楼板时不得强制校正。当与其他管道平行时,应按设计要求预留保护距离,当设计无规定时,其净距不宜小于100mm。当管道平行时,管沟内薄壁不锈钢管宜设在镀锌钢管的内侧。

(3)敷设水平管宜具有0.002~0.003的放空坡度。

(4)薄壁不锈钢管、管件不宜与水泥浆、水泥、砂浆、拌和混凝土直接接触。管道暗敷时,应在管外壁采取防腐措施。

(5)暗敷的管道,应在封闭前做好试压和隐蔽工程的验收记录。在试压合格后,可采用M7.5水泥砂浆填补。

(6)管道不得浇筑在钢筋混凝土结构层内。

(7)嵌墙敷设的管道宜采用覆塑薄壁不锈钢管。管道不得采用卡套式等螺纹连接方式,管径不宜大于20mm。管线应水平或垂直布置在预留或开凿的凹槽内,槽内薄壁不锈钢管应采用管卡固定。

(8)管道明敷时,应在土建工程粉饰完毕后进行安装。安装前,应首先复核预留孔洞的位置是否正确。

(9)对明装管道,其外壁距装饰墙面的距离:公称直径10~25mm时应为40mm;公称直径32~65mm时应为50mm。

10.7.4 其他注意事项

(1)管道安装间歇或完成后,管子敞口处应及时封堵。

(2)安装完毕的干管,不得有明显的起伏、弯曲等现象,管外壁应无损伤。

(3)管材、管件在装卸、搬运时应小心轻放,且避免油污,不得抛、摔、滚、拖。

(4)管道不得攀踏、系安全绳、搁搭脚手架、用作支撑等。

项目实训二十一:建筑给水薄壁不锈钢管道的安装操作实训

一、实训目的

1. 掌握薄壁不锈钢管的材料检查。
2. 熟悉薄壁不锈钢管采用的卡压式和压缩式等连接。

二、实训内容

1. 薄壁不锈钢管的材料质量检查实训。
2. 薄壁不锈钢管的卡压式和压缩式连接操作实训。

三、实训时间

每人操作30min。

四、实训报告

1. 编写超薄壁不锈钢塑料复合管的材料检查报告。
2. 写出薄壁不锈钢管的卡压式和压缩式连接的操作实训报告。

项目十一　管道系统强度试验、严密性试验及清洁工艺措施

11.1　给水、排水管道系统

这里所说给水排水系统是指传统的由焊接钢管、无缝钢管、铸铁管、混凝土管、钢筋混凝土管、陶管等管材所组成的管道系统。

11.1.1　给水管道系统强度试验(水压试验)

给水管道系统是压力管道,施工规范规定,管道安装完毕后要进行水压试验,以检验管道系统的耐压强度和严密性。如果系统很大,管道很长,可先分段试验,合格后再做全系统的试验。如果系统较小,则可全系统一次试验。

1. 给水管道系统试水压方法步骤

(1)试压前的准备工作。试压前首先准备好试压泵、水管、管件、阀门、压力表等工具和器材,将试压系统连接好。在系统最高点设置放气阀,系统各用水设备进水管口和系统引入管外侧用盲板堵死。

(2)充水。上述准备工作完毕后,即打开阀门和放气阀向系统内充水。待排气阀连续出水,空气排尽时,关闭排气阀,充水完毕。

(3)打压。待系统充水完毕后,要对系统进行巡视,是否有漏水之处,若有漏水处,即时进行处理,确认正常后方可打压。打压,即用打压泵继续向系统中强制压水,使系统压力升高。

升至试验压力后,要按稳压设计或规范要求时间观察压力表,压力不降,目测管网无泄漏和无变形为合格。

2. 给水管道系统试水压注意事项

(1)试验用水要清洁无污染,一般使用自来水。

(2)试验压力和稳压时间以及试压要求,一定要符合设计要求,设计无要求者,应符合施工验收规范的规定。

(3)打压要分段缓慢进行(一般2~3次为宜),不能一次快速升至试验压力。每升一个阶段,即要停止升压,对系统进行全面巡视检查,若有渗漏处立即加以处理,确认一切正常时再继续升压,直至升到试验压力。

(4)管道水压试验的分段长度不宜大于1.0km。

(5)试验管段后背应设在原状土或人工后背上,土质松软时,应采取加固措施。后背墙面应平整,并应与管道轴线垂直。

(6)管道水压试验时,当管径大于或等于600mm时,试验管段端部的第一个接口应采用柔性接口,或采用特制的柔性接口堵板。

(7)当采用弹簧压力计量压力时,其精度不低于1.5级,最大量程宜为试验压力的1.3～1.5倍,表壳的公称直径不应小于150mm,使用前应校正。

(8)试压泵、压力计应安装在试验段下游的端部与管道轴线相垂直的支管上。

11.1.2　给水管道系统严密性试验

管道系统严密性试验应按放水法或注水法进行。

1. 放水法严密性试验方法步骤

(1)将水压升至试验压力,关闭水泵进水阀门,记录降压0.1MPa所需时间T_1。打开水泵进水阀门,再将压力升至试验压力后,关闭水泵进水阀门。

(2)打开连通管道的放水阀门,记录降压0.1MPa的时间T_2,并测量在T_2时间内,从管道放出的水量W。

(3)计算实测渗水量。实测渗水量小于或等于表11-1规定严密性试验允许渗水量为合格。

$$q=\frac{W}{(T_1-T_2)L}$$

式中　q——实测渗水量[L/(min·m)];

T_1——从试验压力降压0.1MPa所经过的时间(min);

T_2——放水时,从试验压力降压0.1MPa所经过的时间(min);

W——T_2时间内放出的水量(L);

L——试验管段的长度(m)。

2. 注水法严密性试验方法步骤

(1)水压升至试验压力后开始记时。每当压力下降,应及时向管内补水,但降压不得大于0.03MPa。使管道内试验压力始终保持恒定,延续时间不得小于2h,并计量恒压时间内补入试验管段内的水量。

(2)按下式计算渗水量。实测渗水量小于或等于表11-1规定严密性试验允许渗水量为合格。

$$q=\frac{W}{T\cdot L}$$

式中　q——实测渗水量[L/(min·m)];

W——恒压时间内补入试验管段内的水量(L);

T——试验延续时间(min);

L——试验管段的长度(m)。

3. 管道严密性试验允许渗水量

压力管道严密性试验允许渗水量见表11-1。

表 11-1　压力管道严密性试验允许渗水量

管道内径(mm)	允许渗水量[L/(min·km)]		
	钢管	铸铁管、球墨铸铁管	预(自)应力混凝土管
100	0.28	0.70	1.40
125	0.35	0.90	1.56
150	0.42	1.05	1.72
200	0.56	1.40	1.98
250	0.70	1.55	2.22
300	0.85	1.70	2.42
350	0.90	1.80	2.62
400	1.00	1.95	2.80
450	1.05	2.10	2.96
500	1.10	2.20	3.14
600	1.20	2.40	3.44
700	1.30	2.55	3.70
800	1.35	2.70	3.96
900	1.45	2.90	4.20
1000	1.50	3.00	4.42
1100	1.55	3.10	4.60
1200	1.65	3.30	4.70
1300	1.70	—	4.90
1400	1.75	—	5.00

注:1. 当管道内径大于表内规定时,允许渗水量按下列公式计算,式中 Q(L/min·km)为允许渗水量,D(mm)为管道内径。

钢管:$Q=0.05\sqrt{D}$;

铸铁管、球墨铸铁管:$Q=0.1\sqrt{D}$;

预(自)应力混凝土管:$Q=0.14\sqrt{D}$。

2. 管道内径小于或等于400mm,且长度小于或等于1km的管道,在试验压力下,10min降压不大于0.05MPa时,可认为严密性试验合格。
3. 非隐蔽性管道,在试验压力下,10min降压不大于0.05MPa时,且管道及附件无损坏,然后使试验压力降至工作压力,保持恒压2h,进行外观检查,无漏水现象,可认为严密性试验合格。

4. 放水法、注水法严密性试验记录

放水法、注水法严密性试验应做详细记录,记录表格样式如表11-2和表11-3所示。

表 11-2　放水法严密性试验记录表

工程名称				试验日期		年　月　日
桩号及地段						
管道内径(mm)			管材种类	接口种类		试验段长度(m)
工作压力(MPa)			试验压力(MPa)	10min 降压值(MPa)		允许渗水量 Q[L/(min·km)]
渗水量测定记录	放水法	次数	由试验压力降压0.1MPa的时间 T_1(min)	由试验压力放水下降0.1MPa的时间 T_2(min)	由试验压力放水下降0.1MPa的放水量 W(L)	实测渗水量 q[L/(min·km)]
		1				
		2				
		3				
		折合平均实测渗水量[L/(min·km)]				
外观						
评语			强度试验		严密性试验	
施工单位				试验负责人		
监理单位				设计单位		
使用单位				记录员		

表 11-3　注水法严密性试验记录表

工程名称				试验日期			年　月　日
桩号及地段							
管道内径(mm)			管材种类	接口种类			试验段长度(m)
工作压力(MPa)			试验压力(MPa)	10min 降压值(MPa)			允许渗水量 Q[L/(min·km)]
渗水量测定记录	放水法	次数	达到试验压力的时间 t_1(min)	恒压结束的时间 t_2(min)	恒压时间 T(min)	恒压时间内补入的水量 W(L)	实测渗水量 q[L/(min·km)]
		1					
		2					
		3					
		折合平均实测渗水量[L/(min·km)]					
外观							
评语			强度试验			严密性试验	
施工单位				试验负责人			
监理单位				设计单位			
使用单位				记录员			

11.1.3　无压力管道严密性试验

污水、雨水管道等排水管道是无压力管道，规范要求，回填土前应进行严密性试验。试验前，管道及检查井外观质量应验收合格，管道未回填土且沟内无积水，全部预留孔洞应封堵不漏水，管道两端堵板承载力应大于水压力的合力。试验管段应按井距分隔，长度不宜大于1km，带井试验。

1. 试验水头的确定

（1）当试验段上游设计水头不超过管顶内壁时，试验水头以试验段上游管顶内壁加2m计。

（2）当试验段上游设计水头超过管顶内壁时，试验水头以试验段上游设计水头加2m计。

（3）当计算出的试验水头小于10m，但已超过上游检查井井口时，试验水头应以上游检查井井口高度为准。

2. 严密性试验方法——闭水法试验

（1）闭水法试验程序

① 灌水浸泡。向试验管内注水，水满后浸泡24h以上。

② 加水头。计算确定试验水头，并按计算结果向试验管段加水头至试验水头。

③ 观测补水，保持水头恒定。在试验水头达到要求水头时开始计时观测管道的渗水量，时间不少于30min。观测管道的渗水量，即观测管道的试验水头是否下降，若水头下降即随时补充，保持试验水头恒定。并计量补充水量。

④ 计算实测渗水量。按下式计算实测渗水量：

$$q=\frac{W}{T\cdot L}$$

式中　q——实测渗水量[L/(min·m)]；

W——补水量(L)；

T——实测渗水量观测时间(min)；

L——试验管段的长度(m)。

（2）无压力管道严密性试验允许渗水量

当实测渗水量小于或等于允许渗水量时，严密性试验为合格。无压力管道严密性试验允许渗水量见表11-4。异形截面管道的允许渗水量可按周长折算为圆形管道计算。当管道内径大于表11-4规定的管径时，允许渗水量按下式计算：

表11-4　无压力管道严密性试验允许渗水量

管材	管道内径(mm)	允许渗水量[m^3/(24h·km)]
混凝土管、钢筋混凝土管、陶管	200	17.60
	300	21.62
	400	25.00
	500	27.95
	600	30.60
	700	33.00
	800	35.35

续表

管 材	管道内径(mm)	允许渗水量[$m^3/(24h \cdot km)$]
混凝土管、钢筋混凝土管、陶管	900	37.50
	1000	39.52
	1100	41.45
	1200	43.30
	1300	45.00
	1400	46.70
	1500	48.40
	1600	50.00
	1700	51.50
	1800	53.00
	1900	54.48
	2000	55.90

$$Q = 1.25\sqrt{D}$$

式中　Q——允许渗水量[$m^3/(24h \cdot km)$];

D——管道内径(mm)。

(3)严密性试验记录

无压力管道闭水严密性试验应做详细记录,记录表格样式如表11-5所示。

表11-5　管道闭水严密性试验记录表

<table>
<tr><td colspan="2">工程名称</td><td colspan="3"></td><td>试验日期</td><td>年 月 日</td></tr>
<tr><td colspan="2">桩号及地段</td><td colspan="5"></td></tr>
<tr><td colspan="2">管道内径(mm)</td><td colspan="3">管材种类</td><td>接口种类</td><td>试验段长度(m)</td></tr>
<tr><td colspan="2"></td><td colspan="3"></td><td></td><td></td></tr>
<tr><td colspan="2">试验段上游设计水头(m)</td><td colspan="2">试验水头(m)</td><td colspan="3">允许渗水量 Q[$L/(min \cdot km)$]</td></tr>
<tr><td colspan="2"></td><td colspan="2"></td><td colspan="3"></td></tr>
<tr><td rowspan="5">渗水量测定记录</td><td>次数</td><td>观测起始时间 T_1(min)</td><td>观测结束的时间 T_2(min)</td><td>恒压时间 T(min)</td><td>恒压时间内补入的水量 W(L)</td><td>实测渗水量 q[$L/(min \cdot km)$]</td></tr>
<tr><td>1</td><td></td><td></td><td></td><td></td><td></td></tr>
<tr><td>2</td><td></td><td></td><td></td><td></td><td></td></tr>
<tr><td>3</td><td></td><td></td><td></td><td></td><td></td></tr>
<tr><td colspan="6">折合平均实测渗水量[$m^3/(24h \cdot km)$]</td></tr>
<tr><td colspan="2">外观</td><td colspan="5"></td></tr>
<tr><td colspan="2">评语</td><td colspan="2">强度试验</td><td></td><td>严密性试验</td><td></td></tr>
<tr><td colspan="2">施工单位</td><td colspan="2"></td><td colspan="2">试验负责人</td><td></td></tr>
<tr><td colspan="2">监理单位</td><td colspan="2"></td><td colspan="2">设计单位</td><td></td></tr>
<tr><td colspan="2">使用单位</td><td colspan="2"></td><td colspan="2">记录员</td><td></td></tr>
</table>

11.1.4 给水管道系统冲洗与消毒

给水管道水压试验后，竣工验收前应进行系统清洗与消毒。

1. 给水管道系统冲洗

冲洗管道系统是用洁净水连续进行冲洗，水流速度不小于1.0m/s。直至出水口水的浊度、色度与入水口处冲洗水浊度、色度相同为止。

冲洗时应保证排水管道畅通安全。

2. 给水管道系统消毒

给水管道系统消毒即采用含量不低于20mg/L氯离子浓度的清洁水浸泡24h后，再次用清洁水冲洗，直至水质管理部门取样化验合格为止。

11.1.5 采暖系统水压试验及调试

1. 水压试验

采暖系统安装完毕，管道保温之前应进行水压试验。试验压力应符合设计要求。当设计未注明时，应符合下列规定：

(1)蒸汽、热水采暖系统，应以系统顶点工作压力加0.1MPa做水压试验，同时在系统顶点的试验压力不小于0.3MPa。

(2)高温热水采暖系统，试验压力应为系统顶点工作压力加0.4MPa。

(3)使用塑料管及复合管的热水采暖系统，应以系统顶点工作压力加0.2MPa做水压试验，同时在系统顶点的试验压力不小于0.4MPa。

使用钢管及复合管的采暖系统应在试验压力下10min内压力降不大于0.02MPa，降至工作压力后检查，不渗、不漏。

使用塑料管的采暖系统应在试验压力下1h内压力降不大于0.05MPa，然后降压至工作压力的1.15倍，稳压2h，压力降不大于0.03MPa，同时各连接处不渗、不漏。

2. 管道冲洗

系统试压合格后，应对系统进行冲洗并清扫过滤器及除污器。

现场观察，直至排出水不含泥沙、铁屑等杂质，且水色不浑浊为合格。

3. 试运行和调试

系统冲洗完毕应充水、加热，进行试运行和调试。

观察、测量室温应满足设计要求。

11.2 建筑给水氯化聚氯乙烯(PVC-C)管道系统

11.2.1 管道系统试压

1. 管道系统应在管道连接后，并在常温下养护24h后，进行水压试验。不得采用气压试验。

2. 试压前应将管道有效固定，并将管段末端封堵。试验压力应取管道系统工作压力的1.5倍，但不得小于0.6MPa。

直埋和嵌墙敷设的管道，试压应在面层浇捣和封堵前进行。

3. 试验应按下列步骤进行：

(1)缓慢地向试压管段中注水，将管内气体排出。

(2)充满水后，进行水密封性检查。

(3)启动手揿泵加压，升压时间不应小于 10min；升压至试验压力值后停止加压，稳压 1h 后观察接点部位，有无渗漏现象。

(4)补压至试验压力值，在 15min 内压力降低不超过 0.05MPa 为合格。

在管道试压过程中，如发现漏水和压力降低超过规定值，应检查管路，排除渗漏后再重新试压，直至符合要求。

在寒冷环境中试压时应采取防冻措施，并在试压后及时将水放空。

11.2.2　管道系统消毒、清洗

生活饮用水管道经试压合格后应及时将水放空，并采用 20 ~ 30mg/L 的有效氯溶液注入管道内进行浸泡消毒，浸泡时间不得小于 24h。管道消毒后应以饮用水冲洗，并请有关部门取样检验。当水质符合现行国家标准的要求后，方可交付使用。

11.3　建筑给水薄壁不锈钢管管道系统

暗装、嵌装管道隐蔽前，应检查管道支撑、套管、管道伸缩补偿措施，并进行通水能力检验和水压试验。水压试验前，应检验试压管道是否已采取安全有效的固定和保护措施。供试验的接头部位应明露。水压试验合格后方可进行后续土建施工。水压试验时，工程监理人员应到场观察、做好记录，并出具验收书面报告。

11.3.1　建筑给水薄壁不锈钢管管道系统的水压试验

1. 试验压力

水压试验压力为管道系统工作压力的 1.5 倍，且不得小于 0.6MPa。

2. 水压试验步骤

(1)将试压管段末端封堵，缓慢注水，将管内气体排出。

(2)管道系统注满水后，进行水密性检查。

(3)对管道系统加压宜采用手动泵缓慢进行，升压时间不应小于 10min。

(4)升至规定的试验压力后停止加压，观察 10min，压力降不得超过 0.02MPa；然后将试验压力降至工作压力，对管道做外观检验，以不漏为合格。

(5)管道系统加压后发现有渗漏水或压力下降超过规定值时，应检查管道，在排除渗漏水原因后，再按以上规定重新试压，直至符合要求。

(6)在温度低于 5℃ 的环境下进行水压试验和通水能力检验时，应采取可靠的防冻措施，试验结束后，应将存水放尽。

11.3.2　建筑给水薄壁不锈钢管道消毒、冲洗

生活饮用水管道在试压合格后，应进行消毒、冲洗。冲洗前，应对系统内的仪表加以保护，并将有碍冲洗工作的节流阀、止回阀等管道附件拆除，妥善保管，待冲洗后复位。

管道消毒，宜采用0.03%高锰酸钾消毒液灌满管道进行消毒。消毒液在管道中应静置24h，排空后，再用饮用水冲洗。饮用水的水质应达到现行国家标准的要求。

11.4　管道系统通球扫线

11.4.1　通球扫线的概念

管道系统都有清洁无污的要求，但是在大管径、长距离等大型管道工程施工中，难免有一些焊渣、泥土、石子、杂物等遗落在管道内。有时，雨水和地下水也会流入管内。再者，钢铁管道内壁在大气环境中也会生锈。这些铁锈和污物对管道系统的安全运行，危害极大，必须彻底清除。

通球扫线即是清除管道污物的一种工艺措施。也就是利用压缩气体推动具有弹性和过盈的清管球从管道系统始端走向终端，从而达到清除管内污物的目的（污物从终端排出）。

11.4.2　通球扫线的应用条件

用清管球清扫管道不是对任何管道都可以随意采用的。决定使用清管球清扫管道时，必须在管道设计前提出工艺要求，以保证设计、施工中满足这些要求。通球扫线的应用条件有以下几点：

（1）被清扫管道的口径必须相同，而且管子的壁厚也不得相差太大（2～3mm以内）。钢管焊接应做到，内壁齐平，内壁错边量不大于2mm。

（2）管道支管用焊接三通时，支管与干管连接处的焊口应内壁齐平，不得将支管插入干管焊接。

（3）管道弯管应采用冲压弯头、煨弯的弯头，不得使用折皱弯头、焊接弯头和椭圆度较大的弯头。

（4）管道上的阀门必须采用球阀，不能采用闸板阀、蝶阀与截止阀，否则清管器无法通过。球阀必须有准确的阀位指示，安装前应检查。当阀位指示全开时，阀门必须全开，以保证清管器顺利通过。

11.4.3　通球扫线所需机、工具

1. 清管器

清管器从结构特征区分，有清管球、皮碗清管器、塑料清管器三类。

（1）清管球。清管球是用耐磨的橡胶制成的中空圆球，壁厚30～50mm，球上有一个可以密封的注水排气孔。注水孔有加压用的单向阀，如图11-1所示。

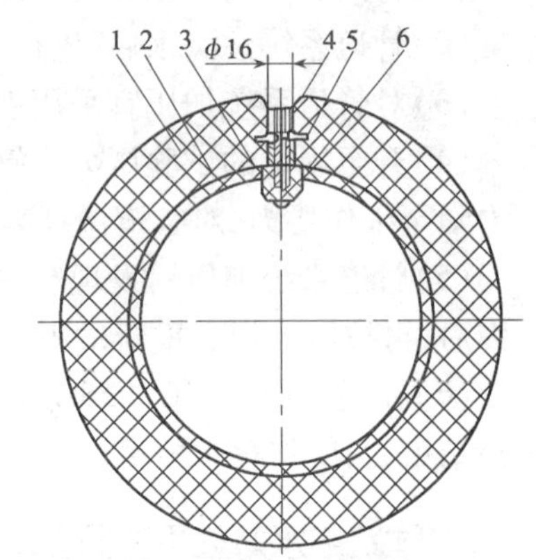

图11-1　清管球构造图

1—球体；2—球胆；3—注水嘴头；4—注水嘴芯塞口；5—注水嘴芯塞；6—胶芯

（2）皮碗清管器。皮碗清管器由一个刚性骨架和前后两节或多节皮碗构成，如图11-2所示。前后两节皮碗的间距S应不小于管道直径D，清管器长度T为1.1～1.5D。夹板直径G为0.75～0.85D。皮碗用天然橡胶、丁腈橡

胶、氯丁橡胶、聚氨酯类橡胶制成，形状有平面、锥面和球面三种，如图 11-3 所示。

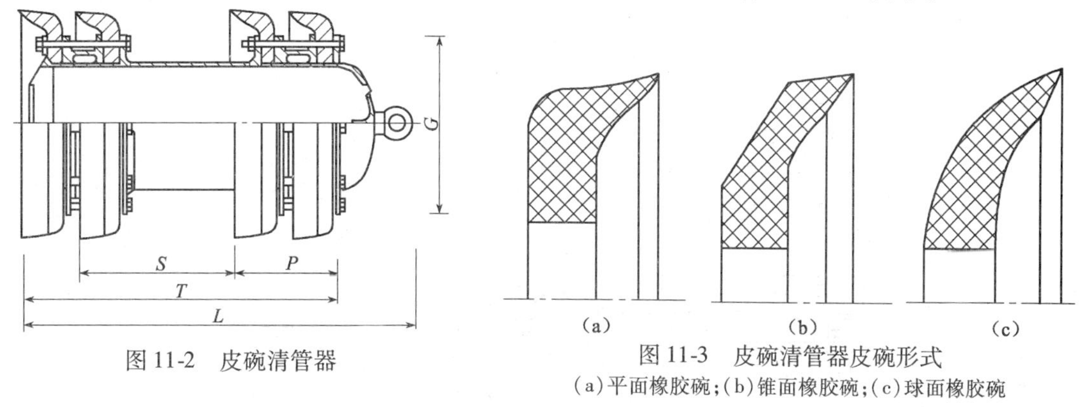

图 11-2　皮碗清管器

图 11-3　皮碗清管器皮碗形式

(a)平面橡胶碗；(b)锥面橡胶碗；(c)球面橡胶碗

(3)泡沫塑料清管器。泡沫塑料清管器是表面涂有聚氨酯外壳的圆柱形塑料制品，如图 11-4 所示。

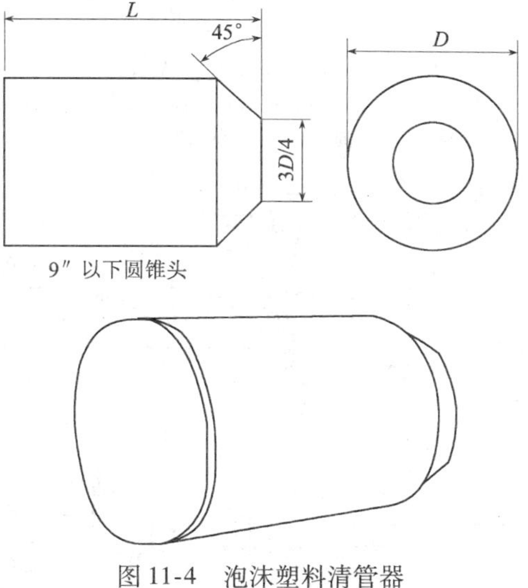

图 11-4　泡沫塑料清管器

2. 清管器探测仪器

清管器探测仪器的作用，主要是为了清管器受阻或损坏时能够确定它的位置。这套仪器包括信号发射机、信号接收机和通过指示仪三部分所组成。信号发射机装于清管器中(清管球不能携带清管器探测仪)，信号接收机由操作者手提。通过指示仪有电子指示仪和机械式多种形式。具体操作使用方法及注意事项可见其使用说明书。这里不再详述。

3. 清管器收发装置

如图 11-5、图 11-6 所示为清管器发射装置、清管器接收装置示意图。

收发装置由发送器、接收器、工艺管线、阀门、通过指示仪组成。

收发筒上装有压力表，筒径比被清扫管道管径大 1 ~ 2 级，开口端有一快速开关盲板，盲板设有防自松安全装置。另一端经过偏心异径管和一段直管与一个全通径阀(球阀)连接。大口径发送筒前应有吊装设备，接收筒前应有清洗排污坑。发送装置主管三通后和接收筒异径管前的直管上装有通过指示器。

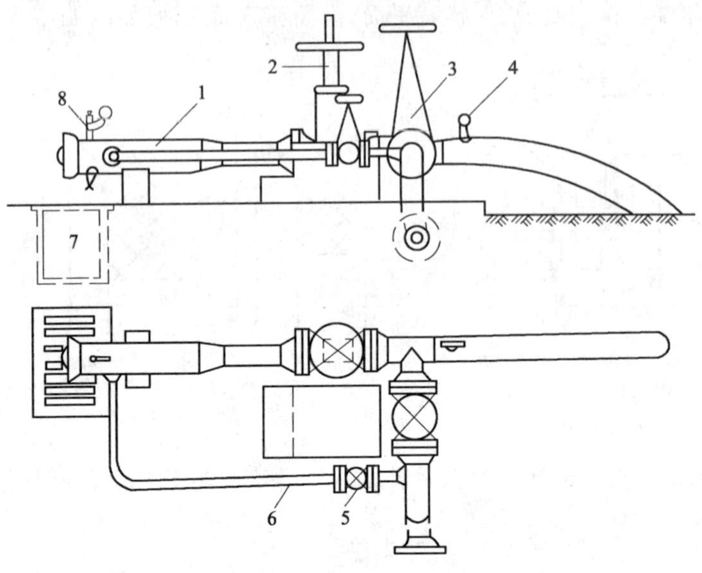

图 11-5　清管器发射装置示意图

1—发送筒;2—发送阀;3—线路主阀;4—通过指示器;
5—平衡阀;6—平衡管;7—清洗坑;8—放空管和压力表

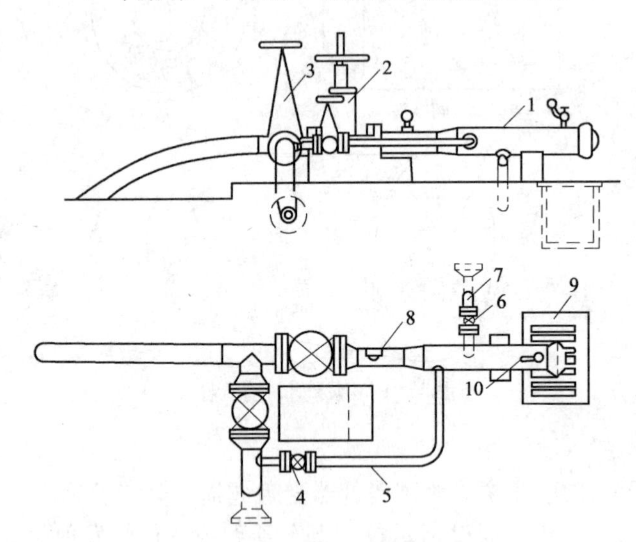

图 11-6　清管器接收装置示意图

1—接收筒;2—接收阀;3—线路主阀;4—平衡阀;5—平衡管;
6—排污阀;7—排污管;8—通过指示器;9—清洗坑;10—放空管和压力表

11.4.4　通球扫线工艺流程及操作要点

1. 通球扫线准备

通球扫线开始前应充分做好准备工作。准备工作包括:

(1)查阅设计图纸与施工资料,如分段强度与严密性试验报告等。

(2)检查工程完成情况及质量问题,对发现的问题分工、限期解决。

(3)勘测现场,了解地形、地貌,了解三通、弯头、波形伸缩节的位置。

（4）了解施工期间，燃气管道内是否进水以及集水的部位等。

（5）编制通球扫线施工组织设计与通球扫线平面图。确定如何分段、收发球地点，分析清管器可能受阻的地点。

2. 举例说明通球扫线操作工艺流程及注意事项

（1）工程设定

某城市高压燃气管道自天然气门站至储备站全长33km，管道采用Q235A钢管，管径*DN*630mm×8mm。该管线地理位置呈南高北底，管位高差53.5m。管线上设有90°弯头（$R=4D$）30处，大于145°弯头和不超过15°的斜口20余处；装设*DN*600mm球阀和伸缩节12个；管线穿越铁路涵洞时，局部向下穿越深度约10m以上。高压燃气管至高一中压调压站有3条支管，（管径均为*DN*400mm，长度分别为15m、50m、300m）。

由于地面障碍管线尚有一段未接通。系统严密性试验尚未进行。

（2）制订施工方案

① 先进行通球扫线，合格后再做管道系统的严密性试验。

通球扫线推球压力$P_1=0.3$MPa，最大推球压力$P_2=0.7$MPa。推球介质用压缩空气。管线严密性试验压力为管线工作压力的1.15倍，即1.6MPa×1.15=1.84MPa。稳压时间24h。

② 由于地面障碍，管线尚有一段未接通，决定分段进行通球扫线。又因地处市区，只有门站与储备站处有空旷场地可做收球点，故决定在管线中间发球，分别向南、北两段通球扫线。每段发射球两遍。先做北段的扫线试压，然后再进行南段。高压燃气管至三个高一中压调压站的支管，采用压缩空气吹扫。

限于收球场地的安全要求，北段收球点设在门站墙外，南段在储备站设收球点。通球前将伸缩节方向调整为通球方向。通球完毕后，再按气流方向重新安装。

③ 管线上与三个调压站连接的*DN*400mm支管三通，通球前分别在支管与干管连接处焊接$d=8$mm的钢条拦网。

④ 开挖操作坑。发球端操作坑尺寸为：长×宽×深=6m×3m×2.5m，收球点操作坑尺寸为：长×宽×深=6m×4m×6m。

⑤ 工作场地布置。修整临时道路，准备抽水车两辆；接球筒前方不得有建筑物及行人，工作场地均用彩条布围挡。

⑥ *DN*600mm清管球未用跟踪系统。设专人在阀门井内观察监听，听声音判定清管球是否通过。

⑦ 用型号压力相同的6台移动式空气压缩机并联工作。每台空气压缩机出气管上安装逆止阀，与集气管（*DN*600mm）连接，再与发球筒连接。

⑧ 制作清管球发球装置及接收装置，如图11-7、图11-8所示。

⑨ 安全技术措施：

A. 通球扫线、试压前，对工作人员要进行岗位技术培训和安全教育。

B. 原则上讲，通球扫线时应由管道标高高的一端向标高低的一端发球。否则，不但增加推球压力，而且易形成阻球。但南段打逆差是由现场限制，不得已而为之。当清管球受阻时可逐步提高推球压力，但最大推球压力不得大于管道强度试验的试验压力。

C. 发球点、收球点和沿线阀门井布置专人监视、监听、监记。

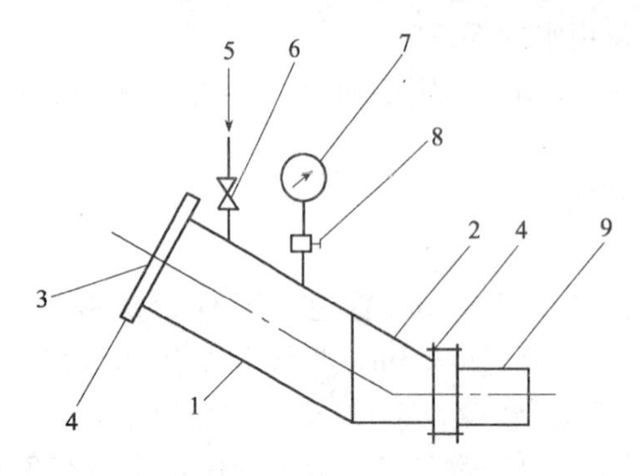

图 11-7　发球装置
1—发球筒;2—偏心大小头;3—法兰盖;4—法兰;
5—压缩空气;6—阀门;7—压力表;8—阀门;9—短管

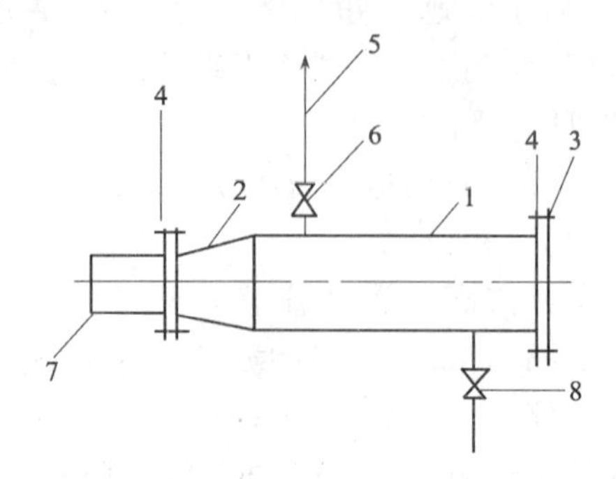

图 11-8　收球装置
1—收球筒;2—大小头;3—盲板;4—法兰;
5—压缩空气;6—阀门;7—短管;8—排污管

D. 通球扫线时,管道上所有管件、阀门、仪表等必须处于合格安全状态,方可进行工作。通球扫线、试压期间,严禁管线上一切施工。阀门井盖板应打开。在阀门井中装照明,严防管道、阀门等漏气伤人。

E. 发球端 25m 范围内、收球点正面 500m、侧面 30m 范围内严禁非工作人员进入。

(3)北段管线通球扫线实施方法步骤

① 安装清管球发球装置和收球装置。将发球装置和收球装置的连接短管分别与被清扫管道的始、末端焊接起来。再连接好发球装置的进气管与收球装置的排气管。

② 安放清管球。首先将清管球注满水,排净空气,并打压至规定过盈量。详察其注水口的严密性,然后卸开发球装置的盲板,将准备好的清管球放入发球筒内,依靠清管球的自重和发球筒的倾斜作用,清管球自动滚入被清扫管道的始端卡紧,装好发球筒的盲板,待发射。

③ 发射清管球。开启空气压缩机,从与空气压缩机相连接的进气管向发球筒压入压缩空气。

向管内送压缩空气后,压力最高达 0.03MPa,最低为 0.01MPa。球体运动 10min 后相关图上出现压力为 0.01MPa 平缓直线,随后一直没有改变。分析原因有二:一是球体注水口旋塞破损,球内的水泄漏后球体变小而漏气;二是球体被管道内硬物撬起而漏气。决定重新投入第二个清管球,增大了过盈量,此球周长为 2089mm,直径为 665mm。历时约 3h,通球成功。从通球压力、时间相关图上显示,推球最高压力为 0.088MPa,走球压力一般在 0.068 ~ 0.075MPa 之间。第 1 个球被第 2 个球顶出来后,经检查,第一个球注水口损坏,球体变小。清出的杂物除土与铁锈外,还有油漆刷、红砖、手套、易拉罐、玻璃丝布与食品袋等,共约 $9m^3$。

后又重作一次扫线。清管球周长为 2090mm,历时 278min。这次由于维修空气压缩机,延长了通球时间。

④ 管道严密性试验。北段通球扫线结束后,波纹伸缩节按气流方向重新安装,拆去收发球装置。管道焊接堵板连接空气压缩机,然后充气升压至试验压力后,发现阀门与波纹伸缩节法兰处渗漏,主要是法兰垫质量较差,而且较厚,更换了合格的石棉橡胶垫。另外,发现阀门井中的 *DN*25 放散管上的球阀的螺纹连接处渗漏,经处理后不漏。稳压 24h,经验收合格。

然后开启支管阀门,利用干管严密性试验之压缩空气对连接调压站的支管进行了吹扫:吹扫后支管内达到洁净程度。

(4)南段管线通球扫线

南段管线通球扫线方法步骤同北段。

扫线长度约24km。准备工作主要有:调压站焊接三通支管处加装钢板栏条;检查各阀门井中波纹伸缩节安装方向,不对的予以纠正。

发第一个球(周长2090mm、直径为665mm)。清管球顺利通过铁路、公路、阀门等间断前进,但行至调压站连接支管的三通处受阻,球难以前进,被迫停机检查。检查结果是球体被管内支管突出部分(*DN*400支管插进*DN*600干管内25mm)划伤,削去一块。伤痕长400mm,深80mm。加之球体注水口旋塞泄漏,以致球变为周长2010mm、直径为640mm。

重新放样制作三通,并在支管开口处加装钢板栏条。又发第二个球。球体周长2092mm,约20min后,相关图上压力成一平线再不升高。事后看到球体注水口处旋塞脱落,球漏水变小,致使第二次发球未成。

以后又发第三个球,顺利运行3h,清管球行至全管线近2/3处后又停止不动,压力一直上升到0.5MPa。根据现场观察分析这一段是爬坡段,管道坡度为15°,有折弯,高差4m,加上管内有大量积水(雨季施工,雨水进入管内)与杂物,形成了较大的阻力。

为排除故障,采取了以下措施:关闭被堵塞处上游的阀门并在上游支管接头处开孔,放去被关阀门与被堵球之间管内的空气;在开孔处安装一个*DN*25放气阀。在被堵塞处的下游安装放气阀,用于排空和通球观察。

然后重新开动空气压缩机,管内压力达到0.6MPa时,快速开启球阀。第三个球在0.6MPa压力瞬间推动下,以30min运行10.5km的速度,推动前二球和泥水等杂物(木板、树枝、破手套、易拉罐、玻璃杯、油漆刷与泥水等,共约25m^3)冲出收球筒。

然后又对南线进行了严密性试验。根据北段经验,在南段试验前对所有法兰垫进行检查,不合格的全部更换,对所有放散阀的丝扣连接处进行了检查与修整。然后,全线充压1.84MPa进行了严密性试验,并用肥皂水对法兰、丝扣连接处进行了检查。

11.4.5　通球扫线常见故障处理

1. 加强清管球运行情况分析

为了便于分析清管球在管道内的运行情况,绘制通球扫线压力-时间相关图,如图11-9所示。纵坐标为被清扫管道管内压力,横坐标为时间。

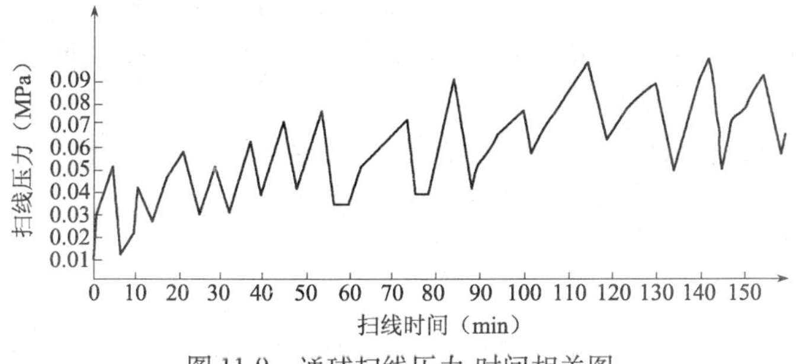

图11-9　通球扫线压力-时间相关图

2. 正常运行特征

正常情况下,清管球在被清扫管内是断续前进的。当空气压力小于球与管壁的摩擦力、管内积水和杂物所造成的阻力之和时,清管球停止不动,管道中保持卡紧密封状态,空气压缩机不断地向发球筒压入空气,压力不断上升。当推球压力大于球的前进阻力时,便将球推动前进一段距离。此时,球与发球筒的距离增长了,推球压力随之减小。清管球的推力又小于球所受到的摩擦力和前进阻力时,清管球又不动了。空气压缩机再压缩空气,使管道内压力再升高,清管球又前进了。压力波动幅度越小,表明管内杂物少;波幅大时,表明管内杂物与积水多或清管球通过上坡管段、弯管等。

3. 清管球失密

若压力表指针显示始终不上升,相关图成一直线,表明清管球在管内不再能卡紧密封,有漏气故障。清管球失密的原因有:清管球破裂、清管球漏水、空心球未灌足水、遇石块等物垫起漏气、球磨损太大、过盈量不够、管道椭圆度太大。失密尤其容易发生在管径较大的三通处。

处理故障的方法一般是再发一个新球,加强密封作用,将第一个球顶出来。若漏气量不大,也可采用关闭收球装置的排气阀门,提高全段管内的压力,然后迅速开启排气管阀门排气。在清管球下游造成抽吸力,使球在推力与抽吸力作用下运动。

4. 管道堵塞

当压力一直上升不再下降时,说明清管球在管道中遇卡堵塞。常见原因有管道变形、三通挡条断落、三通的支管插入干管内、管内物体堵塞(如管内有木料、撬棍等长物,在管道弯管处卡住,清管球无法通过)。

为了排除上述故障,一般首先采用提高压力的方法。有时当压力增大到一定程度(不可超过管道强度试验压力值),则又能推动清管球继续前进。即使木料、撬棍等在弯管挡住,也能顶断清扫出来,例如本例南段管线清扫时,三通的 *DN*400 支管插入 *DN*600 干管中 25mm,曾发生卡球故障。增压后,三通内壁突出处将清管球削去一块才得以通过。

当压力增至管道强度试验压力值时,球仍被堵塞,则应确定清管器的停止位置,切断管道,清除堵塞物。清除堵塞物后,将切割处管道焊接、防腐、重新通球扫线。

确定清管器停止位置的方法:

(1)如果清管器携带着检测仪器,即可用信号接收机沿管线检测,可准确确定清管器的位置。

(2)如果清管器未携带检测仪器,应根据观察监听记录、管线地形、管道状况(弯头、变坡与三通等)以及施工人员对管道的问题掌握情况,综合分析,判断确定。

(3)根据容积计算法确定,即依据压入管内的空气量和管内具有的压力及单位管段的容量等数据来计算球在管道内所处的位置。

(4)用降压打孔法来寻找清管球。打孔次序可按照优选方法确定。孔径取 3 ~ 5mm。按打穿孔后的喷气压力判断清管球的位置,直至找到为止。

11.4.6　排出口安全防范

清管球在正常运行情况下,管内杂物不多,阻力较小,而球的推力又较大时,球的运行速度是较快的,冲力也是较大的。排出口会排出大量的锈灰、水,甚至砖、石等杂物。必须注意人员及周围建筑物的安全。收球筒排出口必须固定牢固。当清管球运行到距接收站200～1000m区间时，应发出预报。在排出口前方杜绝人员进入。

项目实训二十二：管道系统强度试验、严密性试验操作实训

一、实训目的

1. 掌握焊接钢管、无缝钢管、铸铁管、混凝土管、钢筋混凝土管、陶管等管材所组成的管道系统试水压方法步骤。

2. 熟悉焊接钢管、无缝钢管、铸铁管、混凝土管、钢筋混凝土管、陶管等管材所组成的管道系统放水法严密性试验方法步骤。

3. 熟悉焊接钢管、无缝钢管、铸铁管、混凝土管、钢筋混凝土管、陶管等管材所组成的管道系统注水法严密性试验方法步骤。

4. 清楚建筑给水氯化聚氯乙烯(PVC-C)管道系统的水压试验方法步骤。

5. 明白建筑给水薄壁不锈钢管管道系统的水压试验方法步骤。

二、实训内容

1. 焊接钢管、无缝钢管、铸铁管、混凝土管、钢筋混凝土管、陶管等管材所组成的管道系统试水压操作实训。

2. 焊接钢管、无缝钢管、铸铁管、混凝土管、钢筋混凝土管、陶管等管材所组成的管道系统放水法严密性试验操作实训。

3. 焊接钢管、无缝钢管、铸铁管、混凝土管、钢筋混凝土管、陶管等管材所组成的管道系统注水法严密性试验操作实训。

4. 建筑给水氯化聚氯乙烯(PVC-C)管道系统的水压试验操作实训。

5. 建筑给水薄壁不锈钢管管道系统的水压试验操作实训。

三、实训时间

每人操作60min。

四、实训报告

1. 编写焊接钢管、无缝钢管、铸铁管、混凝土管、钢筋混凝土管、陶管等管材所组成的管道系统试水压操作实训报告。

2. 写出焊接钢管、无缝钢管、铸铁管、混凝土管、钢筋混凝土管、陶管等管材所组成的管道系统放水法严密性试验操作实训报告。

3. 写出焊接钢管、无缝钢管、铸铁管、混凝土管、钢筋混凝土管、陶管等管材所组成的管道系统注水法严密性试验操作实训报告。

4. 写出建筑给水氯化聚氯乙烯(PVC-C)管道系统的水压试验操作实训报告。

5. 编写建筑给水薄壁不锈钢管管道系统的水压试验操作实训报告。

项目十二 管道安装工程质量通病防治

12.1 渗漏

无论何种材质、何种用途的管道，都不允许渗漏。然而渗漏也是管道安装工程中最为常见的质量问题。分析产生原因，提出防治措施则是十分必要的。

12.1.1 管道接头处渗漏

1. 螺纹连接接头处渗漏

(1)渗漏原因分析

① 螺纹有断丝等现象。

② 安装时，拧的松紧度不合适；使用的填料不符合规定或填料老化、脱落。

③ 管道没有认真进行严密性水压或气压试验，管子裂纹、零件上的砂眼以及接口处渗漏没有及时发现并处理。

④ 管道支架距离或安装得不合适，管道安装后受力不均匀，造成丝头断裂，管道变径时使用补心以及丝头超过规定长度。

(2)防治措施

① 加工螺纹要端正、光滑、无毛刺、不断丝、不乱扣。

② 螺纹管件安装时，选用的管钳要合适，不能过大，也不能过小。

③ 上配件时，不用倒旋的方法进行找正。

④ 安装时要根据管道输送的介质正确选用填料。

⑤ 管道安装完毕，要严格按照旋工验收规范的要求进行严密性试验或强度试验。

⑥ 管道支、吊架距离要符合设计规定，安装要牢固。

2. 管道法兰接口处渗漏

(1)渗漏原因分析

① 法兰端面和管子中心线不垂直，致使两法兰面不平行，无法上紧，从而造成接口处渗漏。

② 垫片质量不符合规定，造成渗漏。

③ 垫片在法兰面间垫放的厚度不均匀，造成渗漏。

④ 法兰螺栓安装不合理或紧固不严密，造成渗漏。

⑤ 法兰与管端焊接质量不好，造成焊口渗漏。

(2)防治措施

① 在安装法兰时，安装在水平管道上的最上面的两个眼必须呈水平状，垂直管道上靠近墙的两个眼连线必须与墙平行。两片法兰的对接面要互相平行，且法兰孔眼要对正。

② 法兰垫片材质和厚度应符合设计和规范要求。

③ 石棉橡胶垫在使用前放到机油中浸泡，并涂以铅油或铅粉。安装时垫片不准加2层，位置不得倾斜。垫片表面不得有沟纹、断裂等缺陷。法兰密封面要干净，不能有任何杂物。

④ 拧紧法兰螺栓时要对称进行。每个螺母要分2～3次拧紧。用于高温管道时，螺栓要涂上铅粉。

3. 管道承插接口处渗漏

(1)渗漏原因分析

① 管道承插口处有裂纹，造成渗漏。

② 操作时接口清理不干净，填料与管壁间连接不紧密，造成渗漏。

③ 对口不符合规定，致使连接不牢，造成渗漏。

④ 填料不合格或配比不准，造成接口渗漏。

⑤ 接口操作不当，造成接口不密实而渗漏。

⑥ 接口连接后养护不认真或冬季施工保温不好，接口受冻，造成渗漏。

⑦ 地下管支墩位置不合适或回填土夯实方法不当，造成管道受力不均而损伤管道或零件，造成渗漏。

⑧ 未认真进行水压(或充水)试验，零件或管道有砂眼、裂纹等缺陷，接口不严，从而造成使用时渗漏。

(2)防治措施

① 管道在安装对口前，每根管子都应认真仔细检查，是否有裂纹，特别是承插接头部分。如有裂纹应更换或截去裂纹部分。

② 对口前应认真清理管口，若管壁有沥青涂层，应将沥青除净，同时清除接口处及管内杂物。保证管内清洁及接口处填料的粘着力。

③ 在对口时，应将管子的插口顺着介质流动方向，承口逆向水流方向。插口插入承口后，四周间隙应均匀一致。

④ 接口材料应按设计要求配制，规范打口操作。首先将油麻拧成麻股均匀打入承口内，打实的油麻深度以不超过承口深度的1/3为宜。随后，将制备好的水泥或石棉水泥填料，分层填打结实。平口后表面应平整，且能发出暗色亮光。接口按要求进行养护。

⑤ 管道支墩要牢靠，位置要合适。回填土分层夯实，并防止直接撞压管道。

⑥ 严格按施工验收规范要求进行闭水试验。

4. 碳素钢管的焊口处渗漏

(1)渗漏原因分析

焊接规范选择不合理或焊接操作不当，形成焊缝咬肉、烧穿、凸瘤、未焊透、气孔、裂纹、夹渣等缺陷，造成焊口渗漏。

(2)防治措施

① 选择正确的焊接规范，规范焊接操作。

② 预防咬肉缺陷。根据管壁厚度，正确选择焊接电流和焊条，操作时焊条角度正确，并沿焊缝中心线对称、均匀地摆动。

③ 预防烧穿、焊瘤。焊接薄壁管时要选择较小的中性火焰或较小电流，对口时要符合规范要求。

④ 预防未焊透。正确坡口和对口；清理坡口及焊层污物；注意调整焊条角度，使熔融金属与基体金属之间充分熔合；导热性高、散热大的焊件提前预热或在焊接过程中加热；正确选择焊接电流。

⑤ 预防气孔。选择适宜的电流值；运条速度适宜；当环境温度在0℃以下时，应进行焊口预热；焊条在使用前应进行干燥；操作前清除焊口表面的污垢。

⑥ 预防焊口裂纹。含碳量高的碳钢焊前预热，焊后进行退火；焊点应具有一定尺寸和强度，无裂纹；填满熔池，再熄弧。

⑦ 预防夹渣。清理坡口及焊层，将凸凹不平处铲平，然后施焊，操作时正确运条，弧长适当，使熔渣能上浮到铁水表面，防止溶渣超前于铁水而引起夹渣；选择适当电流，避免焊缝金属冷却过速。

5. 紫铜管喇叭口连接处渗漏

(1)渗漏原因分析

喇叭口连接是紫铜管常用的连接方式。常见渗漏原因是：

① 旋紧度不够。

② 胀制喇叭口质量不合要求：喇叭口太小、喇叭口破裂(破裂原因一是胀制时管子伸出工具平面太长，二是铜管未退火或退火不良，三是胀制速度太快)。

③ 接头密封面不清洁，不光滑，有麻点、污物存在。

(2)防治措施

① 旋紧螺母。安装接头时，一定要旋紧螺母，如果管径较大，则要使用较大扳手进行旋紧操作。

② 制作高质量喇叭口。

12.1.2　阀门渗漏

1. 渗漏原因分析

阀门渗漏常见的是阀填料函(为了防止阀内介质随阀杆的转动而泄漏出来，就要加填料保证密封。这个加填料的空间叫填料函)处渗漏。有时也见阀体泄漏。

填料函渗漏原因主要是：装填料得方法不对；压盖压得不紧；填料老化；阀杆弯曲变形或腐蚀生锈，造成填料与阀杆接触不严紧而泄漏。

阀体渗漏主要是阀体或阀盖有裂纹所致。

2. 防治措施

(1)正确装填。填料阀门填料装入填料函的方法有两种：小型阀门填料只需将绳状填料按顺时针方向绕阀杆填装，然后拧紧压盏螺母即可；大型阀门填料可采用方形或圆形断面，压入前应先切成填料圈，装填料时，应将填料圈分层压入，各层填料圈的接合缝应相互错开180°。压紧填料时，应同时转动阀杆，不但要使填料压紧，而且要使阀杆转动灵活。

(2)认真检查阀门质量。安装阀门前，应检查阀杆是否弯曲变形、生锈，填料函填料是否老化，阀体压盖是否有裂纹。若阀杆弯曲，则应拆下修理，调直阀杆或更换；若阀杆有腐蚀生锈时,应将锈除净。填料老化应更换填料。阀体破裂应更换阀门。

阀体裂纹或压盖开裂的原因,一是在安装前由于运输堆放受到碰撞形成裂纹,安装前又未仔细检查,造成安装后泄漏;另一种原因是阀门本身是好的,由于安装时操作不当,用力过猛或受力不均,造成阀体裂纹或压盖损伤。因此,不但安装前要认真检查,安装时也应正确操作,以免阀门损伤。

12.2　管道堵塞

管道堵塞是经常发生的质量通病。主要表现为管道投入使用后,管内介质不流通或流量过小。

12.2.1　碳素钢管安装后堵塞

1. 堵塞原因分析

(1)管道焊接时,对口缝隙过大,焊渣流到管内;管子安装前未进行清理,有锈蚀、杂物;施工过程中不慎流入泥土或其他异物;管道投入运行前吹扫又不彻底。因而当有介质流动时,在转弯、变径,阀件等断面变化的部位汇集,从而发生堵塞。

(2)阀件的阀芯脱落,尽管阀杆旋起,而阀芯仍未开启。故而将管道堵塞。

(3)管道采用螺纹连接时,将填料旋入。

(4)热弯管时清砂不净。

2. 防治措施

(1)管道对口焊接时,间隙值不要超过规范规定,防止焊渣流入。对管道内清洁程度要求较高且焊接后不易清理的管道,其焊缝底层宜采用氩弧施焊。

(2)管道在安装前,应仔细清理管子内部杂质;郊外施工地下管道时,要特别防止地下水或地面水带泥土流入管内;在施工过程中,每次下班后要将管口封好,以防异物进入;室内管道安装,特别是立管安装,必须随时用木塞封死管口,以防杂物进入;凡是进行热弯的弯管,使用前应仔细检查并轻轻敲打管子,砂子必须清理干净才能安装;在管道安装完毕,未投入使用前,应彻底清洗和吹扫管道。

(3)当管路中设有关闭的阀门时,当开启后要检查是否全部开启,是否阀芯已旋起,防止由于阀芯松动脱落堵塞管道。

(4)管道采用螺纹连接时,所用密封材料要适量,特别是小管道上用的线麻,更要防止其旋入管道。

12.2.2　铸铁管安装后堵塞

1. 堵塞原因分析

采用砂型制造的管道或管件,内部清理不净,通水后,砂集中在一起堵塞管道;安装过程中捻口用料进入管内;施工时,地面一些废水、杂质流入下水道,沉淀后造成管道堵塞。

2. 防治措施

在安装前要仔细清理铸铁管内杂物;在管道施工捻口时,要小心操作,防止填充材料落入管内；与土建交叉施工时，一定要将管口堵好，施工完毕要用麻刀白灰抹死，待交工使用时再打开，以防土建施工时，废水汇同杂质流入。

12.2.3　制冷管道堵塞

1. 堵塞原因分析

(1)脏堵。系统安装过程中，管道清洗不彻底，存有脏物，在系统运行时，脏物随工质一起循环，到达节流阀处，由于截面变小而积聚堵塞管道。

(2)冰堵。系统中存有自由水，在节流阀处因节流温度降低而结冰，将阀孔堵死。

(3)电磁阀阀杆卡死，或控制电源断路，阀芯吸不起来，而堵塞管路。

(4)膨胀阀感温包药水漏失，而堵塞管路。

(5)液体管路中存有"气囊"，气体管路中存有"液囊"，造成管路堵塞。

2. 防治措施

(1)管道在安装前，一定要彻底清洗干净，方可安装。安装好的管道，收工时一定要加以封闭。系统投入使用前要认真进行吹污处理。

(2)钢管焊接时要按规范进行坡口、对口，缝隙不能过大。焊完后，对其内壁要进行处理，除去漏进管内的焊渣。铜管焊接，接口最好采用承插式接头。

(3)系统加制冷剂时和加润滑油时，制冷剂和润滑油均应经过干燥和过滤，以防水分和脏物进入系统。

(4)系统加制冷剂前，应彻底抽除系统中空气。若运行时，空气进入系统，应将空气排除，若发生冰堵故障，则应进行吸潮处理。

(5)电磁阀安装前一定要检查动作是否灵活，电路是否断路。膨胀阀安装前要检查感温包膨胀剂是否漏失。安装过程中，一定要保护感温包及毛细管不得损伤。

(6)管道安装时，供液管不允许向上起弧，气体管道不允许向下起弧，以防形成"气囊"和"液囊"阻塞管道。

12.3　管道变形、损坏

管道投入使用后，会发生变形，甚至损坏。

1. 原因分析

(1)管道支架选用不当。

(2)支架安装间距过大、标高不准，从而造成管道投入使用后，管子局部塌腰下沉。

(3)支架固定不牢，或固定方法不对，投入使用后，支架变形、损坏，导致管道变形、损坏。

2. 防治措施

(1)正确选择支架形式。如果施工图中没有设计管道支架形式，而需要施工现场决定支架形式时，可按下列原则选取：①管道不允许有任何位移的部位，应设置固定支架，固定支架要牢固地固定在可靠的结构上。②在管道无垂直位移或垂直位移很小的地方，可装设活动支架。活动支架的形式，应根据对管道摩擦的不同程度来选择，对摩擦产生的作用力无严格限制时，可采用滑动支架；当要求减少管道轴向摩擦作用力时，应用滚动支架。③在水平管道上，只允许在管道单向水平位移的部位，或在铸铁阀件两侧、∩形补偿器两侧适当距离的部位，装设导向支架。④在管道具有垂直位移的部位，应装设弹簧吊架。

(2)当设计无规定时，严格按规范的有关规定，确定管道支架距离。

(3)管道支架安装前，应根据管道图纸中的标高与土建施工的标高核对，用水平仪抄到墙壁或柱上，然后根据管道走向和坡度计算出每个支架的标高和位置，弹好线后，再进行安装。

(4)支架安装要防止支架扭斜翘曲现象，应保证平直牢固。

(5)支架横梁应牢固地固定在墙、柱子或其他结构物上，横梁长度方向应水平，顶面应与管子中心线平行，不允许上翘下垂或扭斜。

(6)无热位移的管道吊架的吊杆应垂直于管子，吊杆的长度要能调节。有热位移的管道，吊杆应在位移相反方向，按位移值的1/2倾斜安装。

(7)固定支架应使管子平稳地放在支架上，不能有悬空现象。管卡应紧卡在管道上。

(8)活动支架不应妨碍管道由于热膨胀所引起的移动，其安装位置应从支承面中心向位移的反向偏移，偏移值应为位移值之半，同时管道的保温层不得妨碍热位移。

(9)不同的支架应选择不同的安装方法：①墙上有预留孔洞的，可将支架横梁埋入墙内，埋设前，应清除孔内的碎砖及杂物，并用水将孔洞内浇湿。埋入深度应符合设计要求。并使用1∶3水泥砂浆填塞密实饱满。②在钢筋混凝土构件上安装支架时，应在浇筑混凝土时预埋钢板，然后将支架横梁焊在预埋钢板上。③在没有预留孔洞和预埋钢板的砖或混凝土构件上，可以用射钉或膨胀螺栓固定支架。④柱子抱箍式支架安装前，应清除柱子表面的粉刷层。测定支架标高后，在柱子上弹出水平线，支架即可按线安装。固定用的螺栓一定要拧紧，保证支架受力后不活动。⑤在木梁上安装吊卡时，不准在木梁上打洞或钻孔，应用扁钢箍住木梁，在扁钢端部借助穿孔螺栓悬挂吊卡。

12.4　阀件、组件、补偿器安装缺陷

12.4.1　安全阀不起作用

超过工作压力不开启；开启后不能自动关闭；不到工作压力就开启。

1. 原因分析

(1)安全阀超过工作压力不开启的原因：杠杆被卡住或销子生锈；杠杆式安全阀的重锤被移动；弹簧式安全阀的弹簧受热变形或失效；阀芯和阀座被粘住。

(2)安全阀不到工作压力就开启的原因：杠杆式安全阀的重锤向杆内移动，弹簧式安全阀的弹簧弹力不够。

(3)升启后阀芯不能自动关闭的原因：杠杆式安全阀的杠杆偏斜或卡住；弹簧式安全阀的弹簧弯曲；阀芯或阀杆不正。

2. 防治措施

(1)检查杠杆或销子，调整重锤位置，更换弹簧，检查合格后并擦拭干净。

(2)属于不到工作压力就开启的，应检查、调整重锤的位置，拧紧或更换弹簧。

(3)属于不能自动关闭时，要检修杠杆，调整弹簧、阀芯或阀杆。

12.4.2 疏水阀排水不畅

疏水阀安装投入使用后，工作不正常，有时排水不畅反而漏气过多。

1. 原因分析

(1)安装方法不当或管路杂质过多，从而使疏水器堵塞，致使疏水器不起作用。

(2)不排水的原因：系统蒸汽压力太低，蒸汽和冷凝水未进入疏水器；浮桶式疏水器浮桶太轻或阀杆与套管卡住；阀孔或通道堵塞；恒温式的阀芯断裂堵住阀孔。

(3)漏气过多：阀芯和阀座磨损；排水孔不能自行关闭；浮桶式浮桶体积小，不能浮起等。

2. 防治措施

(1)疏水器安装前须仔细检查，然后进行组装。疏水器应直立安装在低于管线的部位，阀盖处于垂直位置，进出口应处于同一水平，不可倾斜，以便于阻气排水动作。安装时，应注意介质的流动方向与阀体一致。

(2)疏水器不排水：调整系统蒸汽压力，检查蒸汽管道阀门是否关闭或堵塞，适当加重或更换浮桶，如果是阀杆与套管卡住，要进行检修或更换，清除堵塞杂物，并在阀前装置过滤器，更换阀芯。

(3)疏水器漏气太多：阀芯和阀座磨损漏气要研磨阀芯与阀座，使密封面达到密封；排水孔不能自行关闭，可检查是否有污物堵塞，如果属于浮桶体积过小不能浮起，可适当加大浮桶体积。

12.4.3 减压阀作用不正常

减压阀投入使用后不能正常使用：阀门不通畅或不工作；阀门不起减压作用或直通。

1. 原因分析

(1)减压阀不通：通道被杂物堵塞；活塞生锈被卡住，处在最高位置不能下移。

(2)减压阀不减压：活塞卡在某一位置；主阀阀瓣下面弹簧断裂不起作用；脉冲式减压阀阀柄在密合位置处被卡住；阀座密封面有污物或严重磨损；薄膜式减压阀阀片失效等。

2. 防治措施

在减压阀安装前要做好仔细检查，特别是存放时间较长的，安装前应拆卸清洗。安装时要注意箭头所指的方向是介质流动方向，切勿装反。减压阀应直立安装在水平管路中，两侧装有控制阀门。

(1)清除杂物，拆下阀盖检修活塞，使能灵活移动。必要时，在阀前可装置过滤器。

(2)上述缺陷通过检查后，应进行修理或更换部分失效零件。

12.4.4 补偿器(伸缩节)安装缺陷

1. ∩形补偿器

投入运行时，出现管道变形、支座偏斜，严重者接口开裂。

(1)原因分析

补偿器安装位置不当；未按要求做预拉伸；制作不符合要求。

(2)防治措施

① 在预制∩形补偿器时，几何尺寸要符合设计要求，补偿器要用一根管子煨成，不准有接口；四角管弯在组对时要在同一个平面上，防止投入运行后产生横向位移，从而使支架偏心受力。

② 补偿器安装的位置要符合设计规定，并处在两个固定支架之间。

③ 安装时，在冷状态下按规定的补偿量进行预拉伸。拉伸前应将两端固定支架焊好，补偿器两端直管与连接末端之间应预留一定的间隙，其间隙值应等于设计补偿量的1/4，然后用拉管器进行拉伸，再进行焊接。

2. 波形补偿器

不能保证管道在运行中的正常伸缩。

(1)原因分析

未在常温下进行预拉或预压；预拉或预压方法不当，致使各节受力不均；安装方向不对。

(2)防治措施

① 波形补偿器安装时，应根据补偿零点温度定位，补偿零点温度就是管道设计达到最高温度和最低温度的中点。在环境温度等于补偿零点温度时，可不进行预拉和预压。环境温度高于补偿零点温度则应进行预压缩。环境温度低于补偿零点温度则应进行预拉伸。预拉伸量或压缩量应按设计规定。

② 波形补偿器内套有焊缝的一端，水平管道应迎介质流动方向，垂直管道应置于上部。

③ 波形补偿器进行预拉或预压时，施加作用力应分2～3次进行，作用力应逐渐增加，尽量保证各节的圆周面受力均匀。

3. 填料式补偿器

补偿器安装后不能正常工作，有渗漏现象。

(1)原因分析

补偿器外壳与导管卡住，不能伸缩；运行中偏离管线的中心线；填料函内填料填放不当造成渗漏。

(2)防治措施

① 安装填料式补偿器时应严格按管道中心线安装，不得偏斜。

② 为防止填料式补偿器运行时偏离管道中心线，在靠近补偿器两侧的管线上，至少各设一个导向支座。

③ 为防止补偿器在运行中渗漏，在补偿器的滑动摩擦部位应涂上机油，填绕的石棉绳填料应涂敷石墨粉，并逐圈压入、压紧，并保持各圈接口相互错开。填绕石棉绳的厚度应不小于补偿器外壳与插管之间的间隙。

模块四　卫生洁具的安装操作

项目十三　卫生器具的安装

13.1　卫生器具的分类及结构

13.1.1　卫生器具的分类

卫生器具是给水、排水系统的重要组成部分，是供人们洗涤、清除日常生活和工作中所产生的污(废)水的装置，其分类如表 13-1 所示。

表 13-1　常用卫生器具(设置)的分类

类　别	对器具的要求	所用的材料	举　例
便溺用的卫生洁具	表面光滑、不透水，耐腐蚀，耐冷热，便于保持器具清洁卫生，经久耐用	陶瓷、钢板搪瓷、铸铁搪瓷、不锈钢、塑料等不透水、无气孔的材料	大便器、小便器
盥洗、沐浴用的卫生洁具			洗脸盆、浴盆、盥洗槽等
洗涤用卫生洁具			洗涤盆、污水盆等
其他专用卫生洁具			医疗用的倒便器、婴儿浴池
其他专用卫生辅助设置		不锈钢、塑料等不透水、无气孔的材料	浴室用的扶手、不锈钢卫生纸架、不锈钢烟灰缸、双杆毛巾架、马桶盖、手压冲阀、小便斗散水器、小便斗红外线自动感应器等

13.1.2　对卫生器具的要求

根据国家有关卫生标准，对卫生器具的要求有以下几点：

(1)卫生器具外观应表面光滑，无凹凸不平，色调一致，边缘无棱角毛刺，端正无扭歪，无碰撞裂纹。

(2)卫生器具材质不含对人体有害物质，冲洗效果好、噪声低，便于安装维修。

(3)卫生器具的零配件的规格应符合标准，螺纹完整，锁母松紧适度，管件无裂纹。同时，对卫生器具在卫生间内的设置数量和最小距离也作了一定的规定，如图 13-1 所示。卫生器具在卫生间内布置的最小间距如表 13-2 所示。卫生间内常见的一些卫生辅助设置如图 13-2 所示。

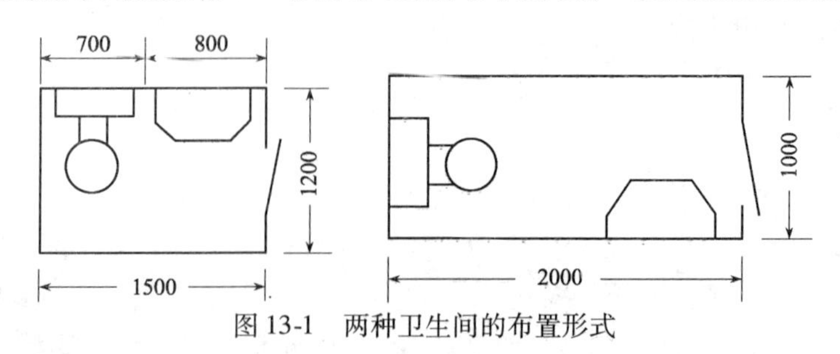

图 13-1　两种卫生间的布置形式

表 13-2　卫生间内卫生器具布置的最小间距

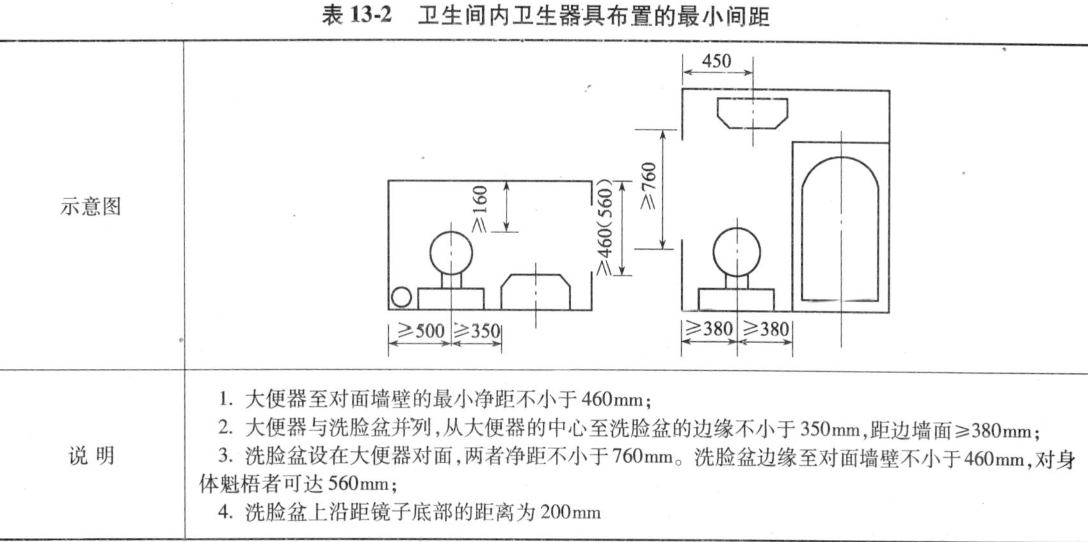

示意图	
说 明	1. 大便器至对面墙壁的最小净距不小于 460mm; 2. 大便器与洗脸盆并列,从大便器的中心至洗脸盆的边缘不小于 350mm,距边墙面≥380mm; 3. 洗脸盆设在大便器对面,两者净距不小于 760mm。洗脸盆边缘至对面墙壁不小于 460mm,对身体魁梧者可达 560mm; 4. 洗脸盆上沿距镜子底部的距离为 200mm

(a)　(b)　(c)　(d)　(e)

(f)　(g)　(h)　(i)　(j)

(k)　(l)　(m)

图 13-2　室内卫生辅助设置

(a)S 形落水管;(b)小便斗扶手;(c)浴室用 L 形扶手;(d)手压冲水阀;(e)马桶盖;
(f)T 形扶手;(g)面盆扶手;(h)小便斗散水器;(i)不锈钢卫生纸架;(j)不锈钢烟灰缸;
(k)L 形横扶手,浴缸用;(l)小便斗红外线自动感应器;(m)双杆毛巾架

13.1.3　冲洗设备的基本结构

冲洗设备是提供足够的水压从而迫使水来冲洗污物,以保持室内便溺用卫生器具自身的洁净的设备。一套完善的冲洗设备应具备:有足够的冲洗水压,冲洗要干净、耗水量要少;在构造上能避免臭气侵入,并且有防止回流污染给水管道的能力。它主要由冲洗水箱和冲洗阀两

部分组成,如图 13-3 所示。

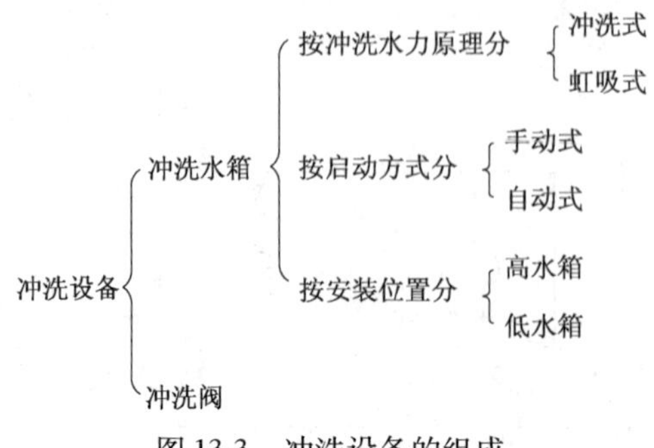

图 13-3 冲洗设备的组成

常见的冲洗设备有冲洗水箱(包括手动水力冲洗低水箱、提拉盘式手动虹吸冲洗低水箱、套筒式手动虹吸冲洗高水箱、皮膜式自动冲洗高水箱等)和冲洗阀。

13.2 卫生器具安装要求

13.2.1 排水、给水头子处理

(1)对于安装好的毛坯排水头子,必须做好保护,如地漏、大便器排水管等都要封闭好,防止地坪上水泥浆流入管内,造成堵塞或通水不畅。

(2)给水管头子的预留要了解给水龙头的规格、冷热水管子中心距与卫生器具的冷热水孔中心距是否一致。暗装时还要注意管子的埋入深度,使将来阀门或水龙头装上去时,阀件上的法兰装饰罩与粉刷面平齐。

(3)对于一般暗装的管道,预留的给水头子在粉刷时会被遮盖而找不到,因此水压试验时,可采用管子做的塞头,长度为 100mm 左右,粉刷后这些头子都露在外面,便于镶接。

13.2.2 卫生器具本体安装

(1)卫生器具安装必须牢固,平稳、不歪斜,垂直度偏差不大于 3mm。

(2)卫生器具安装位置的坐标、标高应正确,单独器具允许误差 10mm,成排器具允许误差 5mm。

(3)卫生器具应完好洁净,不污损,能满足使用要求。

(4)卫生器具托架应平稳牢固,与设备紧贴且油漆良好。用木螺丝固定的,木砖应经沥青防腐处理。

13.2.3 排水口连接

(1)卫生器具排水口与排水管道的连接处应密封良好,不发生渗漏现象。

(2)有下水栓的卫生器具,下水栓与器具底面的连接应平整且略低于底面,地漏应安装在地面的最低处,且低于地面 5mm。

(3)卫生器具排水口与暗装管道的连接应良好,不影响装饰美观。

13.2.4 给水配件连接

(1)给水镀铬配件必须良好、美观,连接口严密,无渗漏现象。

(2)阀件、水嘴开关灵活，水箱铜件动作正确、灵活，不漏水。

(3)给水连接铜管尽可能做到不弯曲，必须弯曲时弯头应光滑、美观、不扁。

(4)暗装配管连接完成后，建筑饰面应完好，给水配件的装饰法兰罩与墙面的配合应良好。

13.2.5　总体使用功能及防污染

(1)使用时给水情况应正常，排水应通畅。如排水不畅应检查原因，可能排水管局部堵塞，也可能器具本身排水口堵塞。

(2)小便器和大便器应设冲洗水箱或自闭式冲水阀，不得用装设普通阀门的生活饮用水管直接冲洗。

(3)成组小便器或大便器宜设置自动冲洗箱定时冲洗。

(4)给水配件出水口，不得被卫生器具的液面所淹没，以免管道出现负压时，给水管内吸入脏水。给水配件出水口高出用水设备溢流水位的最空气间隙，不得小于出水管管径的2.5倍，否则应设防污隔断或采取其他有效的隔断措施。

13.3　洗脸盆的安装

13.3.1　配件安装

洗脸盆(以下简称脸盆)安装前应将合格的脸盆水嘴、排水栓装好，试水合格后方可安装。合格的脸盆塑料存水弯的排水栓一般是*DN*32mm螺纹，存水弯是$\phi 32 \times 2.5$硬聚氯乙烯S形或P形存水弯，中间有活接头。劣质产品不要使用。

13.3.2　脸盆安装(一)

如图13-4所示，冷热水立管在脸盆的左侧，冷水支管距地坪应为380mm。冷热水支管的间距为70mm。按上述高度可影响脸盆存水弯距净墙面尺寸，见图13-4(b)中的*b*值。与八字水门连接的弯头应使用内外丝弯头。

如图13-4所示的存水弯为钢镀铬存水弯，与排水管连接时，应缠两圈油麻，再用油灰密封。

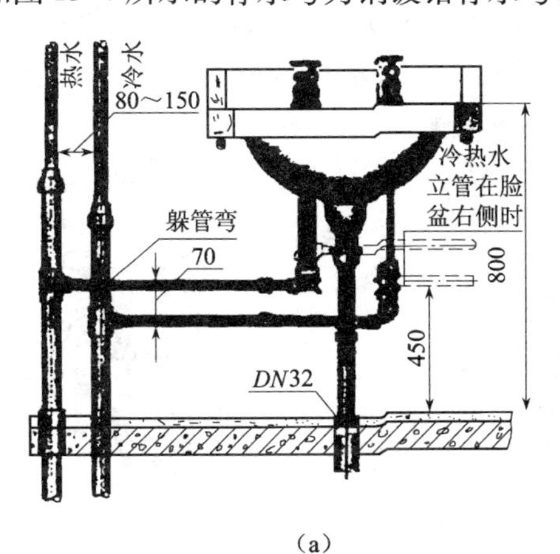

(a)

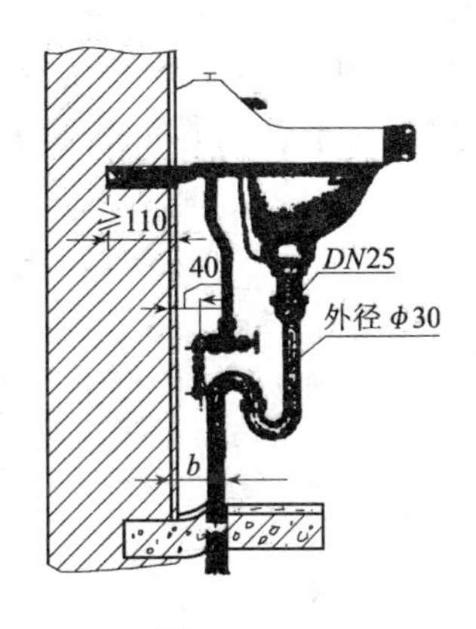

(b)

图13-4　脸盆安装(一)

(*b*=80mm，如冷热水立管在脸盆右侧时，*b*=50mm)

(a)立面图；(b)侧面图

脸盆架应安装牢固,嵌入结构墙内不应小于110mm,其制作可用*DN*15镀锌管。在砖墙上安脸盆架时,应剔60mm×60mm方孔;在混凝土墙上安脸盆架时,可用电锤打ϕ28mm孔,用水冲洗干净,用砂浆或素水泥浆稳固。

13.3.3　脸盆安装(二)

如图13-4所示,冷热水支管为暗装。因此,铜管无须揻成叉弯,存水弯可抻直与墙面垂直安装。其余同图13-5。

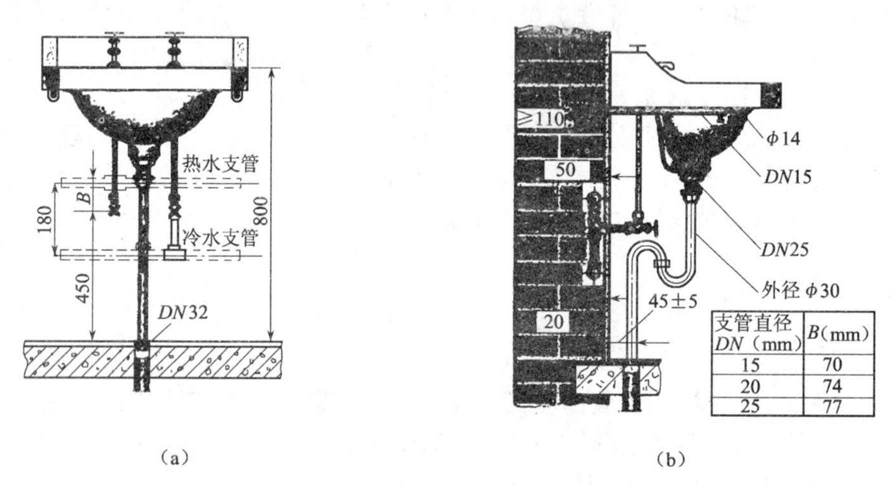

支管直径 DN（mm）	B(mm)
15	70
20	74
25	77

(a)　　(b)

图13-5　脸盆安装(二)

(a)立面图;(b)侧面图

13.3.4　脸盆安装(三)

如图13-6所示,是多个脸盆并排安装的公用脸盆。为了便于连接,排水横管的坡度不宜过大。距地面高度应以最右侧的脸盆为基准,用带有溢水孔的*DN*32普通排水栓及活接头和六角外丝与*DN*50mm×32mm三通连接,*DN*50横管与该三通连接应套偏螺纹找坡度。由最右向左第二个脸盆,活接头下方不用六角外丝,要套短管,其下端套偏螺纹与*DN*50mm×32mm三通连接,其余以此类推。

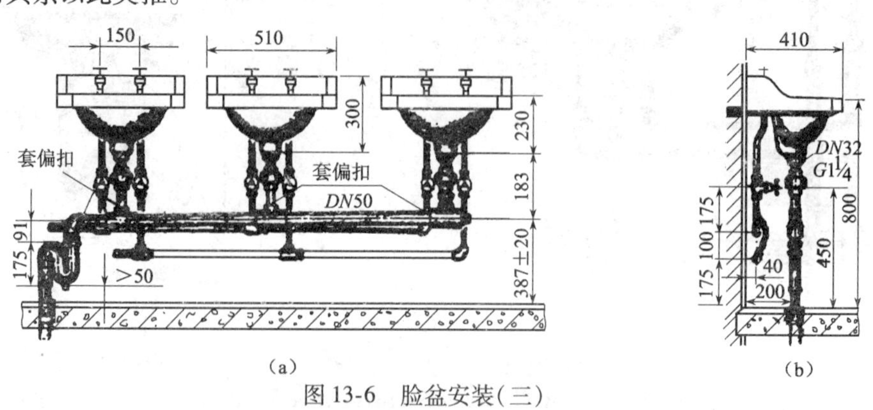

(a)　　(b)

图13-6　脸盆安装(三)

(a)立面图;(b)侧面图

(本图是根据510mm洗脸盆和普通水龙头绘制的,如脸盆规格有变化时,其有关相应尺寸亦应变化)

冷水支管躲绕热水支管时要冷摵勺形躲管弯。水嘴采用普通水嘴，如采用直角脸盆水嘴时，在其下端应装 *DN*15 活接头。

13.3.5　脸盆安装（四）

如图 13-7 所示是台式脸盆安装。冷热水支管为暗装（冷水防结露，热水保温由设计确定）存水弯为直（S）形宜可用八字（P）形。存水弯与塑料排水连接做法如图 13-7（c）所示。图中异径接头由塑料管件生产厂家提供。密封胶亦可用油灰取代。

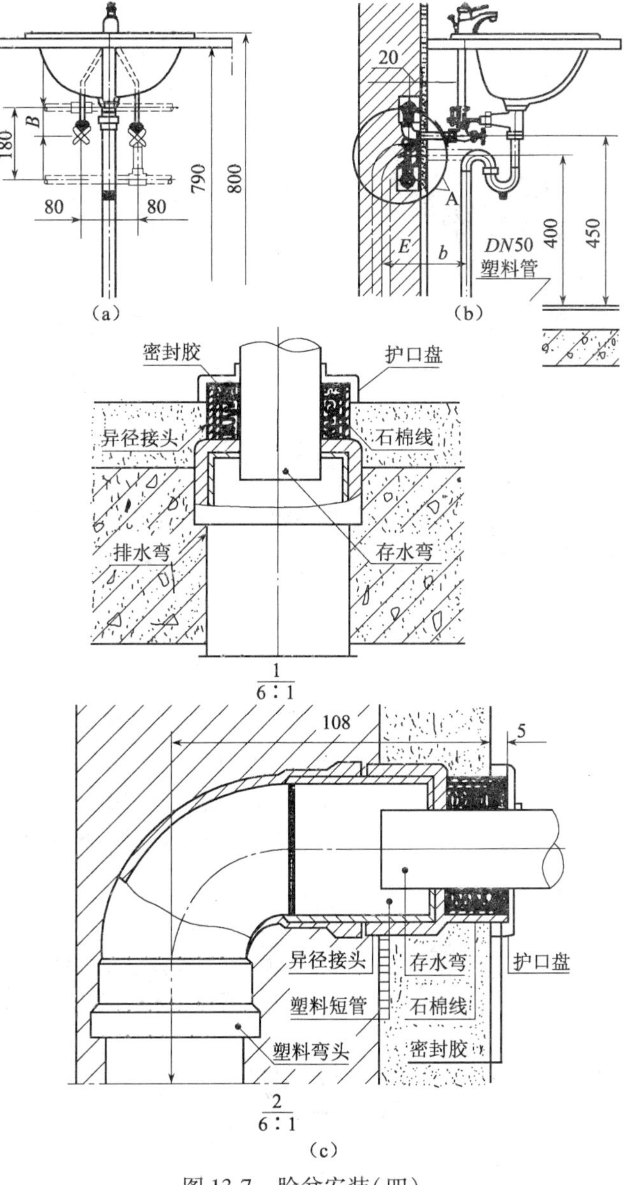

图 13-7　脸盆安装（四）

（a）立面图；（b）侧面图；（c）节点 A

13.3.6　对窄小脸盆的稳固

窄小脸盆系指12号、13号、14号、21号、22号脸盆。上述脸盆无须安装脸盆支架，在其上方的圆孔内用M6镀锌螺栓固定在墙上，如图13-8所示。

为了防止脸盆上下颤动，在脸盆下方与墙面之间可用带有斜度的木垫将脸盆与墙面垫实，用环氧树脂把木垫粘贴在脸盆和墙面上，以增加脸盆安装刚度，如图13-8所示。

由于脸盆型号各异，木垫的几何尺寸亦不尽相同，制作时应按实际测得的数据制作，如图13-9所示。

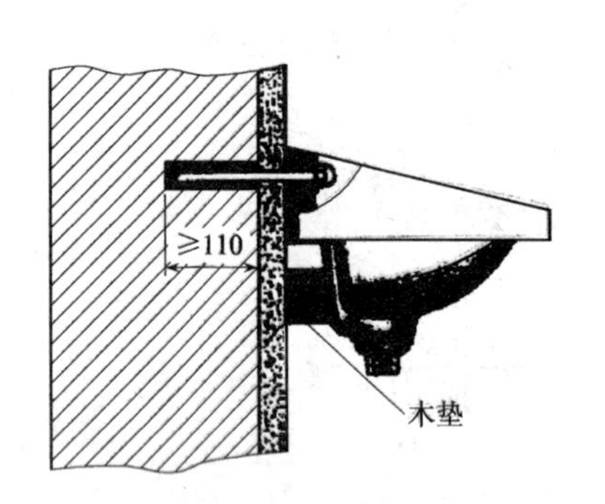

图13-8　窄小脸盆安装

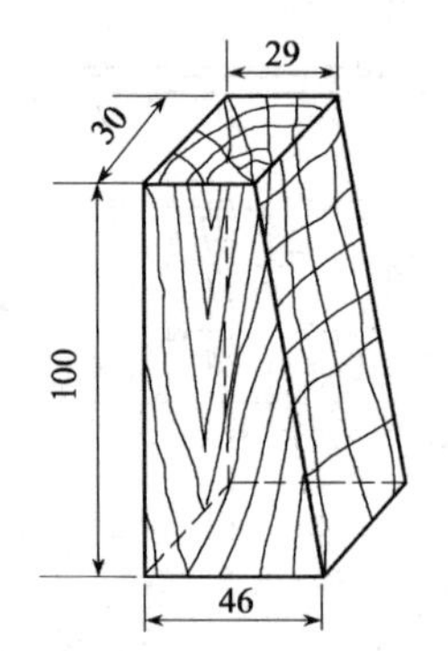

图13-9　窄小脸盆固定方法

13.3.7　脸盆位置的确定

脸盆位置在安装排水托吊管时已经按设计要求位置高出地面，但安装时可能有些偏差，安装冷热水支管时，应以排水甩口为依据。安装脸盆时，可以冷热水甩口为依据，否则脸盆与八字形水门的铜管就要歪斜。

13.3.8　在薄隔墙上安装脸盆架

薄隔墙指小于或等于80mm（未含抹面）的混凝土或非混凝土隔墙。图13-10所示为轻质空心且不抹灰亦不贴面砖隔墙。如果抹灰或贴瓷砖时，图中的扁钢可放在墙的外表面（扁钢为40mm×4mm镀锌扁钢）。在薄隔墙上安装的脸盆架制作如图13-11所示。图中点焊螺母时，应将M8螺母对准已钻好的ϕ6.8mm孔，点焊后，用M8丝锥将螺母的螺纹过一次，连同管壁攻丝。

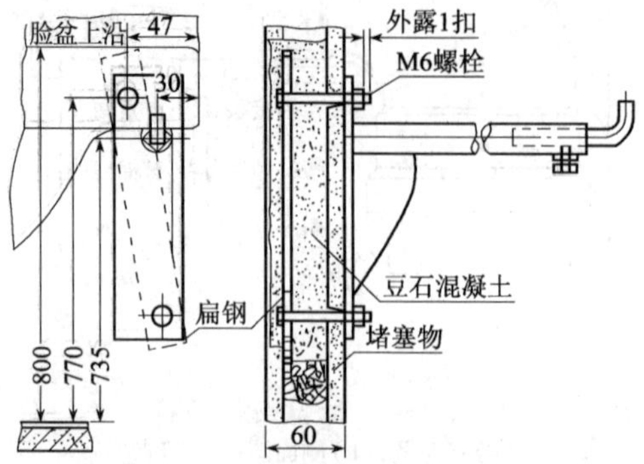

图13-10　在薄隔墙上安装脸盆架

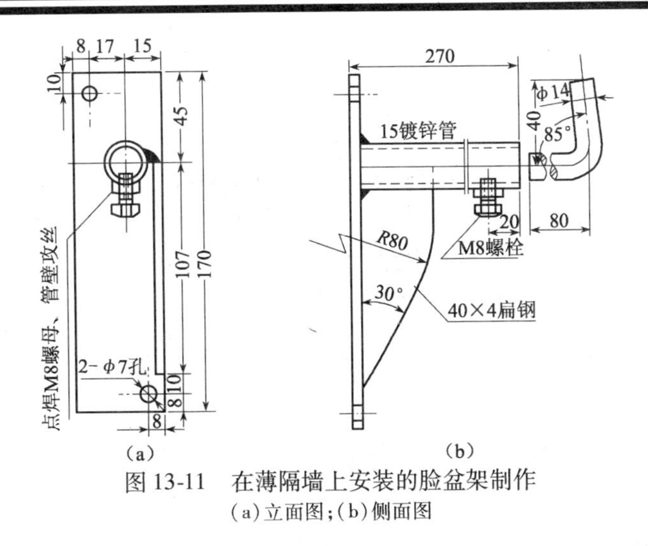

图 13-11　在薄隔墙上安装的脸盆架制作
(a)立面图;(b)侧面图

13.4　大便器的安装

大便器安装施工工艺流程为:定位画线→存水弯安装→大便器安装→高(低)水箱安装。

13.4.1　施工要求安装

1. 高水箱蹲式大便器安装

(1)安装前应检查大便器有无裂纹或缺陷,清除连接大便器承口周围的杂物,检查有无堵塞。

(2)安装一台阶 P 形存水弯,应在卫生间地面防水前进行。先在大便器下铺水泥焦渣层,周围铺白灰膏,把存水弯进口中心线对准大便器排水口中心线,将弯管的出口插入预留的排水支管甩口。用水平尺对便器找平、找正,调整平稳,便器两侧砌砖抹光。

(3)安装二步合 S 形存水弯,应采用水泥砂浆稳固存水弯管底,其底座标高应控制在室内地面的同一高度,存水弯的排水口应插入排水支管甩口内,用油麻和腻子将接口处抹严、抹平。

(4)冲洗管与便器出水口用橡胶碗连接,用 14 号铜丝错开 90°拧紧,绑扎不少于两道。橡皮碗周围应填细砂,便于更换橡皮碗及吸收少量渗水。在采用花岗岩或通体砖地面面层时,应在橡皮碗处留一小块活动板,便于取下维修。

(5)将水箱的冲洗洁具组装后,做满水试验,在安装墙面画线定位,将水箱挂装稳固。若采用木螺钉,应预埋防腐木砖,并凹进墙面 10mm。固定水箱还可采用 ϕ6mm 以上的膨胀螺栓。蹲式大便器(P 形存水弯)安装如图 13-12 所示。

2. 低水箱坐式大便器(简称坐便器)安装

(1)坐便器底座与地面面层固定可分为螺栓固定和无螺栓固定两种方法:

① 坐便器采用螺栓固定,应在坐便器底座两侧螺栓孔的安装位置上画线、剔洞、栽螺栓或嵌木砖、螺栓孔灌浆,进行坐便器试安,将坐便器排出管口和排水甩头对准,找正找平,并抹匀油灰,使坐便器落座平稳。

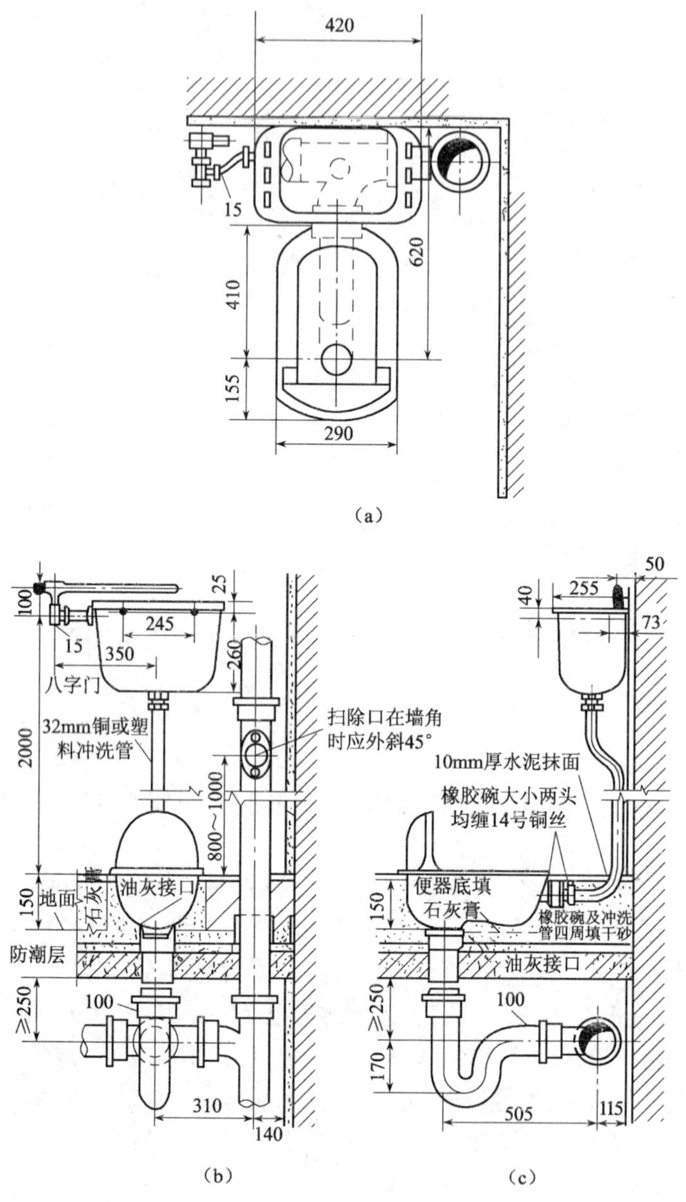

图 13-12　蹲式大便器(P 形水封存水弯)安装

(a)平面图;(b)立面图;(c)侧面图

② 坐便器采用无螺栓固定,即坐便器可直接稳固在地面上。便器定位后可进行试安装,将排水短管抹匀胶粘剂插入排出管甩头。同时在坐便器的底盘抹油灰,排出管口缠绕麻丝、抹实油灰,使坐便器直接稳固在地面上,压实后擦去挤出油灰,用玻璃胶封闭底盘四周。

(2)根据水箱的类型,将水箱配件进行组合安装,安装方法同前。水箱进水管采用镀锌管或铜管,给水管安装应朝向正确,接口严密。

(3)在卫生间装饰工程结束时,最后安装坐便器盖。坐式大便器安装图如图 13-13、图 13-14 所示。

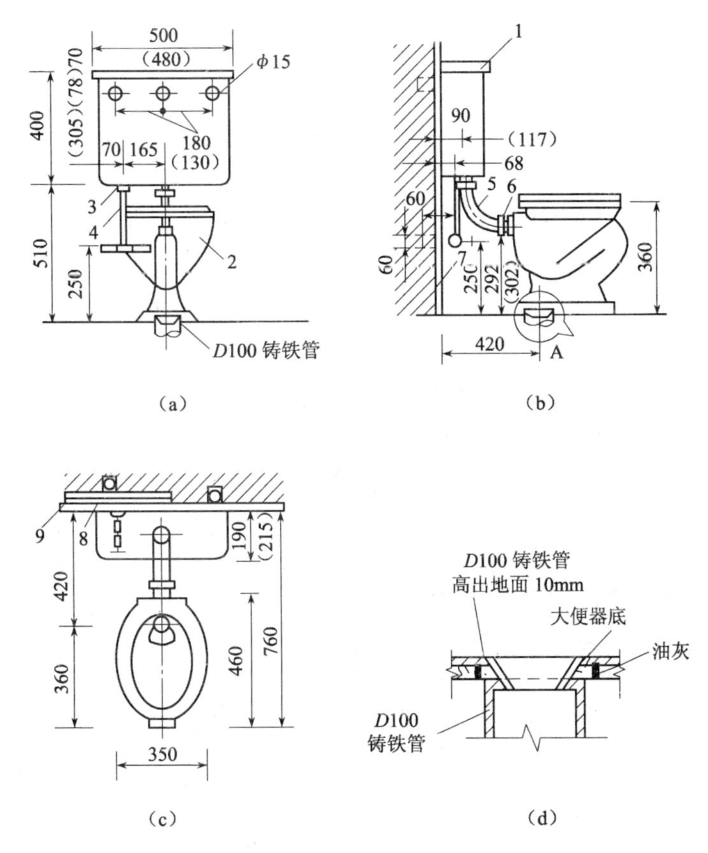

图 13-13　分水箱坐便器安装图(S 形安装)

(a)立面图;(b)侧面图;(c)平面图;(d)节点 A

1—低水箱;2—坐便器;3—浮球阀配件 *DN*5;4—水箱进水管;

5—冲洗管及配件 *DN*50;6—锁紧螺栓;7—角式截止阀 *DN*5;8—三通;9—给水管

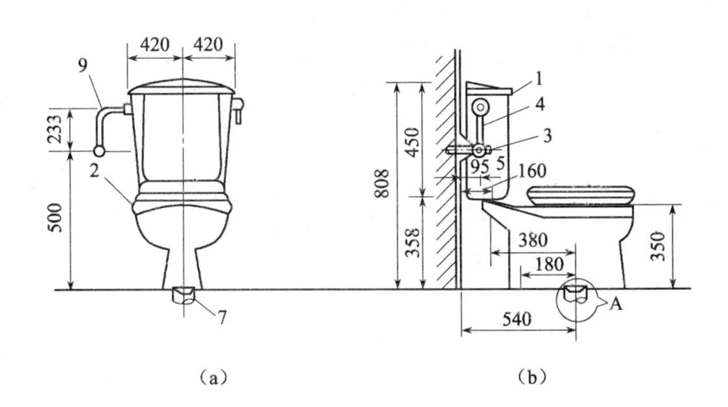

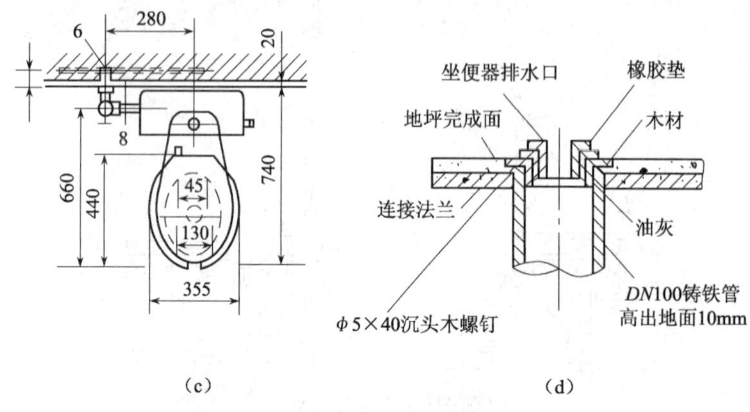

（c）　　　　　　　　（d）

图 13-14　带水箱坐式大便器安装图

(a)立面图;(b)侧面图;(c)平面图;(d)节点 A

1—低水箱;2—坐便器;3—浮球阀配件 DN5;4—水箱进水管;
5—冲洗管及配件 DN50;6—锁紧螺栓;
7—角式截止阀 DN5;8—三通;9—给水管

13.4.2　常见质量缺陷及预防措施

1. 高水箱蹲式大便器

(1)大便器存水弯接口渗漏,橡皮碗接头漏水

预防措施:安装时应使大便器排出口中心正对存水弯中心,承口内油灰腻子应饱满,大便器排出口压入存水弯承口后,应牢固稳靠大便器,严禁出现松动或位移,否则应取下大便器重新添加油灰腻子压入承口并抹实刮平。

(2)水箱不下水或溢水

预防措施:①浮球阀定位过低,造成水箱内水量不足,因此,当水箱不下水时,应重新调整浮球阀定位。②浮球阀定位过高,引起水箱溢水,所以应重新定位浮球阀。

2. 低水箱坐便器

(1)坐便器与低水箱中心不一致造成冲洗管歪扭

预防措施:①水箱的预埋木砖(或螺栓)应根据已校对好位置的坐便器排水管甩头中心线和水箱上的固定孔确定位置。②固定坐便器和低水箱时,要严格按事先画出的统一中心线调准位置。

(2)位于楼板里甩头排水管裂开漏水

预防措施:坐便器排出口或接短管时,应在光线足够条件下检查排水甩头的外观质量,如发现有损伤或裂纹的情况下,应及时更换甩头排水管后,再进行坐便器安装。

13.4.3　安全操作规程

(1)搬运卫生器具时应轻抬慢放,防止器具损坏和不慎伤人。

(2)器具安装前,应对预埋木砖及预埋螺栓进行严格检查,防止因木砖松动,造成器具坠落伤人的事故。

(3)使用施工外用电梯作为器具垂直运输时,必须遵守安全操作规程。楼内水平运输器具时,不得碰坏器具、门窗及墙面。

13.5　小便器的安装

13.5.1　平面式小便器安装

平面式(亦称斗式)小便器安装高度为600mm,幼儿园为450mm。挂小便器的螺栓除图13-15所示外,排水管为*DN*40钢管或镀锌钢管做至地面,与排水托吊管连接时,在承口内翻边,其余如图13-15所示。

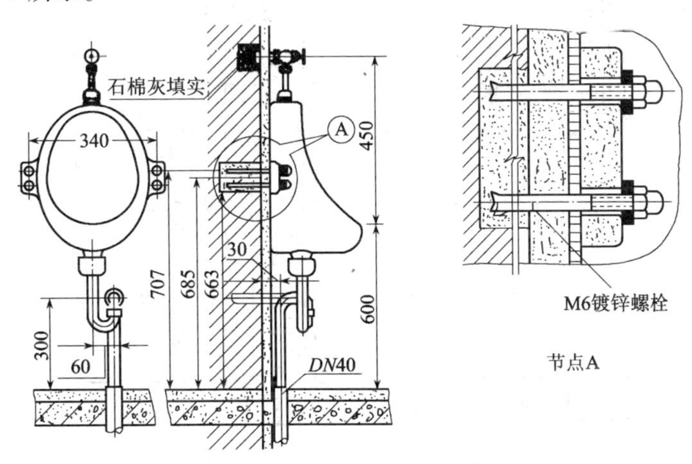

图13-15　平面式小便器安装图

存水弯也可以用八字形存水弯。

13.5.2　立式小便器安装

接至小便器的排水管:如果采用丝扣存水弯时,由存水弯至小便器的管段应使用*DN*50镀锌钢管,一端套丝装在存水弯上,而另一端与铸铁排水套袖(管箍)连接,做至地面以下20~25mm,防水层做至承口内,如图13-16所示。如果必须将排水管做至地面时,应使用*DN*80mm×50mm异径套袖连接,如图13-17所示。八字形水门的连接同平面式小便器。

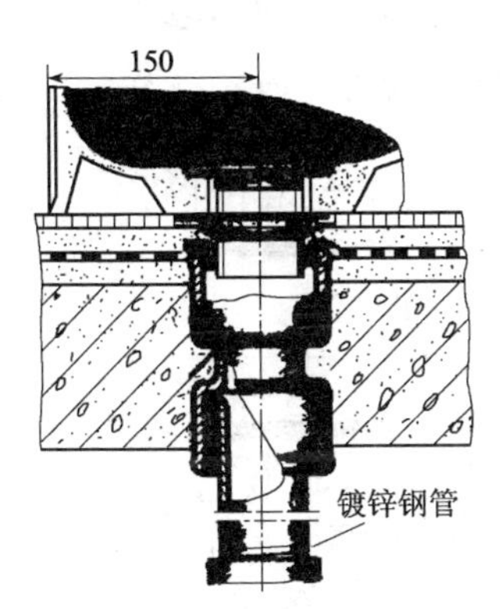

图13-16　与*DN*50套袖连接

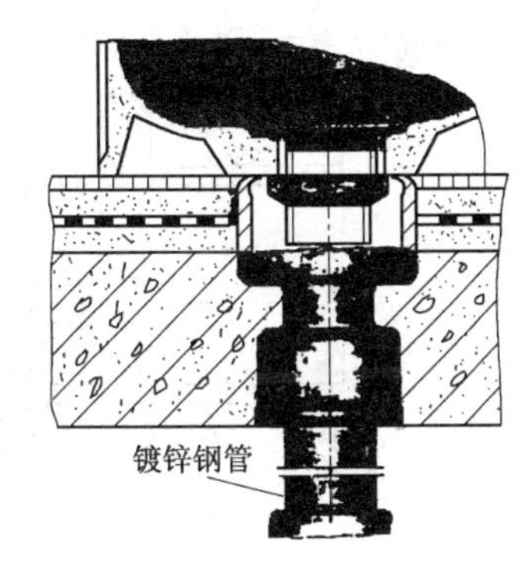

图13-17　与*DN*80mm×50mm套袖连接

13.5.3　壁挂式小便器安装

图13-18所示的尺寸是吉事多卫浴有限公司产品,如用其他品牌,应按厂家说明书安装。

图 13-19(a)是用钢管与小便器连接的做法,土建做装饰墙面时,水暖工应配合安装铜法兰和安装与铜法兰连接的钢管。否则一旦做完装饰墙面,便无法安装铜法兰和与其连接的钢管。图中的 E 值不应超墙面 5mm。图 13-19(b)中的塑料管应在土建做装饰墙面之前接出墙面,待安装小便器时,将多余部分锯掉。

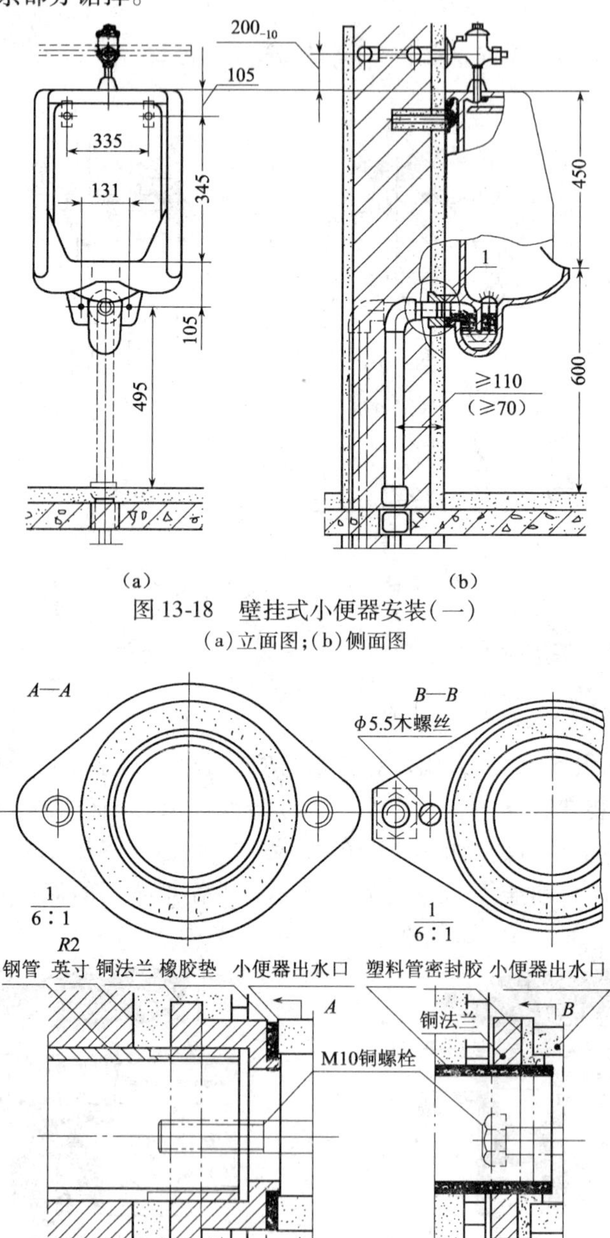

(a)　　(b)

图 13-18　壁挂式小便器安装(一)

(a)立面图;(b)侧面图

(a)　　(b)

图 13-19　壁挂式小便器安装(二)

(括号内为塑料管与小便器连接距墙尺寸)

(a)立面图;(b)侧面图

13.6　便器水箱、排水阀系统的安装

便器水箱、排水阀系统结构及安装如图 13-20、图 13-21 所示。

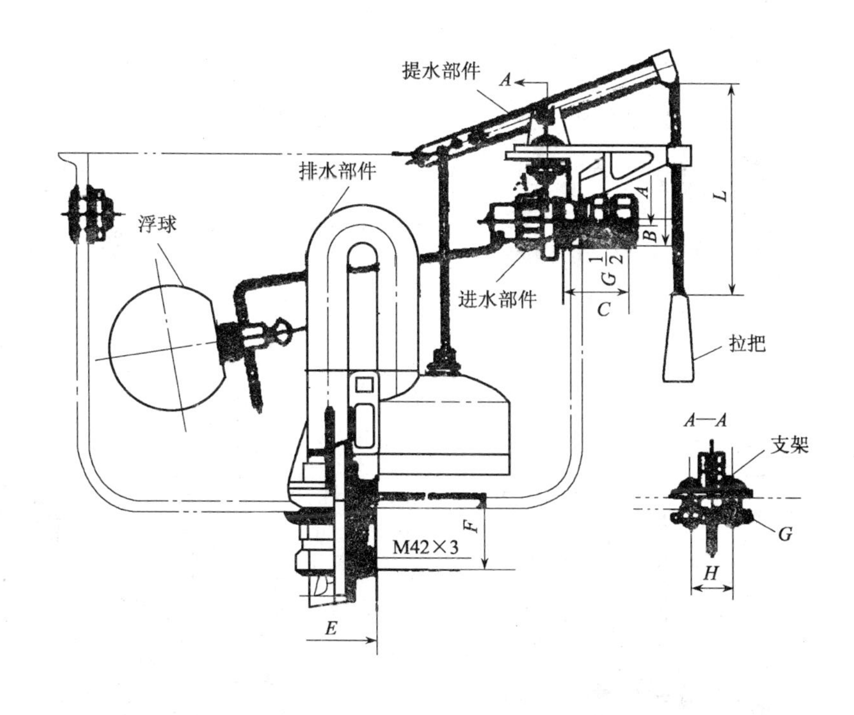

(a)

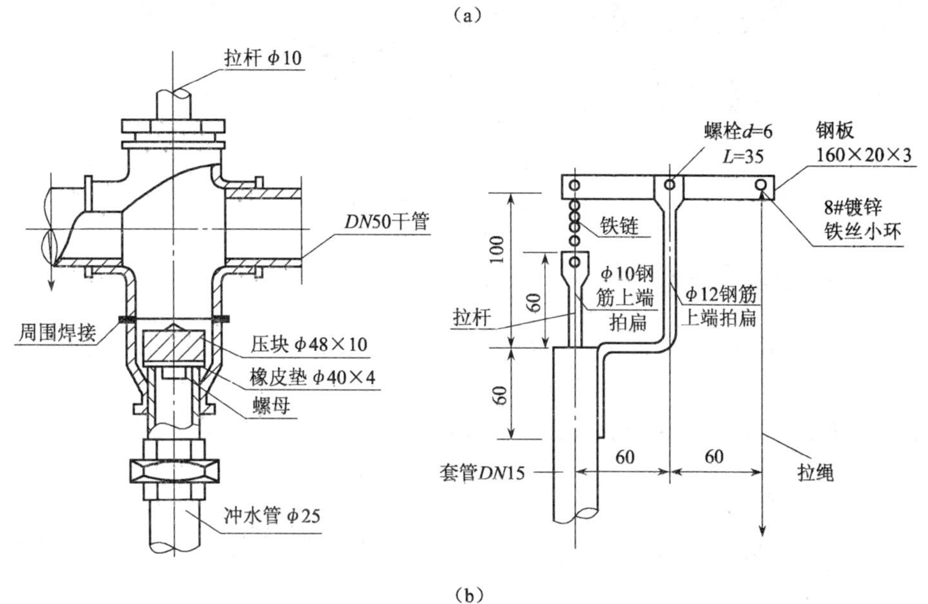

(b)

图 13-20　便器冲水阀安装
(a)便器冲水阀结构图;(b)便器冲水阀安装图

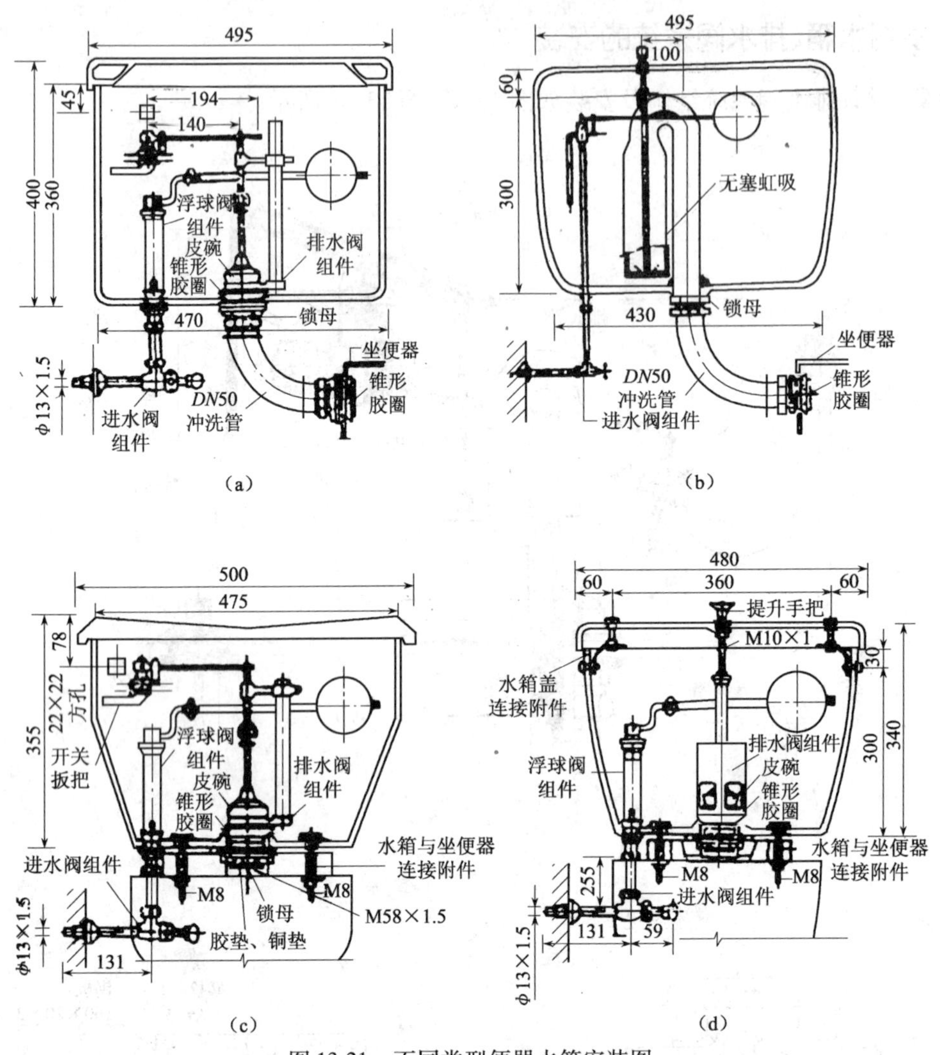

图 13-21　不同类型便器水箱安装图

13.7　浴盆及淋浴器的安装

浴盆分为洁身用浴盆和按摩浴盆两种，淋浴器分为镀铬淋浴器、钢管组成沐浴器、节水型沐浴器等。

浴盆安装施工工艺流程为：画线定位→砌筑支墩→浴盆安装→砌挡墙。

1. 施工安装要求

(1)浴盆安装

① 浴盆排水包括溢水管和排水管，溢水口与三通的连接处应加橡胶垫圈，并用锁母锁紧。排水管端部经石棉绳抹油灰与排水短管连接。

② 给水管明装、暗装均可，当采用暗装时，给水配件的连接短管应先套上压盖，与墙内给水管螺纹连接，用油灰压紧压盖，使之与墙面结合严密。

③ 应根据浴盆中心线及标高，严格控制浴盆支座的位置与标高。浴盆安装时，应使盆底

有2%的坡度坡向浴盆的排水口，在封堵浴盆立面的装饰板或砌体时，应靠近暗装管道附近设置检修门，并做不低于2cm的止水带。

④ 裙板浴盆安装时，若侧板无检修孔，应在端部或楼板孔洞设检查孔；无裙板浴盆安装时，浴盆距地面0.48m。

⑤ 淋浴喷头与混合器的锁母连接时，应加橡胶垫圈。固定式喷头立管应设固定管卡；活动喷头应设喷头架；用螺栓或木螺钉固定在安装墙面上。

⑥ 冷、热水管平行安装，热水管应安装在面向的左侧，冷水管应安装在右侧。冷、热水管间距离150mm。

(2)淋浴器安装

淋浴器喷管与成套产品采用锁母连接，并加垫橡胶圈；与现场组装弯管连接一般为焊接。淋浴器喷头距地面不低于2.1m。

浴盆安装图如图13-22所示。

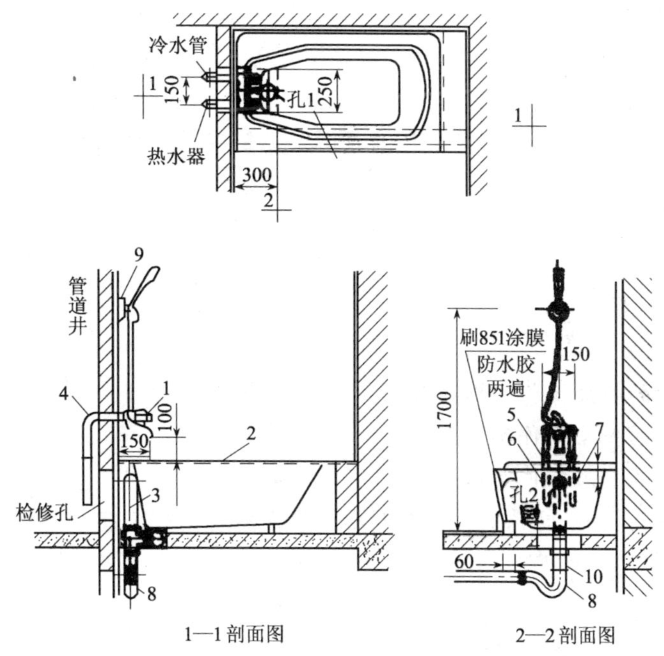

图13-22　浴盆安装图

1—浴盆三连混合龙头；2—裙板浴盆；3—排水配件；4—弯头；5—活接头；6—热水管；7—冷水管；8—存水弯；9—喷头固定架；10—排水管

2. 常见质量缺陷及预防措施

(1)浴盆排水栓、排水管及溢水管接头漏水

预防措施：在浴盆挡墙砌筑前，应认真做通水试验。当浴盆排水管为自带塑料排水管，砌支撑时应防止磨损塑料管。

(2)浴盆排水管与室内排水管对接不正，造成漏水和溢水预防措施：①卫生间浴盆配管及给排水甩头位置，必须在浴盆到场后最后确定。②卫生间配管及卫生器具安装前，必须做样板卫生间，以形象示范安装质量标准，并校核各管道甩头位置的正确性。③安全操作规程。搬运、安装浴盆时应有人指挥,轻搬轻放,绳索安全可靠,避免碰坏器具和室内装饰层。

项目实训二十三:卫生器具的安装操作实训

一、实训目的

1. 掌握卫生器具安装要求。
2. 熟悉洗脸盆的安装步骤。
3. 熟悉大便器的安装步骤、安装质量缺陷及预防措施。
4. 清楚小便器的安装规范。
5. 明白便器水箱、排水阀系统的安装和浴盆及淋浴器的安装要求。

二、实训内容

1. 洗脸盆的安装操作实训。
2. 大便器的安装操作实训。
3. 小便器的安装操作实训。
4. 便器水箱、排水阀系统的安装和浴盆及淋浴器的安装操作实训。

三、实训时间

每人操作45min。

四、实训报告

1. 编写洗脸盆的安装操作实训报告。
2. 写出大便器的安装操作实训报告。
3. 写出小便器的安装操作实训报告。
4. 写出便器水箱、排水阀系统的安装和浴盆及淋浴器的安装操作实训报告。

模块五　电工基本操作

项目十四　电工基本操作技能

14.1　导线的布放

导线布放是保证室内布线施工的第一步。常用布放方法有手工和放线架布放两种，如表 14-1 所示。

表 14-1　导线的布放

方　　法	示　意　图	说　　明
手工布放法	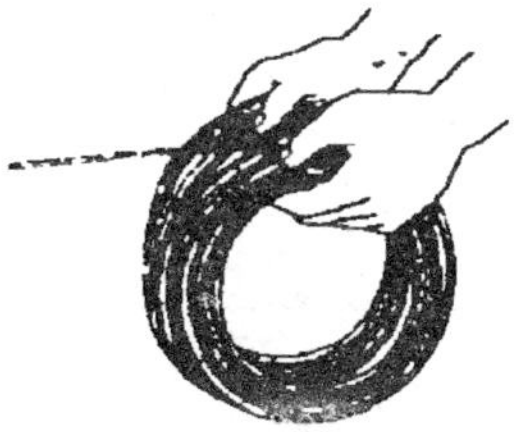	手工布线适宜线径不太粗、线路较短的施工。布线时，由两个人合作完成，即一人把整盘线按左图所示套入双手中，另一人捏住线头向前拉，放出的线不可在地上拖拉，以免擦破或弄脏绝缘层
放线架布放法	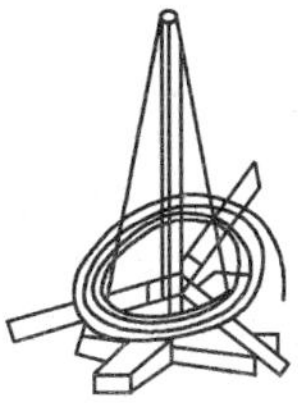 放线架	放线架布线适宜线径较粗、线路较长的施工。布线时，导线应从一端开始，将导线一端紧固在瓷瓶（绝缘子）上，调直导线再逐级敷设，不能有下垂松弛现象，导线间距及固定点距离应均匀

14.2　导线绝缘层剖削与连接

14.2.1　导线绝缘层的剖削

导线绝缘层的剖削方法很多，一般有用电工刀剖削、钢线钳或尖嘴钳剖削和剥线钳剖削等，具体操作步骤如下：

1. 用电工刀剥离

用电工刀剖削导线绝缘层，如表 14-2 所示。

表 14-2　用电工刀剖削

示　　意　　图	说　　明
塑料硬线端头绝缘层的剖削	
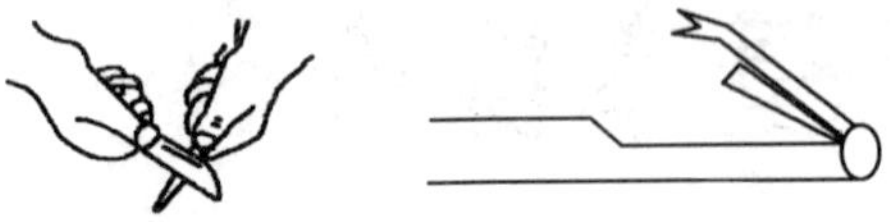 (a)　(b)	左手持导线,右手持电工刀,如左图(a)所示。以45°角切入塑料绝缘层,线头切割长度约为35mm,如左图(b)所示
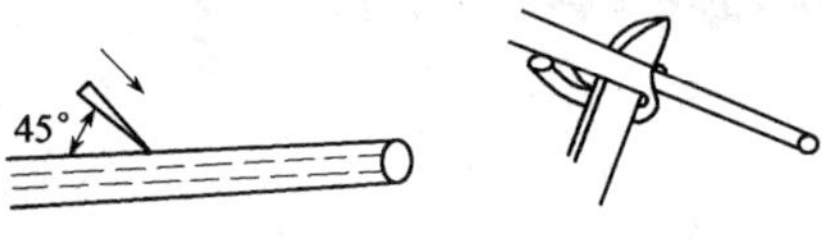 45°　(a)　(b)	将电工刀向导线端推削,削掉一部分塑料绝缘层,如左图(a)所示。持电工刀沿切入处转圈画一深痕,用手拉去剩余绝缘层即可,如左图(b)所示
护套线端头绝缘层的剖削	
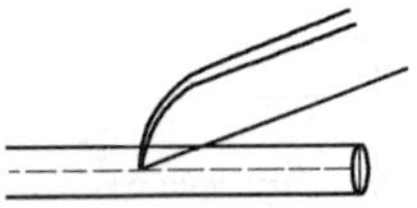	用电工刀尖从所需长度界线上开始,划破护套层,如左图所示
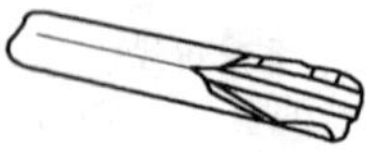	剥开已划破护套层,如左图所示
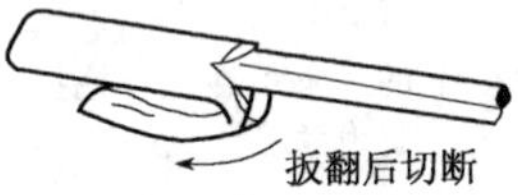 扳翻后切断	把剥开的护套层向切口根部扳翻,并用电工刀齐根切断,如左图所示
橡皮软电缆护套层的剖削	
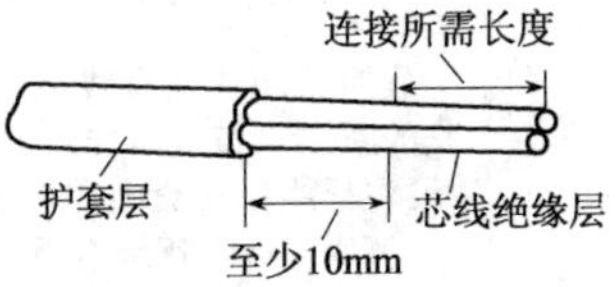 连接所需长度　护套层　芯线绝缘层　至少10mm	塑料护套芯线绝缘层的剖削方法与塑料硬线端头绝缘层的剖削方法完全相同,但切口相距护套层至少10mm,如左图所示
	用电工刀于端头任意两芯线缝中割破部分护套层,如左图所示
	把割破的护套层分拉成左、右两部分,至所需长度为止,如左图所示
 护套层　芯线　加强麻线　护套层	翻扳已被分割的护套层,在根部分别切割,如左图所示

续表

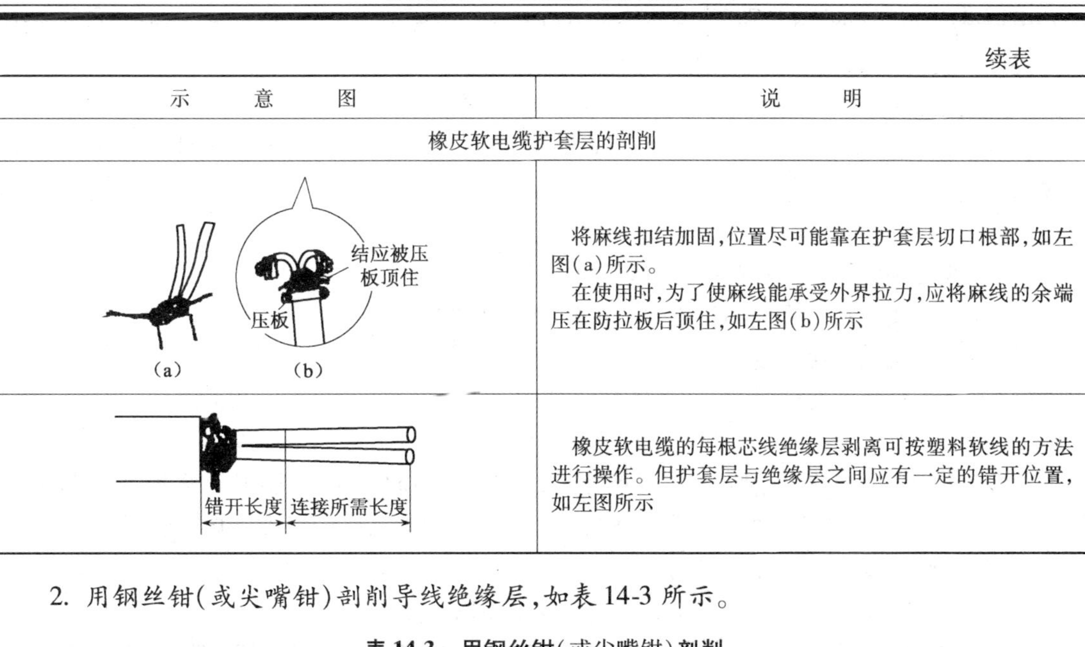

示　　意　　图	说　　明
橡皮软电缆护套层的剖削	
	将麻线扣结加固，位置尽可能靠在护套层切口根部，如左图(a)所示。 在使用时，为了使麻线能承受外界拉力，应将麻线的余端压在防拉板后顶住，如左图(b)所示
	橡皮软电缆的每根芯线绝缘层剥离可按塑料软线的方法进行操作。但护套层与绝缘层之间应有一定的错开位置，如左图所示

2. 用钢丝钳(或尖嘴钳)剖削导线绝缘层，如表 14-3 所示。

表 14-3　用钢丝钳(或尖嘴钳)剖削

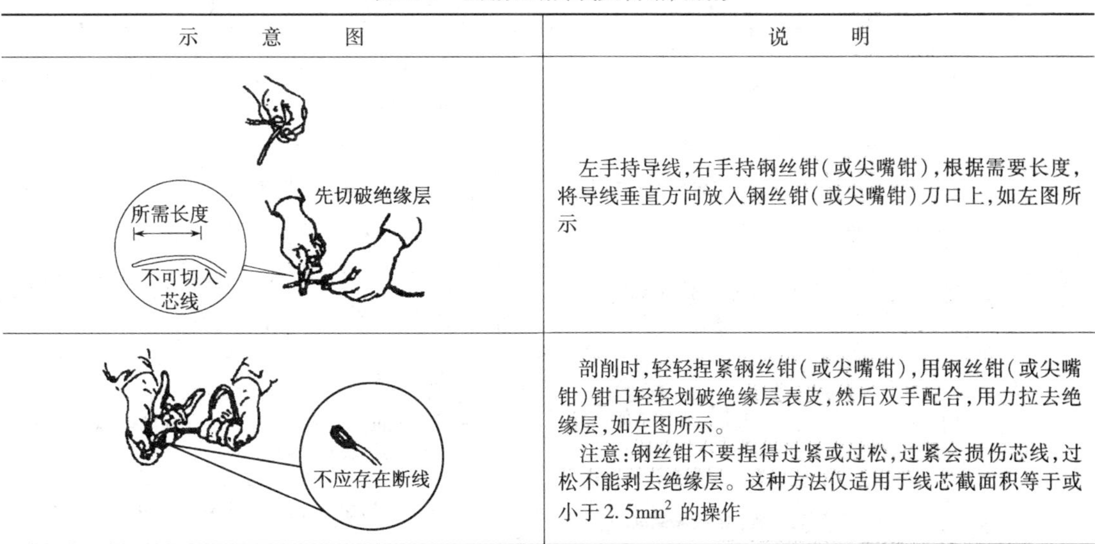

示　　意　　图	说　　明
	左手持导线，右手持钢丝钳(或尖嘴钳)，根据需要长度，将导线垂直方向放入钢丝钳(或尖嘴钳)刀口上，如左图所示
	剖削时，轻轻捏紧钢丝钳(或尖嘴钳)，用钢丝钳(或尖嘴钳)钳口轻轻划破绝缘层表皮，然后双手配合，用力拉去绝缘层，如左图所示。 注意：钢丝钳不要捏得过紧或过松，过紧会损伤芯线，过松不能剥去绝缘层。这种方法仅适用于线芯截面积等于或小于 2.5mm² 的操作

3. 用剥线钳剥离导线的绝缘层，如表 14-4 所示。

表 14-4　用剥线钳剖削

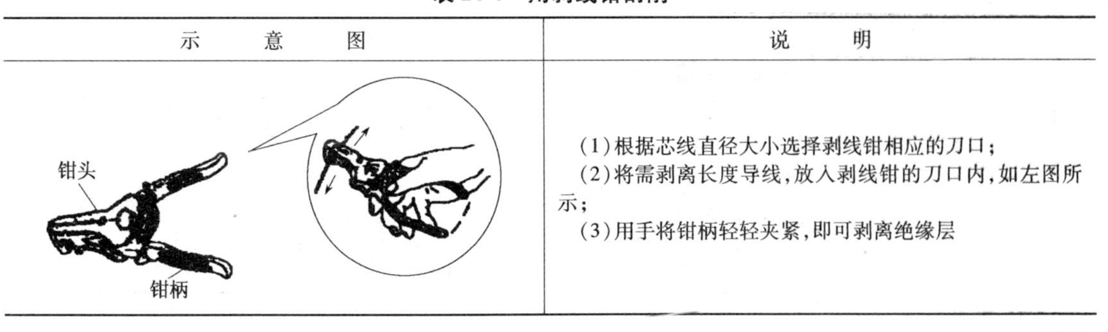

示　　意　　图	说　　明
	(1)根据芯线直径大小选择剥线钳相应的刀口； (2)将需剥离长度导线，放入剥线钳的刀口内，如左图所示； (3)用手将钳柄轻轻夹紧，即可剥离绝缘层

14.2.2　导线的连接

在室内布线过程中，常常会遇到线路分支或导线“断”的情况，需要对导线进行连接。通常我们把线的连接处称为接头。

1. 导线连接的基本要求

(1)导线接触应紧密、美观，接触电阻要小，稳定性好。

(2)导线接头的机械强度不小于原导线机械强度的80%。

(3)导线接头的绝缘强度应与导线的绝缘强度一样。

(4)铝—铝导线连接时，接头处要做好耐腐蚀处理。

2. 导线连接的方法

导线线头连接的方法一般有缠绕式连接(又分直接缠绕式、分线缠绕式、多股软线与单股硬线缠绕式和塑料绞型软线缠绕式等)、压板式连接、螺钉压式连接和接线耳式连接等。

(1)单股硬导线的连接方法，如表14-5所示。

表14-5　单股硬导线的连接

连接方法与步骤		示意图	说明
直线连接	第一步		将两根线头在离芯线跟部的1/3处呈“×”状交叉，如左图所示
	第二步		把两线头如麻花状相互紧绞两圈，如左图所示
	第三步		把一根线头扳起与另一根处于下边的线头保持垂直，如左图所示
	第四步		把扳起的线头按顺时针方向在另一根线头上紧绕6~8圈，圈间不应有缝隙，且应垂直排绕，如左图所示。绕毕切去线芯余端
	第五步		另一端头的加工方法，将上述第3、4两步骤要求操作
分支连接	第一步		将剖削绝缘层的分支线芯，垂直搭接在已剖削绝缘层的主干导线的线芯上，如左图所示
	第二步		将分支线芯按顺时针方向在主干线芯上紧绕6~8圈，圈间不应有缝隙，如左图所示
	第三步		绕毕，切去分支线芯余端，如左图所示

(2)多股导线的连接方法,如表 14-6 所示。

表 14-6　多股导线的连接

连接方法与步骤		示　意　图	说　明
直线连接	第一步	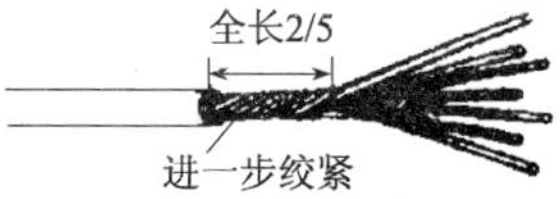 全长2/5 进一步绞紧	在剥离绝缘层切口约全长 2/5 处将线芯进一步绞紧,接着把余下 3/5 的线芯松散呈伞状,如左图所示
	第二步		把两伞状线芯隔股对叉,并插到底,如左图所示
	第三步	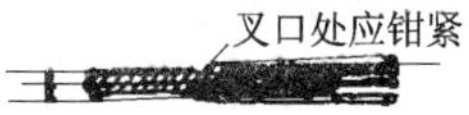 叉口处应钳紧	捏平叉入后的两侧所有芯线,并理直每股芯线,使每股芯线的间隔均匀;同时用钢丝钳绞紧叉口处,消除空隙,如左图所示
	第四步		将导线一端距芯线叉口中线的 3 根单股芯线折起,呈 90°(垂直于下边多股芯线的轴线),如左图所示
	第五步		先按顺时针方向紧绕两圈后,再折回 90°,并平卧在扳起前的轴线位置上,如左图所示
	第六步		将紧挨平卧的另两根芯线折成 90°,再按第五步方法进行操作
	第七步		把余下的三根芯线按第五步方法缠绕至第 2 圈后,在根部剪去多余的芯线,并揿平;接着将余下的芯线缠足 3 圈,剪去余端,钳平切口,不留毛刺
	第八步		另一侧按步骤第四 ~ 七步方法进行加工。 注意:缠绕的每圈直径均应垂直于下边芯线的轴线,并应使每两圈(或 3 圈)间紧缠紧挨
分支连接	第一步	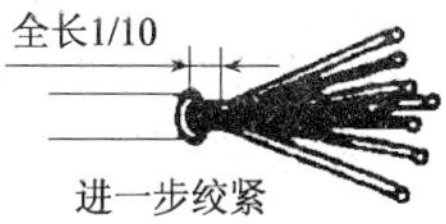 全长1/10 进一步绞紧	把支线线头离绝缘层切口根部约 1/10 的一段芯线做进一步的绞紧,并把余下 9/10 的芯线松散呈伞状,如左图所示
	第二步		把干线芯线中间用螺丝刀插入芯线股间,并将分成均匀两组中的一组芯线插入干线芯线的缝隙中,同时移正位置,如左图所示
	第三步	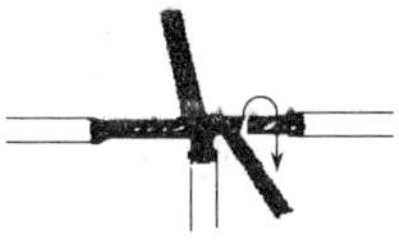	先钳紧线插入口处,接着将一组芯线在干线芯线上按顺时针方向垂直地紧紧排绕,剪去多余的芯线端头,不留毛刺,如左图所示
	第四步		另一组芯线按第三步方法紧紧排绕,同样剪去多余的芯线端头,不留毛刺。 注意:每组芯线绕至离绝缘层切口处 5mm 左右为止,则可剪去多余的芯线端头

(3)单股与多股导线的连接方法,如表 14-7 所示。

表 14-7　单股与多股导线的连接方法

步骤	示　意　图	说　明
第一步	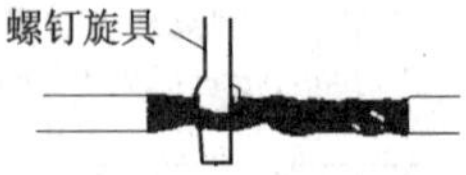	在离多股线的左端绝缘层切口 3～5mm 处的芯线上,用螺丝刀把多股芯线均匀地分成两组(如 7 股线的芯线分成一组为 3 股,另一组为 4 股),如左图所示
第二步	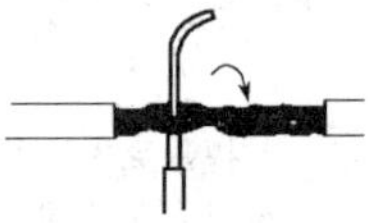	把单股线插入多股线的两组芯线中间,但是单股芯线不可插到底,应使绝缘层切口离多股芯线约 3mm 左右,如左图所示。接着用钢丝钳把多股线的插缝钳平钳紧
第三步	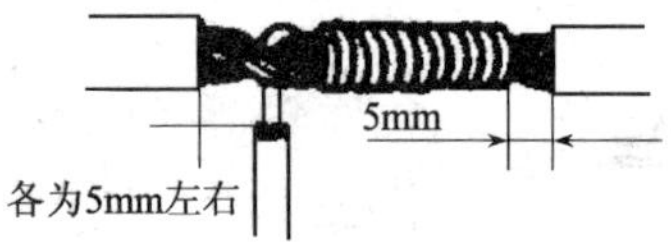	把单股芯线按顺时针方向紧缠在多股芯线上,应绕足 10 圈,然后剪去余端。若绕足 10 圈后另一端多股芯线裸露超出 5mm 时,且单股芯线尚有余端,则可继续缠绕,直至多股芯线裸露约 5mm 为止,如左图所示

(4)导线其他形式的连接方法,如表 14-8 所示。

表 14-8　导线其他形式的连接方法

导线连接方法	示　意　图	说　明
塑料绞型软线连接	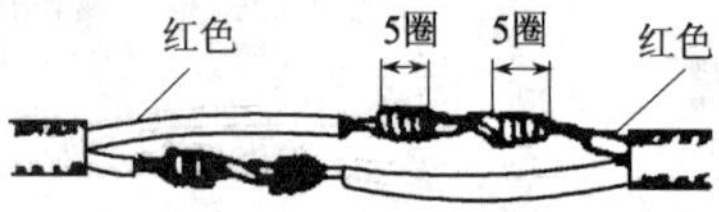	将剖削绝缘层的两根多股软线线头理直绞紧,如左图所示。 注意:两接线头处的位置应错开,以防短路
多股软与单股硬线的连接		将剖削绝缘层的多股软线理直绞紧后,在剖削绝缘层的单股硬导线上紧密缠绕 7～10 圈,再用钢丝钳或尖嘴钳把单股硬线翻过压紧,如左图所示
压板式连接		将剥离绝缘层的芯线用尖嘴钳弯成钩,再垫放在瓦楞板或垫片下。若是多股软导线,应先绞紧再垫入在瓦楞板或垫片下,如左图所示。 注意:不要把导线的绝缘层垫压在压板(如瓦楞板、垫片)内
螺钉压式连接	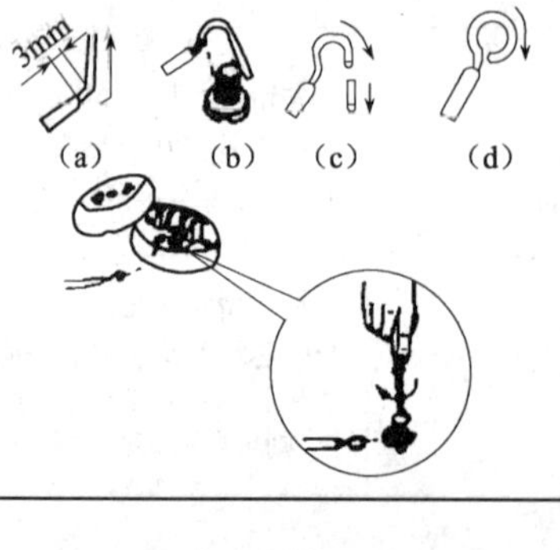	在连接时,导线的剖削长度应视螺钉的大小而定,然后将导线头弯制成羊眼圈形式,如左图(a)、(b)、(c)、(d)四步弯制羊眼圈工作,再将羊眼圈套在螺丝中,进行垫片式连接

续表

导线连接方法	示　意　图	说　明
针孔式连接	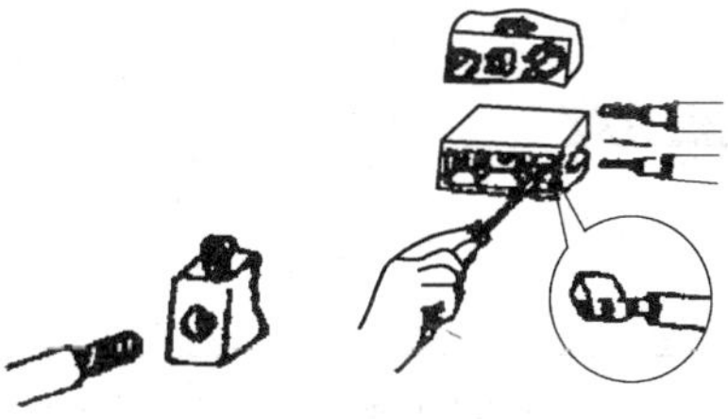	在连接时，将导线按要求剖削，插入针孔，旋紧螺丝，如左图所示
接线耳式连接	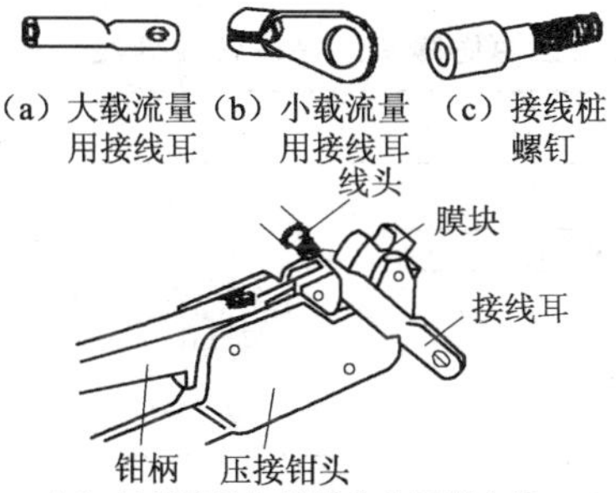 (a) 大载流量用接线耳 (b) 小载流量用接线耳 (c) 接线桩螺钉 线头 膜块 接线耳 钳柄 压接钳头 (d) 导线线头与接线头的压接方法	连接时，应根据导线的截面积大小选择相应的接线耳。导线剖削长度与接线耳的尾部尺寸相对应，然后用压接钳将导线与接线耳紧密固定，再进行接线耳式的连接，如左图所示

14.3 导线绝缘的恢复

导线绝缘层被破坏或连接后，必须恢复其绝缘层的绝缘性能。在实际操作中，导线绝缘层的恢复方法通常为包缠法。包缠法又可分：导线直接点绝缘层的绝缘性能恢复、导线分支接点和导线并接点绝缘层的绝缘性能恢复，其具体操作方法，分别如表 14-9 ~ 表 14-11 所示。

表 14-9 导线直接点绝缘层的绝缘性能恢复

步骤	示　意　图	说　明
第一步	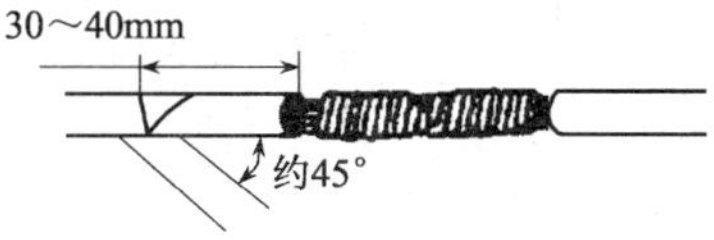 30～40mm 约45°	用绝缘带（黄蜡带或涤纶薄膜带）从左侧的完好的绝缘层上开始顺时针包缠，如左图所示
第二步	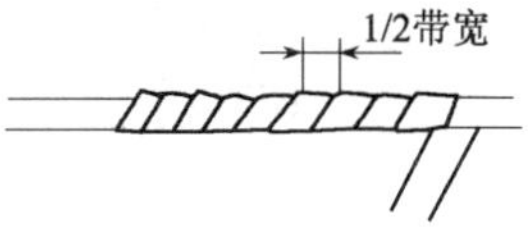 1/2带宽	进行包扎时，绝缘带与导线应保持 45°的倾斜角并用力拉紧，使得绝缘带半幅相叠压紧，如左图所示
第三步	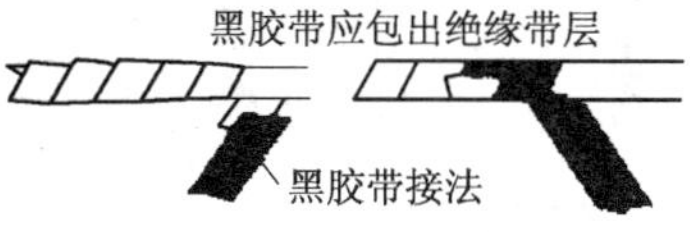 黑胶带应包出绝缘带层 黑胶带接法	包至另一端也必须包入与始端同样长度的绝缘层，然后接上黑胶带，并应使黑胶带包出绝缘带至半根带度，即必须使黑胶带完全包没绝缘带，如左图所示

续表

步骤	示　　意　　图	说　　明
第四步	两端捏住做反方向扭旋（封住端口）	黑胶带的包缠不得过疏过密,包到另一端也必须完全包没绝缘带,收尾后应用双手的拇指和食指紧捏黑胶带两端口,进行一正一反方向拧紧,利用黑胶带的黏性,将两端充分密封起来,如左图所示

注:宜接点常出现因导线不够需要进行连接的位置。由于该处有可能承受一定的拉力,所以导线直接点的机械拉力不得小于原导线机械拉力的80%,绝缘层的恢复也必须可靠,否则容易发生断路和触电等电气事故。

表 14-10　导线分支接点绝缘层的绝缘性能恢复

步骤	示　　意　　图	说　　明
第一步		采用与导线直接点绝缘层的恢复方法从左端开始包扎,如左图所示
第二步	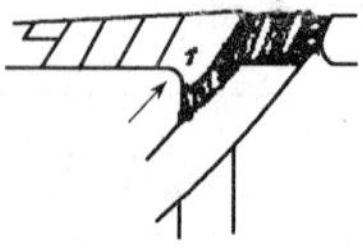	包至碰到分支线时,应用左手拇指顶住左侧直角处包上的带面,使它紧贴转角处芯线,并应使处于线顶部的带面尽量向右侧斜压,如左图所示
第三步	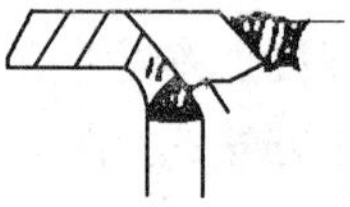	绕至右侧转角处时,用左手食指顶住右侧直角处带面,并使带面在干线顶部向左侧斜压,与被压在下边的带面呈现“×”状交叉。然后把带再回绕到右侧转角处,如左图所示
第四步	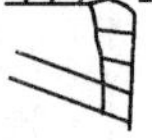	带沿紧贴住支线连接处根端,开始在支线上缠包,包至完好绝缘层上约两根带宽时,原带折回再包至支线连接处根端,并把带向干线左侧斜压,如左图所示
第五步	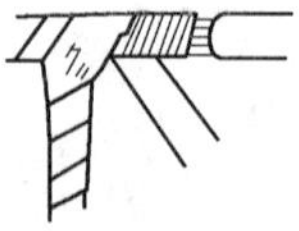	当带围过干线顶部后,紧贴干线右侧的支线连接处开始在干线右侧芯线上进行包缠,如左图所示
第六步	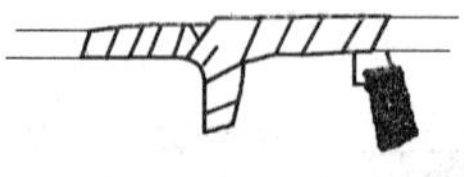	包至干线另一端的完好绝缘层上后,接上黑胶带后,再按第二步～第五步方法继续包缠黑胶带,如左图所示

注:分支接点常出现在导线分路的连接点处,要求分支接点连接牢固、绝缘层恢复可靠,否则容易发生断路等电气事故。

表 14-11　导线并接点绝缘层的绝缘性能恢复

步骤	示　意　图	说　明
第一步		用绝缘带(黄蜡带或涤纶薄膜带)从左侧完好的绝缘层上开始顺时针包缠,如左图所示
第二步		由于并接点较短,绝缘带叠压宽度可紧些,间隔可小于 1/2 带宽,如左图所示
第三步	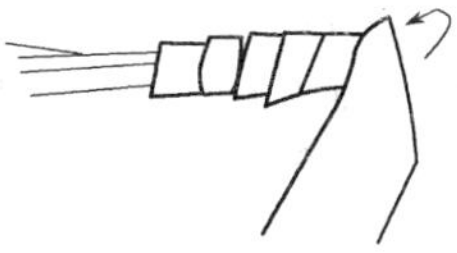	包缠到导线端口后,应使带面超出导线端口 1/2 ~ 3/4 带宽,然后折回伸出部分的带宽,如左图所示
第四步	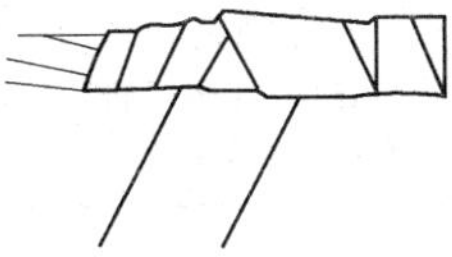	把折回的带面揿平压紧,接着缠包第二层绝缘层,包至下层起包处止,如左图所示
第五步	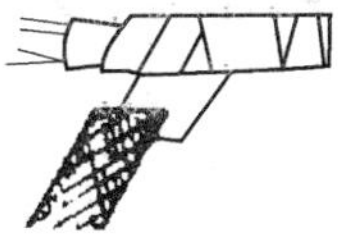	接上黑胶带,并使黑胶带超出绝缘带层至少半根带宽,并完全压没住绝缘带,如左图所示
第六步		按第二步方法把黑胶带包缠到导线端口,如左图所示
第七步		按第三步、第四步方法把黑胶带缠包端口绝缘带层,要完全压没住绝缘带;然后折回,缠包第二层黑胶带,包至下层起包处止,如左图所示
第八步	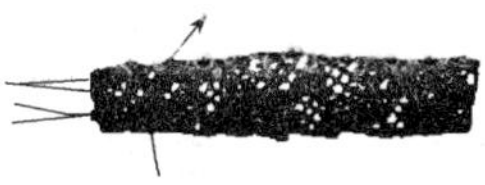	用右手拇、食两指紧捏黑胶带断带口,使端口密封,如左图所示

注:并接点常出现在木台、接线盒内。由于木台、接线盒的空间小、导线和附件多,往往彼此挤在一起,容易贴在墙面,所以导线并接点的绝缘层必须恢复得可靠,否则容易发生漏电或短路等电气事故。

14.4　导线的封端

所谓导线的“封端”，是指将大于 $10mm^2$ 的单股铜芯线、大于 $2.5mm^2$ 的多股铜芯线和单股铝芯线的线头，进行焊接或压接接线端子的工艺过程。

导线封端在电工工艺上，铜导线“封端”与铝导线“封端”是不相同的，如表 14-12 所示。

表 14-12　导线的“封端”

导线材质	选用方法	“封端”工艺
铜	锡焊法	(1)除去线头表面、接线端子孔内的污物和氧化物； (2)分别在焊接面上涂上无酸焊剂，线头搪上锡； (3)将适量焊锡放入接线端子孔内，并用喷灯对其加热至熔化； (4)将搪锡线头接入端子孔，把熔化的焊锡灌满线头与接线端子孔内； (5)停止加热，使焊锡冷却，线头与接线端子牢固连接
	压接法	(1)除去线头表面、压接管内的污物和氧化物； (2)将两根线头相对插入，并穿出压接管(两线端各伸出压接管 25 ~ 30mm)； (3)用压接钳进行压接
铝	压接法	(1)除去线头表面、接线孔内的污物和氧化物； (2)分别在线头、接线孔两接触面涂以中性凡士林； (3)将线头插入接线孔，用压接钳进行压接

项目实训二十四：电工基本操作技能实训

一、实训目的

1. 掌握导线手工和放线架布放等常用布放方法。
2. 熟悉用电工刀剖削、钢线钳或尖嘴钳剖削和剥线钳剖削等导线绝缘层剖削方法。
3. 熟悉导线连接的方法。
4. 清楚导线绝缘层的恢复方法——包缠法。

二、实训内容

1. 导线手工和放线架布放等常用布放操作实训。
2. 电工刀剖削、钢线钳或尖嘴钳剖削和剥线钳剖削等导线绝缘层剖削操作实训。
3. 导线的缠绕式连接(又分直接缠绕式、分线缠绕式、多股软线与单股硬线缠绕式和塑料绞型软线缠绕式等)、压板式连接、螺钉压式连接和接线耳式连接等操作实训。
4. 绝缘性能包缠恢复法的操作实训。

三、实训时间

每人操作 60min。

四、实训报告

1. 编写导线手工和放线架布放等常用布放操作实训报告。

2. 写出电工刀剖削、钢线钳或尖嘴钳剖削和剥线钳剖削等导线绝缘层剖削操作实训报告。

3. 写出导线的缠绕式连接(又分直接缠绕式、分线缠绕式、多股软线与单股硬线缠绕式和塑料绞型软线缠绕式等)、压板式连接、螺钉压式连接和接线耳式连接等操作实训报告。

4. 写出绝缘性能包缠恢复法的操作实训报告。

项目十五　导线和电缆的选择

15.1　导体材料的选择

电线、电缆一般采用铝线芯。濒临海边及有严重盐雾地区的架空线路可采用防腐型钢芯铝绞线。下列场合宜采用铜芯电线及电缆：

(1)重要的操作回路及二次回路。

(2)移动设备的线路及剧烈振动场合的线路。

(3)对铝有严重腐蚀而对铜腐蚀轻微的场合。

(4)爆炸危险场所有特殊要求者。

15.2　绝缘及护套的选择

15.2.1　塑料绝缘电线

塑料绝缘电线的绝缘性能良好，制造工艺简便，价格较低，无论明敷或穿管都可取代橡皮绝缘线，从而节约大量橡胶和棉纱。缺点是塑料对气候适应性能较差，低温时变硬、变脆，高温或日光照射下增塑剂容易挥发而使绝缘老化加快，因此，塑料绝缘电线不宜在室外敷设。

15.2.2　橡皮绝缘电线

橡皮绝缘电线根据玻璃丝或棉纱原料的货源情况配置编织层材料，型号不再区分而统一用 BX 及 BLX 表示。

15.2.3　氯丁橡皮绝缘电线

$35mm^2$ 以下的普通橡皮线已逐渐被氯丁橡皮绝缘线取代。它的特点是耐油性能好，不易霉，不延燃，适应气候性能好，光老化过程缓慢，老化时间约为普通橡皮绝缘线的两倍，因此适宜在室外敷设。由于绝缘层机械强度比普通橡皮绝缘电线稍弱，因此，外径虽较小而穿线管仍与普通橡皮绝缘电线的相同。

15.2.4　油浸纸绝缘电力电缆

油浸纸绝缘电力电缆的耐热能力强，允许运行温度较高，介质损耗低，耐电压强度高，使用寿命长，但绝缘材料弯曲性能较差。不能在低温时敷设，否则容易损伤绝缘。由于绝缘层内油的淌流，电缆两端水平高差不宜过大。

油浸纸绝缘电力电缆有铅、铝两种护套。铅护套质软，韧性好，不影响电缆的弯曲性能，化学性能稳定，熔点低，便于加工制造。但它价贵质重，并且膨胀系数小于浸渍纸，线芯发热时电缆内部产生的应力可能使铅包变形。

铝包护套质量小，成本低，但加工困难。

15.2.5　聚氯丁烯绝缘及护套电力电缆

聚氯丁烯绝缘及护套电力电缆有1kV及6kV两级，制造工艺简便，没有敷设高差限制。可以在很大范围内代替油浸纸绝缘电缆、滴干绝缘和不滴流浸渍纸绝缘电缆。主要优点是质量小，弯曲性能好，接头制作简便，耐油、耐酸碱腐蚀，不延燃，具有风铠装结构，使钢带或钢丝免腐蚀，价格便宜。

缺点是绝缘电阻较油浸纸绝缘电缆低，介质损耗大，特点是6kV级的介质损耗比油浸绝缘电缆大好多倍，耐腐蚀性能尚不完善，在含有三氯乙烯、三氯甲烷、四氯化碳、二硫化碳、醋酸酐、冰醋酸的场合不宜采用，在含有苯、苯胺、丙酮、吡啶的场所也不适用。

15.2.6　橡皮绝缘电力电缆

橡皮绝缘电力电缆的弯曲性能较好，能够在严寒气候下敷设，特别适用于水平高差大和垂直敷设的场合。它不仅适用于固定敷设的线路，也可用于定期移动的固定敷设线路。橡皮绝缘橡皮护套软电缆（简称橡套软电缆）还可用于连接移动式电气设备。但橡胶耐热性能差，允许运行温度较低，普通橡胶遇到油类及其化合物时很快便被损坏。

15.2.7　交联聚乙烯绝缘聚氯乙烯护套电力电缆

交联聚乙烯绝缘聚氯乙烯护套电力电缆有6kV、10kV、35kV三种等级；性能优良，结构简单，制造方便，外径小，质量轻，载流量大，敷设水平高差不受限制。但它有延燃的缺点，并且价格也较高。

15.3　导线和电缆截面的选择与计算

为了保证供电系统安全、可靠、经济、合理地运行，选择导线和电缆截面时，必须满足下列条件：

（1）发热条件。导线和电缆在通过正常最大负荷电流（计算电流）时产生的发热温度，不应该超过其正常运行时的最高允许温度。

（2）经济电流密度。高压配电线和大电流的低压配电线路，应按规定的经济电流密度选择线和电缆的截面，使电能损失较小，节省有色金属。

（3）电压损失。导线和电缆在通过正常最大负荷电流时产生的电压损失，不应超过正常运行时允许的电压损失。

（4）机械强度。导线的截面不应小于其最小允许截面，以满足机械强度的要求。

在选择导线和电缆时，还应满足工作电压的要求。

对于高压配电线，一般先按经济电流密度选择截面，然后验算其发热条件和允许电压损失。对于高压电缆线路，还应进行热稳定校验。对于低压配电线，往往先按发热条件选取截面，然后再验算允许的电压损失和经济电流密度。

15.3.1　按发热条件选择导线和电缆截面

导线有电流通过就要发热，产生的热量一部分散发到周围的空气中，另一部分使导线温度升高。导线允许通过的最大电流(也称允许载流量或允许持续电流)，通常由实验方法确定。把试验所得数据列成表格，在设计时利用这些表格来选择导线截面，就是按发热条件选择导线和电缆截面。

按发热条件选择导线和电缆截面时，应满足下式：

$$I_{yx} \geqslant I_{js}$$

式中　I_{js}——导线和电缆的计算电流；

I_{yx}——导线和电缆的允许载流量。

必须注意，导线和电缆的允许载流量与环境温度有关。导线和电缆的允许载流量所对应的空气周围环境温度为25℃，如不是25℃，则其允许载流量应予校正。

15.3.2　按经济电流密度选择导线和电缆的截面

按经济观点来选择截面，需从降低电能损耗、减少投资和节约有色金属两方面来衡量。从降低电能损耗来看，导线截面积越大越好；从减少投资和节约有色金属出发，导线截面积越小越好。线路投资和电能损耗都影响年运行费。综合考虑各方面的因素而确定的符合总经济利益的导线截面积，称为经济截面。对应于经济截面的电流密度，称为经济电流密度。

我国目前采用的经济电流密度见表15-1。

表15-1　我国规定的导线和电缆经济电流密度

线路类别	导线材料	年最大负荷利用小时(h)		
		<3000	3000~5000	>5000
架空线路(A/mm^2)	铝	1.65	1.15	0.90
	铜	3.00	2.25	1.75
电缆线路(A/mm^2)	铝	1.92	1.73	1.54
	铜	1.50	2.25	2.00

经济截面S_{ji}可由下式求得，即

$$S_{ji} = \frac{I_{js}}{I_{jr}}$$

式中　I_{js}——导线和电缆的计算电流；

I_{jr}——经济电流密度。

15.3.3　按允许电压损失选择导线、电缆的截面

一切用电设备都是按照在额定电压下运行的条件而制造的，当端电压与额定值不同时，用

电设备的运行就要恶化。电气设备端点的实际电压和电气设备额定电压之差称为“电压偏移”。要保证电网内各负荷点在任何时间的电压都等于额定值是十分困难的。电网各点的电压往往不等于额定电压，而是在额定电压上下波动。为了保证用电设备的正常运行，一般规定出允许电压的偏移范围，作为计算电网、校验用电设备端电压的依据。

高压配电线路，规定自变电所二次侧出口，至线路末端的变压器一次侧，电压损失百分数不应超过额定电压的5%；低压配电线路，规定自变电所二次侧出口，至线路末端，电压损失百分数不应超过额定电压的7%（城镇不应超过4%）。

线路电压损失的计算，只要已知负荷 P 和线路长度 L，根据表15-2～表15-4，就可求出线路的电压损失值 $\Delta U\%$。如果算出的线路电压损失值超过了允许值，则应适当加大导线或电缆的截面，使它满足电压损失值的要求。

表15-2　6kV、10kV三相架空线路电压损失表

额定电压（kV）	导线型号	当 $\cos\varphi$ 等于下列数值时的电压损失（%/MW·km）			
		0.95	0.90	0.85	0.80
6	LJ—16	5.85	6.01	6.16	6.29
	LJ—25	3.90	4.07	4.21	4.35
	LJ—35	2.90	3.07	3.21	3.35
	LJ—50	2.13	2.29	2.43	2.57
	LJ—70	1.63	1.79	1.93	2.07
	LJ—95	1.29	1.46	1.60	1.74
	LJ—120	1.10	1.26	1.41	1.54
	LJ—150	0.93	1.10	1.24	1.38
	LJ—185	0.82	0.98	1.13	1.26
10	LJ—16	2.105	2.164	2.216	2.265
	LJ—25	1.405	1.464	1.516	1.565
	LJ—35	1.045	1.104	1.156	1.205
	LJ—50	0.765	0.824	0.876	0.925
	LJ—70	0.585	0.644	0.696	0.745
	LJ—95	0.465	0.524	0.576	0.625
	LJ—120	0.395	0.454	0.506	0.555
	LJ—150	0.335	0.394	0.446	0.495
	LJ—185	0.295	0.354	0.406	0.455

计算公式为

$$\Delta U\% = \frac{R_0 + X_0\tan\varphi}{U^2} \cdot P \cdot L$$

式中　P——负荷（MW）；

L——线路长度（km）；

U——额定电压（kV）；

R_0——线路单位长度电阻（Ω/km）；

X_0——线路单位长度感抗（Ω/km），6～10kV，X_0 取平均值0.38Ω/km；35kV，X_0 取平均值0.40Ω/km计算；

$\Delta U\%$——线路每MW·km的电压损失百分数；

$\cos\varphi$——负荷的功率因素

表 15-3　6kV、10kV 三相铝芯电缆线路电压损失表

额定电压（kV）	导线型号	当 cosφ 等于下列数值时的电压损失（%/MW·km）		
		0.70	0.80	0.90
6	3×16	6.25	6.20	6.14
	3×25	4.09	4.03	3.97
	3×35	2.98	2.92	2.86
	3×50	2.44	2.37	2.31
	3×70	1.61	1.55	1.48
	3×95	1.24	1.18	1.12
	3×120	1.03	0.97	0.91
	3×150	0.87	0.81	0.75
	3×185	0.75	0.69	0.63
	3×240	0.63	0.57	0.51
10	3×16	2.25	2.23	1.21
	3×25	1.47	1.45	1.43
	3×35	1.07	1.05	1.03
	3×50	0.88	0.85	0.83
	3×70	0.58	0.56	0.53
	3×95	0.45	0.43	0.40
	3×120	0.37	0.35	0.33
	3×150	0.31	0.29	0.27
	3×185	0.27	0.25	0.23
	3×240	0.23	0.20	0.18

计算公式为

$$\Delta U\% = \frac{r_0 + X_0 \tan\varphi}{U^2} \cdot P \cdot L$$

式中　P——负荷（MW）；

L——线路长度（km）；

U——线路电压（kV）；

r_0——50℃时电缆一相芯线的电阻（Ω/km）；

X_0——电缆一相线的感抗（Ω/km）；

$\Delta U\%$——线路每 MW·km 的电压损失百分数；

$\cos\varphi$——负荷的功率因素

各型电缆的感抗值有所不同，本表仅作参考。

表 15-4　0.38kV 三相架空线路铝导线的电压损失表

导线型号	当 cosφ 等于下列数值时的电压损失（%/MW·km）						
	0.70	0.75	0.80	0.85	0.90	0.95	1.00
LJ—16	1.624	1.590	1.560	1.523	1.490	1.450	1.370
LJ—25	1.130	1.097	1.064	1.034	1.000	0.965	0.887
LJ—35	0.875	0.833	0.812	0.781	0.750	0.713	0.637
LJ—50	0.671	0.640	0.611	0.582	0.551	0.517	0.443
LJ—70	0.539	0.509	0.480	0.452	0.424	0.390	0.318
LJ—95	0.450	0.420	0.392	0.365	0.337	0.304	0.235
LJ—120	0.396	0.367	0.340	0.314	0.286	0.254	0.187

15.3.4　按导线允许最小截面来选择导线截面

架空线路经常受风、雨、结冰和温度的影响，必须有足够的机械强度才能保证安全运行，架空线路导线的最小允许截面积见表 15-5。

表 15-5　导线最小允许截面积和直径

导线种类	高压		低压
	居民区	非居民区	
铝及铝合金线（mm^2）	35	25	16
钢芯铝线（mm^2）	25	16	16
铜线（mm^2）	16	16	直径 3.2mm

注：1. 高压配电线路不应使用单股铜导线。
2. 裸铝线及铝合金不应使用单股线。

项目实训二十五：导线和电缆的选择实训

一、实训目的

1. 掌握绝缘及护套的选择原则。
2. 熟悉导线和电缆截面的选择原则。

二、实训内容

1. 根据所给的工程要求，合理选择绝缘及护套。
2. 根据所给的工程要求，合理选择导线和电缆截面。

三、实训时间

每人操作 30min。

四、实训报告

1. 编写合理选择绝缘及护套的实训报告。
2. 写出合理选择导线和电缆截面的实训报告。

项目十六 室 内 配 线

室内配线是指建筑物内部(包括与建筑物相关联的外部位)电气线路敷设。有明配线和暗配线两种敷设方式。有瓷夹板配线、瓷瓶(瓷柱)配线、穿管(金属管、塑料管)配线、铝片夹(或线夹)配线、钢索配线等种类。其中穿管配线、铝片卡(线夹)配线用得最多。

室内配线如果导线截面选择不妥,导线质量差,安装不符合要求,就很容易发生导线过热而引发火灾和触电事故,造成生命财产损失。据资料统计,在火灾事故中由电气原因引起的占有很大比例,而这些电气原因中,配线故障又是重要原因。因此保证室内配线安装可靠,至关重要。

16.1 室内配线的基本要求

(1)使用的导线其额定电压应大于线路的工作电压。导线的绝缘应符合线路安装方式和敷设环境的条件。导线截面应能满足供电负荷和机械强度的要求。各种型号导线,都有它的适用范围,导线和配线方式选择应根据安装环境的特点及安全载流量的要求等全面考虑后确定。

(2)配线线路中应尽量避免接头,在实际使用中,很多事故都是由于导线连接不良、接头质量不合格而引起。若必须接头,则应保证接头牢靠,接触良好。穿在管内敷设的导线不准有接头。

(3)明配线在敷设时要保持水平和垂直(横平竖直)。导线与地面的最小距离应符合表16-1中的规定,否则应穿管保护,以防机械损伤。

表16-1 绝缘电线至地面的最小距离

布线方式		最小距离(m)	布线方式		最小距离(m)
电线水平敷设时	室内	2.5	电线垂直敷设时	室内	1.8
	室外	2.7		室外	2.7

(4)导线穿越楼板时,应将导线穿入钢管或硅塑料管保护,保护管上端口距地面不应小于1.8m;下端口到楼板下为止。

(5)导线穿墙时,也应加装保护管(瓷管、钢管、塑料管)。保护管的两端出线口伸出墙面的距离不应小于10mm。

(6)导线通过建筑物的伸缩缝或沉降缝时,导线应稍有余量;敷设线管时,应装补偿装置。

(7)导线相互交叉时,为避免相互碰线,在每根导线上应加套绝缘管保护,并将套管牢靠地固定。

(8)绝缘导线明敷在高温辐射或对绝缘有腐蚀的场所时,导线间及导线至建筑物表面最小净距，不应小于表 16-2 所列数值。

表 16-2　高温或腐蚀性场所绝缘电线间及导线与建筑物表面最小净距

导线固定定点间距 L(m)	最小净距(mm)	导线固定定点间距 L(m)	最小净距(mm)
≤2	75	$4<L\leq6$	150
$2<L\leq4$	100	$6<L\leq10$	200

(9)在与建筑物相关联的室外部位配线时，绝缘导线至建筑物的间距不应小于表 16-3 所列数值。

表 16-3　绝缘导线至建筑物最小间距

布 线 方 式	最小间距(mm)
水平敷设时的垂直间距 距阳台、平台、屋顶 距下方窗户 距上方窗户	 2500 300 800
垂直敷设时至阳台、窗户的水平间距	750
电线至墙壁、构架的间距(挑檐下除外)	50

(10)采用瓷瓶或瓷柱配线的绝缘导线最小线间距离见表 16-4。

表 16-4　室内、外配线的绝缘电线最小间距

绝缘子类型	固定点间距 L(m)	电线最小间距(mm)		绝缘子类型	固定点间距 L(m)	电线最小间距(mm)	
		室内配线	室外配线			室内配线	室外配线
鼓形绝缘子(瓷柱)	≤1.5	50	100	针式绝缘子	$3<L\leq6$	100	150
鼓形或针式绝缘子	$1.5<L\leq3$	75	100	针式绝缘子	$6<L\leq10$	150	200

(11)在室内沿墙、顶棚配线时绝缘导线固定点最大间距见表 16-5。

表 16-5　室内沿墙、顶棚配线时绝缘电线固定点最大间距

配线方式	电线截面积(mm^2)	固定点最大间距(m)	配线方式	电线截面积(mm^2)	固定点最大间距(m)
瓷(塑料)夹板配线	1~4 6~10	0.6 0.8	鼓形绝缘子(瓷柱)配线	1~4 6~10 16~25	1.5 2.0 3.0

(12)室内明配线敷设时，必须与煤气管道、热水管道等各种管道保持一定的安全距离。其最小距离参见表 16-6。

表 16-6　室内明配线与管道间最小距离

配线方式 管道名称		绝缘导线 明配线	配线方式 管道名称		绝缘导线 明配线
蒸汽管(mm)	平行 交叉	1000(500) 300	通风、上下水、压缩 空气管(mm)	平行 交叉	100 100
暖、热水管(mm)	平行 交叉	300(200) 100	煤气管(mm)	平行 交叉	1000 300

注:表内有括号的数值为线路在管道下边的数据。

16.2　塑料护套线配线

塑料护套线是一种具有塑料保护层的双芯或多芯绝缘导线,它具有防潮、耐酸和耐腐蚀等性能,可以直接敷设在空心楼板、墙壁以及建筑物表面,用铝片或线夹固定。

16.2.1　塑料护套线配线要求

(1)塑料护套线不得直接埋入抹灰层内暗配敷设;不得在室外露天场所直接明配敷设。

(2)塑料护套线明配敷设时,导线应平直,紧贴墙面,不应有松弛、扭绞和曲折现象。弯曲时不应损伤护套和芯线的绝缘层,弯曲半径不应小于导线护套宽度的 3 倍。

(3)固定塑料护套线的线卡之间的距离一般为 150 ~ 200mm;线卡距接线盒、灯具、开关、插座等 50mm 处应增加一个固定点。在导线转弯处也应在转弯点两端 50mm 处增加固定点,将导线固定牢靠。

(4)塑料护套线线路中间不应有接头。分支或接头应在灯座、开关、插座接线盒内进行。在多尘和潮湿的场所应采用密封式接线盒。

(5)塑料护套线与接地体和不发热的管道交叉敷设时,应加绝缘管保护;敷设在易受机械损伤的场所,应采用钢管保护。

(6)塑料护套线进入接线盒或与电气器具连接时,护套层应引入盒内或器具内,不能露在外面。

(7)在空心楼板板孔内暗配敷设时,不得损伤护套线,并应便于更换导线;在板孔内不得有接头,板孔内应无积水和无脏杂物。

16.2.2　塑料护套线敷设

1. *护套线选择*

塑料护套线具有双层塑料保护层,即线芯绝缘内层,外面再统包一层塑料绝缘护套。常用的塑料护套线有 BVV 型铜芯聚氯乙烯绝缘聚氯乙烯护套圆型电线、BVVB 型铜芯聚氯乙烯绝缘聚氯乙烯护套平型电线。

选择塑料护套线时,其导线规格、型号必须符合设计要求,并有产品出厂合格证。工程上使用的塑料护套线的最小芯线截面积,铜线不小于 1.0mm^2。塑料护套线采用明敷设时,导线截面积一般不大于 6mm^2。

2. 护套线配线与各种管道距离

塑料护套线配线应避开烟道和其他的发热表面，与各种管道相遇时，应加保护管，与各种管道间的最小距离不得小于下列数值：

（1）与蒸汽管平行时1000mm；在管道下边平行时500mm；蒸汽管外包隔热层时300mm；与蒸汽管交叉时200mm。

（2）与暖热水管平行时300mm；在管道下边平行时200mm；与暖热水管交叉时100mm。

（3）与通风、上下水、压缩空气管平行时200mm；交叉时100mm。

（4）与煤气管道在同一平面布置时，间距不小于500mm；在不同平面布置时，间距不小于20mm。

（5）电气开关和导线接头盒与煤气管道间的距离不小于150mm。

（6）配电箱与煤气管道距离不小于300mm。

3. 塑料护套线固定

塑料护套线明敷设时一般用铝片卡（钢精轧头）或塑料钢钉电线卡固定。铝片卡形状如图16-1所示，塑料钢钉电线卡固定和护套线示意图如图16-2所示。

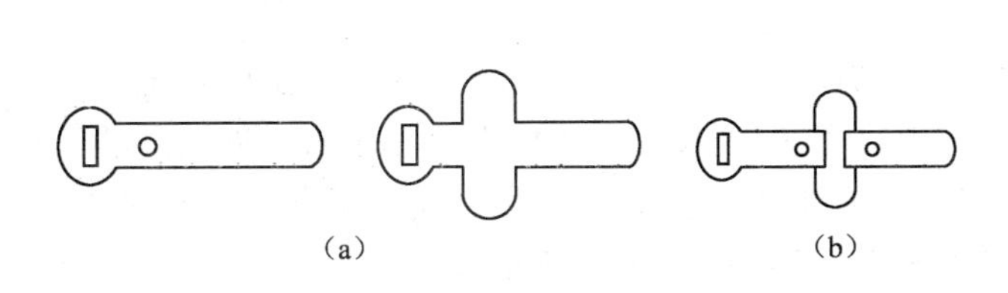

图16-1　铝线卡
（a）钉装式；（b）粘结式

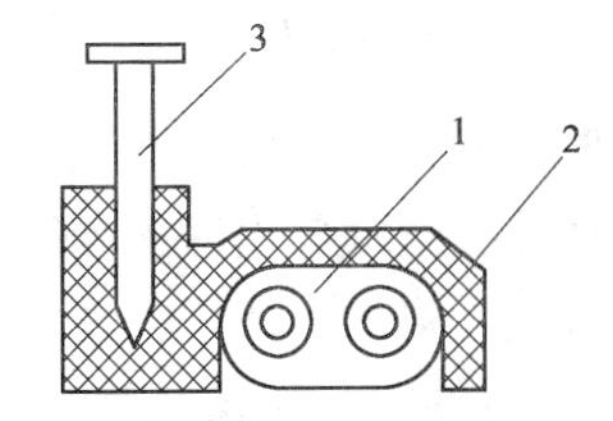

图16-2　塑料钢钉电线卡
1—塑料护套线；2—电线卡；3—钢钉

塑料护套线配用铝片卡规格见表16-7。

表16-7　塑料护套线配用铝线卡号数

导线截面积（mm^2）	BVV，BLVV 双芯			BVV，BLVV 三芯		导线截面积（mm^2）	BVV，BLVV 双芯			BVV，BLVV 三芯	
	1根	2根	3根	1根	2根		1根	2根	3根	1根	2根
1.0	0	1	3	1	3	5	1	3	—	3	—
1.5	0	2	3	1	3	6	2	4	—	3	—
2.5	1	2	4	1	4	8	2	—	—	4	—
4	1	3	5	2	5	10	3	—	—	4	—

塑料护套线敷设时，先根据设计图纸要求，按线路的走向，找好水平和垂直线（护套线水平敷设时，距地面最小距离不小于2.5m，垂直敷设时不小于1.8m，小于1.8m时应穿管保护），用粉线沿建筑物表面弹出线路的中心线，同时标明照明器具及穿墙套管和导线分支点的位置，以及电气器具或接线盒两侧50～100mm处；直接段导线固定点间距为150～200mm。两根护套线敷设遇到十字交叉时，交叉处的四方都应有固定点，如图16-3所示。

固定点及设备安装位置确定后，在建筑物墙体内埋设木楔，然后将铝片卡用铁钉固定。导线由铝片夹住。用塑料钢钉电线卡固定时,应先敷设护套线,将护套线收紧后,在线路上按已确定好的位置,直接钉牢塑料电线卡上的钢钉即可。

塑料护套线放线时,一般需两人合作,要防止护套线平面扭曲。一人把整盘导线按图 16-4 所示方法套入双手中,顺势转动线圈,另一人将外圈线头向前拉。放出的护套线不可在地上拖拉,以免磨损和擦破或沾污护套层。

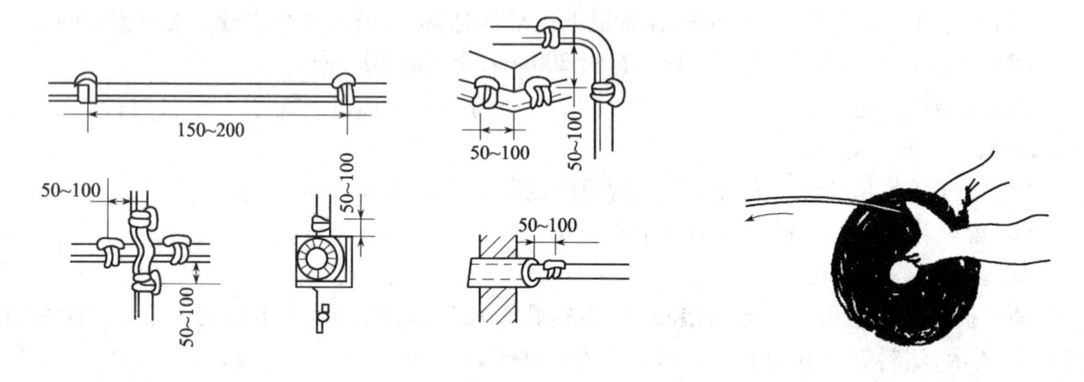

图 16-3 塑料护套线固定点位置

图 16-4 护套线放线

导线放完后先放在地上,量好敷设长度后剪断,然后盘成较大圈径,套在肩上随敷随放。

在放线时因放出的护套线不可能完全平直无曲,所以在敷设时要采用勒直、勒平和收紧的方法校直。将护套线用临时瓷夹夹紧,然后用清洁纱团裹住护套线,用力来回将护套线勒直勒平,或用螺丝刀的金属梗部,把扭曲处来回压勒平直,如图 16-5 所示。

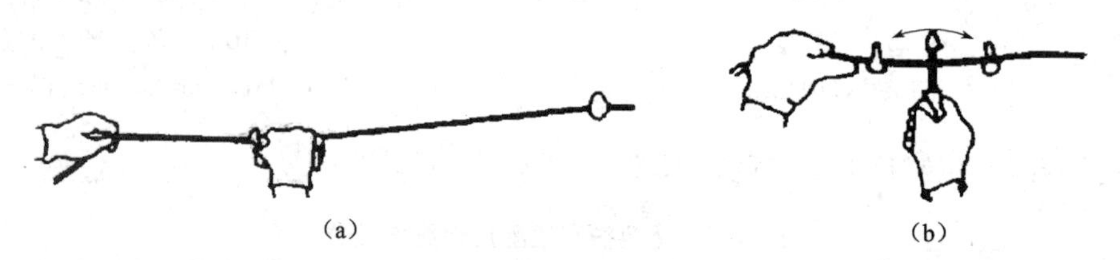

图 16-5 勒直、勒平护套线

(a)勒直护套线;(b)勒平护套线

护套线经过勒直勒平后就可敷设,在敷设中需将护套线尽可能收紧,然后将护套线按顺序逐一由铝片夹住,如图 16-6 所示。

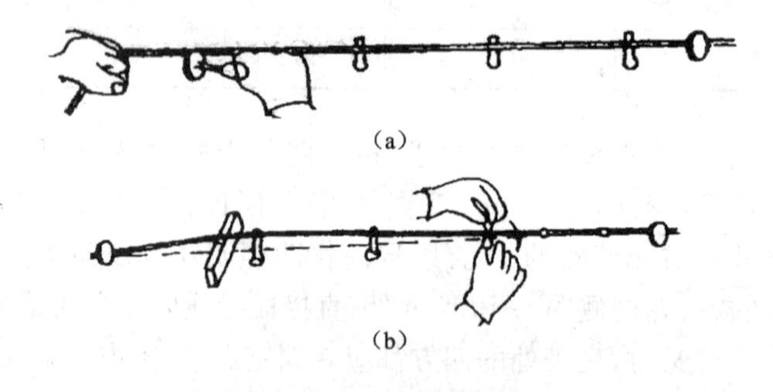

图 16-6 收紧护套线

在夹持铝片卡的过程中，每夹完4～5个后需进行检查，并用小锤轻敲线夹，使线夹平整，固定牢靠。图16-7是铝片卡夹住导线的四个步骤。

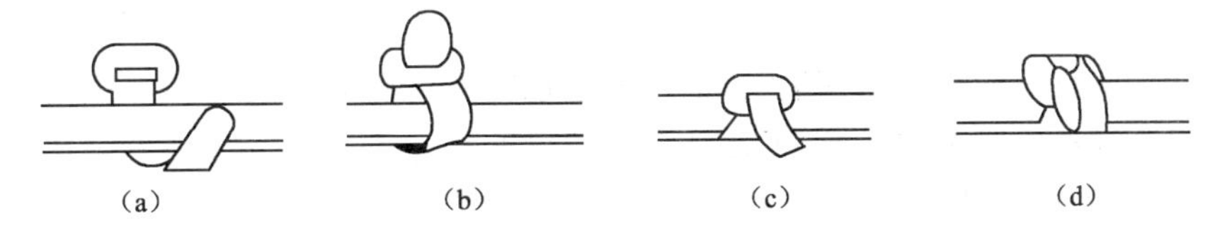

图16-7　夹持铝线卡四个步骤

护套线在跨越建筑物变形缝（伸缩缝）时，两端应固定牢靠，中间变形缝处护套线应留有一定余量。

16.3　钢索配线

钢索配线是将绝缘导线吊钩在钢索上配线。在宽大的厂房内等场所使用。

16.3.1　钢索配线的要求

（1）钢索的终端拉环应固定牢固，应能承受钢索在全部负载下的拉力。

（2）钢索配线使用的钢索应符合下列要求：

① 宜使用镀锌钢索。

② 敷设在潮湿或腐蚀性的场所应使用塑料护套钢索。

③ 钢索的单根钢丝直径应小于0．5mm，并不应有扭曲和断股现象。

④ 选用圆钢作钢索时，在安装前应调直、预伸并涂刷防腐漆。

（3）钢索长度在50m及以下时，可在一端装花篮螺丝；超过50m时，两端应装花篮螺丝；每超过50m应加装一个中间花篮螺丝。

钢索在终端处固定时，钢索卡不少于两个。钢索的终端头应用金属线扎紧。

（4）钢索中间固定点的间距不大于12m；中间吊钩宜使用圆钢，其直径不小于8mm；吊钩的深度不小于20mm。

（5）钢索配线敷设后的弧垂（驰度）不大于100mm，如不能达到时应增加中间吊钩。

（6）钢索上各种配线的支持件间、支持件与灯头盒间及瓷柱配线线间的距离应符合表16-8所列数值。

表16-8　钢索配线零件间和线间距离

配线种类	支持件最大间距（mm）	支持件与灯头盒间最大距离（mm）	线间最小距离（mm）	配线种类	支持件最大间距（mm）	支持件与灯头盒间最大距离（mm）	线间最小距离（mm）
钢管	1500	200	—	塑料护套线	200	100	—
硬塑料管	1000	150	—	瓷柱配线	1500	100	35

16.3.2　钢索安装

1. 钢索及其附件选择

钢索配线用的钢索应采用镀锌钢索，钢索的单根钢丝直径应小于0.5mm。在潮湿或有腐蚀性介质及易积存纤维灰尘的场所，钢索外应套塑料护套，含油性的钢索不能使用。常用作钢索的钢丝绳规格，见表16-9。

表16-9　常用钢丝绳数据表

钢丝绳规格	直径(mm)		参考质量(kg/m)	钢丝绳公称抗拉强度(kN/mm²)		
	钢丝绳	钢丝		1373	1520	1667
				钢丝绳破断拉力总和(kN)不小于		
1×37	2.8 3.5	0.4 0.5	0.039 0.061	6.38 9.90	7.06 10.98	7.24 12.05
6×7	3.8 4.7	0.4 0.5	0.050 0.079	7.20 11.27	8.02 12.45	8.79 13.72
6×19	6.2 7.7	0.4 0.5	0.135 0.211	19.60 30.30	21.66 33.91	23.81 53.61
7×7	3.6 4.5	0.4 0.5	0.055 0.086	8.43 13.13	9.34 14.60	10.19 15.97
7×19	6.0 7.5	0.4 0.5	0.147 0.229	22.83 35.77	25.28 39.59	27.73 43.41
8×19	7.6 9.5	0.4 0.5	0.188 0.294	26.17 40.87	28.91 45.28	31.75 49.69

选用镀锌圆钢作钢索时，在安装前要调直。在调直、拉伸时不能损坏镀锌层。

热轧圆钢的规格见表16-10。

表16-10　热轧圆钢规格表

直径(mm)	理论质量(kg/m)	直径(mm)	理论质量(kg/m)	直径(mm)	理论质量(kg/m)	直径(mm)	理论质量(kg/m)
5	0.154	9	0.499	15	1.390	21	2.720
5.5	0.186	10	0.617	16	1.580	22	2.980
6	0.222	11	0.746	17	1.780	24	3.550
6.5	0.260	12	0.888	18	2.000	25	3.850
7	0.302	13	1.040	19	2.230		
8	0.395	14	1.210	20	2.470		

不同配线方式，不同截面的导线，使钢索承受的拉力各不相同。钢索配线用的钢绞线和圆钢的截面，应根据跨距、承重、机械强度选择。采用钢绞线时，最小截面积不小于10mm²；采用

镀锌圆钢作钢索时，直径不应小于 10mm。

钢绞线（钢丝绳）选择时，应先根据弧垂（驰度）S、支点间距 L，每米长度上的承重形，计算出拉力 P，然后再考虑一个安全系数 K（一般取 3），选择钢丝绳。

计算公式如下：

$$P = 9.8\frac{WL^2}{8S}\cdot K$$

式中　P——钢索拉力（kN）；

L——两支点间距（m）；

W——每米长度承重（kg/m），包括灯具、管材及钢索自重；

S——驰度（m）；

K——安全系数（一般取 3）。

钢索配线用的附件有拉环、花篮螺栓、钢索卡和索具套环及各种连接盒。这些附件均应是镀锌制品或刷防腐漆。

拉环用于在建筑物上固定钢索，一般应用不小于 ϕ16 圆钢制作。拉环外形如图 16-8 所示。

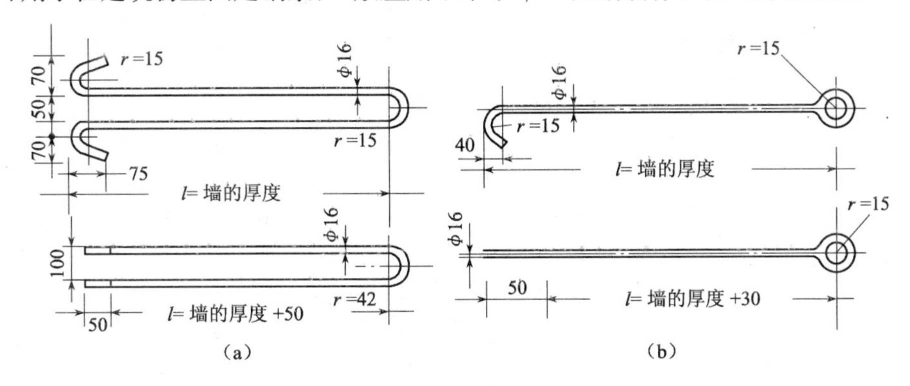

图 16-8　拉环外形

（a）一式拉环；（b）二式拉环

花篮螺栓用于拉紧钢索，并起调整松紧作用。花篮螺栓规格型号见表 16-11。花篮螺栓外形如图 16-9 所示。

表 16-11　花篮螺栓型号、规格表

<table>
<tr><th rowspan="2">编号</th><th rowspan="2">名称</th><th colspan="3">型号及规格</th><th rowspan="2">编号</th><th rowspan="2">名称</th><th colspan="3">型号及规格</th></tr>
<tr><th>1000kg</th><th>600kg</th><th>400kg</th><th>1000kg</th><th>600kg</th><th>400kg</th></tr>
<tr><td>1A</td><td rowspan="3">调节螺母</td><td>ϕ10</td><td>ϕ8</td><td>ϕ6</td><td>A</td><td></td><td>25</td><td>21</td><td>18</td></tr>
<tr><td>1B</td><td>ϕ30</td><td>ϕ28</td><td>ϕ25</td><td>B</td><td></td><td>20</td><td>18</td><td>17</td></tr>
<tr><td>1C</td><td>M16</td><td>M14</td><td>M12</td><td>C</td><td></td><td>ϕ17</td><td>ϕ15</td><td>ϕ13</td></tr>
<tr><td>2</td><td>吊环</td><td>M16</td><td>M14</td><td>M12</td><td>D</td><td></td><td>28</td><td>24</td><td>22</td></tr>
<tr><td>3</td><td>吊环</td><td>M16</td><td>M14</td><td>M12</td><td>E</td><td></td><td>210</td><td>190</td><td>160</td></tr>
<tr><td rowspan="2">4</td><td rowspan="2">螺母</td><td rowspan="2">M16</td><td rowspan="2">M14</td><td rowspan="2">M12</td><td>F</td><td></td><td>250</td><td>230</td><td>200</td></tr>
<tr><td>G</td><td></td><td>24</td><td>20</td><td>18.5</td></tr>
</table>

钢索长度在50m以下时，可在一端装花篮螺栓；超过50m时，两端均应装花篮螺栓；每超过50m时应增加一个中间花篮螺栓。

钢索卡即钢丝绳轧头、钢丝绳夹，是与钢索套环配合作夹紧钢索末端用的附件，其外形和规格见图16-10和表16-12。

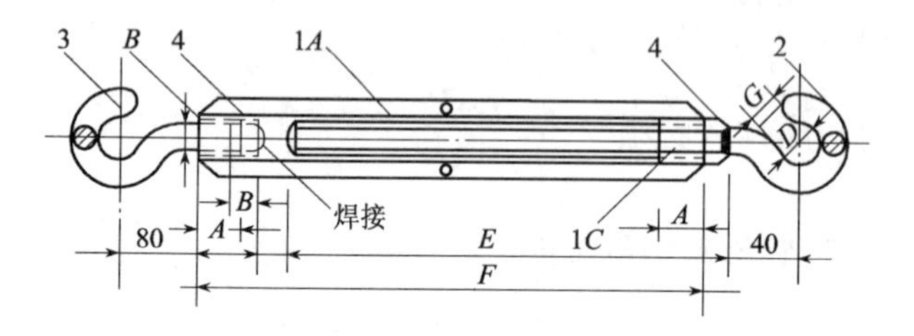

图16-9　花篮螺栓外形

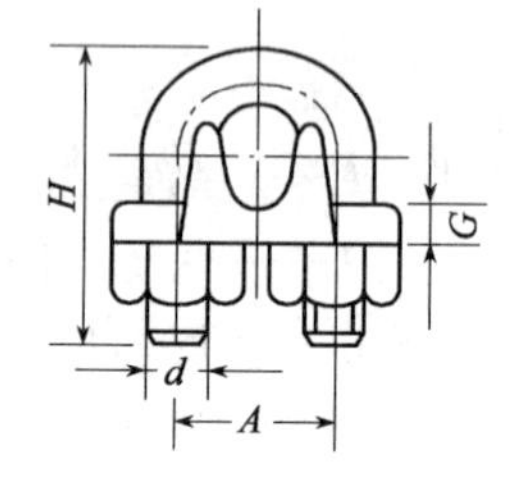

图16-10　钢索卡外形及尺寸

表16-12　钢丝绳轧头标准产品规格尺寸

公称尺寸（mm）	主要尺寸（mm）			
	螺栓直径 d	螺栓中心距 A	螺栓全高 H	螺栓厚度 G
6	M3	1.0	31	6
8	M8	17.0	41	8
10	M10	21.0	51	10
12	M12	25.0	62	12
14	M14	29.0	72	14
16	M14	31.0	77	14
18	M16	35.0	87	16
20	M16	37.0	92	16
22	M20	43.0	108	20
24	M20	45.5	113	20
26	M20	47.5	117	20
28	M22	51.5	127	22
32	M22	55.5	136	22
36	M24	61.5	151	24
40	M27	69.0	168	27
44	M27	73.0	178	27
48	M30	80.0	196	30
52	M30	84.5	205	30
56	M30	88.5	214	30
60	M36	98.5	237	36

注：1. 绳夹的公称尺寸，即等于该绳夹适用的钢丝绳直径。

2. 当绳夹用于起重机上时，夹座材料推荐采用Q235A钢或ZG35Ⅱ碳素钢铸件制造。其他用途绳夹的夹座材料有KT35—10可锻铸铁或QT42—10球墨铸铁。

索具套环即钢丝绳套环、心形环，是钢丝绳的固定连接附件。在钢丝绳与钢丝绳或其他附件间连接时，钢丝绳（钢绞线）一端嵌入在套环的凹槽中，形成环状，这样可保护钢丝绳在弯曲连接时发生断股现象。套环的外形和规格见图 16-11 和表 16-13。

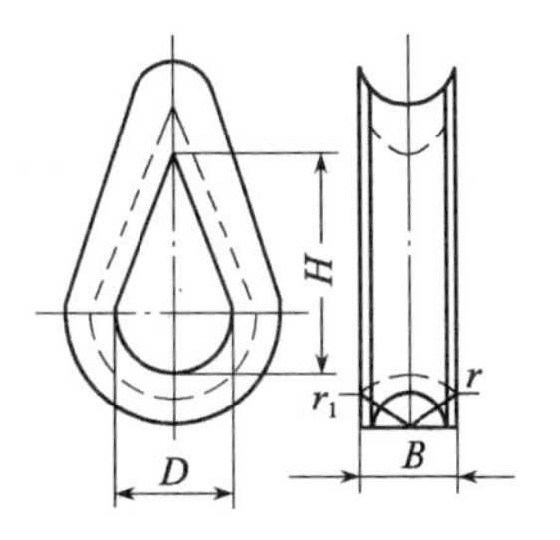

图 16-11　索具套环外形

2. 钢索安装

钢索是悬挂灯具和导线以及附件的承力部件，必须安装牢固、可靠。

表 16-13　索具套环规格表

套环号码	许用负荷(kN)	适用钢丝绳最大直径(mm)	套环宽度 B(mm)	环孔直径 D(mm)	环孔高度 H(mm)
0.1	1	6.5(6)	9	15	26
0.2	2	8	11	20	32
0.3	3	9.5(10)	13	25	40
0.4	4	11.5(12)	15	30	48
0.8	8	15.0(16)	20	40	64
1.3	13	19.0(20)	25	50	80
1.7	17	21.5(22)	27	55	88
1.9	19	22.5(24)	29	60	96
2.4	24	28	34	70	112
3.0	30	31	38	75	120
3.8	38	34	43	90	144
4.5	45	37	54	105	168

注：括号内数字为习惯称呼直径。

在墙体上安装钢索，使用的拉环根据拉力的不同而不同，安装方法要根据现场的具体情况而定。拉环应能承受钢索在全部荷载下的拉力，拉环应固定牢靠，不能被拉脱，造成严重事故。图 16-12 中右侧拉环在墙体上安装，应在墙体施工阶段配合土建施工预埋 *DN*25 的钢管作套管，一式拉环受力按 3900N 考虑，应预埋一根套管，二式拉环应预埋两根 *DN*25 套管；左侧拉环需在混凝土梁或圈梁施工中进行预埋。钢索配线的绝缘导线至地面的最小距离，在室内时不小于 2.5m，安装导线和灯具后钢索的驰度不大于 100mm，如不能达到时，应增加中间吊钩。

钢索安装应在土建工程基本结束后进行，右侧一式拉环在穿入墙体内的套管后，在外墙一侧垫上一块 120mm×75mm×5mm 的钢制垫板；二式拉环需垫上一块 250mm×100mm×6mm 的钢制垫板。然后在垫板外每个螺纹处各用一个垫圈、两个螺栓拧紧，将拉环安装牢固，使其能承受钢索在全部荷载下的拉力。

用钢绞线作钢索时，钢索端头绳头处应用镀锌铁线扎紧，防止绳头松散，然后穿入拉环中的索具套环（心形环）内，用不少于两个的钢索卡（钢丝绳轧头）固定，确保钢索固定牢靠。

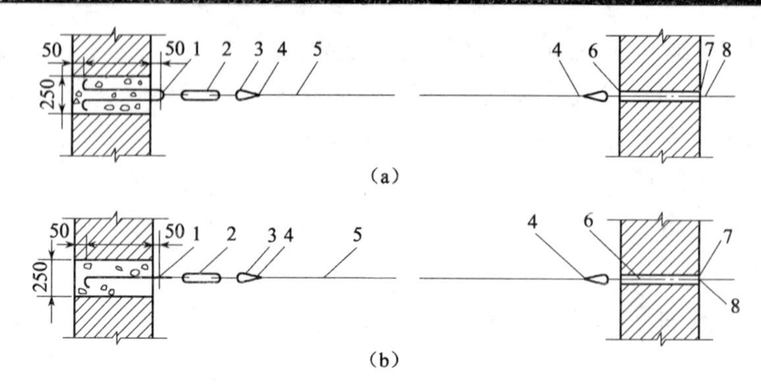

图 16-12　墙上安装钢索

(a)安装做法一;(b)安装做法二

1—拉环;2—花篮螺栓;3—索具套环;4—钢索卡;

5—钢索;6—套管;7—垫板;8—拉环

用圆钢作钢索时,端部可顺着索具套环(心形环)揻成环形圈,并将圈口焊牢或使用钢索卡(钢丝绳轧头)固定。

钢索一端固定好后,在另一端拉环上装上花篮螺栓,并用紧线器拉紧钢索,然后与花篮螺栓吊环上的索具套环(心形环)相连接,剪断余下的钢索,将端头用金属线扎紧,再用钢索卡(钢丝绳轧头)固定(不少于两道)牢靠,紧线器要在花篮螺栓受力后才能取下,花篮螺栓将导线紧到规定要求后,用铁线将花篮螺栓绑扎,以防脱钩。

钢索两端拉紧固定后,在中间有时也需进行固定,为保证钢索张力不大于钢索允许应力,固定点的间距不大于 12m,中间吊钩可用圆钢制作,圆钢直径不小于 8mm。吊钩的深度不小于 20mm,并要有防止钢索跳出的锁定装置。

在柱上安装钢索,可使用 ϕ16 圆钢抱箍固定终端支架和中间支架,如图 16-13 所示。

双梁屋面梁安装钢索,如图 16-14 所示。

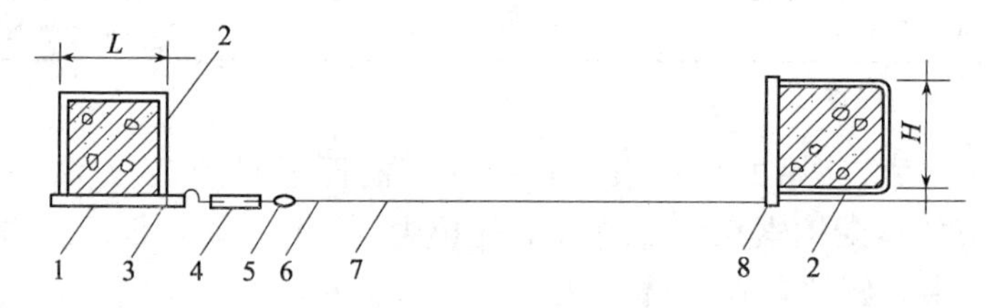

图 16-13　柱上安装钢索

1—支架;2—抱箍;3—螺母;4—垫圈;5—花篮螺栓;

6—索具套环;7—钢索卡;8—钢索

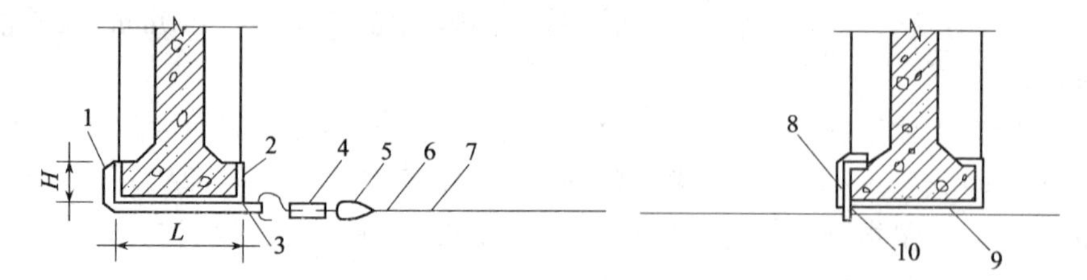

图 16-14　双梁屋面梁安装钢索

1—∟ 50×5 支架;2—抱箍;3—M16 螺母;4—花篮螺栓;5—索具套环;

6—钢索卡;7—钢索;8—∟ 30×4 支架;9— -40×4 支架;10—M10 螺栓

屋面梁上安装钢索，如图 16-15 所示。

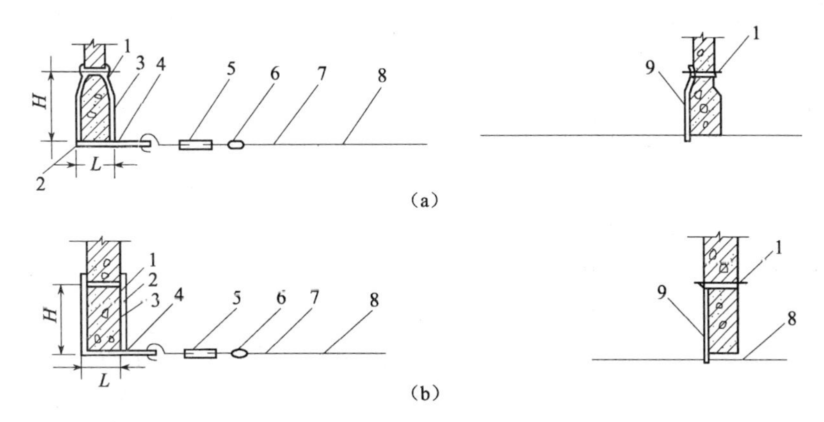

图 16-15　屋面梁上安装钢索

(a)工字形梁上钢索安装；(b)T 形梁上钢索安装

1—螺栓 M12×(B+25)；2—支架；3—支架；4—螺栓(M12×30A 级)；

5—花篮螺栓；6—索具套环；7—钢索卡；8—钢索；9—吊钩

矩形屋架梁钢索安装，如图 16-16 所示。

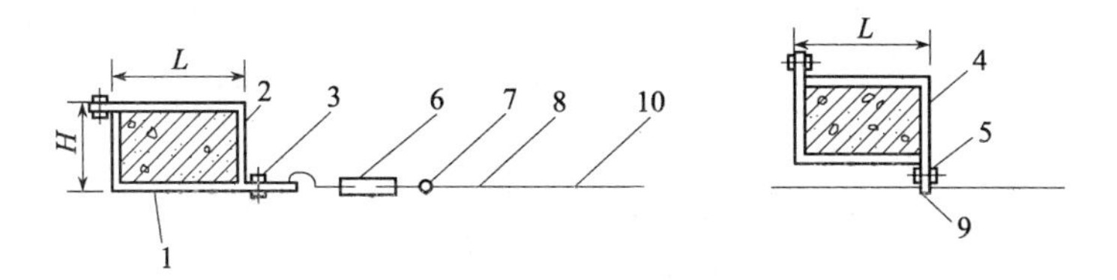

图 16-16　矩形屋架梁钢索安装

1—支架；2—支架；3—M12×40 螺栓；4—支架 -25×4；5—M6×25 螺栓；

6—花篮螺栓；7—钢索套环；8—钢索卡；9—吊钩；10—钢索

3. 钢索吊装塑料护套线配线

钢索吊装塑料护套线配线方式，是采用铝片卡将塑料护套线固定在钢索上和使用塑料接线盒及接线盒安装钢板将照明灯具吊装在钢索上。

在配线时，按设计图要求，先在钢索上确定好灯位位置，然后把接线盒的固定钢板吊挂在钢索的灯位处，最后把塑料接线盒的底部与固定钢板上的安装孔处连接牢固，如图 16-17 所示。

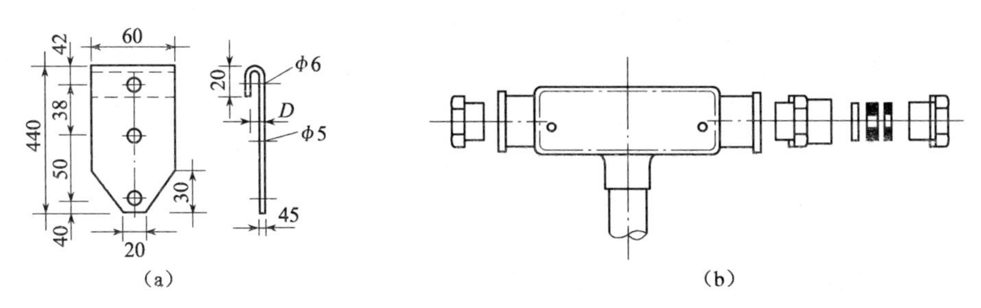

图 16-17　塑料接线盒及固定件

(a)接线盒固定钢板；(b)塑料接线盒

敷设短距离护套线时，可测量出两灯具间的距离，留出适当余量，将塑料护套线按段剪断，进行调直然后卷成盘。敷线从一端开始，一只手托线，另一只手用铝片将护套线平行卡吊在钢索上。

敷设长距离塑料护套线时，将护套线展放并调直后，在钢索两端做临时绑扎，要留足接线盒处导线的余量，长度过长时中间部位也应做临时绑扎，把导线吊起。然后用铝片卡根据要求，把护套线平行卡吊在钢索上。

在钢索上固定铝片卡的间距为：铝片卡与灯头盒间的最大距离为 100mm；铝片卡间最大距离为 200mm，铝片卡间距应均匀一致。

敷设后的护套线应紧贴钢索，无垂度、缝隙、弯曲和损伤。

钢索吊装塑料护套线配线，照明灯具一般使用吊链灯，灯具吊链可用螺栓与接线盒固定钢板下端的螺孔连接固定；当采用双链吊灯时，另一根吊链可用 20mm × 1mm 的扁钢吊卡用 M6 × 20 螺栓固定，如图 16-18 所示。

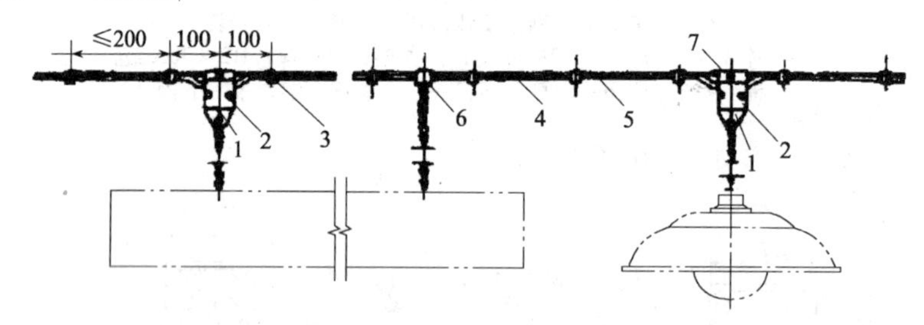

图 16-18　钢索吊装塑料护套线布线吊链灯
1—接线盒固定钢板；2—塑料接线盒；3—铝卡子；
4—塑料护套线；5—钢索；6—吊卡；7—螺栓

16.4　电缆桥架敷设

在用电设备数量较多，安装位置分散，安装高度参差不一的某些生产场所，或需大量动力线和控制线，不适于采用一般绝缘导线架空敷设或埋地敷设时，宜采用电缆桥架敷设。它可以直接支撑大量电力电缆、控制电缆、仪表信号电缆等，基本上以放射式配电。

16.4.1　电缆桥架的制作与安装要求

1. 制作

桥架用铝合金或型钢、冲孔钢板等制作。由支柱、托臂、托盘、盖板以及连接固定件等组成。其表面应采用镀锌处理。在要求不高的场所可以采用涂红丹外刷锌粉漆加以保护。在强烈腐蚀环境中，应采用塑料喷涂。铝合金构件不得用于碱性腐蚀或含氯气的环境中。

2. 安装要求

（1）桥架在室内布置时应尽可能沿建筑物的墙、柱、梁、天花板等平行敷设。

（2）尽量不与其他管道交叉，应避开可能产生高温的设备。桥架离地高度其最低点在 2.5m 以上（在技术夹层中可稍低）。

（3）桥梁与一般管道平行架设时，净距大于 500mm。不得已交叉时，如在管道下面，净距大于 30mm，且用盖板遮好。盖板应伸出管道两侧各 500mm。

(4)桥架顶部到天花板、横梁及其他物件底部的净距应不小于350～400mm。

(5)电缆桥架由正常环境进入防火区时,应采用电缆防火堵料或密封料密封防火。该段的托盘等应无孔。如经墙孔进入防爆区时,应有由电缆防火密封料密封的防爆隔离措施。

16.4.2　电缆桥架之间的间距

(1)在同一托臂或同一平面上的桥架与桥架平行架设时,其净距不大于50mm。交叉时,交叉处的净空大于300mm。其下层桥架应加盖板且伸出上层桥架两侧各500mm。

(2)电缆桥架上下重叠架设时,其层间垂直距离对于电力电缆应取桥架边高加200mm,对于控制电缆应取边高加150mm。若上层桥架宽度大于800mm时,与下层桥架垂直距离不小于500mm(桥架的宽度最好一致)。

16.4.3　电缆在桥架内的敷设

(1)电缆应选用非铠装的型号如VV、VLV、XV、XLV、KVV、KXV等,或带有护套的VV_{22}、VLV_{22}等。

(2)从配电点出线到用电设备的电缆应是整根的,中间不宜有接头,无法避免时应适当放宽该段桥架的宽度。

(3)电缆在桥架内占有空间应取填充系数为0.4～0.5(包括护套在内的电缆总截面积与托盘横断面积之比),考虑发展和良好的散热条件,一般最好取0.2。

(4)电缆在桥架中按水平方向每隔5～10m固定一次,垂直方向每隔1.5m固定一次。两头均应妥加固定。单芯电缆不得用金属材料固定。桥架应适应电缆规定的弯曲半径实行转向。

(5)加上电缆的质量,对水平架设的桥架应按制造厂"载荷曲线"规定选取最佳支撑跨距。垂直架设时,每1.5～2m应设一固定支架。

(6)电缆与电缆应适当保持一定的距离。根数较多时,电力电缆载流量应按梯架、托盘结构的不同,加盖板与否,根据测试数据,采取不同的校正系数。

平面上成捆的电缆或封闭在槽内的电缆,部分参考校正系数见表16-14。

表16-14　校正系数

回路根数	1	2	3	4	5	6	7	8	9	10	12	14	16	18	20
校正系数	1.00	0.80	0.70	0.65	0.60	0.55	0.55	0.50	0.50	0.50	0.45	0.45	0.40	0.40	0.40

16.4.4　电缆桥架的接地

(1)电缆桥架的桥边应可靠地接地,使之与车间的接地干线相连。在腐蚀环境中经塑料喷涂的桥架,或在*Q*—2级爆炸危险环境中的桥架,应沿桥架边上敷设铜线或铝排(12mm×4mm)作为接地线,每1.5m固定一次,每25m与车间接地干线相连一次。

(2)多层次桥架除顶层设接地线外,上下层之间每隔6m用接地线相连一次即可。

(3)目前国内已有多家制造厂生产电缆桥架。结构分梯架式、托盘式、线槽式以及组合式等。应根据需要与环境条件参考产品样本进行选择。

16.5　车间内电气管道与其他管道间距离

车间内各种电气管线、电缆与其他管道应保持一定的安全距离，见表16-15。

表16-15　车间内电气管道和电缆与其他管道之间的最小净距

敷设方式	管线及设备名称	管线(m)	电缆(m)	绝缘导线(m)	裸导(母)线(m)	滑触线(m)	插接式母线(m)	配电设备(m)
平行	煤气管	0.1	0.5	1.0	1.5	1.5	1.5	1.5
	乙炔管	0.1	1.0	1.0	2.0	1.5	3.0	3.0
	氧气管	0.1	0.5	0.5	1.5	1.5	1.5	1.5
	蒸汽管	1.0/0.5	1.0/0.5	1.0/0.5	1.5	1.5	1.0/0.5	0.5
	热水管	0.3/0.2	0.5	0.3/0.2	1.5	1.5	0.3/0.2	0.1
	通风管		0.5	0.1	1.5	1.5	0.1	0.1
	上下水管	0.1	0.5	0.1	1.5	1.5	0.1	0.1
	压缩空气管		0.5	0.1	1.5	1.5	0.1	0.1
	工艺设备				1.5	1.5		
交叉	煤气管	0.1	0.3	0.3	0.5	0.5	0.5	
	乙炔管	0.1	0.5	0.5	0.5	0.5	0.5	
	氧气管	0.1	0.3	0.3	0.5	0.5	0.5	
	蒸汽管	0.3	0.3	0.3	0.5	0.5	0.3	
	热水管	0.1	0.1	0.1	0.5	0.5	0.1	
	通风管		0.1	0.1	0.5	0.5	0.1	
	上下水管		0.1	0.1	0.5	0.5	0.1	
	压缩空气管		0.1	0.1	0.5	0.5	0.1	
	工艺设备				1.5	1.5		

注：1. 表中的分数，分子数字为线路在管道上面时和分母数字为线路在管道下面时的最小净距。
2. 电气管线与蒸汽管不能保持表中距离时，可在蒸汽管与电气管线之间加隔热层，这样平行净距可减至0.2m。交叉处只考虑施工维修方便。
3. 电气管与热水管不能保持表中距离时，可在热水管外包隔热层。
4. 裸母线与其他管道交叉不能保持表中距离时，应在交叉处的裸母线外面加装保护网或罩。

16.6　滑触线的选择

车间内移动的起重运输设备如单轨电动葫芦、悬挂梁式起重机、桥式起重机、龙门架式起重机一般均经由滑动接触的导体滑触线向其供电。

滑触线材料、截面、开关及熔断器选择如下：

16.6.1　材料的选择

(1)在爆炸危险的场所和火灾危险的场所应采用软电缆。对钢材有强烈腐蚀作用的场所、电动葫芦轨道直线距离在100m以下，也可采用软电缆。

(2)在 Q—1、Q—2、G—1 级的场所和室外露天场所,宜采用重型移动电缆。在 Q—3、G—2 级的场所和其他场所可采用中型移动电缆。

(3)在一般正常环境的场所中,大、中型起重机多采用型钢如工字钢和角钢作为滑触线。小型起重机有用扁钢、圆钢或小型角钢的。露天场地上的有吊车梁的起重机,也可用角钢。

(4)露天场地上的大、中型起重机,当轨道敷设在地面上时,其滑触线有敷设在电杆上的双沟导线,有敷设在地沟(带翻动的金属板)中的型钢,有随地敷设并自动卷放的软电缆等各种形式。

(5)特别寒冷地区的露天滑触线,也有用钢—铜包的双沟导线。

16.6.2　截面选择要求

(1)载流量应不小于计算电流。

(2)应符号机械强度的要求。

(3)自供电变压器的低压母线至起重机电动机端子的电压损失,在尖峰电流时,不宜超道额定电压的15%。一般要求起重机内部电压,损失约占2%~3%,电源线电压损失约占3%~5%,滑触线的电压损失不大于10%。

(4)滑触线电压损失不能满足要求时,可以采取以下措施:

① 在型角滑触线侧加铝母线作为辅助线。

② 增大滑触线的截面。

③ 使供电点靠近滑触线中心(但角钢不大于75mm×8mm)。

④ 对太长的滑触线实行分段供电。

16.6.3　开关和熔断器的选择

开关的额定电流应不小于计算电流的1.1倍,或不小于熔体的额定电流。电源熔断器熔体的额定电流不小于0.5倍的尖峰电流。

项目实训二十六:室内配线实训

一、实训目的

1. 掌握塑料护套线配线要求与敷设。
2. 熟悉钢索配线的要求、钢索与钢索吊装塑料护套线配线。
3. 熟悉电缆桥架的制作与安装要求、电缆在桥架内的敷设和电缆桥架的接地要求。
4. 熟悉滑触线的选择。

二、实训内容

1. 根据所给的工程要求,进行塑料护套线固定实训操作。
2. 钢索安装实训。
3. 桥架用铝合金或型钢、冲孔钢板等制作实训。
4. 根据所给的工程要求,就关于滑触线材料、截面、开关及熔断器如何选择进行实训。

三、实训时间

每人操作45min。

四、实训报告

1. 编写塑料护套线固定实训操作报告。
2. 写出钢索安装实训报告。
3. 编写桥架用铝合金或型钢、冲孔钢板等制作实训报告。
4. 写出滑触线材料、截面、开关及熔断器是如何选择的报告。

项目十七 电气照明装置安装

17.1 照明灯具安装

（1）筒灯在吊顶内安装如图 17-1 所示，所需的设备材料表见表 17-1。

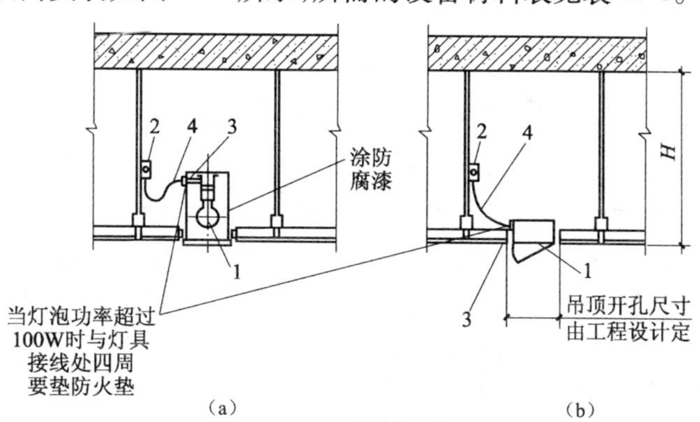

图 17-1 筒灯在吊顶内安装图

(a) Ⅰ型；(b) Ⅱ型

表 17-1 筒灯在吊顶内安装的设备材料表

编号	名称	型号及规格	单位	数量	备注
1	灯具	由工程设计定	套	1	
2	接线盒	由工程设计定	个	1	
3	接线盒	由工程设计定	个	1	灯具配套附件
4	P3 型镀锌金属软管	内径 ϕ20	根	1	

注：1. 吊顶建筑材料应考虑用防火耐燃材料组装。

2. 接线盒安装分明装、暗装等多种形式。

（2）吸顶灯安装如图 17-2 所示，所需的设备材料表见表 17-2。

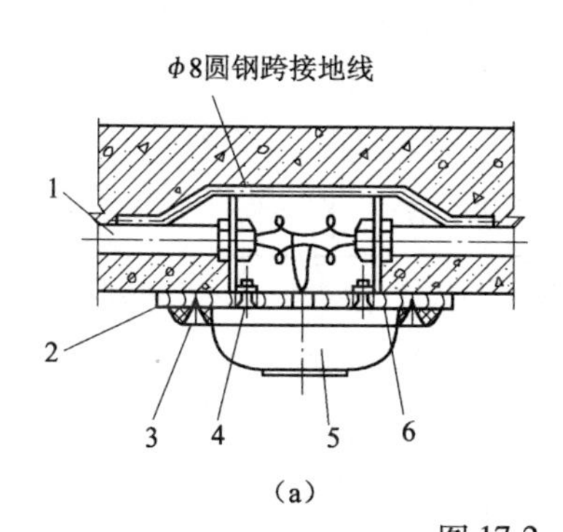

φ8圆钢套丝 7 2 8

3 9

(b)

图 17-2 吸顶灯安装图（一）

(a) 钢管、铁盒；(b) 塑料管、塑料盒

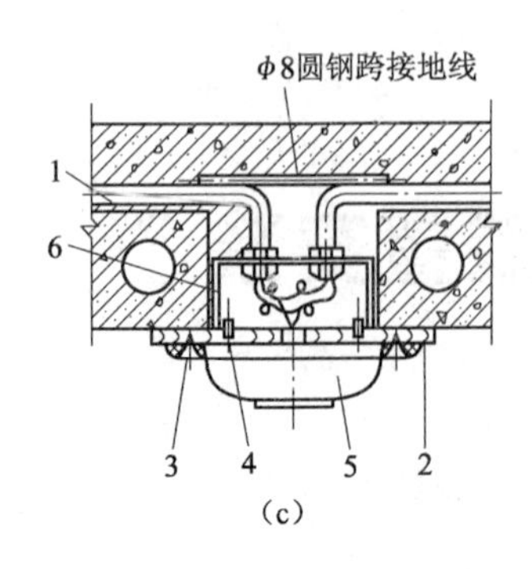

(c)

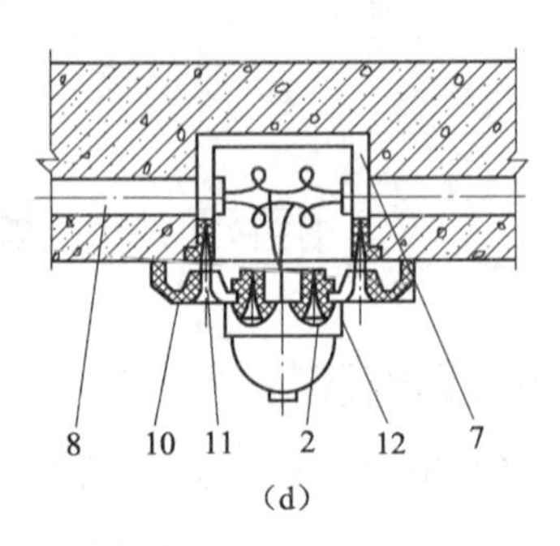

(d)

图 17-2　吸顶灯安装图(二)
(c)空心楼板钢管、铁盒;(d)塑料管、塑料盒、圆塑料台

表 17-2　吸顶灯安装的设备材料表

编　号	名　　称	型号及规格	单　位	数　　量			
				Ⅰ	Ⅱ	Ⅲ	Ⅳ
1	钢管	由工程设计定	根	2		2	
2	圆木台	———"———	个	1	1	1	
3	木螺钉	———"———	个	4	4	4	2
4	螺钉	———"———	个	2		2	
5	胶木灯头吊盒	———"———	个	1		1	
6	铁制接线盒	———"———	个	1		1	
7	塑料接线盒	———"———	个		1		1
8	塑料管	———"———	根		2		2
9	灯具	———"———	个		1		
10	圆塑料台外台	———"———	个				1
11	木螺钉	———"———	个				2
12	圆塑料台内台	由工程设计定	个				1

注:图 17-2 为楼顶暗配线吸顶灯的安装图,楼板可以是现场预制槽形板或空心楼板,施工时应根据工程设计情况采用合适的安装方式,并配合土建埋设预埋件。

(3)荧光灯具吸顶吊挂安装如图 17-3 所示,所需的设备材料表见表 17-3。

(4)YG72 系列高效荧光灯具吸顶安装如图 17-4 所示,所需的设备材料表见表 17-4。荧光灯具规格尺寸表见表 17-5。

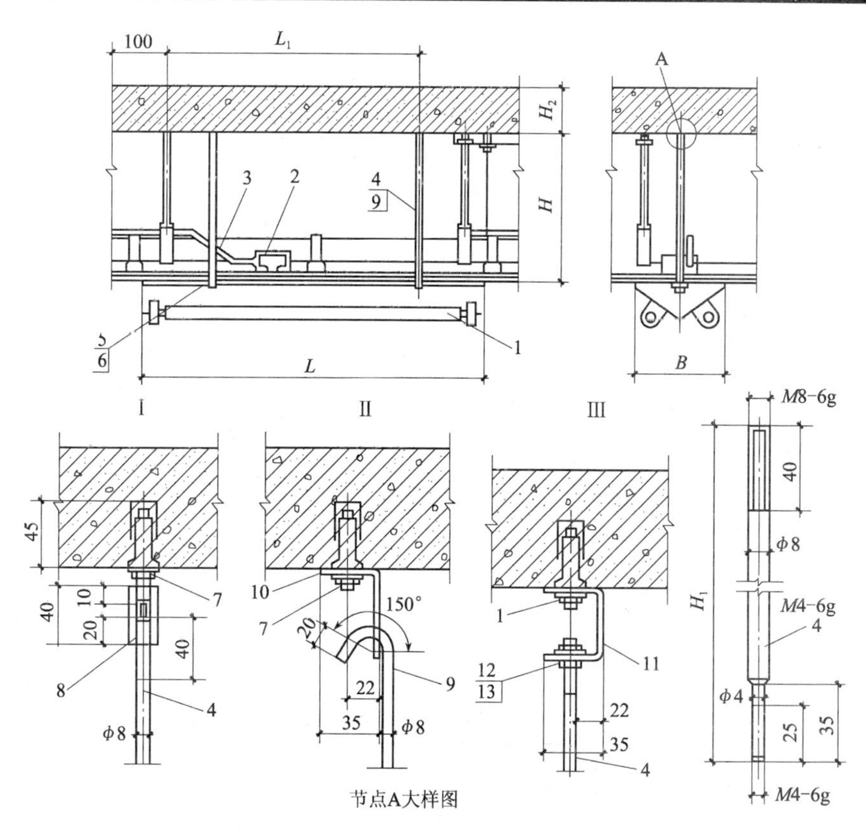

图 17-3　荧光灯具吸顶吊挂安装图

表 17-3　荧光灯具吸顶吊挂安装的设备材料表

编　　号	名　　称	型号及规格	单　　位	数　　量	备　　注
1	荧光灯具	由工程设计定	套	2	
2	接线盒	由工程设计定	个	1	
3	钢管 ϕ20	由工程设计定			
4	吊杆	ϕ8，H_1 由选用者定	个	2	
5	螺母	M4	个	4	
6	垫圈	4	个	4	
7	膨胀螺栓	M8 × 85	套	2	
8	连接螺母	M8	个	2	用于Ⅰ型
9	吊杆	ϕ8，H_1 由选用者定	个	2	用于Ⅱ型
10	吊架Ⅰ	95 × 30，δ = 2	个	2	用于Ⅱ型
11	吊架Ⅱ	120 × 30，δ = 2	个	2	用于Ⅲ型
12	螺母	M8	个	4	
13	垫圈	8	个	4	

注：1. 图 17-3 上楼板厚度 H_2，吊顶高 H，吊杆高 H_1 和荧光灯具尺寸 L、L_1 及 B 均由工程设计时按选用实际情况确定。
2. 荧光灯具固定有多种类型选择配套，除本图列举几种类型之外，由设计者综合工程设计情况选用确定。
3. 接线盒形式分明装、暗装多种。

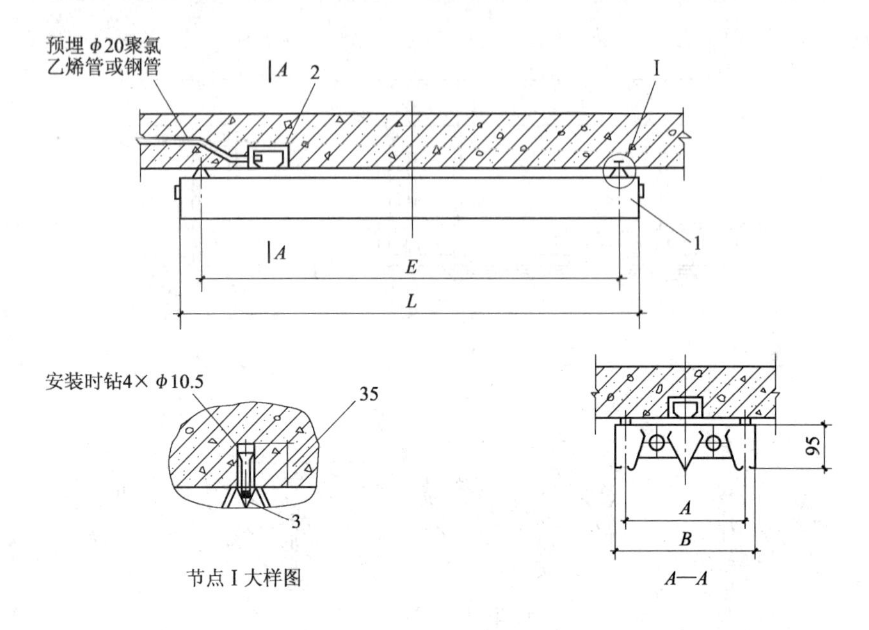

图 17-4　YC72 系列高效荧光灯具吸顶安装图

表 17-4　YG72 系列高效荧光灯具吸顶安装的主要材料表

编　　号	名　　称	型号及规格	单　　位	数　　量
1	荧光灯具	由工程设计定	套	1
2	接线盒	由工程设计定	个	1
3	膨胀螺栓	M6 ×65	套	4

表 17-5　荧光灯具规格尺寸表

产品型号	功率（W）	尺　　寸（mm）				净重（kg）	产　地
		L	E	A	B		
YG72—140	1 ×36	1217	1120	140	180	3. 8	上海燎原灯具厂
YG72—240	2 ×36			262	300	5. 7	
YG72—340	1 ×36			566	600	9. 55	
YG72—130	1 ×30	913	815	140	180	2. 8	
YG72—230	2 ×30			262	300	4. 7	
YG72—330	3 ×30			566	600	8. 19	
YG72—120	1 ×18	607	510	140	180	2. 27	
YG72—220	2 ×18			262	300	3. 70	
YG72—320	3 ×18			566	600	6. 30	

注：1. YG72 系列高效荧光灯采用特殊铝合金薄板，经特殊处理后制成反射器，灯具效率为 70%。
　　2. 保护角为 30° ~40°，最大限度消除眩光。
　　3. 可拼装成光带或各种图案。

（5）大型嵌入式荧光灯盘安装如图 17-5 所示，所需的设备材料表见表 17-6。

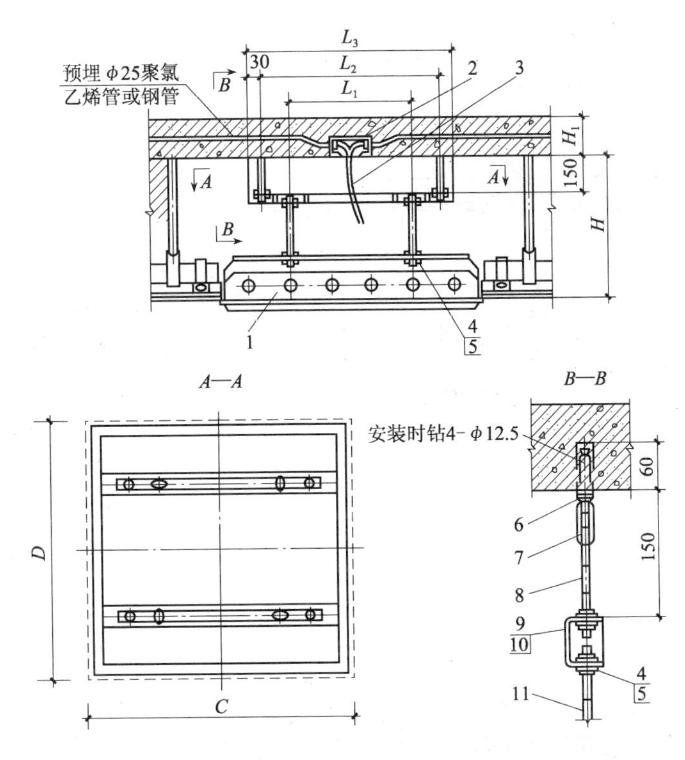

图 17-5　大型嵌入式荧光灯盘安装图

表 17-6　大型嵌入式荧光灯盘安装的设备材料表

编　　号	名　　称	型号及规格	单　　位	数　　量	备　　注
1	荧光灯具	由工程设计定	套	1	
2	接线盒	由工程设计定	个	1	
3	P3 型镀锌金属软管	内径 $\phi25$	根	1	
4	螺母	M8	个	24	
5	垫圈	8	个	24	
6	钢膨胀螺栓	M8 × 100	套	4	
7	连接螺母	M8	个	4	
8	吊杆 I	$\phi8 \times 100$	个	4	
9	横梁	50 × 30 × 3 $L = L_2 + 60$	个	2	
10	肋板	$\delta = 3$	个	8	
11	吊杆 Ⅱ	$\phi8$	个	2	

注:1. 荧光灯嵌入在吊顶内,用吊杆分两段吊挂。

2. 钢管和接线盒预埋在混凝土中。

3. 图 17-5 中尺寸 H、H_1、L_1、L_2、C、D 等数值由工程设计确定。

(6)特殊质量灯具安装如图 17-6 所示,所需的设备材料表见表 17-7。

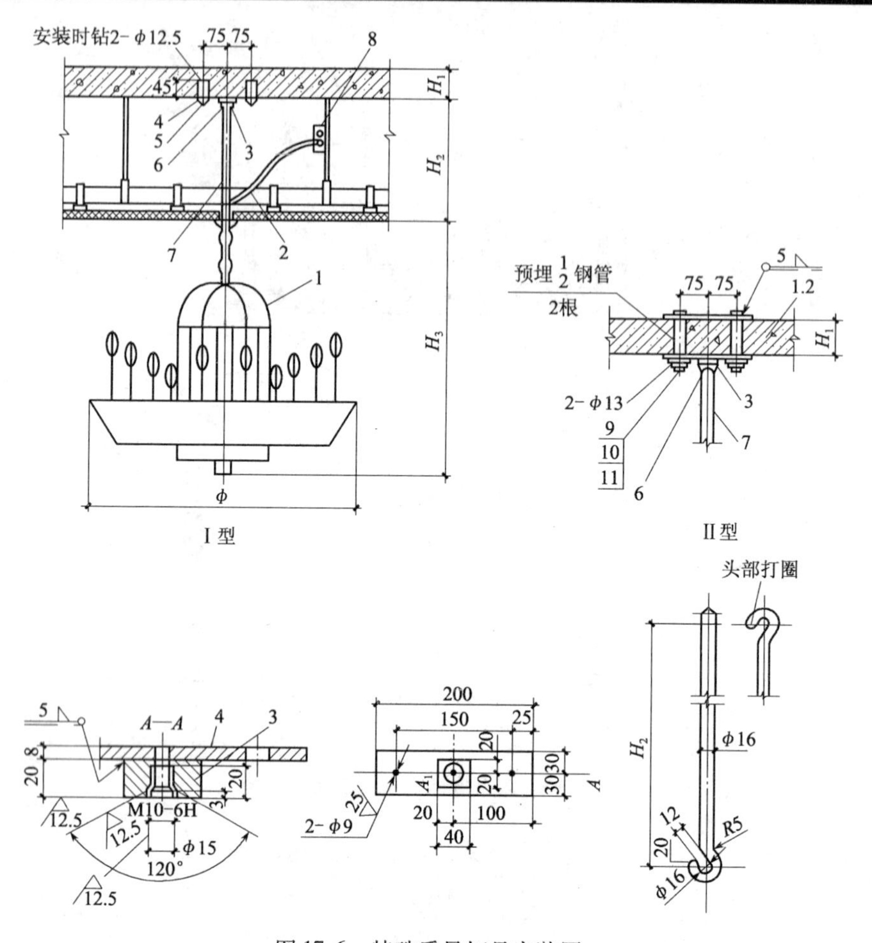

图 17-6　特殊质量灯具安装图

表 17-7　特殊质量灯具安装的设备材料表

编　　号	名　　称	型号及规格	单　　位	数　　量	备　　注
1	灯具	由工程设计定	套	1	最大质量 150kg
2	P3 型镀锌金属软管	内径 $\phi25$	个	1	
3	固定座	$40\times40,\delta=20$	个	1	用于 I 型
4	固定板	$100\times60,\delta=8$	套	1	用于 I 型
5	钢膨胀螺栓	M8 × 100	个	2	
6	螺钉	M10	个	1	
7	吊杆	$\phi16,L=H_2+60$	个	1	
8	接线盒	由工程设计定	个	1	
9	螺栓	$M12\times(H_1+40)$	个	2	用于 II 型
10	螺母	M12	个	4	用于 II 型
11	垫圈	12	个	2	用于 II 型

注:1. 灯具在吊顶上安装形式有 I 型和 II 型,由选用者定。
2. 图 17-6 上楼板厚度 H_1、吊顶高度 H_2 和灯具外形尺寸 H_3、ϕ 根据选用时按实际数据确定。
3. 用牌号 E4303 焊条焊接。
4. 所有孔均在焊接后加工。

(7)荧光灯灯槽内安装如图 17-7 所示,所需的设备材料表见表 17-8。

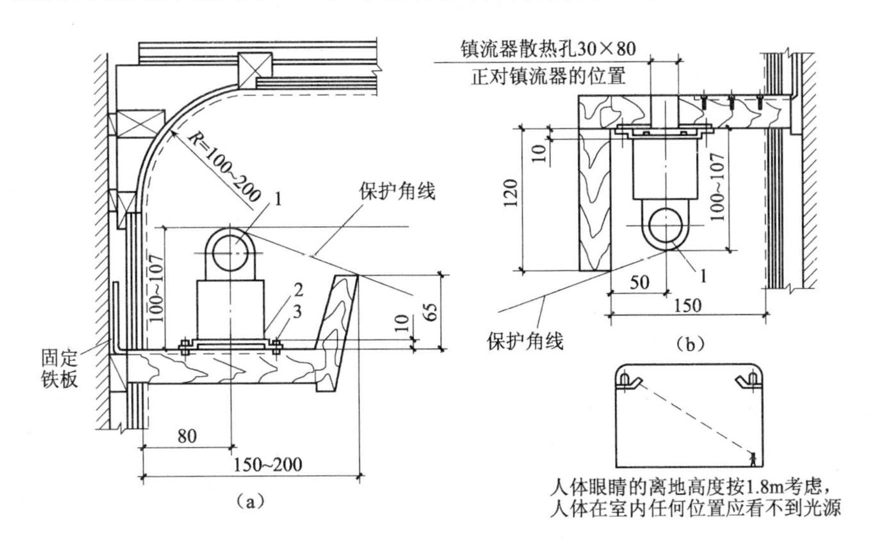

图 17-7　荧光灯灯槽内安装图

(a)向上反射照明;(b)向下反射照明

表 17-8　荧光灯灯槽内安装的设备材料表

编　号	名　　称	型号及规格	单　位	数　量	备　注
1	荧光灯	由工程设计定	套	1	
2	固定支架	150 ×40,δ = 1.5	根	2	
3	木螺钉	M4 ×20	个	4	

注:1. 内壁虚线所示为反射面,应用漫反射材料作面层。
2. 图 17-7 中建筑结构所注尺寸供参考。
3. 荧光灯的固定根据现场实际情况由施工者确定安装。
4. 建筑材料应采取防火措施。

(8)荧光灯檐内向下照射安装如图 17-8 所示,所需的设备材料表见表 17-9。

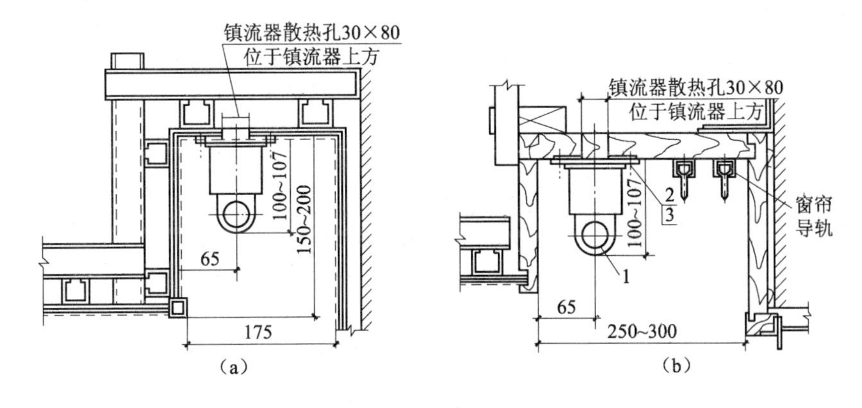

图 17-8　荧光灯檐内向下照射安装图

(a)方案Ⅰ;(b)方案Ⅱ

表 17-9　荧光灯檐内向下照射安装的设备材料表

编　　号	名　　称	型号及规格	单　　位	数　　量	备　　注
1	荧光灯	由工程设计定	套	1	
2	固定支架	$150\times40,\delta=1.5$	个	2	
3	木螺钉	M4 ×20	个	4	

注:1. 内壁虚线所示为反射面,应用漫反射材料作面层。
2. 图 17-8 中建筑结构所注尺寸供参考。
3. 荧光灯的固定根据现场实际情况由施工者确定安装。
4. 建筑材料应采取防火措施。

17.2　开关的安装

开关是用来控制灯具等电器电源通断的器件。根据它的使用和安装,大致可分明装式、暗装式和组装式几大类。明装式开关有扳把式、翘板式、揿钮式和双联或多联式;暗装式(即嵌入式)开关有揿钮式和翘板式;组合式即根据不同要求组装而成的多功能开关,有节能钥匙开关、请勿打扰的门铃按钮、调光开关、带指示灯的开关和集控开关(板)等。图 17-9 为一些常见的开关。表 17-10 为开关的具体安装范例。

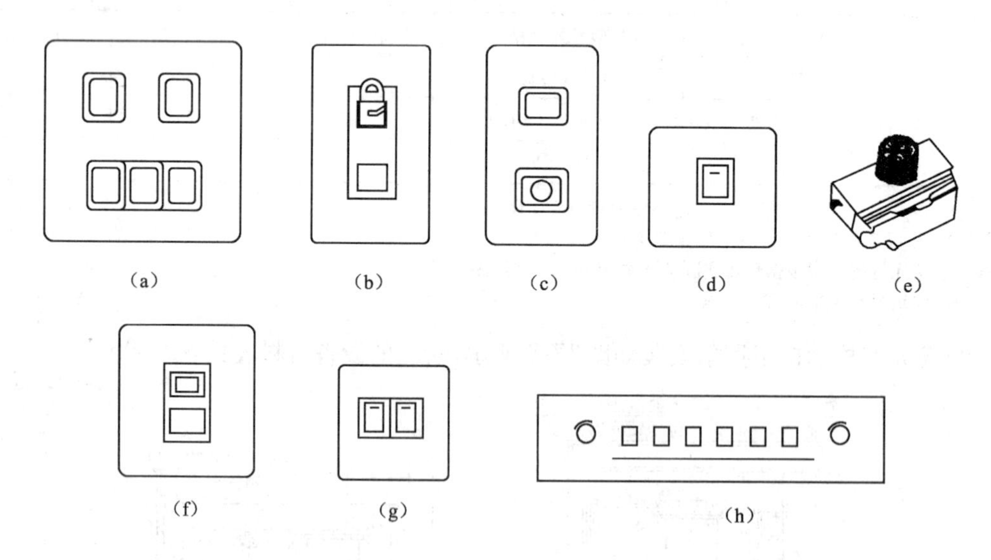

图 17-9　几种常见开关
(a)五联双控开关;(b)节能双控开关;(c)请勿打扰门铃按钮;
(d)单联开关;(e)调光(调速)开关;(f)带指示灯的双控开关;
(g)双联开关;(h)八功能卧室电器集控开关

表 17-10　开关的安装

安装形式	步　骤	示　意　图	安　装　说　明
明　装	第一步	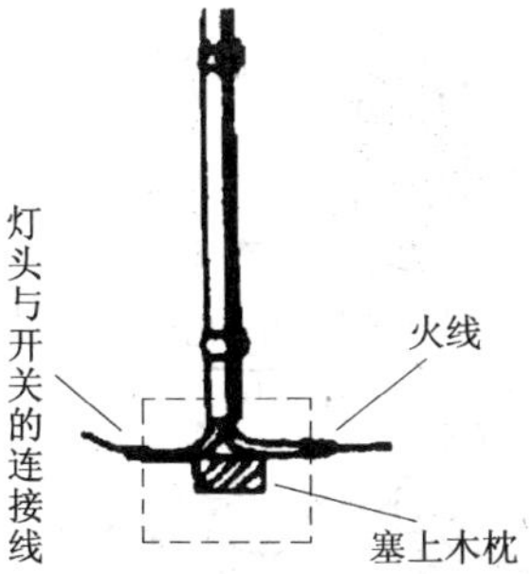	在墙上准备安装开关的地方居中钻一个小孔，塞上木枕，如左图所示。一般要求倒板式、翘板式或揿钮式开关距地面高度为 1.3m，距门框为 150 ~ 200mm；拉线开关距地面 1.8m，距门框 150 ~ 200mm
	第二步	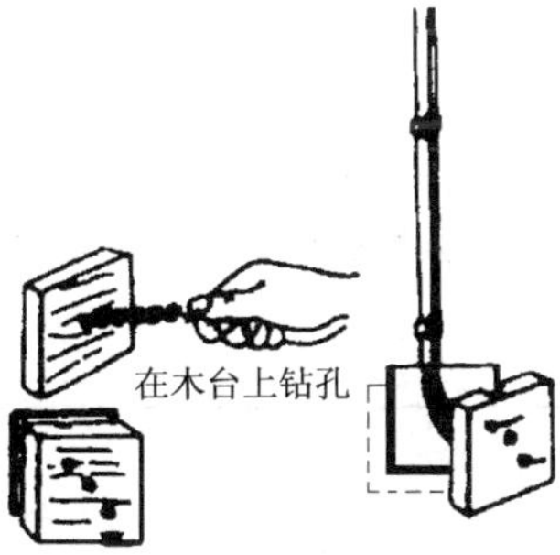	把待安装的开关在木台上放正，打开盖子，用铅笔或多用电工刀对准开关穿丝孔在木台板上画出印记，然后用多用电工刀在木台钻三个孔（两个为穿线孔，另一个为木螺丝安装孔）。把开关的两根线分别从木台板孔中穿出，并将木台固定在木台上，如左图所示
	第三步	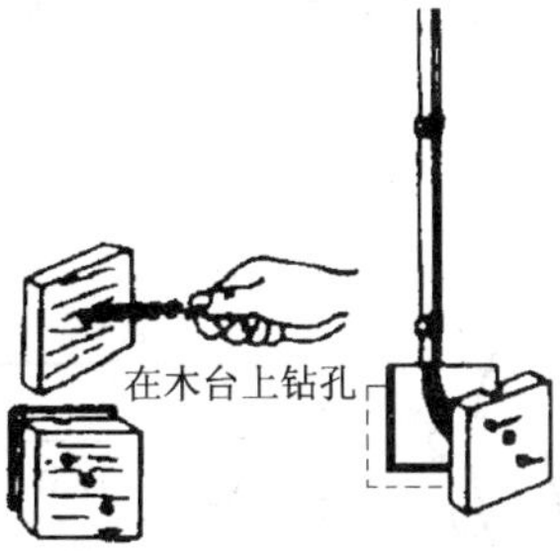	卸下开关盖，把已剖削绝缘层的两根线头分别穿入底座上的两个穿线孔，如左图所示，并分别将两根线头接开关的 a_1、a_2，最后用木螺丝把开关底座固定在木台上。 对于扳把开关，按常规装法：开关扳把向上时电路接通，向下时电路断开
暗　装	第一步	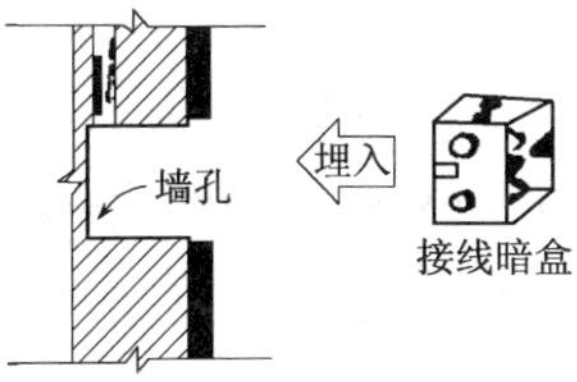	将接线暗盒按定位要求埋设（嵌入）在墙内，埋设时用水泥砂浆填充，但要注意埋设平整，不能偏斜，暗盒口面应与墙的粉刷层面保持一致，如左图所示

续表

安装形式	步　骤	示　　意　　图	安　装　说　明
暗　装	第二步	开关接线暗盒　开关底板　固定地址　开关面板 φ1.13. φ1.38. φ1.78（铜）单线专用　10~12mm　单线 剥头尺寸 图是WH501单联位单控开关的安装实例	卸下开关面板，把穿入接线暗盒内的两根导线头分别插入开关底板的两个接线孔，并用木螺丝将开关底板固定在开关接线暗盒上；再盖上开关面板即可，如左图所示
注意事项	（1）开关安装要牢固，位置要准确； （2）安装扳把开关时，其扳把方向应一致；扳把向上为“合”，即电路接通；扳把同下为“分”，即电路断开		

17.3　插座的安装

插座是供移动电器设备如台灯、电风扇、电视机、洗衣机及电动机等连接电源用的。插座分固定式和移动式两类。图17-10是常见的固定式插座，有明装和暗装两种。表17-11是开关的具体安装范例。

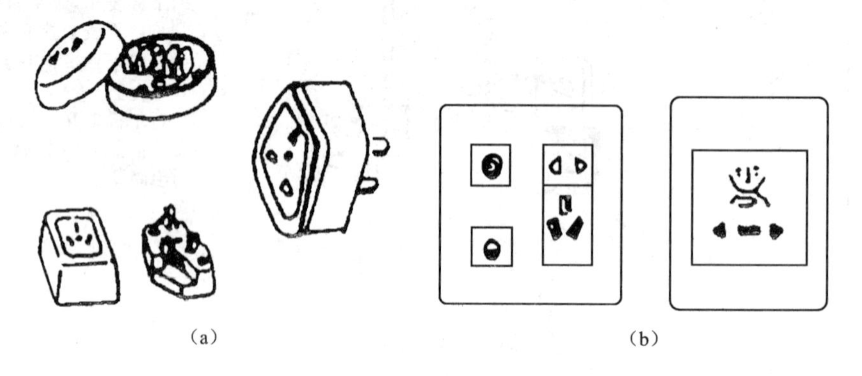

（a）　　（b）

图17-10　几种常见的固定式插座

（a）明装插座；（b）暗装插座

表 17-11　插座的安装

安装形式	步　骤	示　意　图	安　装　说　明
明　装	第一步	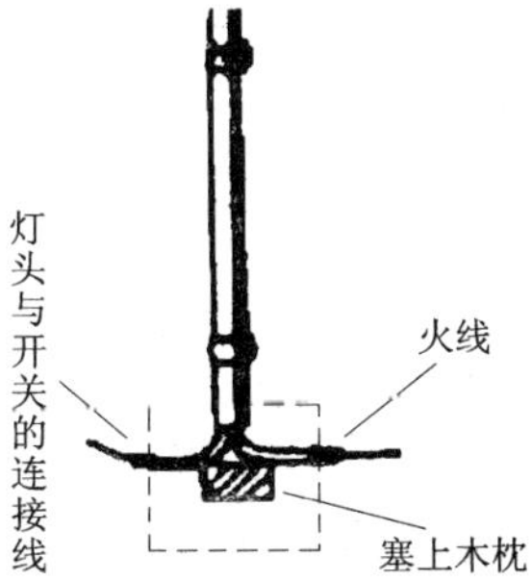 灯头与开关的连接线 火线 塞上木枕	在墙上准备安装插座的地方居中打一个小孔塞上木塞，如左图所示。 高插座木塞安装距地面为1.8m，低插座木塞安装距地面0.3m
	第二步	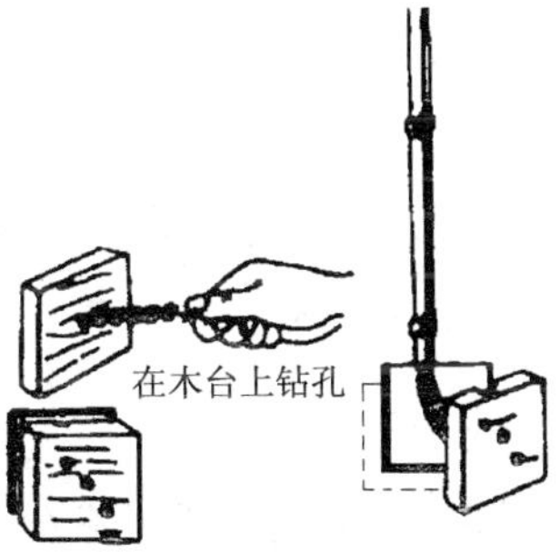 在木台上钻孔	对准插座上穿线孔的位置，在木台上钻三个穿线孔和一个木螺丝孔，再把穿入线头的木台固定在木枕上，如左图所示
	第三步	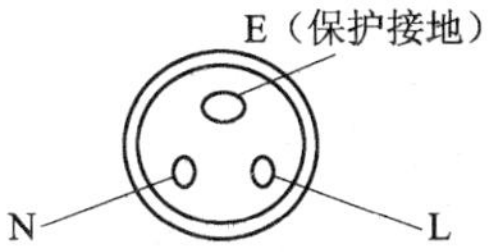 E（保护接地） N L	卸下插座盖，把三根线头分别穿入木台上的三个穿线孔。然后，再把三根线头分别接到插座的接线柱上，插座大孔接插座的保护接地E线，插座下面的两个孔接电源线（左孔接零线N，右孔接相线L），不能接错。如左图所示，是插座孔排列顺序
暗　装	第一步	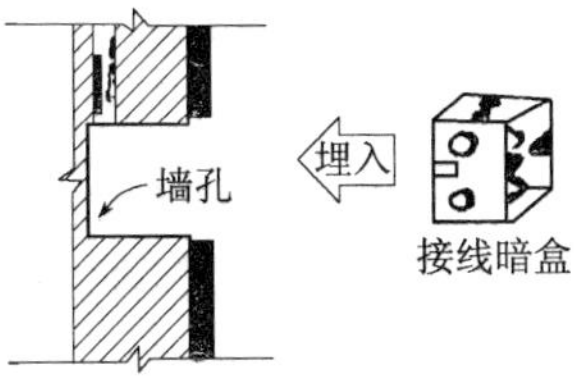 墙孔 埋入 接线暗盒	将接线暗盒按定位要求埋设（嵌入）在墙内，埋设时用水泥砂浆填充，但要注意埋设平整，不能偏斜，暗装插座盒口面应与墙的粉刷层面保持一致，如左图所示
	第二步	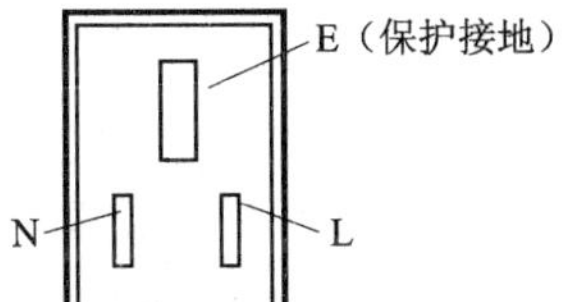 E（保护接地） N L	卸下暗装插座面板；把穿过接线暗的导线线头分别插入暗装插府下面的两个小孔插入相线线头，如左图所示。检查无误后，固定暗装插座，并盖上插座面板
注意事项	（1）安装插座接线孔的排列、连接线路顺序要一致； （2）单相二孔插座：二孔垂直排列时，相线接在上孔，零线接在下孔；水平排列时，相线接在右孔，零线接在左孔； （3）单相三孔插座：保护线孔接在上孔，相线接在右孔，零线接在左孔； （4）三相四孔插座：保护线孔接在上孔，其他三孔按左、下、右接A、B、C三相线		

17.4 配电箱安装

建筑装饰装修工程中所使用的照明配电箱有标准型和非标准型两种。标准型配电箱多采用模数化终端组合电器箱。它具有尺寸模数化、安装轨道化、使用安全化、组合多样化等特点，可向厂家直接订购，非标准配电箱可自行制作。照明配电箱根据安装方式不同，可分为明装和暗装两种。

17.4.1 材料质量要求

（1）设备及材料均符合国家或部颁发的现行标准，符合设计要求，并有出厂合格证。

（2）配电箱、柜内主要元器件应为“CCC”认证产品，规格、型号符合设计要求。

（3）箱内配线、线槽等附件应与主要元器件相匹配。

（4）手动式开关力学性能要求有足够的强度和刚度。

（5）外观无损坏、锈蚀现象，柜内无器件损坏丢失，接线无脱焊或松动。

17.4.2 主要施工机具

电焊机、气割设备、台钻、手电钻、电锤、砂轮切割机、常用电工工具、扳手、锤子、锉刀、钢锯、台虎钳、钳桌、钢卷尺、水平尺、线坠、万用表、绝缘摇表（500V）。

17.4.3 施工顺序

箱体定位画线→箱体明装或暗装→盘面组装→箱内配线→绝缘遥测→通电试验。

17.4.4 配电箱安装一般规定

（1）安装电工、电气调试人员等应按有关要求持证上岗。

（2）安装和调试用备类计量器具，应检定合格，使用时应在有效期内。

（3）动力和照明工程的漏电保护装置应做模拟动作实验。

（4）接地（PE）或接零（PEN）支线必须单独与接地（PE）或接零（PEN）干线相连接，不得串联连接。

（5）暗装配电箱，当箱体厚度超过墙体厚度时不宜采用嵌墙安装方法。

（6）所有金属构件均应做防腐处理，进行镀锌，无条件时应刷一度红丹，二度灰色油漆。

（7）暗装配电箱时，配电箱和四周墙体应无间隙，箱体后部墙体如已留通洞时，则箱体后墙在安装时需做防开裂处理。

（8）铁制配电箱与墙体接触部分需做刷樟丹油或其他防腐漆。

（9）螺栓锚固在墙上用 M10 水泥砂浆，锚固在地面上用 C20 细石混凝土，在多孔砖墙上不应直接采用膨胀螺栓固定设备。

（10）当箱体高度为 1.2m 以上时，宜落地安装；当落地安装时，柜下宜垫高 100mm。

（11）配电箱安装高度应便于操作、易于维护。设计无要求时，当箱体高度不大于 600mm 时，箱体下口距地宜为 1.5m；箱体高度大于 600mm 时，箱体上口距室内地面不大于 2.2m。

17.4.5 配电箱安装

1. 配电箱明装

（1）配电箱在墙上用螺栓安装如图 17-11 所示，所需的设备材料表见表 17-12。

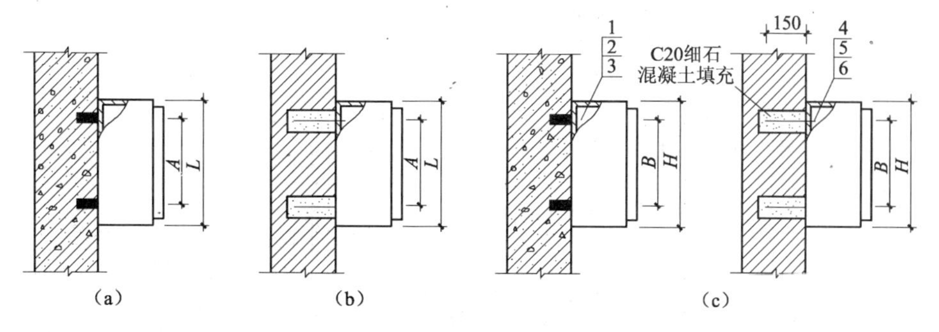

图 17-11　配电箱在墙上用螺栓安装
(a)方案Ⅰ平面;(b)方案Ⅱ平面;(c)立面

表 17-12　配电箱在墙上用螺栓安装的设备材料表

编　　号	名　　称	型号及规格	单　　位	数　　量		备　　注
				Ⅰ	Ⅱ	
1	膨胀螺栓	M8×70	个	4		
2	螺母	M8	个	4		
3	垫圈	8	个	4		
4	螺栓	M8×210	个			
5	螺母	M8	个			
6	垫圈	8	个			

注:1. 图 17-11 适用于悬挂式配电箱、启动器、电磁启动器、HH 系列负荷开关及按钮等安装。
2. 图 17-11 中尺寸 A、B、H、L 见设备产品样本。
3. 方案Ⅰ适用于混凝土墙,方案Ⅱ适用于实心砖墙。

(2)配电箱在墙上用支架安装如图 17-12 所示,所需的设备材料表见表 17-13。

表 17-13　配电箱在墙上用支架安装的设备材料表

编　　号	名　　称	型号及规格	单　　位	数　　量		备　　注
				Ⅰ	Ⅱ	
1	膨胀螺栓	M8×80	个	4		
2	螺母	M8	个	4		
3	垫圈	8	个	4		
4	螺栓	M10×L	个		4	
5	螺母	M10	个		4	
6	垫圈	10	个		4	
7	扁钢	−40×4	根		4	

注:1. 图 17-12 适用于悬挂式配电箱、启动器、电磁启动器、HH 系列负荷开关及按钮等安装。
2. 图 17-12 中尺寸 A、B、H、L 见设备产品样本。
3. 中空内模金属网水泥墙不适合配电箱的暗装。
4. 灌注用 C20 细石混凝土须达到一定强度后再安装膨胀螺栓。
5. 扁钢应在墙体抹灰前安装完成。

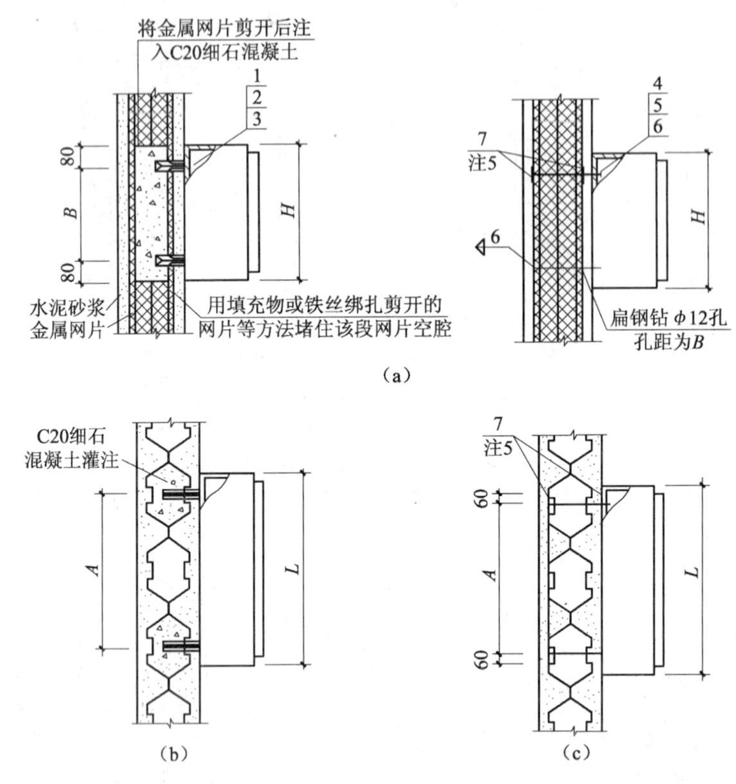

图 17-12　配电箱在中空内模金属网水泥墙上安装图

(a)立面;(b)方案Ⅰ平面;(c)方案Ⅱ平面

(3)配电箱在空心砌块墙上安装如图 17-13 所示,所需的设备材料表见表 17-14。

表 17-14　配电箱在空心砌块墙上安装的设备材料表

编　号	名　称	型号及规格	单　位	数　量		备　注
				Ⅰ	Ⅱ	
1	膨胀螺栓	M8 × 80	个	4		
2	螺母	M8	个	4		
3	垫圈	8	个	4		
4	螺栓	M10 × L			4	
5	螺母	M10			8	
6	垫圈	10			8	
7	扁钢	−40 × 4	根		8	

注:1. 图 17-13 适用于悬挂式配电箱、启动器、电磁启动器、HH 系列负荷开关及按钮等安装。
2. 图 17-13 中尺寸 A、B、H、L 见设备产品样本。

(4)配电箱在轻质条板墙上安装如图 17-14 所示,所需的设备材料表见表 17-15。

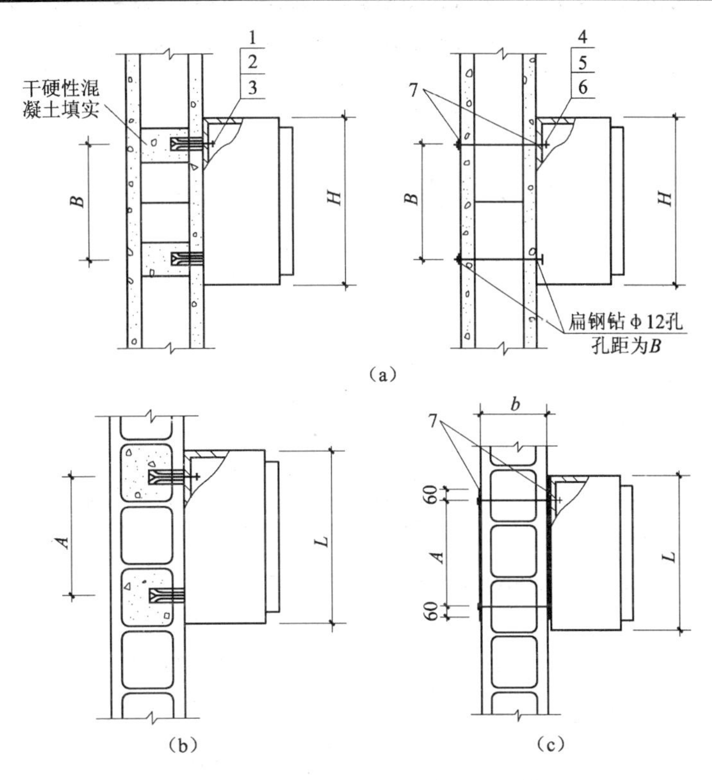

图 17-13　配电箱在空心砌块墙上安装图

(a)立面;(b)方案Ⅰ平面;(c)方案Ⅱ平面

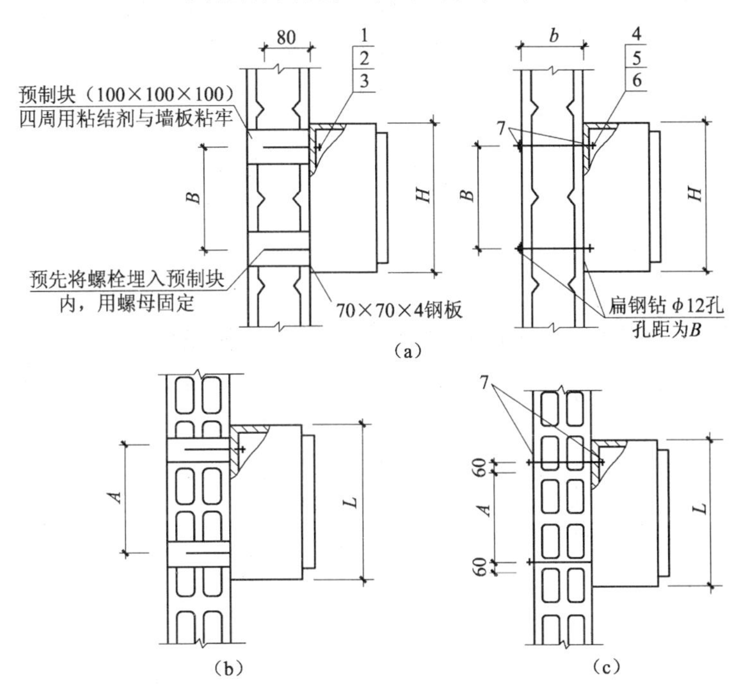

图 17-14　配电箱在轻质条板墙上安装图

(a)立面;(b)方案Ⅰ平面;(c)方案Ⅱ平面

表 17-15　配电箱在轻质条板墙上安装的设备材料表

编　　号	名　　称	型号及规格	单　　位	数　　量		备　　注
				Ⅰ	Ⅱ	
1	膨胀螺栓	M8 × 120	个	4		
2	螺母	M8	个	4		
3	垫圈	8	个	4		
4	螺栓	M10 × *L*			4	
5	螺母	M10			8	
6	垫圈	10			8	
7	扁钢	−40 ×4	根		4	

注：1. 图 17-14 适用于悬挂式配电箱、启动器、电磁启动器、HH 系列负荷开关及按钮等安装。
2. 图 17-14 中尺寸 *A*、*B*、*H*、*L* 见设备产品样本。
3. 图 17-14 适用于植物纤维复合条板墙体配电设备的明装。
4. 预制块为现场埋设。

(5)配电箱在夹心板墙上安装如图 17-15 所示，所需的设备材料表见表 17-16。

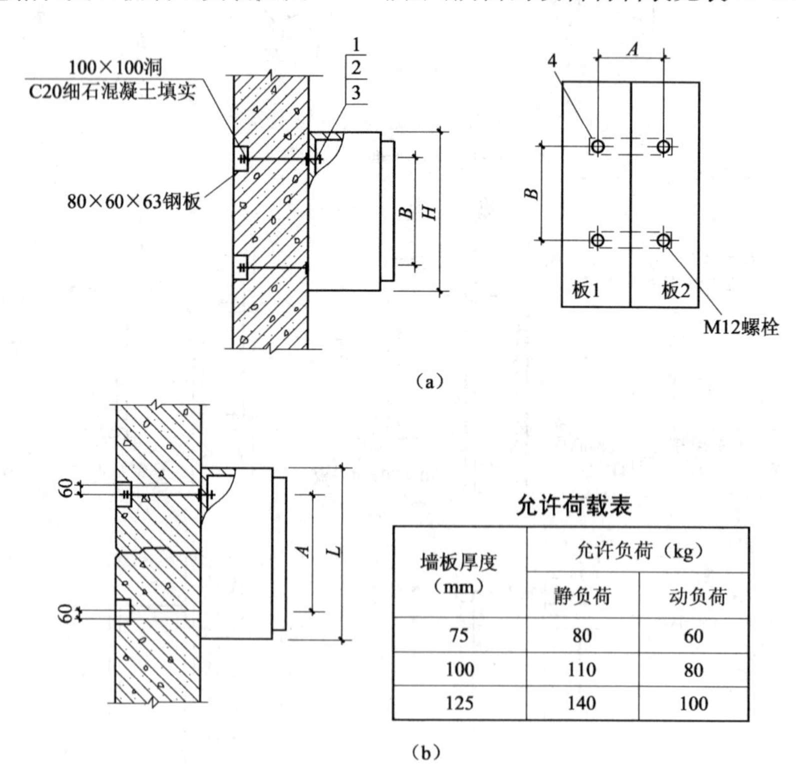

墙板厚度（mm）	允许负荷（kg）	
	静负荷	动负荷
75	80	60
100	110	80
125	140	100

图 17-15　配电箱在夹心板墙上安装图
(a)立面；(b)平面

表 17-16　配电箱在夹心板墙上安装的设备材料表

编　　号	名　　称	型号及规格	单　　位	数　　量	备　　注
1	螺栓	M12	个	4	
2	螺母	M12	个	4	
3	垫圈	12	个	4	
4	扁钢	-40×4	根	2	

注:1. 图 17-15 适用于悬挂式配电箱、启动器、电磁启动器、HH 系列负荷开关及按钮等安装。
2. 图 17-15 中尺寸 *A*、*B*、*H*、*L* 见设备产品样本。
3. NALC 墙板安装配电设备时,应安装在两块板之间,用对穿螺栓将作用力传递到墙上。

(6)配电箱在轻钢龙骨内墙上安装如图 17-16 所示,所需的设备材料表见表 17-17。

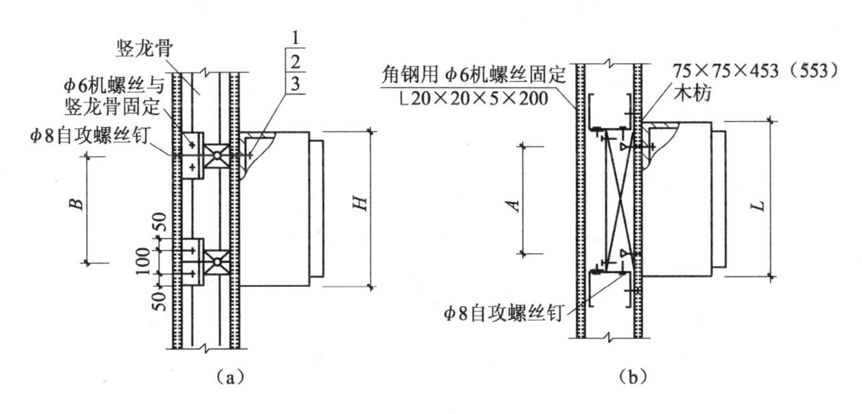

图 17-16　配电箱在轻钢龙骨内墙上安装图

(a)立面;(b)平面

表 17-17　配电箱在轻钢龙骨内墙上安装的设备材料表

编　　号	名　　称	型号及规格	单　　位	数　　量	备　　注
1	膨胀螺栓	SHFA—M6	个	4	
2	螺母	M6	个	4	
3	垫圈	6	个	4	

注:1. 图 17-16 适用于悬挂式配电箱、启动器、电磁启动器、HH 系列负荷开关及按钮等安装。
2. 图 17-16 中尺寸 *A*、*B*、*H*、*L* 见设备产品样本。
3. 图 17-16 适用于质量在 40kg 以下、箱体宽度不大于 60mm 的配电设备。
4. 图 17-16 适用于竖龙骨宽度为 100mm 以上。若竖龙骨宽度小于 100mm 时,木枋的尺寸为[50×50×453(553)],其中,453mm 适用于竖龙骨中距为 500mm 的轻质墙;553mm 适用于竖龙骨中距为 600mm 的轻质墙。

2. 配电箱暗装

(1)配电箱嵌墙安装如图 17-17 所示,所需的设备材料表见表 17-18。

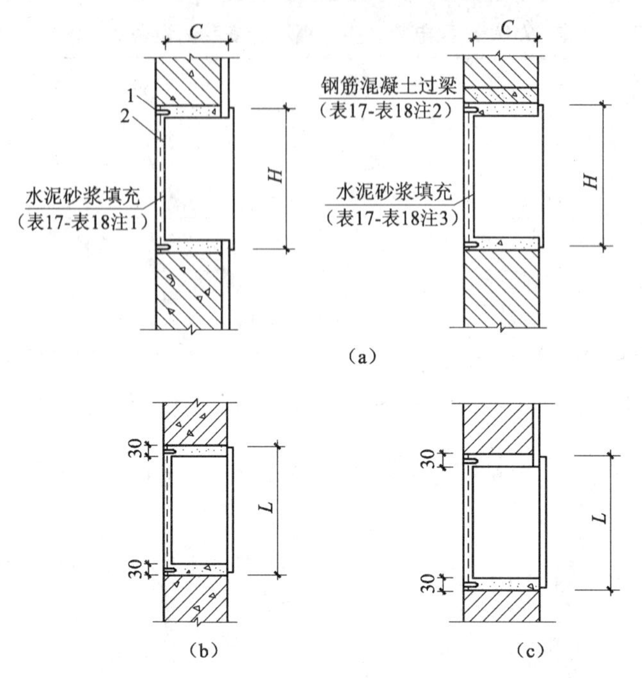

图 17-17　配电箱嵌墙安装图

(a)立面;(b)方案Ⅰ平面;(c)方案Ⅱ平面

表 17-18　配电箱嵌墙安装的设备材料表

编　号	名　称	型号及规格	单　位	数　量		备　注
				Ⅰ	Ⅱ	
1	钢钉	7 号	个	4	4	
2	铁丝网	0.5mm 厚	块	1	1	

注:1. 图 17-17 适用于悬挂式配电箱、插座箱等嵌墙安装。
2. 图 17-17 中尺寸 C、H、L 见设备产品样本。
3. 当水泥砂浆厚度小于 30mm 时,须钉铁丝网以防开裂。
4. 箱体宽度大于 600mm 时,宜加预制混凝土过梁(过梁设计由结构专业完成)。
5. 方案Ⅰ适用于混凝土墙;方案Ⅱ适用于实心砖墙。

(2)配电箱在空心砌块墙上嵌墙安装如图 17-18 所示,所需的设备材料表见表 17-19。

表 17-19　配电箱在空心砌块墙上嵌墙安装的设备材料表

编　号	名　称	型号及规格	单　位	数　量		备　注
				Ⅰ	Ⅱ	
1	钢钉	7 号	个			
2	钢丝网	0.5mm 厚	块			

注:1. 图 17-18 适用于悬挂式配电箱、插座箱等嵌墙安装。
2. 图 17-18 中尺寸 C、H、L 见设备产品样本。
3. 配电设备预留洞大于 1000mm 时,应采用现浇过梁。
4. 洞口下面如果管道较多无法设置现浇带时,两侧芯柱延伸至楼板。
5. 若配电箱下部有管线通过,须将配电箱下部墙体施工时换成实心墙体;若上下均有管线通过,箱体上、下墙体均应换成实心墙体。

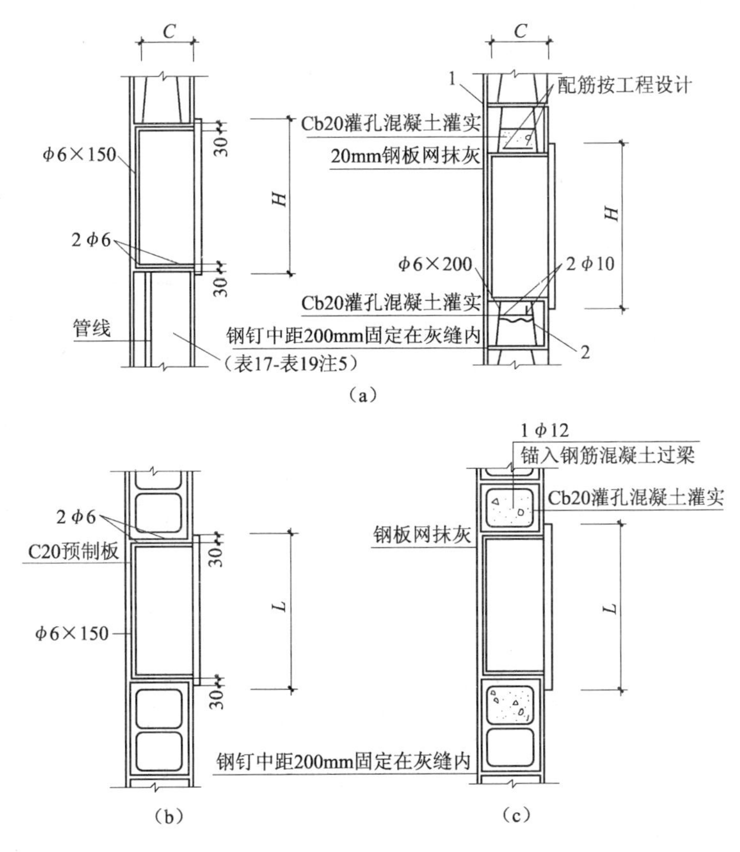

图 17-18　配电箱在空心砌块墙上嵌墙安装图

(a)立面;(b)方案Ⅰ平面;(c)方案Ⅱ平面

(3)配电箱在轻钢龙骨内墙上安装如图 17-19 所示，所需的设备材料表见表 17-20。

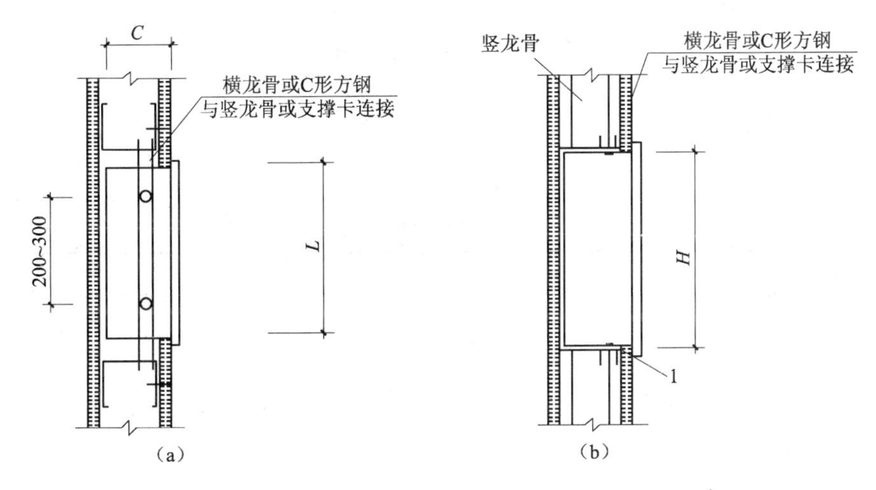

图 17-19　配电箱在轻钢龙骨内墙上安装图

(a)平面;(b)立面

所有箱(盘)全部电器安装完后,用500V兆欧表对线路进行绝缘遥测,遥测相线与相线之间、相线与零线之间、相线与地线之间、零线与地线之间的绝缘电阻,达到要求后方可送电试运行。

表17-20　配电箱在轻钢龙骨内墙上安装的设备材料表

编　号	名　称	型号及规格	单　位	数　量	备　注
1	自攻螺钉	$\phi 8$	个	4	

注:1. 图17-19适用于质量较轻的配电箱、启动器、电磁启动器、HH系列负荷开关及按钮等安装。
2. 图17-19中尺寸C、H、L见设备产品样本。
3. 箱体厚度应小于墙板厚度,箱体宽度不大于500mm。

17.5　漏电保护器的安装

漏电保护器(俗称触电保安器或漏电开关),是用来防止人身触电和设备事故的装置。

17.5.1　漏电保护器的使用

(1)漏电保护器应有合理的灵敏度。灵敏度过高,可能因微小的对地电流而造成保护器频繁动作,使电路无法正常工作;灵敏度过低,又可能发生人体触电后,保护器不动作,从而失去保护作用。一般漏电保护器的启动电流应为15~30mA。

(2)漏电保护器应有必要的动作速度。一般动作时间小于0.1s,以达到保护人身安全的目的。

17.5.2　漏电保护器使用时注意事项

(1)不能以为安装了漏电保护器,就可以麻痹大意。

(2)安装在配电箱上的漏电保护器线路对地要绝缘良好,否则会因对地漏电电流超过启动电流,使漏电保护器经常发生误动作。

(3)漏电保护器动作后,应立即查明原因,待事故排除后,才能恢复送电。

(4)漏电保护器应定期检查,确定其是否能正常工作。

17.5.3　漏电保护器的安装

漏电保护器的安装步骤如表17-21所示。

表17-21　漏电保护器的安装

示　意　图	步　　骤	安　装　说　明
电源侧 合 分 负载侧	选　型	应根据用户的使用要求来确定保护器的型号、规格。家庭用电一般选用220V、10~16A的单极式漏电保护器,如左图所示

续表

示　意　图	步　　骤	安　装　说　明
电源侧 合 分 负载侧	安　装	安装接线应符合产品说明书规定在干燥、通风、清洁的室内配电盘上。家用漏电保护器安装比较简单，只要将电源两根进线连接于漏电保护器进线两个桩头上，再将漏电保护器两个线桩头与户内原有两根负荷出线相连即可
	测　试	漏电保护器垂直安装好后，应进行试跳，试跳方法即将试跳按钮按一下，如漏电保护器跳开，则为正常

注：当电器设备漏电过大或发生触电时，保护器动作跳闸，这是正常的，决不能因跳闸而擅自拆除。正确的处理方法是对家庭内部线路设备进行检查，消防漏电故障点，再继续将漏电保护器投入使用。

项目实训二十七：电气照明装置安装实训

一、实训目的

1. 掌握照明灯具安装及安装主要设备的选择原则。
2. 熟悉明、暗装开关的安装具体步骤。
3. 熟悉明、暗装插座的安装具体步骤。
4. 熟悉配电箱的明装和暗装原理。
5. 掌握漏电保护器的安装步骤。

二、实训内容

1. 根据所给的工程要求，进行明、暗装开关的安装具体实训操作。
2. 根据所给的工程要求，进行明、暗装插座的安装具体实训操作。
3. 漏电保护器的安装具体实训操作。

三、实训时间

每人操作45min。

四、实训报告

1. 编写明、暗装开关的安装具体实训操作报告。
2. 写出明、暗装插座的安装具体实训操作报告。
3. 编写漏电保护器的安装具体实训操作报告。

项目十八　室外灯具安装

18.1　小区道路照明灯具安装

18.1.1　道路照明灯具布置方式

道路照明有单侧布灯和对称布灯、交叉布灯等几种。常见的几种道路照明灯布置方式和适用条件见表 18-1。

表 18-1　道路照明灯布置方式和适用条件

	单侧布灯	交叉布灯	丁字路口布灯	十字路口布灯	弯道布灯
布置方式					
适用条件	宽度不大于 9m 或照度要求不高的道路	宽度不大于 9m 或照度要求不高的道路	丁字路口	十字路口	道路弯曲半径较小时灯距应适当缩小

18.1.2　道路照明灯安装方法

道路照明灯安装方法主要分为两种：一是直埋灯杆；一是预制混凝土基础，灯杆通过法兰进行连接。预制混凝土基础时应配钢筋，表面铺钢板，钢板按灯杆座法兰孔距钻孔，螺栓穿入后与钢板在底部焊接，并与钢筋绑扎固定。道路照明灯用的电缆一般选用铠装电力电缆。安装方法如图 18-1、图 18-2 所示。

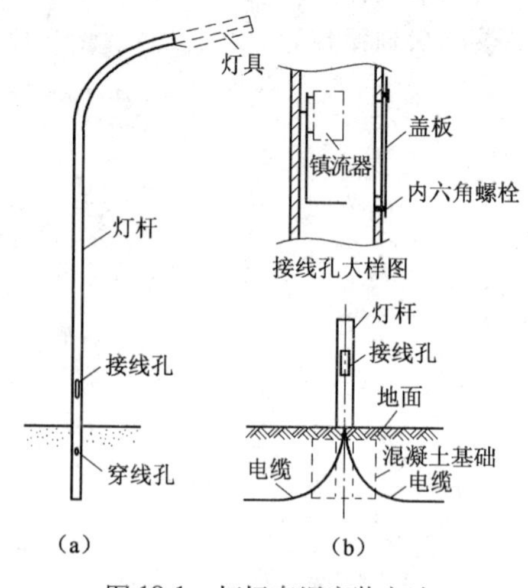

图 18-1　灯杆直埋安装方法

(a)灯杆直埋安装示意图；(b)灯杆直埋安装

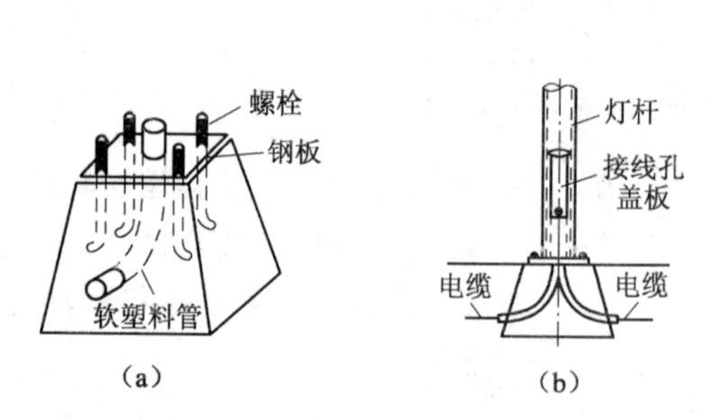

图 18-2　预制混凝土基础安装方式

(a)预制混凝土基础；(b)法兰连接安装

18.2 建筑物景观照明灯具安装

建筑物景观照明主要有布在地面的地面灯、建筑物投光灯、玻璃幕墙射灯、草坪射灯和其他射灯等。建筑物景观灯安装要求：

(1)灯具导电部分对地绝缘电阻应大于2MΩ。

(2)在人行道等人员来往密集场所安装的落地式灯具，无围栏防护时，安装高度距地面应在2.5m以上。

(3)金属构架和灯具的可接近裸露导体及金属软管，应可靠接地(PE)或接零(PEN)，并且有标志牌标识。

(4)所有室外安装的灯具应选用防水型，接线盒盖要加橡胶密封垫圈保护，电缆引入处应密封良好。

(5)地面灯具安装时，灯具防护等级应为IP56。地面施工应与电线管埋设配合进行，并做好防水处理。

地面灯布置示意图及组装见图18-3，投光灯安装方法见图18-4，射灯安装方法见图18-5～图18-7。

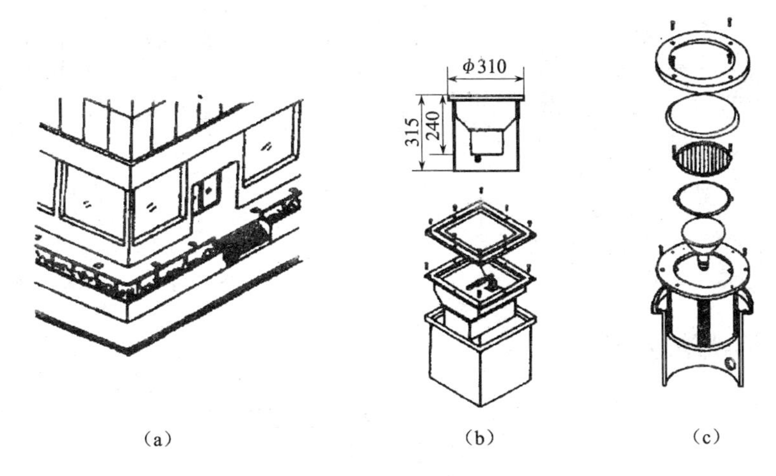

图18-3　地面灯布置示意图及组装

(a)地面灯布置示意图；(b)方形灯；(c)圆形灯

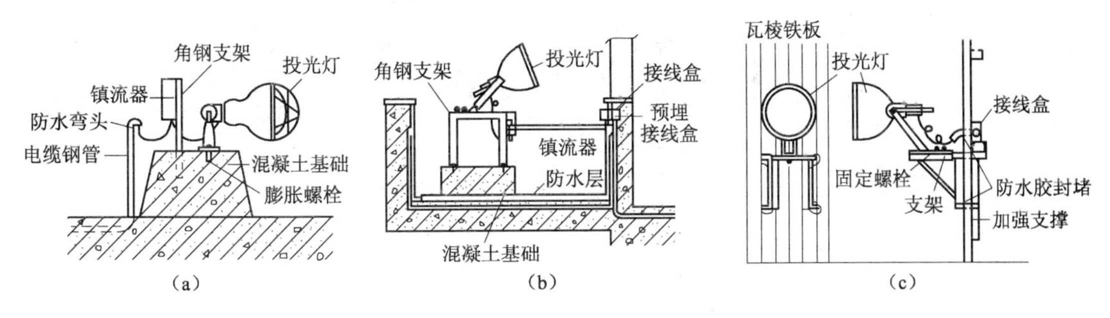

图18-4　建筑物投光灯安装方法

(a)投光灯地装方式1；(b)投光灯地装方式2；(c)投光灯壁装

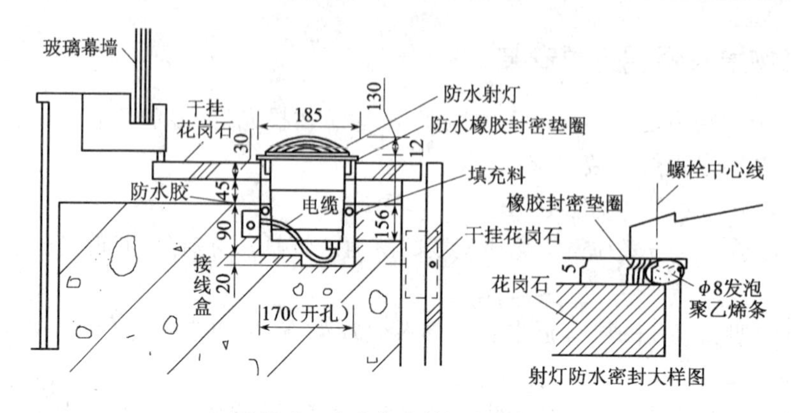

图 18-5　玻璃幕墙射灯安装方法

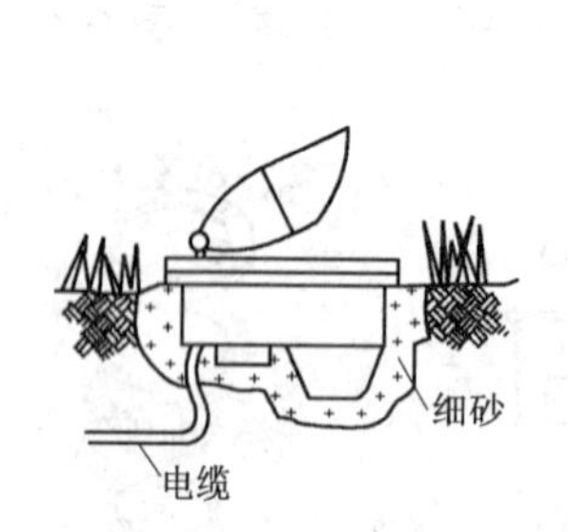

图 18-6　草坪射灯安装方法

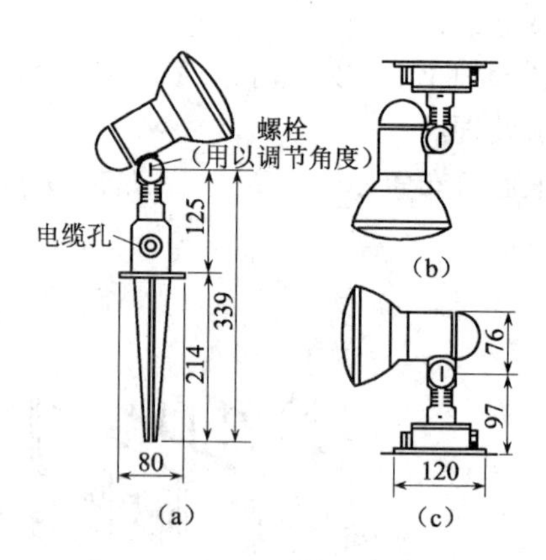

图 18-7　射灯插装、吊装、地装方法
(a)插装;(b)吊装;(c)地装

18.3　庭院照明灯具安装

庭院照明主要分为安装在草坪上的和庭院道路上的园艺灯，以及立柱式、落地式路灯等，安装方法分为灯杆法兰连接和灯杆直埋安装，见图 18-8、图 18-9。

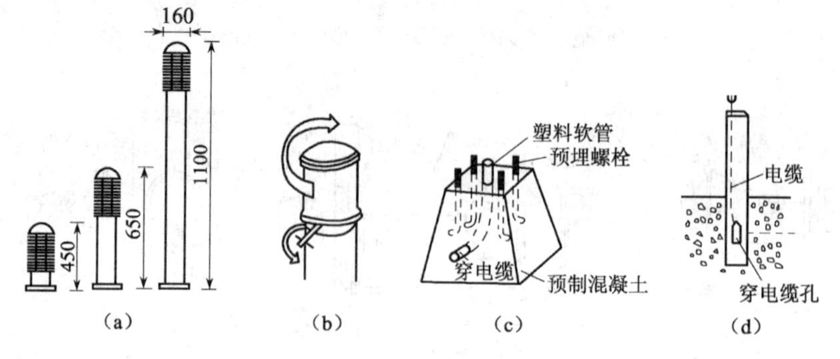

图 18-8　园艺灯安装方法
(a)园艺灯外形;(b)园艺灯拆装;(c)灯杆法兰安装;(d)灯杆直埋安装

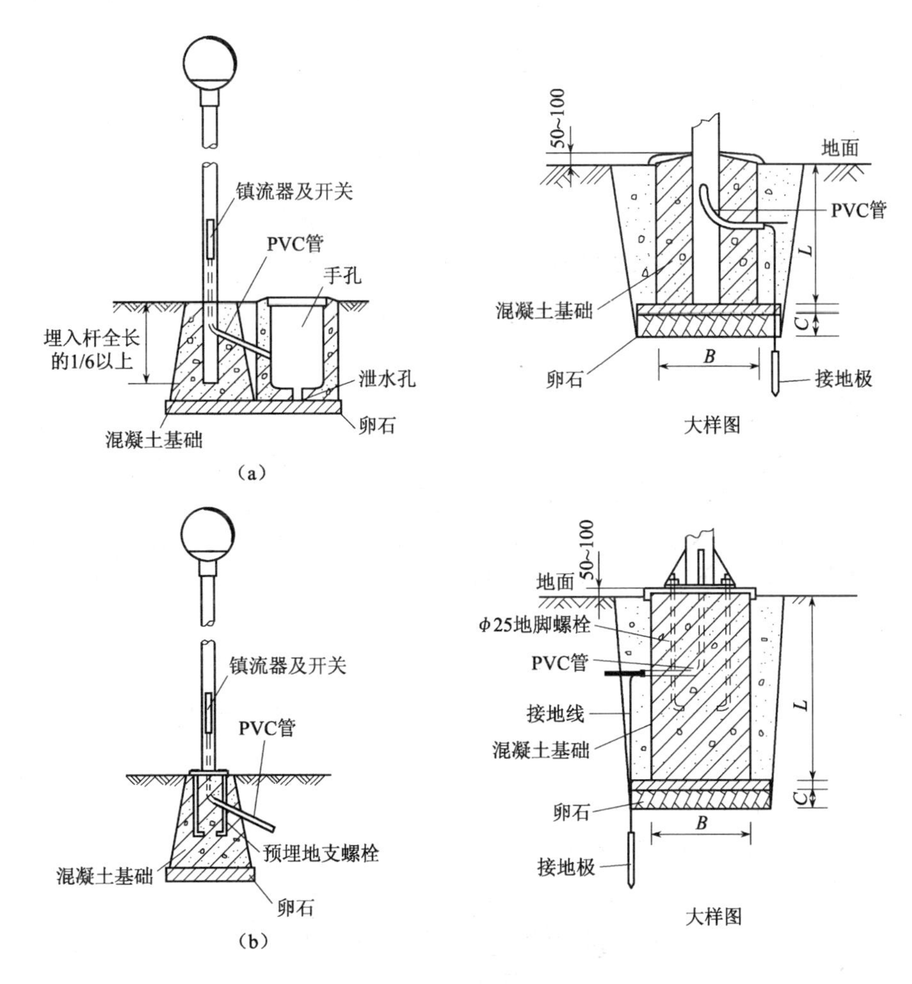

图 18-9　庭院路灯安装方法

(a)安装方法 1;(b)安装方法 2

18.4　建筑物彩灯安装

建筑物彩灯安装要求:

(1)建筑物顶部彩灯应采用防雷性能的专用灯具,灯罩要拧紧。

(2)彩灯配线管路按明配管敷设,应具有防雨功能。管路间、管路与灯头盒间应采用螺纹连接,金属管、金属构件、钢索等可接近导体应可靠接地或接零。

(3)垂直彩灯悬挂挑臂采用不小于 10 的槽钢。端部吊挂钢索用的吊钩螺栓直径不小于 10mm,槽钢上螺栓固定时应加平垫圈和弹簧垫圈且上紧。

(4)悬挂钢丝绳直径不小于 4. 5mm,底把圆钢直径不小于 16mm,地锚采用架空外线用拉线盘的埋设深度大于 1. 5m。

(5)垂直彩灯采用防水吊线灯头,下端灯头距离地面应高于 3m。

建筑物彩灯安装方法见图 18-10。

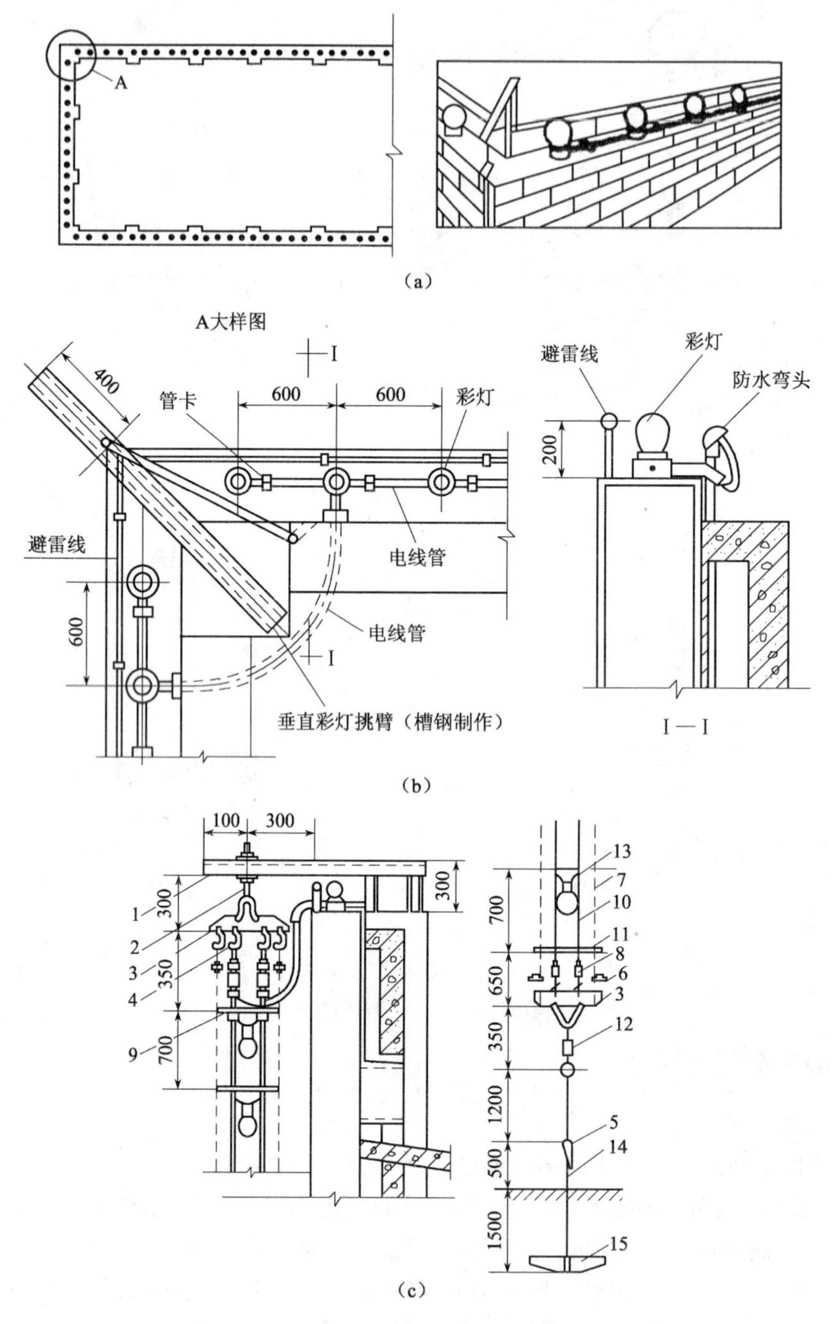

图 18-10　建筑物彩灯安装方法

(a)彩灯安装示意图;(b)屋顶彩灯安装;(c)垂直顶部彩灯安装

1—垂直彩灯悬挂;2—开口吊钩螺栓,$\phi 10$ 圆钢,上下均附垫圈、弹簧垫圈及螺母;

3—梯形拉板,300mm×150mm×5mm 镀锌钢板;4—开口吊钩,$\phi 6$ 圆钢,与拉板焊接;

5—心形环;6—钢丝绳卡子;7—钢丝绳(7×7),直径 4.5mm;8—瓷拉线绝缘子;

9—绑线;10—RV($6mm^2$)铜芯聚氯乙烯绝缘线;11—硬塑料管;12—花篮;

13—防水吊线灯;14—底把;$\phi 16$ 圆钢;15—底盘

18.5　航空障碍灯具

高层建筑航空障碍灯设置的位置，要考虑不被其他物体挡住，使远处便能看到灯光。因夜间电压偏高，灯泡易损坏，应考虑维修及更换灯泡的方便。

航空障碍灯具应安装在避雷针保护区内，闪光频率 20～70 次/min。安装式有直立式、侧立式、夹板式、抱箍式。航空障碍灯安装应符合以下规定：

(1)灯具装设在建筑物或构筑物的最高部位，若最高部位平面面积较大或为建筑群时，除在最高端装设外，还应在其外侧转角的顶端装设。

(2)在烟囱顶上装设航空障碍灯时，应安装在低于烟囱口 1.5～3mm 的部位，且呈正三角水平排列。

(3)灯具安装应牢固可靠，且有维修和更换光源的措施。

(4)安装用的金属支架与防雷接地系统焊接，接地装置有可靠的电气通路。航空障碍灯安装方法见图 18-11。

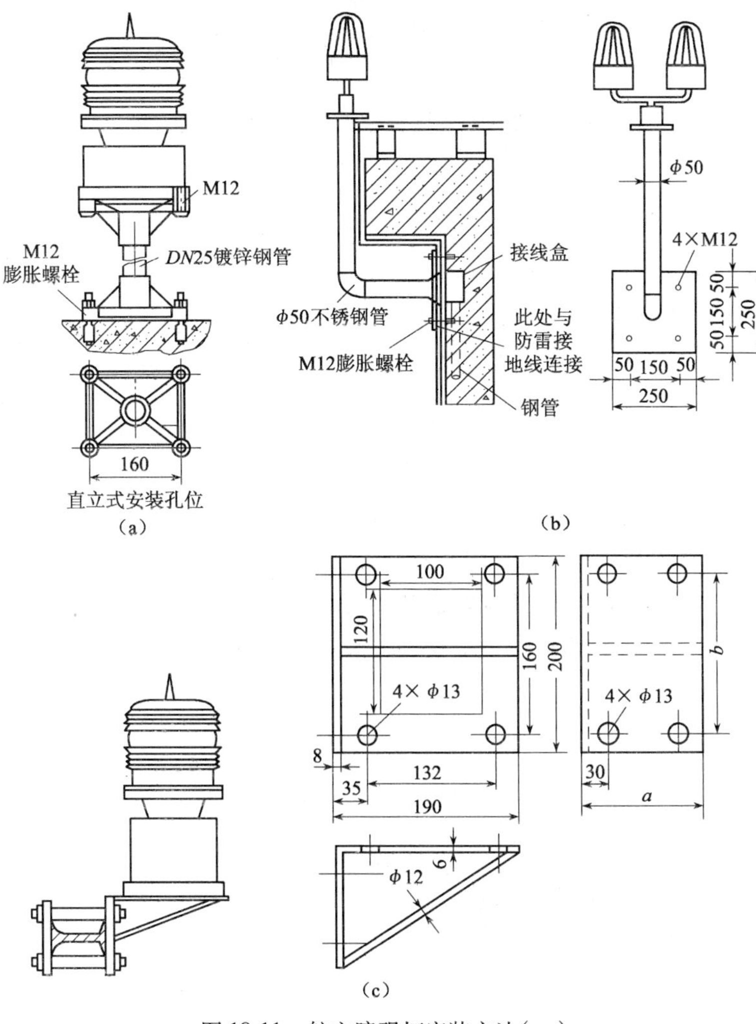

图 18-11　航空障碍灯安装方法(一)
(a)直立式安装；(b)侧立式安装；(c)夹板式安装

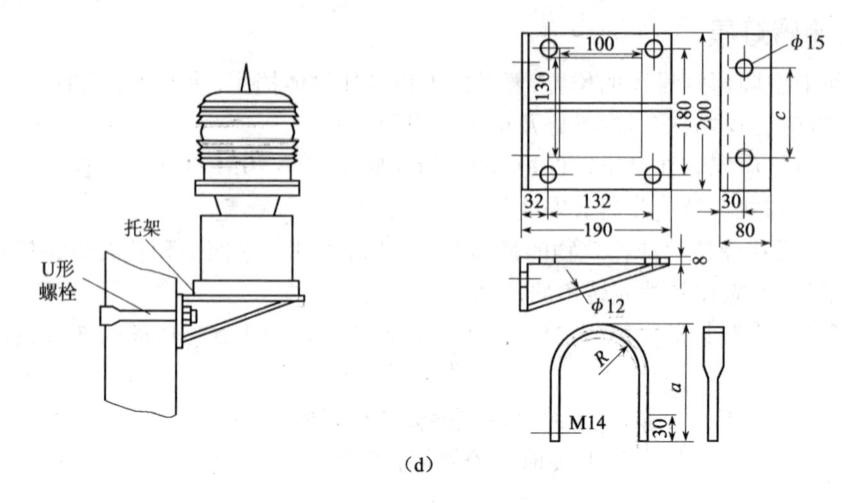

图 18-11　航空障碍灯安装方法(二)
(d)抱箍式安装

项目实训二十八:室外灯具安装实训

一、实训目的

1. 掌握小区道路照明灯具安装方法。
2. 熟悉建筑物景观灯安装要求。
3. 熟悉建筑物彩灯安装要求。
4. 掌握航空障碍灯安装规定。

二、实训内容

1. 根据所给的工程要求,明确小区道路照明灯具安装方法。
2. 根据所给的工程要求,明确建筑物景观灯安装要求。
3. 根据所给的工程要求,明确建筑物彩灯安装要求。
4. 根据所给的工程要求,明确航空障碍灯安装规定。

三、实训时间

每人操作 30min。

四、实训报告

1. 编写小区道路照明灯具安装报告。
2. 写出建筑物景观灯安装报告。
3. 编写建筑物彩灯安装报告。
4. 编写航空障碍灯安装规范报告。

项目十九　防雷装置及其安装

19.1　雷电的形成及形式

19.1.1　雷电的形成

雷电是雷云之间或雷云对地面放电的一种自然现象。在雷雨季节里，地面上的水受热变成水蒸气，并随热空气上升，在高空中与冷空气相遇，使上升气流中的水蒸气所凝成水滴或冰晶，形成积云。云中的水滴受强烈气流的摩擦产生电荷，而且微小的水滴带负电，小水滴容易被气流带走形成带负电的云；较大的水滴留下来形成带正电的云。由于静电感应，带电的云层在大地表面会感应出与云块异性的电荷，当电场强度达到一定值时，便发生云层之间放电，放电时伴随着强烈的电光和声音，这就是雷电现象。

雷电会破坏建筑物、破坏电气设备和造成人畜雷击伤亡，所以必须采取有效措施进行防护。

19.1.2　雷电破坏的基本形式

1. 直击雷

雷电直接击中建筑物或其他物体，对其放电，强大的雷电流通过这些物体入地，产生破坏性很大的热效应和机械效应，造成建筑物、电气设备及其他被击中的物体损坏；当击中人畜时造成人畜伤亡。这就是我们常说的直雷。

2. 感应雷

雷电放电时能量很强，电压可达上百万伏，电流可达数万安培。强大雷电流由于静电感应和电磁感应会使周围的物体产生危险的过电压，造成设备损坏、人畜伤亡。这就是俗称的感应雷。

3. 雷电波

输电线路上遭受直击雷或发生感应雷，雷电波便沿着输电线侵入变、配电所或电气设备。如果不对强大的高电位雷电波采取防范措施，就将造成变配电所及线路的电气设备损坏，甚至造成人员伤亡事故。

19.2　防雷设备

19.2.1　接闪器

在防雷装置中用以接受雷云放电的金属导体称为接闪器。接闪器有避雷针、避雷线、避雷带、避雷网等。所有接闪器都要经过接地引下线与接地体相连，可靠地接地。防雷装置的工频接地电阻要求不超过 10Ω。

1. 避雷针

避雷针通常采用镀锌圆钢或镀锌钢管制成（一般采用圆钢），上部制成针尖形状。所采用的圆钢或钢管的直径不应小于下列数值：

针长1m以下：圆钢为12mm；钢管为16mm。

针长1～2m：圆钢为16mm；钢管为25mm。

烟囱顶上的针：圆钢为20mm。

避雷针较长时，针体可由针尖和不同管径的钢管段焊接而成。

避雷针一般安装在吏柱（电杆）上或其他构架、建筑物上。

避雷针必须经引下线与接地体可靠连接。

避雷针的作用原理是它能对雷电场产生一个附加电场（这个附加电场由于雷云对避雷针产生静电感应而引起），使雷电场发生畸变，将雷云放电的通路，由原来可能从被保护物通过的方向吸引到避雷针本身，使雷云躲避雷针放电，然后由避雷针经引下线和接地体把雷电流泄放到大地中去。这样使被保护物免受直击雷击。所以避雷针实质上是引雷针。

避雷针有一定的保护范围，其保护范围以它对直击雷保护的空间来表示。

单支避雷针的保护范围可以用一个以避雷针为轴的圆锥形来表示，如图19-1所示。

避雷针在地面上的保护半径按下式计算：

$$r = 1.5h$$

式中 r——避雷针在地面上的保护半径（m）；

h——避雷针总高度（m）。

避雷针在被保护物高度 h_b 水平面上的保护半径 r_b 按下式计算：

（1）当 $h_b > 0.5h$ 时

$$r_b = (h - h_b) \cdot P = h_a \cdot P$$

式中 r_b——避雷针在被保护物高度 h_b 水平面上的保护半径（m）；

h_a——避雷针的有效高度（m）；

P——高度影响系数，$h < 30$m 时，$P = 1$；$30\text{m} < h < 120$m 时，$P = 5.5\sqrt{h}$。

（2）当 $h_b < 0.5h$ 时

$$r_b = (1.5h - 2h_b) \cdot P$$

【实例4】 某厂一座30m高的水塔旁，建有一个车间变电所，避雷针装在水塔顶上，车间变电所及距水塔距离尺寸如图19-2所示。试问水塔上的避雷针能否保护这一变电所。

【解】 已知 $h_b = 8$m，$h = 30\text{m} + 232\text{m}$，因为

$$h_b/h = 8/32 = 0.25 < 0.5$$

则可由公式求得被保护变电所高度水平面上的保护半径为

$$r_b = (1.5h - 2h_b) \cdot P = (1.5 \times 32 - 2 \times 8) \times 5.5 \times \sqrt{32} = 31\ (\text{m})$$

变电所一角离避雷针最远的水平距离为

$$r = \sqrt{(10 + 18)^2 + 10^2} = 29.7\ (\text{m}) < r_b$$

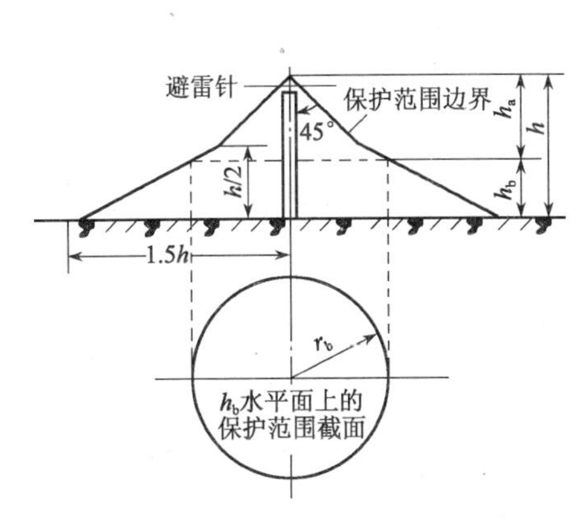

图 19-1　单支避雷针的保护范围

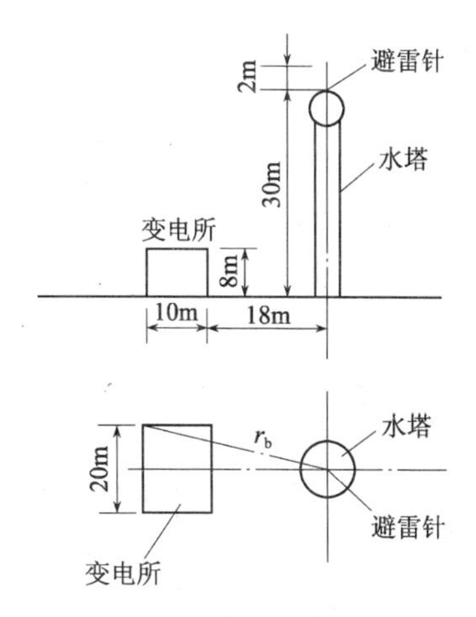

图 19-2　例题避雷针的保护范围

所以变电所在避雷针保护范围之内。

关于两支或两支以上等高和不等高避雷针的保护范围可参照《电力设备过电压保护设计技术规程》、《民用建筑电气设计规范》计算。

在山地和坡地，应考虑地形、地质、气象及雷电活动的复杂性对避雷针降低保护范围的作用，因此避雷针的保护范围应适当缩小。

2. 避雷线

避雷线一般用截面不小于 35mm^2 的镀锌钢绞线，架设在架空线路上，以保护架空电力线路受直击雷。由于避雷线是架空敷设而且接地，所以避雷线又叫架空地线。

避雷线的作用原理与避雷针相同，只是保护范围较小。

3. 避雷带和避雷网

避雷带是沿建筑物易受雷击的部位（如屋脊、屋檐、屋角等处）装设的带形导体。

避雷网是由屋面上纵横敷设的避雷带组成的。网格大小按有关规程确定，对于防雷等级不同的建筑物，其要求不同。

避雷带和避雷网采用镀锌圆钢或镀锌扁钢（一般采用圆钢），其尺寸规格不应小于下列数值：圆钢直径为 8mm；扁钢截面积为 48mm^2；厚度为 4mm。

烟囱顶上的避雷环采用镀锌圆钢或镀锌扁钢（一般采用钢），其尺寸不应小于下列数值：圆钢直径为 12mm；扁钢截面积为 100mm^2；厚度为 4mm。

避雷带（网）距屋面为 100 ~ 150mm，支持卡间距离一般为 1 ~ 1.5m。

4. 接闪器引下线

（1）接闪器的引下线材料采用镀锌圆钢或镀锌扁钢，其规格尺寸应不小于下列数值：圆钢直径为 8mm；扁钢截面积为 48mm^2；厚度为 4mm。

装设在烟囱上的引下线，其规格尺寸不应小于下列数值：圆钢直径为 12mm；扁钢截面积为 100mm^2，厚度为 4mm。

（2）引下线应镀锌，焊接处应涂防腐漆（利用混凝土中钢筋作引下线除外），在腐蚀性较强的场所，还应适当加大截面或采用其他防腐措施。保证引下线能可靠地泄漏雷电流。

（3）引下线应沿建筑物外墙敷设，并经最短的路径接地。建筑艺术要求较高的建筑也可暗敷，但截面应加大一级。

（4）建筑物的金属构件（如消防梯等）、金属烟囱、烟囱的金属爬梯等可作为引下线，但其所有部件之间均应连成电气通路。

（5）采用多根专用引下线时，为了便于测量接地电阻以及检查引下线与接地体的连接情况，宜在各引下线距地面 1.8m 以下处设置断接卡。

（6）利用建（构）筑物钢筋混凝土中的钢筋作为防雷引下线时，其上部（屋顶上）应与接闪器可靠焊接，下部在室外地坪下 0.8～1.0m 处应焊出一根直径 12mm 或 40mm×4mm 镀锌导体，此导体伸向室外距外墙皮的距离不宜小于 1m。并应符合下列要求：

① 当钢筋直径为 16mm 及以上时，应利用两根钢筋（绑扎或焊接）作为一组引下线。

② 当钢筋直径为 10mm 及以上时，应利用四根钢筋（绑扎或焊接）作为一组引下线。

③ 当建（构）筑物钢筋混凝土内的钢筋具有贯通性连接（绑扎或焊接）并符合上述要求时，竖向钢筋可作为引下线；横向钢筋若与引下线有可靠连接（绑扎或焊接）时，可作为均压环。

（7）在易受机械损坏的地方，地面上约 1.7m 至地下 0.3m 的这一段引下线应加保护措施。

引下线是防雷装置极重要的组成部分，必须极其可靠地按规定装设好，以保证防雷效果。

5. 接闪器接地要求

避雷针（线、带）的接地除必须符合接地的一般要求外，还应遵守下列规定：

（1）避雷针（带）与引下线之间的连接应采用焊接。

（2）装有避雷针的金属筒体（如烟囱），当其厚度大于 4mm 时，可作为避雷针的引下线，但筒底部应有对称两处与接地体相连。

（3）独立避雷针及其接地装置与道路或建筑物的出入口等的距离应大于 3m。

（4）独立避雷针（线）应设立独立的接地装置，在土壤电阻率不大于 100Ω·m 的地区，其接地电阻不宜超过 10Ω。

（5）其他接地体与独立避雷针的接地体之间距离不应小于 3m。

（6）不得在避雷针构架或电杆上架设低压电力线或通信线。

19.2.2　避雷器

避雷器用来防护高压雷电波侵入变（配）电所或其他建筑物内损坏被保护设备。它与被保护设备并联，如图 19-3 所示。

当线路上出现危及设备绝缘的过电压时，避雷器就对地放电，从而保护了设备的绝缘，避免设备遭高电压雷电波损坏。

避雷器有：阀形避雷器、管形避雷器、氧化锌避雷器和保护间隙等。

1. 阀形避雷器

高压阀形避雷器或低压阀避雷器都由火花间隙和阀电阻片组成，装在密封的瓷套管内。火花间隙用铜片冲制而成，每对间隙用 0.5～1.0m 厚的云母垫圈隔开，如图 19-4（a）所示。

阀电阻片是由陶料粘固起来的电工用金刚砂（碳化硅）颗粒组成，如图 19-4（b）所示，阀电阻片具有非线性特性：正常电压时，阀片电阻很大；过电压时，阀片的电阻变得很小。电压越高电阻越小。

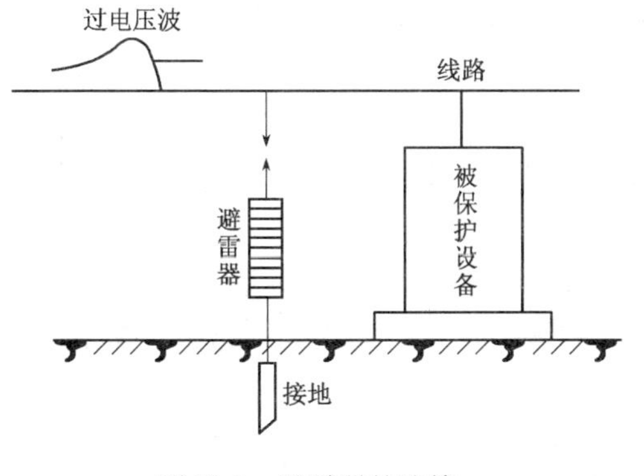

图 19-3　避雷器的连接

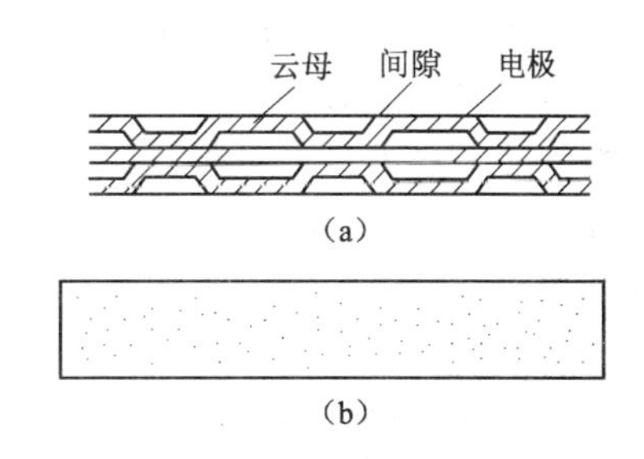

图 19-4　阀形避雷器

(a) 避雷器的单位火花间隙；(b) 避雷器的阀电阻片

正常工作电压情况下，阀形避雷器的火花间隙阻止线路工频电流通过（图 19-3），但在线路上出现高电压波时，火花间隙就被击穿，很高的高电压波就加到阀电阻片上，阀电阻片的电阻便立即减小，使高压雷电流畅通地向大地泄放。过电压一消失，线路上恢复工频电压时，阀片又呈现很大的电阻，火花间隙绝缘也迅速恢复，线路便恢复正常运行。这就是阀形避雷器工作原理。

低压阀形避雷器中串联的火花间隙和阀片少；高压阀形避雷器中串联的火花间隙和阀片多，而且随电压的升高数量增多。

2. 管形避雷器

管形避雷器由产气管、内部间隙和外部间隙三部分组成，如图 19-5 所示。

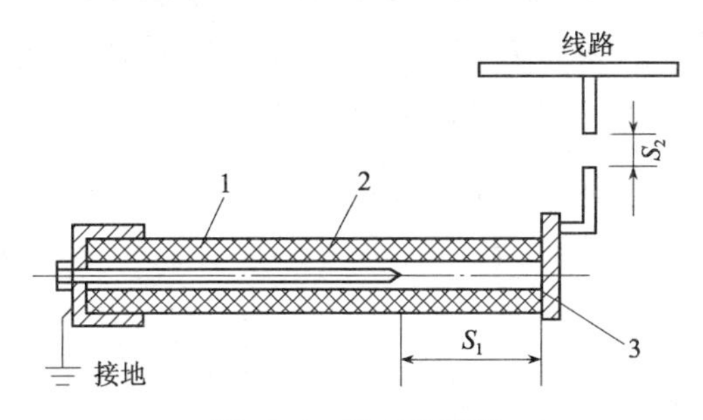

图 19-5　管型避雷器

1—产气管；2—内部电极；3—外部电极；

S_1—内部间隙；S_2—外部间隙

产气管由纤维、有机玻璃或塑料制成。内部间隙 S_1 装在产气管内，一个电极为棒形，另一个电极为环形。外部间隙 S_2 装在管形避雷器与运行带电的线路之间。

正常运行时，间隙 S_1 和 S_2 均断开，管形避雷器不工作。当线路上遭到雷击或发生感应雷时，很高的雷电压使管型避雷器的外部间隙 S_2 被击穿（此时无电弧），接着管型避雷器内部间隙 S_1 被击穿，强大的雷电流便通过管型避雷器的接地装置入地。此强大的雷电流和很大的工频续流会在内部障隙发生强烈电弧，在电弧高温下，产气管的管壁产生大量灭弧气体，由于管子容积很小，所以在管内形成很高的压力，将气体从管口喷出，强烈吹弧，在电流经过零值时，电弧熄灭。这时外部间隙恢复绝缘，使管形避雷器与运行线路隔离，恢复正常运行。

为了保证管形避雷器可靠工作，在选择管形避雷器时，开断续流的上限应不小于安装处短路电流最大有效值（考虑非周期分量）；开断续流的下限应不大于安装处短路电流的可能最小值（不考虑非周期分量）。

管形避雷器外部间隙 S_1 的最值：3kV 为 8mm；6kV 为 10mm；10kV 为 15mm。具体根据周围气候环境、空气湿度及含杂质等情况综合考虑后决定，既要保证线路正常安全运行，又要保护防雷装置可靠工作。

3. 氧化锌避雷器

氧化锌避雷器是 20 世纪 70 年代初期出现的压敏避雷器，它是以金属氧化锌微粒为基体与精选过的能够产生非线性特性的金属氧化物（如氧化铋等）添加剂高温烧结而成的非线性电阻。其工作原理是：在正常工作电压下，具有极高的电阻，呈绝缘状态；当电压超过其启动值时（如雷电过电压等），氧化锌阀片电阻变为极小，呈“导通”状态，使雷电流畅地通向大地泄放。待过电压消失后，氧化锌阀片电阻又呈现高电阻状态，使“导通”终止，恢复原始状态。

氧化锌避雷器动作迅速，通流量大，伏安特性好，残压低，无续流，因此它一诞生就受到广泛的欢迎，并很快地在电力系统中得到应用。

4. 保护间隙

保护间隙是最简单经济的防雷设备，它结构十分简单，维护也方便，但其保护性能差，灭弧能力小，容易造成接地短路故障，所以在装有保护间隙的线路上，一般都装有自动重合闸装置，以提高供电可靠性。图 19-6 所示是常见的羊角形间隙结构，其中一个电极接线路，另一个电极接地。为了防止间隙被外物（如鼠、鸟、树枝等）短接而发生接地故障，在其接地引下线中还串联一个辅助间隙，如图 19-7 所示。间隙的电极应镀锌。

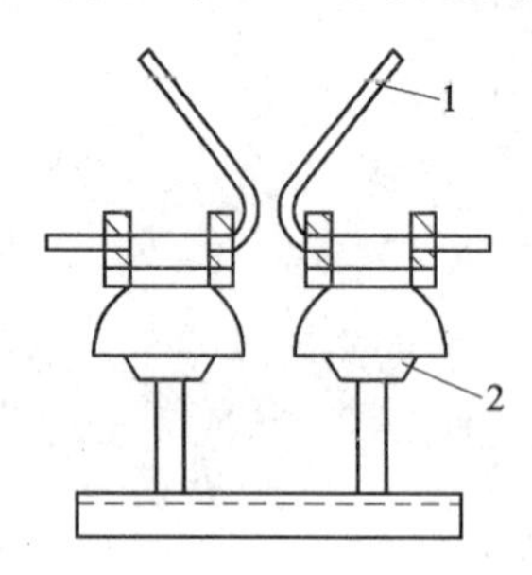

图 19-6　羊角形间隙（装于水泥杆的铁横担上）
1—羊角表电极；2—支持绝缘子

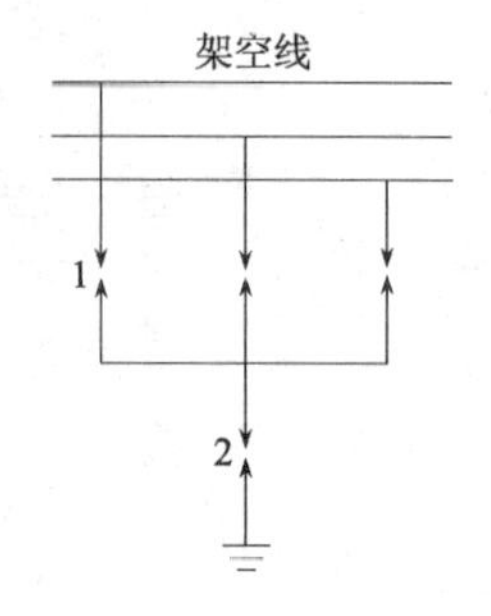

图 19-7　三相角形间隙和辅助间隙的连接
1—主间隙；2—辅助间隙

保护电力变压器的角型间隙，要求装在高压熔断器的内侧，即靠近变压器的一侧，这样在间隙放电后，熔断器能迅速熔断以减少变电所、线路断路器的跳闸次数，并缩小停电范围。

保护间隙在运行中要加强维护检查，特别要注意间隙是否完好、间隙距离有无变动、接地是否完好。

19.2.3　消雷器

消雷器是利用金属针状电极的尖端放电原理，使雷云电荷被中和，从而不致发生雷击现象，如图19-8所示。

当雷云出现在消雷器及其保护设备（或建筑物）上方时，消雷器及其附近大地都要感应出与雷云电荷极性相反的电荷。绝大数靠近地面的雷云是带负电荷，因此大地上感应的是正电荷，由于消雷器浅埋地下的接地装置（称为“地电收集装置”），通过连接线（引下线）与消雷器顶端许多金属针状电极的“离子化装置”相连，使大地的大量正电荷（阳离子）在雷电场作用下，由针状电极发射出去，向雷云方向运动，使雷云电荷被中和，雷电场便减弱，从而防止雷击的发生。

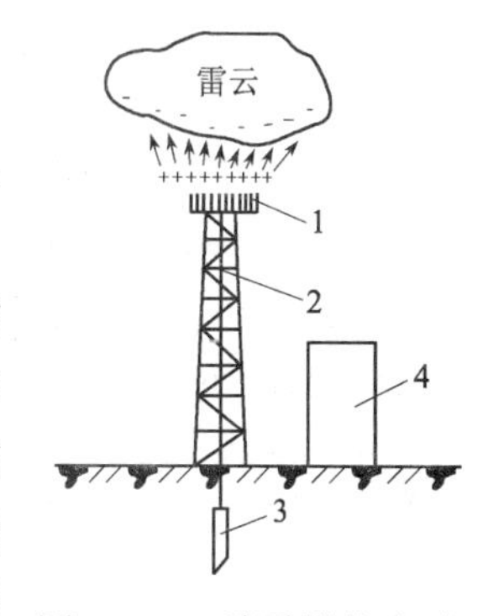

图19－8　消雷器的防雷原理说明

1—离子化装置；2—连接线；3—接地装置；4—被保护物

19.3　防雷措施

19.3.1　建筑物的防雷分级

1. 一级防雷的建筑

（1）具有特别重要用途的建筑物。如国家级的会堂、办公建筑、档案馆，大型博展建筑，大型铁路旅客站，国际性航空港，通信枢纽，国家级宾馆，大型旅游建筑，国际港口客运站等。

（2）国家重点文物保护的建筑物和构筑物。

（3）高度超过100m的建筑物。

2. 二级防雷的建筑

（1）重要的或人员密集的大型建筑物。如部委和省级政府的办公楼，省级会堂，博展建筑及体育、交通、通信广播等建筑，大型商店、影剧院等。

（2）省级重点文物保护建筑和构筑物。

（3）19层以上的住宅建筑和高度超过50m的其他民用建筑物。

（4）省级及以上大型计算中心和装有重要电子设备的建筑物。

3. 三级防雷的建筑物

（1）当年计算雷击数大于或等于0.05时，或通过调查确认需要防雷的建筑物（年计算雷击次数的计算方法见《民用建筑电气设计规范》或其他资料）。

（2）建筑群中最高或位于建筑群边缘高度超过20m的建筑物。

（3）高度为15m及以上的烟囱、水塔等孤立建筑物或构筑物。在雷电活动较弱地区（年平均雷暴日不超过15天），其高度可为20m及以上。

（4）历史上雷害事故严重地区或雷害事故较多地区的较重要建筑物。

在确定建筑物防雷分级时，除按上述规定外，在雷害事故活动频繁地区或强雷区可适当提高建筑物的防雷等级。

19.3.2　建筑物的防雷措施

1. 一级防雷建筑物的防雷措施及要求

（1）防直击雷

应在屋角、屋脊、女儿墙或屋檐上装设避雷带，并在屋面上装设不大于 10m×10m 的网络。突出屋面的物体应沿其顶部四周装设避雷带，在屋面接闪器保护范围之外的物体应装接闪器，并和屋面防雷装置相连。

防直击雷装置引下线的数量和间距规定如下：专设引下线时，其根数不应少于 2 根，间距不应大于 18m；利用建筑物钢筋混凝土中的钢筋作为防雷装置的引下线时，其根数不作规定，但间距不应大于 18m，建筑外廓各个角上的柱筋应被利用。

（2）防雷电波浸入

进入建筑物的各种线路及金属管道宜采用全线埋地引入，并在入户端将电缆的金属外皮、钢管及金属管道与接地装置连接。当全线埋地敷设电缆确有困难而无法实现时，可采用一段长度不小于 $2\sqrt{\rho}$ m 的铠装电缆或穿钢管的全塑电缆直接埋地引入，但电缆埋地长度不应小于 15m，其入户端电缆的金属外皮或钢管应与接地装置连接，ρ 为埋电缆处的土壤电阻率（Ω·m）。在电缆与架空线连接处，还应装设避雷器，并与电缆的金属外皮或钢管及绝缘子铁脚连在一起接地，其接地电阻不应大于 10Ω。

当建筑物高度超过 30m 时，30m 及以上部分应采取下列防测击雷和等电位措施：建筑物内钢构架和钢筋混凝土的钢筋应予以连接；应利用钢柱或钢筋混凝土柱子内钢筋作为防雷装置引下线；应将 30m 及以上部分外墙上的栏杆、金属门窗等较大金属物直接或通过埋铁与防雷装置相连接；垂直金属管道及类似金属物的底部应与防雷装置连接。

2. 二级防雷建筑物的防雷措施及要求

（1）防直击雷

宜在屋角、屋脊、女儿墙或屋檐上装设避雷带，并在屋面上装设不大于 15m×15m 的网格。突出屋面的物体，应沿其顶部四周装设避雷带。防直击雷也可采用装设在建筑物上的避雷带（网）和避雷针两种混合组成的接闪器，并将所有避雷针用避雷带相互连接起来。

防直击雷装置的引下线数量和间距规定如下：专设引下线时，其引下线的数量不应少于 2 根，间距不应大于 20m；利用建筑物钢筋混凝土中的钢筋作为防雷装置的引下线时，其引下线的数量不作具体规定，但间距不应大于 20m，建筑物外廓各个角上的钢筋应被利用。

（2）防雷电波侵入措施

当低压线路全长采用埋地电缆或在架空金属线槽内的电缆引入时，在入户端应将电缆金属外皮、金属线槽接地，并应与防雷接地装置相连接。

低压架空线应采用一段埋地长度不小于 $2\sqrt{\rho}$ m 的金属铠装电缆或护套电缆穿钢管直接埋地引入，电缆埋地长度不应小于 15m，ρ 是电缆埋设处土壤电阻率（Ω·m）。电缆与架空线连接处应装设避雷器。避雷器、电缆金属外皮、钢管和绝缘子铁脚等应连在一起接地，接地电阻不应大于 10Ω。

年平均雷暴日在30天及以下地区的建筑物，可采用低压架空线直接引入，但应符合下列要求：入户端应装设避雷器，并与绝缘子铁脚连在一起接到防雷接地装置上，接地电阻应小于5Ω；入户端的三基电杆绝缘子铁脚应接地，接地电阻均不能大于20Ω。

进出建筑物的各种金属管道及电气设备的接地装置，应在进出处与防雷接地装置连接。

3. 三级防雷建筑物的防雷措施及要求

（1）防直击雷

宜在建筑物屋角、屋檐、女儿墙或屋脊上装设避雷带或避雷针。当采用避雷带保护时，应在屋面上装设不大于20m×20m的网格。当采用避雷针保护时，被保护的建筑物及突出屋面的物体均应处在避雷针的保护范围内。

防直击雷装置引下线的数量和间距规定如下：专设引下线时，其引下线的数量不宜少于2根，间距不应大于25m；当利用建筑物钢筋混凝土中的钢筋作为防雷装置引下线时，其引下线的数量不作具体规定，但间距不应大于25m。建筑物外廓易受雷击的几个角上柱子钢筋应予利用。

构筑物的防直击雷装置引下线一般可为一根，但其高度超过40m时，应在相对称的位置上装设2根。

防直击雷装置每根引下线的接地电阻值不宜大于30Ω，其接地装置宜和电气设备等接地装置共用。防雷接地装置宜在埋地金属管道及不共用的电气设备接地装置相连接。

（2）防雷电波侵入

对电费进出线应在进出端将电缆金属外皮、钢管等与电气设备接地相连。在电缆与架空线连接外应装设避雷器。避雷器、电缆金属外皮和绝缘子铁脚应连在一起接地，接地电阻不应大于30Ω。

做好防雷设计及保证装置安装质量是建筑物安全的重要环节之一，在工程建设中切不可马虎。对于一、二级防雷建筑物，除做好上述防直击雷及雷电波措施外，还必须考虑防感应雷的措施。

① 为了防止雷电的静电感应产生的高电压，应将建筑物内的金属管道、结构钢筋及金属敷设设备等予以接地，接地装置可与其他接地装置共用。

② 根据建筑物的不同屋顶，应将屋顶采取相应的防静电措施：对于金属屋顶，可将屋顶妥善接地；对于钢筋混凝土屋顶，应将屋面钢筋焊成6～12m网格，连成通路接地；对于非金属屋顶，应在屋顶上加装边长6～12m金属网格接地；屋顶或屋顶上的金属网格接地时，接地不得少于两处，其间距不得超道18～30m。

③ 为了防止雷电的电磁感应，平行管道相距不到100mm时，每20～30m应用金属线跨接；交叉管道相距不到100mm时，也应用金属线跨接；管道与金属设备或金属结构间距离小于100mm时，也应用金属线跨接。此外，管道接头、弯头等连接地方，也应用金属线跨接。

19.3.3　架空电力线路防雷措施

1. 架设避雷线

根据我国目前电网情况，110kV及以上的架空线路架设避雷线（年平均雷暴日不超过15天的少雷地区除外），从运行统计看是很有效的防雷措施。但是架设避雷线造价很高，所以只在重要的110kV线路及220kV及以上电力线路才沿线路全线装设避雷线。35kV及以下电力线路一般不全线装设避雷线。有避雷线的线路，每基杆塔不连避雷线的工频接地电阻，在雷季干燥时不宜超过表19-1所列数值。

表19-1　有避雷线架空电力线路杆塔的工频接地电阻

土壤电阻率（Ω·m）	≤100	100~500	500~1000	1000~2000	>2000
接地电阻（Ω）	10	15	20	25	30

2. 加强线路绝缘

在铁横担线路上可改用瓷横担或高一等级的绝缘子（10kV线路）加强线路绝缘，使线路的绝缘耐冲击水平提高。当线路遭受雷击时，发生相间闪络的机会减少，而且雷击闪络后形成稳定工频电弧的可能性也减小，线路雷击跳闸次数也就减少。

3. 利用导线三角形排列的顶线兼作防雷保护线在顶线绝缘子上装设保护间隙，如图19-9所示。在线路顶线遭受雷击，出现高电压雷电波时，间隙被击穿，雷电流便畅通地对地泄放，从而保护了下面2根导线，一般线路不会引起跳闸。

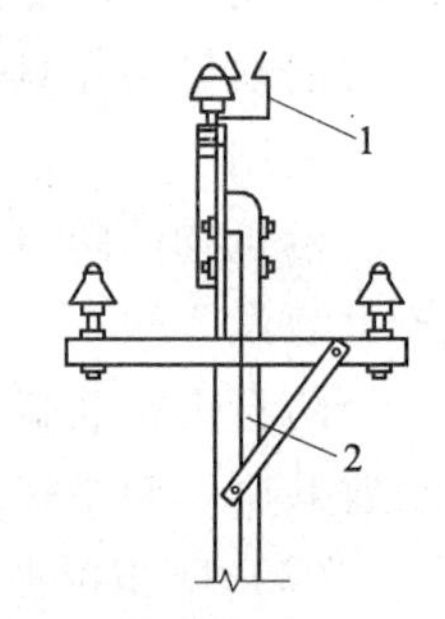

图19-9　预线绝缘子附有保护间隙
1—保护间隙；
2—接地线

4. 杆塔接地

将铁横担线路的铁横担接地，当线路遭受雷击发生对铁模担闪络时，雷电流通过接地引下线入地。接地电阻应越小越好，年平均雷暴日在40天以上的地区，其接地电阻不应超过30Ω。

5. 装设自动重合闸装置

线路遭受雷击时，不可避免要发生相间短路，尤其是10kV等电压较低线路，但运行经验证明，电弧熄灭后的电气绝缘强度一般都能很快恢复。因此，线路装设自动重合装置后，只要调整好，有60%~70%的雷击跳闸能自动重合成功，这对保证可靠供电起很大作用。

19.3.4　变（配）电所防雷措施

（1）10kV变（配）电所应在每组母线和每回路架空线路上装设阀型避雷器，其保护接线如图19-10所示，母线上避雷器与变压器的电气距离不大于如表19-2所示。

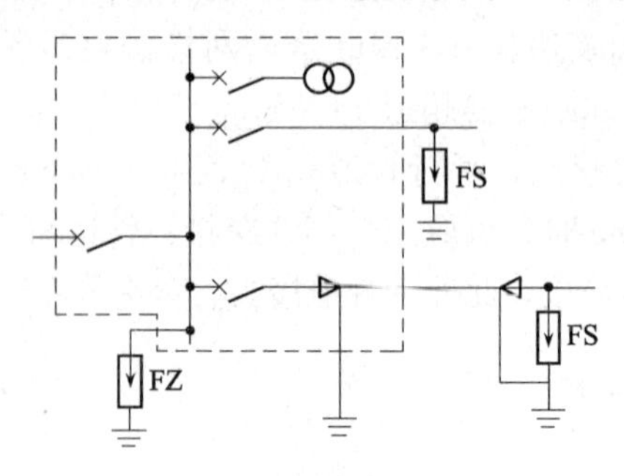

图19-10　3~10kV配电装置雷电侵入波的保护接线
FZ、FS—阀型避雷器

表 19-2　10kV 避雷器与变压器的最大电气距离

雪季经常运行的进出线路数	1	2	3	≥4
最大电气距离（m）	15	23	27	30

① 对于具有电缆进线线段的架空线路，阀型避雷器应装设在架空线路与连接电缆的终端头附近。

② 阀型避雷器的接地端应和电缆金属外皮相连。

③ 如各架空线均有电缆进出线段，则避雷器与变压器的电气距离不受限制。

④ 避雷器应以最短的接地线与变（配）电所的主接地网连接。

⑤ 在多雷地区，为防止变压器低压侧雷电波侵入的正变换电压和来自变压器高压侧的反变换电压击穿变压器的绝缘（反变换电压是指高压侧遭受雷击，避雷器放电，其接地装置呈现较高的对地电压，此电压经过变压器低压中性点通过变压器反转来加到高压侧的电压冲击波）；在变压器低压侧宜装设一组低压阀型避雷器或击穿保险器。如变压器高压侧电压在 3kV 以上，则在变压器的高、低压侧均应装设阀型避雷器保护。

（2）低压线路终端的保护。雷电波沿低压线路侵入室内时，容易造成严重的人身事故。为了防止这种雷害，根据不同情况，可采取下列措施：

① 对于重要用户，最好采用电缆供电，并将电缆金属外皮接地；条件不允许时，可由架空线转经 50m 以上的直埋电缆供电，并在电缆与架空线连接处装设一组低压阀型避雷器，架空线绝缘子铁脚与电缆金属外皮一起接地。

② 对于重要性较低的用户，可采用全部架空线供电，并在进记处装设一组低压阀型避雷器或保护间隙，并与绝缘子铁脚一起接地，邻近的 3 根电杆上的绝缘子铁脚也应接地。

③ 对于一般用户，将进户处绝缘子铁脚接地。

④ 年平均雷暴日数不超过 30 天的地区，低压线被建筑物等屏蔽的地区，以及接户线距低压线路接地点不超过 50m 者，接户线的绝缘子铁脚可不接地。

（3）架空管道上雷电波侵入的防护。为了防止沿架空管道传来的雷电波，应根据用户的重要性，在管道进户处及邻近的 100m 内，采取 1～4 处接地措施，并在管道支架处接地，接地装置可与电气设备接地装置共用。

19.4　防雷设备安装

防雷设备安装好坏，关系到防雷效果，因此必须认真仔细，保证安装质量。

1. 防雷设备的安装要求

（1）避雷针及其接地装置不能装设在人畜经常通行的地方，距道路应 3m 以上，否则要采取保护措施；与其他接地装置和配电装置之间要保持规定距离；地面上不小于 5m，地下不小于 3m。

（2）用避雷带防建筑物遭直击雷时，屋顶上任何一点距离避雷带不应大于 10m；当有 3m 及以上平行避雷带时，每隔 30～40m 宜将平行的避雷带连接起来。

（3）屋顶上装设多支避雷针时，两针之间距离不宜大于 30m；屋顶上单支避雷针的保护范围可按 60°保护角确定。

2. 阀型避雷器安装要求

（1）避雷器不得任意拆开，以免损坏密封和元件；避雷器应垂直立放保管。

（2）避雷器安装前应检查其型号规格是否与设计相符，瓷件应无裂纹、损坏，瓷套与铁法兰间的结合应良好，组合元件应经试验合格，底座和拉紧绝缘子的绝缘应良好；FS 型避雷器绝缘电阻应大于 2500MΩ。

（3）阀型避雷器应安装垂直，每一个元件的中心线与避雷器安装中心线的垂直偏差不应大于该元件的高度的 1.5%；如有歪斜可在法兰间加金属片校正，但应保护其导电良好，并把缝隙垫平后涂以油漆；均压环应安装水平，不能歪斜。

（4）拉紧绝缘子串必须紧固，弹簧应能伸缩自如，同相绝缘子串的拉力应均匀。

（5）放电记录器应密封良好，动作可靠，安装位置应一致，且便于观察，放电记录器要恢复至零位。

（6）10kV 以下变配电所常用的阀型避雷器，体积较小，一般安装在墙上或杆上；安装在墙上时，应有金属支架固定；安装在电杆上时，应有横担固定；金属支架、横担应根据设计要求加工制作，并固定牢固；避雷器的上部端子一般用镀锌螺栓与高压母线连接，下部端子接到接地引下线上；接地引下线应尽量短而直，截面积应按接地要求和规定选择。

3. 管型避雷器安装要求

（1）安装前应进行外观检查：绝缘管壁应无破损、裂痕，漆膜无脱落，管口无堵塞，配件齐全，绝缘应良好，试验应合格。

（2）灭弧间隙不得任意拆开调正，喷口处的灭弧管内径应符合产品技术规定。

（3）安装时应在管体的闭口端固定，开口端指向下方；倾斜安装时，其轴线与水平方向的夹角：普通管型避雷器应不小于 15°，无续流避雷器应不小于 45°，装在污秽地区时，应增大倾斜角度。

（4）避雷器安装方位，应使其排出的气体不会引起相间或相对地短路或闪络，也不得喷及其他电气设备；避雷器的动作指示盖应向下打开。

（5）避雷器及其支架必须安装牢固，防止反冲力使其变形和移位，同时应便于观察和检修。

（6）无续流避雷器的高压引线与被保护设备的连接线长度应符合产品的技术要求；外部间隙也应符合产品技术要求。

（7）外部间隙电极的制作应按产品的有关要求，铁质材料制作的电极应镀锌；外部间隙的轴线与避雷器管体轴线的夹角应不小于 45°，以免引起管壁闪络；外部间隙宜水平安装，以免雨滴造成短路；外部间隙必须安装牢固，间隙距离应符合设计规定。

氧化锌避雷器安装要求与阀型避雷器相同。

项目实训二十九：防雷装置及其安装实训

一、实训目的

1. 掌握建筑物的防雷措施。

2. 熟悉架空电力线路防雷措施。

3. 熟悉变（配）电所防雷措施。
4. 掌握防雷设备安装要求。

二、实训内容

1. 根据所给的工程要求，实地考察建筑物的防雷措施。
2. 根据所给的工程要求，实地考察架空电力线路防雷措施。
3. 根据所给的工程要求，实地考察变（配）电所防雷措施。
4. 根据所给的工程要求，实地考察防雷设备安装要求。

三、实训时间

每人操作60min。

四、实训报告

1. 编写建筑物的防雷实地考察报告。
2. 写出架空电力线路防雷实地考察报告。
3. 编写变（配）电所防雷考察报告。
4. 编写防雷设备安装实地考察报告。

模块六　安全用电基本常识

项目二十　接地和接零保护及施工

电气设备的金属外壳与内部带电部分都是绝缘的，只有当这种绝缘到损坏时，设备的外壳才有可能带电。为了防止这种由于绝缘损坏而引起的触电事故，必须采取接地或接零的安全保护措施。

20.1　接地与接零

20.1.1　保护接地

所谓接地，就是把设备的金属外壳通过接地装置使与大地作电气上的连接。当发生漏电、电气设备碰壳、接地短路时，带电体的电流经接地装置流入地下，以此来防止触电事故的发生，这种保护人身安全的接地叫做保护接地。保护接地的工作原理如下。

图 20-1（a）为不接地的电气设备。当设备绝缘受到损坏时，外壳便带电，且由于线路与地形成电容，或者线路上某处绝缘不好，此时人体如触及此绝缘损坏的电气设备外壳，便形成一个电流回路，电流通过人体而触电。

图 20-1（b）为装有接地装置的电气设备。当其绝缘受到损坏时，外壳便带电，此时有两个电流回路：其一是经过接地体到电气设备；其二是经过人体到电气设备口。可以看出，这是一个并连回路，流过每一个回路的电流与其回路电阻呈反比，人体的电阻一般为 800 ~ 1000Ω，如果接地体的电阻很小（一般应为几欧），这样，通过人体的电流就很小，而绝大部分电流都通过接地体，从而保证了人身安全。

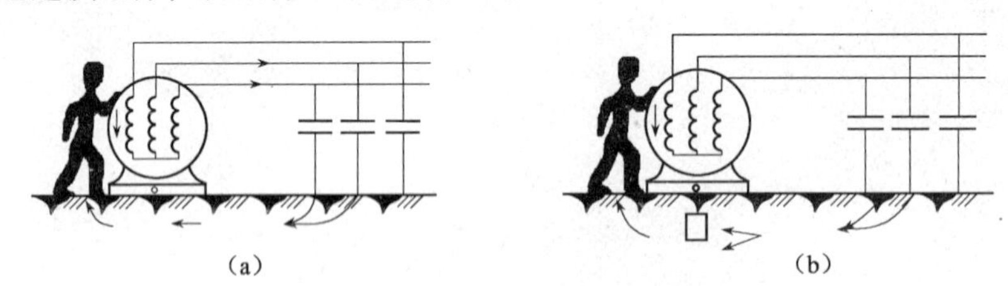

图 20-1　设备绝缘损坏时的电流通路
（a）不接地的电器设备；（b）有接地装置的电气设备

20.1.2　工作接地

在电力系统中，凡是为了设备运行和安全上的需要而将电路中的某一点直接或经过特殊的设备接地，这种接地称为工作接地。如三相变压器中性点接地。其作用如下：

图 20-2（a）为中性点不接地的线路。当其一相发生接地故障时，由于电容电流小，通过地的电流也小，因此不能反映给保险器和继电保护，不能及时地将故障排除。

图 20－2（b）为中性点接地的线路。当其一相接地时，便通过接地体形成一个回路，且由于电流很大，因而能迅速地通过继电保护或保险装置将故障排除。

在中性点不接地的系统里，当一相接地时，其他两相对地的电压为线电压，因此电气装置导电部分与地间的绝缘必须按相电压的几倍来设计。而在中性点接地的系统里，当一相接地后，其他两相对地电压接近相电压，因此采用中性点接地，可以阵低载流部分与地的绝缘等级，从而降低制造成本，节省投资。

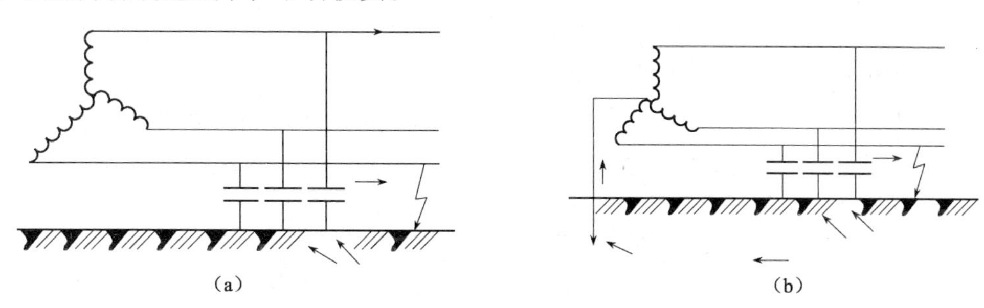

图 20-2　线路中一相接地时的电流通路

（a）中性点不接地的线路；（b）中性点接地的线路

20.1.3　保护接零

在中性点接地的输电系统中，如仍采用保护接地，其保护作用实际上是很不完善的。当人体触及到漏电的电气设备外壳时，仍有触电的危险，如图 20-3 所示。因此，在电源中性点接地的配电系统中，最完善的办法是将电气设备的外壳与中线连接，即采取保护接零，如图 20-4 所示。当一相发生事故而造成电气设备外壳带电时，该相与零线之间将会有极大的短路电流，足以迅速地烧断该相的熔丝，带电的电气设备外壳也就脱离电源，从而消除了因电气设备外壳带电而引起的触电事故发生的危险。

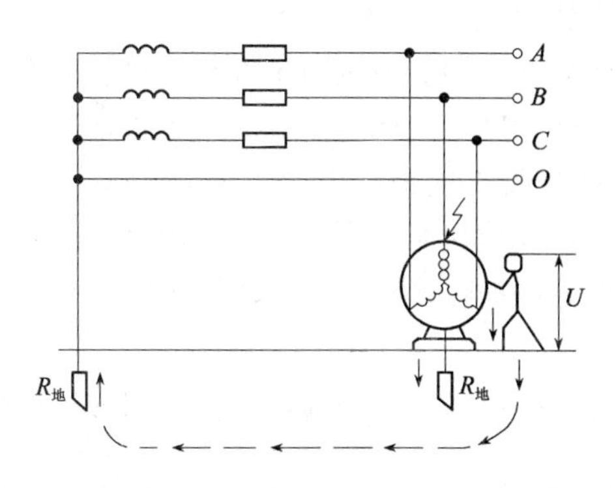

图 20-3　电源中性点接地系统采用接地保护的危险

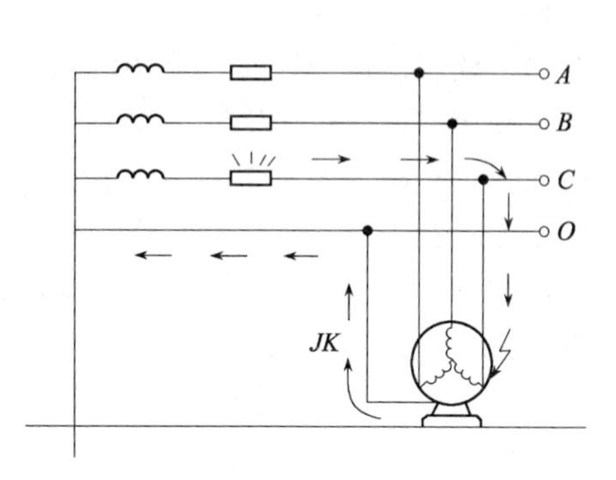

图 20-4　保护接零

20.1.4　重复接地

在采用保护接零的情况下，系统中除在中性点工作接地外，还必须每隔一定的距离将零线再次接地，零线的这种多点接地就称为重复接地。重复接地如图 20－5 所示，是保护接零系统中不可缺少的安全措施。

重复接地的作用是当系统发生碰壳或接地短路时，可以降低零线对地的电压，当零线意外断裂时，可减轻故障的程度。在照明线路中也可避免因零线折断，三相负载不平衡而使灯泡烧毁。同时也可确保其他保护接零的电气设备外壳不会因为某设备的带电而使它也带有一定的电压。在三相四线制供电系统中多采用这种保护接法。这是因为中性线干线的截面积不可能选得很大，因而中性线的对地电阻不可能为零。当三相负载不平衡时，在中性线中就会有电流并产生电压降，特别是在供电线路较长的情况下，中性线的对地电压可能较高。采用重复接地能够有效地降低中性线的对地电压。进户线的辅助接地即为重复接地。

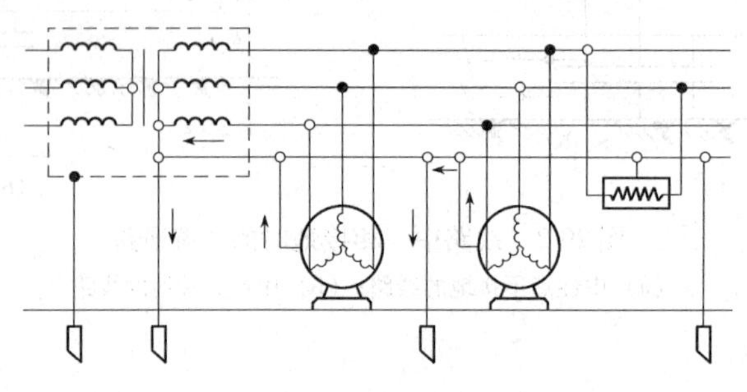

图 20-5　重复接地

20.2　接地装置的施工

接地装置分为接地体（即接地极）和接地线两部分。凡是与大地有可靠连接的金属管道和建筑物的金属结构等都可作为接地体。例如：敷设在地下的各种用途的金属管道，包括给水管、排水管和蒸气管等（油管及易燃、易爆气体管道除外）；建（构）筑物与地连接的金属结构；表层为金属外皮的电缆；钢筋混凝土建（构）筑物的基础。

利用上述自然接地体时，要用两根以上的导体在不同的地点与干线相连接。在没有自然接地体可利用时，也可用钢管或角钢等截取适当的长度打入地下而成为人工接地体。

接地线可利用金属管道、电缆包皮、钢轨及混凝土内钢筋以及建筑物的金属结构，如梁、柱子等。在采用上述自然物作为接地线时，首先应确信在其全长范围内有可靠的连接，以成为连续的导体。其次是要求有足够的截面积，例如跨接线，作为接地干线和支线，应分别在 $100mm^2$ 和 $48mm^2$ 以上。

人工接地线可采用扁钢和圆钢，但接地体之间的连接应采用扁钢，这是因为扁钢与土壤有较大的接触面。

接地装置以采用镀锌钢材为宜，对有腐蚀性的土壤尤其如此。

接地导体的截面一般根据设计确定，表 20-1 和表 20-2 所示为接地导体的最小截面积要求。

表 20-1　钢接地体和接地线的最小尺寸

名　　称	建筑物内	室　　外	地　　下
圆钢直径（mm）	5	6	6
扁钢截面积（mm^2）	24	24	48
扁钢厚（mm）	3	4	4
角钢厚（mm）	2	2.5	4
钢管管壁厚（mm）	2.5	2.5	3.5

表 20-2　电压在 1000V 以下的电气设备，地面上外露接地线最小截面积

名　　称	铜（mm^2）	铝（mm^2）	钢（mm^2）
钢导体	—	—	12
明敷的裸导体	4	6	—
绝缘导体	1.5	2.5	—
电缆的接地芯线或相线包在同一保护外壳内的多芯导线的接地芯线	1	1.5	—
携带式电气设备	1.5	—	—

20.2.1　接地体的安装

1. 接地体的加工制作

接地体的材料可采用钢管和角钢。采用钢管时，应选用管径为 38～50mm、壁厚不少于 3.5mm 的钢管。然后按图纸要求的长度截取（通常为 2.5m）。打入地下的一段可视土质的结实程度，加工成不同的形状，如图 20-6（a）所示。

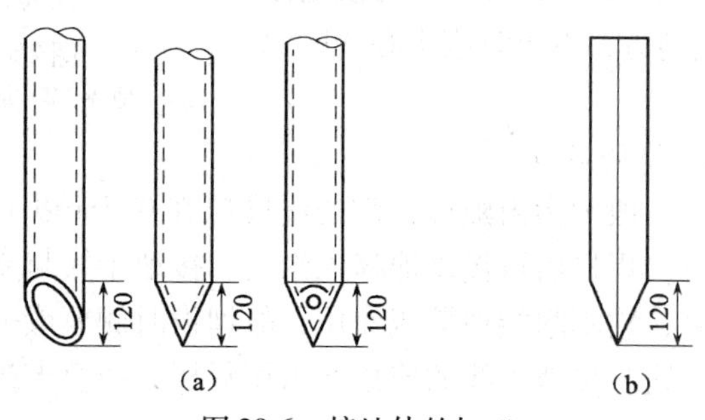

图 20-6　接地体的加工
（a）钢管加工；（b）角钢加工

如用角钢，可选用 50mm×50mm×5mm 的角钢，长度与钢管相同，角钢的一端也加工成尖头形，如图 20-6（b）所示。

接地体一般都是用大锤将其打入地下，为防止打入过程中过早出现卷口，可对其头部进行加强，方法是在钢管的内孔加焊短管（加焊的短管外径应尽可能接近接地管的内径）。如接地体为角钢，则加焊短角钢。

2. 挖沟

凡是接地体线路经过的地方，均需预先挖好沟，以便打入接地体和敷设连接地体的扁

钢。沟的深度一般为0.8～1m，宽为0.5m，沟的上部可略微宽些，以防塌方。

接近建筑物或构筑物的沟、沟的中心线与建筑物或构筑物的基础应有2m以上的距离。

3. 接地体的安装

接地体的安装和接地线的敷设应尽可能在挖好沟后接着进行，避免因土方塌落影响施工。可按如下步骤安装：

（1）接地体应按设计位置打在沟的中心线上，以沟深0.8～1m计，打入后的接地体露出沟底的长度约为150～200mm。即接地体最高点离回填后的地面应有600mm以上的距离。接地体相互之间的距离按设计要求，但一般规定不少于5m。

（2）打入的管子或角钢及连接的扁钢，应避开其他地下管道及电缆等设施。如无法避开，需与之相平行时，则其距离应不少于300～350mm；与之交叉时，其距离不少于100mm。

打入接地体时，应注意保持与地面垂直，如遇土质比较干硬，可用浇水的方法待其松软后再打。

20.2.2　敷设接地线

1. 接地体扁钢的敷设

将接地体打入地下后，即可沿沟敷设扁钢。敷设扁钢前应将其调直后再放入沟内，并用焊接的方法将全部接地体连接起来；焊接时扁钢距接地体最高点应有100mm左右的距离，如图20-7所示。

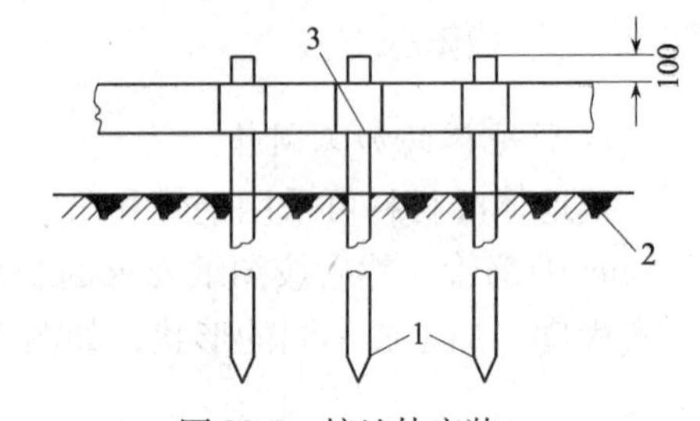

图20-7　接地体安装
1—地体；2—地沟底；3—与接地体焊接

焊好扁钢与接地体，并经检查确认质量符合要求后，即可将沟填平。填沟的回填土不应有石块或其他工业垃圾，否则会增大接地电阻。回填时应分层夯实，最好在每层上浇一些水，以便使土壤与接地体接触得更好。在有扁钢的地方，夯土时应小心，以免损坏焊接部位。

2. 接地干线与接地支线的敷设

室外接地干线与支线一般为沟内敷设，沟的深度应在0.5m以上。扁钢焊接时，如沟内不方便，也可在地面进行，焊好后再慢慢地移入沟内。接地干线与支线的作用是将接地体与电气设备的接地连接起来、它不起接地散流作用，故埋设时侧放或平放均可以。接地干线和接地体的连接以及接地支线与接地干线的连接均采用焊接。回填土应压实，但不必打夯。接地干线与支线末端露出地面应不少于0.5m，以方便接引地线。

室内的接地线多为明敷，但与设备连接的支线如需经过地面，也可以埋在混凝土内。明敷的接地线常常是纵横敷设在墙壁上，也可敷设在母线架或电缆的桥架上。敷设方法如下：

（1）预留孔及预埋支持铁件

沿墙壁敷设的接地扁钢，少不了要穿过墙壁或楼板，为了施工的方便，应在土建浇制楼板或砌墙时，按设计位置预留出穿接地线的孔，孔的大小应比所敷设的接地线的厚度和宽度各大出6mm以上。也可按此尺寸用一段扁钢预埋在墙壁内，并要趁湿凝土还未完全凝固时将扁钢抽松，以便日后易于取出。另一种方法是在扁钢上包一层油毛毡或几层牛皮纸后再预理。

明敷在墙上的接地线应分段固定，方法是在墙上埋设支持件，再长接地扁钢固定在支持件上。图 20-8 为常用的一种支持件（支持件形式，一般施工图纸有明确要求），施工时，用 40mm×4mm 的扁钢按图示尺寸将支持件制作好，然后将其埋设于砖墙内。

支持件埋设的直线距离一般为 1～1.5m，转弯部分为 1m。明敷的接地线应垂直或水平敷设，如建筑物的表面为倾斜面，也可沿倾斜表面平行敷设。与地面平行的接地干线一般离地面为 200～300mm。

（2）接地线的敷设

埋设在混凝土内的接地线，主要是电气设备的接地线，应在土建浇灌混凝土时预先敷设好。敷设时应按设计将一端放到电气设备处，另一端放到距离最近的接地干线上，两端均应露出混凝土地面。露出端的位置应准确，接地线的中部如需要固定，也可焊接在钢筋上。每一台电气设备都必须有单独的接地分支线，不允许相互之间串连接地。

接地线与电缆、管道交叉处以及其他有可能使接地线受到机械损伤的地方，接地线应用钢管或角钢加以保护，否则接地线与上述设施交叉处应有 25mm 以上的距离。

接地线经过建筑物的伸缩缝时，如采用焊接固定，应将接地线通过伸缩缝的一段做成弧形，如图 20-9 所示。

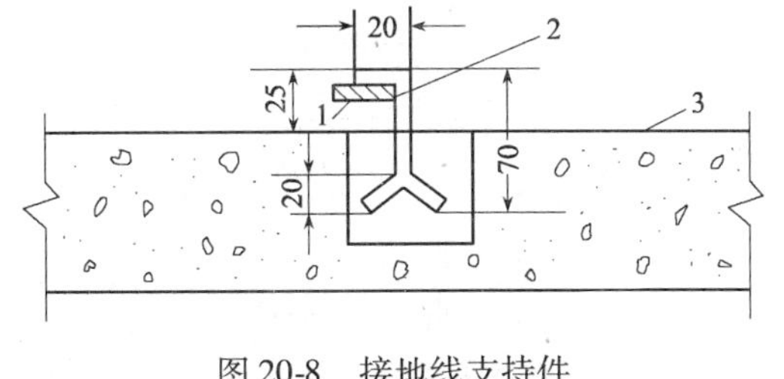

图 20-8　接地线支持件
1—接地线；2—支持件；3—墙壁

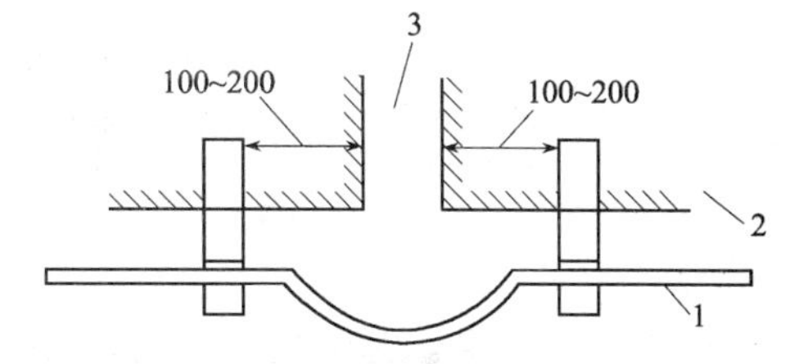

图 20-9　接地线经过伸缩缝
1—接地线；2—建筑物；3—伸缩缝

20.2.3　接地线的连接

接地导体相互之间应保证有可靠的电气连接，连接的方法一般采用焊接，形式上为搭焊。搭焊的长度，一般扁钢或角钢为其宽度的 2 倍以上；圆钢则为其直径的 6 倍以上。

扁钢与钢管（或角钢）焊接时，为了连接可靠，应按图 20-10 所示的方式焊接。

如利用建筑物内的钢管、钢筋或吊车轨道等作接地导体时，应保证其内部或全长有可靠的连接。与金属结构的连接，所用钢带的截面应在 $100mm^2$ 以上，其接头或焊口，应涂上红丹防锈漆。

接地线与电气设备的连接形式有焊接或螺栓连接两种。对于需要移动的设备（如变压器），宜采用螺栓连接；对于不需移动的，如金属构架之类，则可采用焊接。如电气设备装在金属结构上，并有可靠的金属接触时，接地线或接零线可直接焊在金属构架上。

电气设备的外壳上通常都有专用接地的螺丝。为保证有良好的接触，应将螺丝卸下，将与接地线接触的部位用砂布擦拭干净至发出金属光泽；接地线端部需镀上焊锡，并涂上中性凡士林，然后套入螺丝将其拧紧。在有振动的地方，接地螺丝应加垫弹簧垫圈，以防止松脱。接地线如为扁钢，其孔眼应用钻孔方式钻出，而不能采用气割方式。

移动式电气设备应用橡皮软线的特殊线芯接地，不得用接零线作接地线用，零线与接地线需单独与地接网连接。

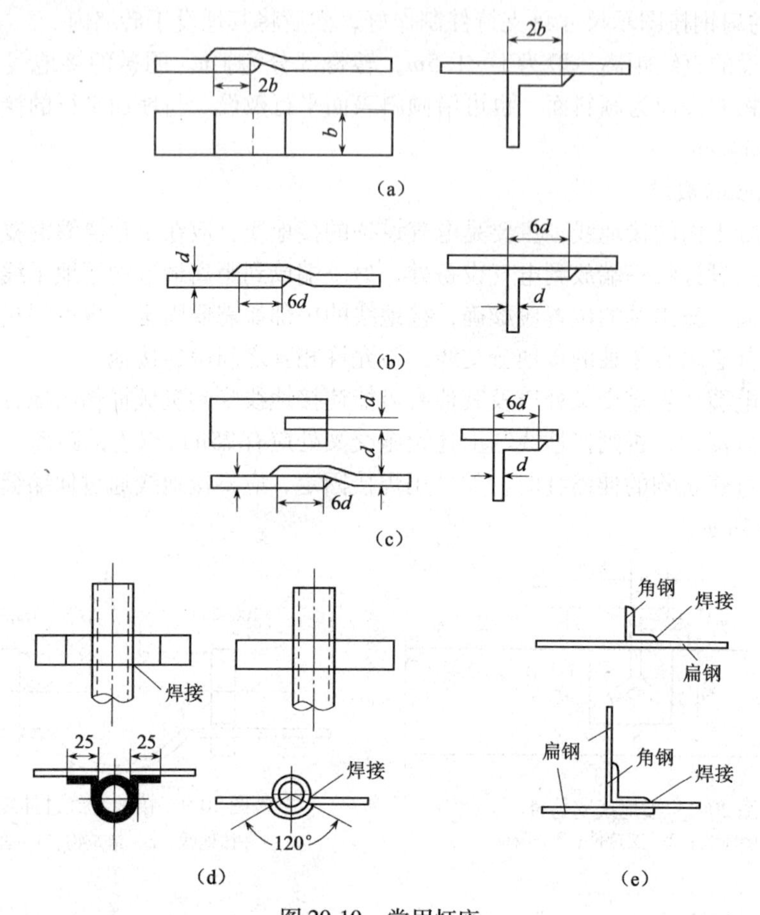

图 20-10　常用灯座
(a) 扁钢的连接；(b) 圆钢的连接；(c) 圆钢与扁钢的连接；
(d) 扁钢与钢管的连接；(e) 扁钢与角钢的连接

20.2.4　接地装置的检查和涂色

1. 外观检查和涂色

接地装置安装完毕后，必须对接地干线和支线的外露部分以及电气设备的接地部分进行外观检查，检查所有电气设备是否按要求接有接地线，其接地线的螺丝是否紧固，有振动的地方是否使用了止动垫圈等。检查完毕确认符合要求后，再在螺丝的表面涂上防锈漆。

敷设在地下的接地线，所有焊接口应符合规范要求，检查中应注意是否有虚焊。经检查合格后的焊缝，应在各表面涂上沥青漆。

明敷的接地线应按下列规定涂上各种颜色。

明敷的接地线及其固定部件均涂上黑色。如要与房间的装饰协调，也可将阴敷接地线涂上其他颜色，但在连接处及分支线处应涂宽 15mm 的黑带两条，间距为 150mm。中性点的明敷接地导线及扁钢应涂紫色漆，并在其上每隔 150mm 涂 15mm 宽的黑漆环，1000V 以上电气装置的接地相的导线或扁钢，应涂上与相线相同的颜色，然后涂色环。色环的宽度与间隔分别为 15mm 和 150mm。以上所涂用的色漆，要有良好的耐腐蚀性能。

2. 接地电阻的测量

接地装置在接地体施工完毕后，应测量接地电阻是否符合规定要求。

接地电阻就是接地装置和大地间的电阻。包括接地线电阻、接地体电阻、接地体与大地的接触电阻以及大地电阻。前两项电阻较小，所以测量接地电阻主要是指后两项。

接地电阻与接地体和大地的接触面积大小和接触紧密程度有关，也和大地的湿度有关，不同季节和大气的变化对接地电阻都有影响。

接地电阻的测量方法，较常用的有接地电阻测量仪法和电流-电压表法，此外还有电流-功率表法、电桥法和三点测量法等，但前两种方法较为普遍。

（1）接地电阻测量仪法

接地电阻测量仪也叫接地摇表，主要用于直接测量各种接地装置的接地电阻。接地电阻侧量仪有不同的型号，常用的有 ZC—8 型、ZC—29 型和 ZC—34A 型等。其中 ZC—34A 型为晶体管接地电阻测量仪。

ZC—8 型接地电阻测量仪主要由手摇发电机、电流互感器、滑线电阻及检流计等组成。外形和普通摇表相似，如图 20-11 所示。测量仪附有两根探针和三根测量导线，其中一根为电位探测针，另一根为电流探测针，三根导线长度各为 5m，20m 和 40m。ZC—8 型测量仪有两种量程，常用的一种是 0 ~ 1Ω ~ 10Ω ~ 100Ω，另一种是 0 ~ 1Ω ~ 100Ω ~ 1000Ω。

测量时，先将两根探测针分别插入地中，使被测接地极 E′、电位探测针 P′和电流探测针 C′三点在一直线上，E′至 P′的距离为 20m，E′至 C′的距离为 40m，然后用专用测量导线分别将 E′、P′和 C′接至仪表相应的接线柱上。接着把仪表放在水平位置，检查检流计的指针是否指在红线上，若未在红线上，可用“调零螺丝”调整。之后将仪表的“倍率标度”置于最大倍数，慢慢转动发电机的手柄。同时调整“测量标度盘”，使指针指于红线上。如果“测量标度盘”的读数小于 1，则应将“倍率标度”置于较小的倍数，再重新调整“测量标度盘”，以得到正确的读数。

当指针完全平衡在红线上以后，用“测量标度盘”的读数乘以倍率标度，即为所测的接地电阻值。

使用接地电阻测量仪时，应注意以下事项：

①当检流计的灵敏度过高时，可将电位探测针 P′的插入深度减少一些；当检流计的灵敏度不高时，可在电位探测针 P′和电流探测针 C′周围注水使其湿润。

②测量时，接地线路要与被保护的设备断开，以便得到准确的测量数据。

（2）电流表-电压表法

利用一只高内阻电压表，一只 5 ~ 10kVA 的单相照明变压器（或电焊用变压器）作为测量电源。

电流-电压表法的测量接线如图 20 - 12 所示。测量时，为了使被测接地体的电流有一个回路，应在距离被测接地体 40m 以外的地方设置辅助接地体，可用长度为 2. 5 ~ 3m、直径为 25 ~ 50mm 的钢管或 50mm × 50mm × 5mm 的角钢打入地下，深度约为 2m。此外，为了测量出电流经过接地体时所产生的电压降，在零电位处（离接地位 20m 以外）再装设一根接地极，可用长 2. 5 ~ 3m、直径 25mm 的圆钢制作。将电压表跨接在接地极和接地体之间。

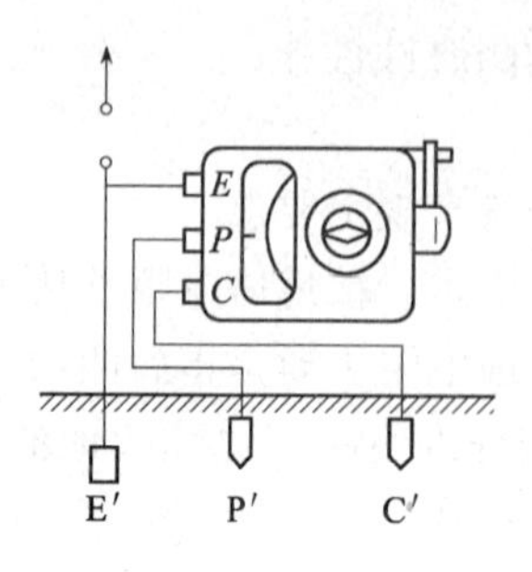

图 20-11　测量接地电阻的接线方法

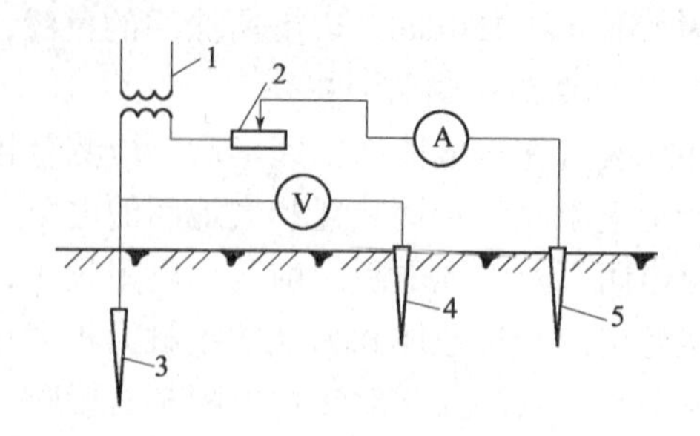

图 20-12　电流表-电压表测量接地电阻
1—变压器；2—变阻器；3—被测接地体；
4—接地极；5—辅助接地体

电源接通后，电流经变阻器、电流表、辅助接地体、被测接地体而形成回路。调节变阻器使电流保持在适当的数值，根据电流表的读数，即可按 $R_{jd}=U/I$ 公式算出接地体的接地电阻大小。

如果没有合适的电源变压器，也可直接使用220V交流电源进行测量，但须特别注意安全，操作时一定要穿戴绝缘手套和绝缘靴，以防止触电。

接地电阻值应符合有关规程的要求，表20-3和表20-4为有关接地电阻的数值。

表 20-3　1000V 以上电气装置接地电阻允许值

序　　号	装置的特性	在任何季节，接地装置的接地电阻不大于下列数值（Ω）
1	大接地短路电流（500A以上）的电气设备	0.5
2	小接地短路电流（500A以下）的电气设备： （1）当接地装置与1kV及以下设备共用时； （2）当接地装置仅用于1kV以上设备时	（1）$R\leqslant125/I$，一般不大于10 （2）R“$\leqslant250/I$ 式中，I——计算的接地短路电流（A）。
3	利用大地作导线的电气设备： （1）长久利用； （2）临时利用	（1）$R\leqslant50/I$ （2）$R\leqslant100/I$ 式中，I——经接地装置流入大地的电流（A）。

表 20-4　1000V 及以下电气设备接地装置的接地电阻

序　　号	装置的特性	在任何季节，接地装置的接地电阻不大于下列数值（Ω）
1	中性点直接接地的电气设备： （1）发电机和变压器； （2）容量为100kVA及以下发电机和变压器； （3）发电机式变压器并行运行时，其容量不超过100kVA； （4）零线的每一重复接地装置； （5）在变压器和发电机接地装置的电阻允许达到10Ω的电网中，零线的每一重复接地装置，但重复接地不少于3处	 4 10 10 10 30

续表

序　　号	装置的特性	在任何季节，接地装置的接地电阻不大于下列数值（Ω）
2	中性点不接地的电气设备： （1）接地装置； （2）发电机和变压器的容量为100kV及以下时的接地装置； （3）发动机或变压器并列运行时，当其总容量不超过100kV时的接地装置	 4 10 10

3. 降低接地电阻的措施

接地体的散流电阻与土壤的电阻率有直接关系，土壤的电阻率愈低，接地体的散流电阻就愈低，接地电阻就小。有些地区由于土壤电阻率较大，装设人工接地体时，接地电阻值往往难以达到设计的要求，因此，必须根据现场实际情况，采取一些带针对性的措施以达到设计要求。

（1）如电气装置附近（1000～2000m）的土壤电阻率较低时，可装设引外接地体。

（2）如地下较深处的电阻率较低时，可增大接地体的打入深度。

（3）如上述的方法不能采用，或不能达到规定的要求时，可采用人工处理土壤的方法，以降低土壤电阻率。

项目实训三十：接地和接零保护及施工实训

一、实训目的

1. 掌握接地体的安装。
2. 熟悉敷设接地线。
3. 熟悉接地线的连接。
4. 掌握接地装置的检查和涂色。

二、实训内容

1. 接地体的安装。
2. 敷设接地线。
3. 接地线的连接。
4. 接地装置的检查和涂色。

三、实训时间

每人操作45min。

四、实训报告

1. 编写接地体的安装操作实训报告。
2. 写出敷设接地线操作实训报告。
3. 编写接地线的连接操作实训报告。
4. 编写接地装置的检查和涂色操作实训报告。

项目二十一 电气安全装置及接法

为了安全用电，防止事故的发生，已越来越广泛地采用各种形式的电气安全装置。常用的电气安装装置有漏电保安装置（即触电保安器）和隔离变压器。

21.1 电气安全装置

21.1.1 触电保安器

触电保安器是防止人身触电、漏电和火警事故的一项有效的技术措施。它是根据设备漏电时出现的两种异常现象设计制造的。图 21-1 所示装有保护接地装置的电动机 D，当其金属外壳因绝缘损坏、碰壳等原因而漏电时，三相电流的平衡被破坏而出现了零序电流，即

$$I_0 = I_a + I_b + I_c$$

式中 I_a、I_b、I_c——分别为 A、B、C 三相的相电流的瞬时值。

同时，金属外壳也就有三对地电压 U_d：

$$U_d = I_0 R_d$$

式中 U_d——对地电压的有效值；

I_0——零序电流的有效值；

R_d——保护接地的接地电阻。

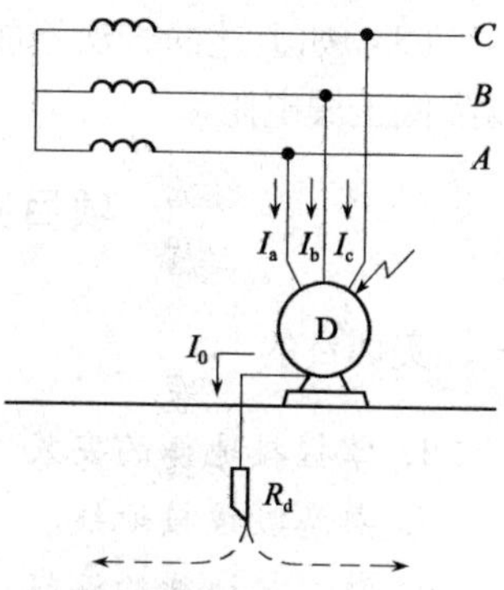

图 21-1 设备漏电

触电保安器就是通过检测机构取得 I_0 和 U_d 这两种异常信号，经中间机构转换和传递，使执行机构动作，通过开关设备断开电源。触电保安器根据其反应的信号分为如下两种类型。

1. 以对地电压为信号的触电保安器

它是以保护设备的金属外壳或支架出现的异常对地电压作为动作信号，作用于主电路的控制电路，对被保护设备实行保护切断，其工作原理如图 21-2 所示。

图中 YJ 为检测用的灵敏电压继电器，其动作电压为 20～40V。当设备漏电，外壳出现的异常对地电压达到 YJ 的动作电压时，YJ 继电器动作，其常闭触点打开，断开了主电路的控制电路，主接触器 C 失电而把主电路切断。为了保证可靠的动作，YJ 线圈一端接被保护设备的外壳或支架，另一端必须接基准大地（离设备接地处无穷远处，一般 20m 外为基准大地零电位点）。

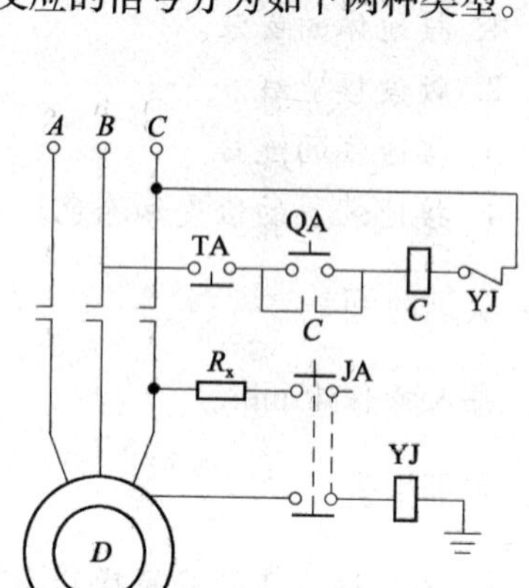

图 21-2 电压型触电保安器工作原理

电压型触电保安器的主要优点是简单、经济，在原

有的接地接零基础上，加一个灵敏电压继电器就可以自己动手改装，以提高原有的接地接零的效果和可靠性，缺点是保安器的接地接零发生故障以及人体接触导电部分时，保安器都不动作。

图中限流电阻 R_x 与按钮 JA 配合使用，可以检查触电保安器是否动作。

2. *以接地电流为信号的触电保安器*

反应接地电流的电流型触电保安器，是以保护设备的对地泄漏电流（即接地电流）为信号，作用于自动开关的脱扣器，漏电超过预定值时使开关超闸，切断被保护电路。电流型触电保安器不需要接地，被保护设备的外壳或支架也不需要接地接零。图 21-3 为放大器式触电保安器的电原理图。它由零序电流互感器 H、漏电脱扣器 TQ、自动开关 ZK 和放大器组成。图中电动机的接地符号仅表示其机座与大地接触接地。作为漏电检测原件的零序电流互感器，有一个圆环形铁芯，其初级绕组即为穿过圆环内孔的电源导线，次级绕组即为绕在 H 圆环上与 TQ、放大器相连的线圈。设备正常工作时，三相电流平衡，无零序电流（实际有很小的正常漏电电流），次级绕组无电压输出到放大器，脱扣线圈 TQ 无电流，自动开关不动作，保护合闸供电状态。当负载侧发生漏电接地，如人触导体或设备绝缘损坏时等，穿过互感器的三相电流不平衡有电流 I_0 产生，I_0 在铁芯中产生交变磁通，在互感器次级绕组感应出交变电压 U_z，经放大器放大后作用于脱扣器线圈，使自动开关跳闸，达到触电保护的目的。

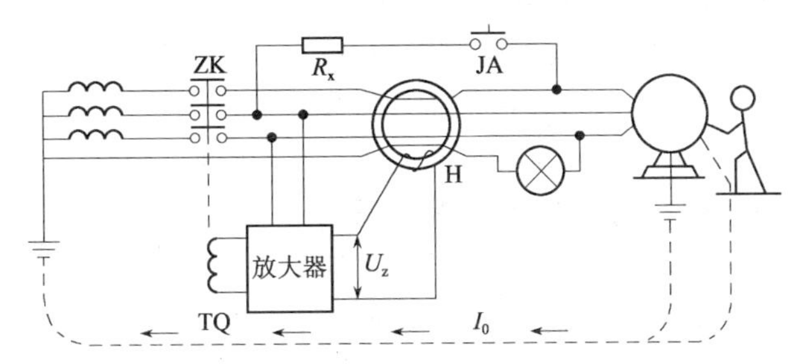

图 21-3　电流型放大式触电保安器

图中限流电阻 R_x 与 JA 一起仍作为检查触电保安器动作状态之用。

触电保安器必须正确安装、正确使用才能发挥它应有的保护作用。运行中的保安器发生作用后，如果是误动作，应查明原因，消除故障，再重新投入使用，切不可掉以轻心。对触电保安器要定期（一周或一月）检查其灵敏度和可靠性，以确保有较高的安全系数。

在安装电压型漏电保安器的低压电网中，中性线不允许重复接地，设备也不允许接零。

采用电流型的漏电保安器时，低压电网的中性点可以直接接地，零线可以重复接地，设备也可以接零。但在保安器（电流型）所保护的范围内不能重复接地，设备上也不允许接零。因此建筑工地和生活中，常用电流型漏电保安器。

21.2.2　隔离变压器

隔离变压器能将用电设备与三相四线制的接地系统断绝电的联系，使单相触电不能构成回路，杜绝了人体触及一根电线而发生触电事故。

隔离变压器的输出端与接地系统没有电的联系，电能通过磁的联系而转换。初级绕组与电源的三相四线制接地系统相接，将电能转换为铁芯中的磁能，再由磁能转换为次初绕组的电能。图 21-4 所示为隔离变压器原理接线图，其中初、次级绕组间有接地的屏蔽层。使用时隔离变压器次级输出端电源必须采用插座形式，初级（输入端）电源引入线则采用插头形式，以防止使用时初、次级接错而造成事故。

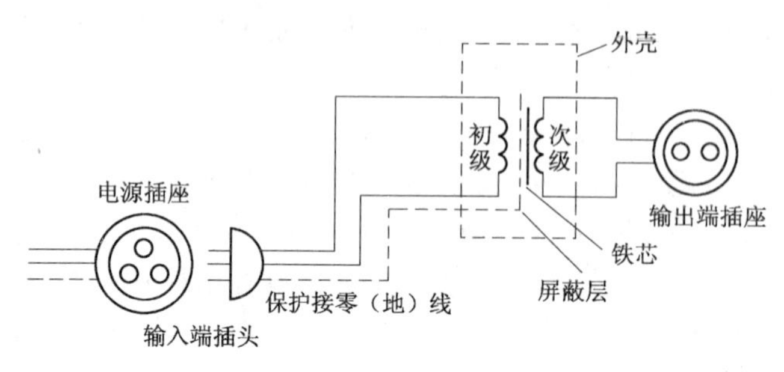

图 21-4　隔离变压器工作原理

隔离变压器次级绕组的任何一个线端都不接地，才能防止单相触电，其原理如图 21-5 所示。

由图中可见，人若接触次级绕组中的一根线，由于隔离层的存在，电流不可能通过人体与电网接地中性点形成回路，从而保证了操作人员的安全。

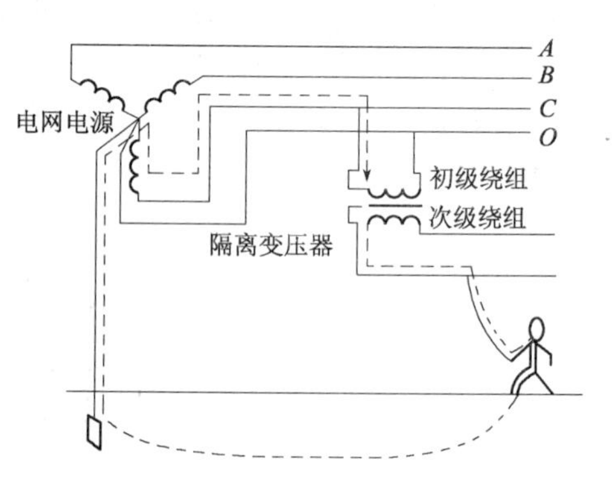

图 21-5　隔离变压器防止单相触电的原理

为了防止人体同时触及两根线而发生触电事故，可采用 12V/220V、24V/220V、36V/220V 的隔离变压器。此类隔离变压器与一般低压安全变压器的不同之处是：它的外壳必须是塑料的（达到双重绝缘），初、次级绕组间有屏蔽层接地，因此它的外壳、铁芯和次级均不要和零线（或地线）相接。而一般低压安全变压器的次级、铁芯和外壳必须接零或接地，这样，电流才能在初级绝缘损坏或相线碰壳时，通过零线或地线流入地下，从而保证了人身安全。

对于较大容量的移动式电动工具，额定电压多为 220V 或 380V，在危险环境中不能直接地使用，应采用 1∶1 隔离变压器。

所谓 1∶1 的隔离变压器，即为次级输出电压等于初级输入电压，但次级输出的任何一端都不能接地，以确保电流不会通过人体与电网接地中性点形成回路。1∶1 的隔离变压器仅能防止人体触及一根线不触电，如果同时触及两根线则仍是极危险的，但这种可能性实际上不大。

21.2　电气设备的安全保护接法

用电设备是多种多样的，为使设备能够正常运行、使用安全，除了要做到正确选用、正确安装、正确使用外，还要采取正确的安全预防措施，特别是建筑工地上应做好以下安全措施。

（1）电压为 1000V 以上的电气设备，均应进行保护接地，它与变压器或发电机中性点是否直接接地无关。

（2）电压为1000V以下的电气设备，如果变压器或发电机的中性点接地时，系统中的电气设备要全部采用保护接零。

（3）电压为1000V以下，中性点不接地的系统中，用电设备要采用保护接地。

（4）对220V/380V三相四线制和中性线必须直接接地的电气设备采用保护接零。

建筑工地的低压供电系统多采用三相五线制和中性点工作接地方式，因此系统中电气设备均采用保护接地，并采用IRA接地的安全措施。

在保护接零系统内，不允许将零线断开，否则接零设备就可能呈现危险的对地电压，因此在有保护作用的零线上不得装设闸刀开关或熔断器。建筑工地上的临时用电的安全装置已逐渐采用触电保安器和隔离变压器。

（5）与用电设备金属外壳有连接的机械设备如混凝土搅拌机、卷扬机和吊车的机身，必须可靠地接地（或接零）。

（6）对于同一台变压器或同一段母线供电的线路，不得将一部分设备保护接地，而将另一部分设备保护接零。这是因为当采用保护接地的设备发生绝缘击穿以后，接地电流受到接地电阻的影响，使短路电流大为减小，致使保护开关不能动作，这样，接地电流通过变压器工作接地电阻时，使变压器中性点电位上升，使其他采用保护接零的电气设备外壳均带上电，这是很危险的。图21-6为同一线路上一部分接零、一部分接地的情况。图中设备Ⅰ保护接零，设备Ⅱ保护接地。接地和接零保护不能混合使用，尤其是在接地和接零保护的两个设备相距较近，一个人有可能同时接触这两个设备时，其接触电压可达到相电压的数值，触电的危险性就更大。

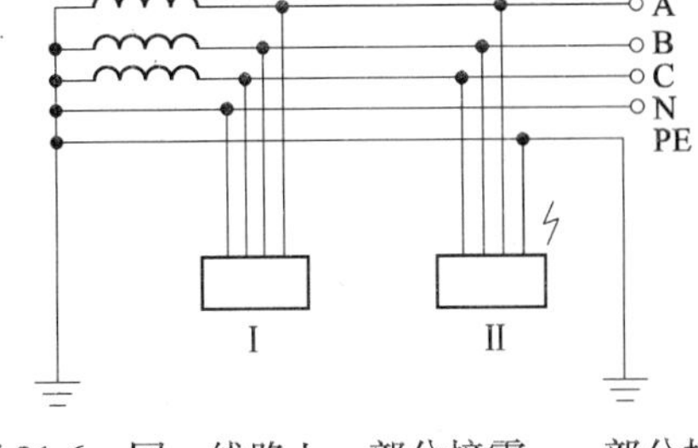

图21-6　同一线路上一部分接零、一部分接地

（7）在保护接零系统中，对用电设备的插座、连接导线也有一定的要求，通常规定，两孔插座适用于不需要保护接零（或保护接地）的场所；三孔插座和四孔插座有专用的保护接零线（或接地线）插孔，插座的接线应如图21-7所示。

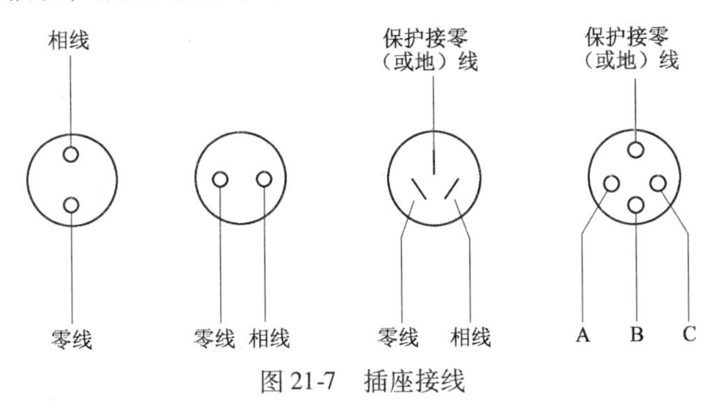

图21-7　插座接线

插座的接零（或接地）线插孔要比其他插孔大一些，其相应的插头也比其他插头稍大、稍长些。较粗大的插头，应连接设备外壳，接线时应区分清楚。

接零线必须用专线从外壳接零，不允许和电源零线共用。

项目实训三十一：电气设备安全保护接法实训

一、实训目的

掌握电气设备安全保护接法。

二、实训内容

电气设备安全保护接法措施。

三、实训时间

每人操作30min。

四、实训报告

编写电气设备安全保护接法实训报告。

项目二十二　触电与急救

22.1　触电概述

电气化能够减轻劳动强度，提高生产率，丰富人们的文化生活，给人类带来了巨大的物质文明。但是如果不能正确使用，不仅会损坏电气设备，严重时还会引起火灾、爆炸以及人员触电死亡等。因此搞好安全用电，防止触电，保障人身安全是一个极为重要的问题。

触电的情况比较复杂，但从大量的统计资料显示，在触电事故中以低压交流尤其是250V以下的触电占绝大多数，380V的触电事故较少。在高压触电事故中，主要是3～6kV的高压触电，10kV以上的基本没有触电事故，这是因为，10kV以上的电网难以接近，线路作业人员都是经过严格的专业训练，并且是在严格监护下进行工作的。3～6kV的电网除易于接近外，还缺少严格监护，操作维护人员的用电知识不足是发生事故的主要原因。380V的触电事故少，是因为两相触电的可能性较少；220V电压是日常生活和生产中用得最广、接触最多的一种电压，对于缺乏安全用电知识的人来说，较易发生触电事故。实际统计数字也表明，在触电人员中非电工专业人员占绝大多数。

在低压触电事故中，触及在正常情况下不应带电而在意外情况下带电的设备的触电事故又占较大的比例。这类事故发生的原因主要是设备有缺陷、运行不合理、保护装置不完善等。

统计数字还表明，触电事故与季节有关，夏、秋两季发生较多，特别是六、七、八三个月，这是因为，这个时期气候潮湿、多雨，降低了设备的绝缘性能，又因为天热，人体出汗多，增大了触电的危险性。因此，雨季前应注意对电气设备的检查；落实各种安全措施。

22.1.1　电流对人体的伤害

电对人体的伤害分为电击和电伤两种。电击是指电流通过人体内部，影响呼吸、心脏和神经系统，可造成人体内部组织的损坏或死亡。电伤是指电对人体外部造成的局部伤害，如电弧烧伤等，绝大部分触电事故是电击造成的。

电流通过人体内部对人体伤害的严重程度与电流的大小、通电的持续时间、流过人体的路径、电流的种类以及人体的状况等多种因素有关，各因素之间又有着密切的联系和影响。

1. 电流的大小

通过人体的电流越大，人体的生理反应越强烈，致命的危险就越大，致死所需的时间也就越短。

对于工频交流电，根据通过人体的电流大小和人体呈现的状态，可划分为三级，即感知电流、摆脱电流和致命电流。

引起人体感觉最小的电流称为感知电流。人触电后能自主摆脱电源的最大电流称为摆脱电流。在较短时间内危及人的生命的最小电流称为致命电流。电击致命的主要原因是电流引起心颤动或窒息造成的。实验资料表明，成年男性的平均感知电流约为1.1mA，成年女性约为0.7mA，成年男性的最小摆脱电流约为9mA，成年女性约为6mA。

通过人体的电流大小，主要取决于施加于人体的电压和人体电阻，电压愈高，通过人体的电流愈大；人体电阻大则电流小，反之亦然。人体电阻包括皮肤电阻和体内电阻。体内电阻不受外界影响，约为500Ω。皮肤电阻随外界条件不同而异。不同条件下的人体电阻见表22－1。

表22-1　不同条件下的人体电阻

加于人体的电压（V）	人体电阻（Ω）			
	皮肤干燥	皮肤潮湿	皮肤湿润	皮肤浸水中
10	7000	3500	1200	600
25	5000	2500	1000	500
50	4000	2000	875	440
100	3000	1500	770	375
250	1000	1000	650	325

注：1. 相当干燥场所的皮肤，电流途径为单手至双足。
2. 相当潮湿场所的皮肤，电流途径为单手至双足。
3. 有水蒸气等特别潮湿场所的皮肤，电流途径为双手至双足。
4. 类似游泳池或浴池中的情况，基本上为体内电阻。

2. 通电时间

通电时间越长，便越容易引致心室颤动，即电击的危险性越大。这是因为人的心脏每收缩、扩张一次，中间约为0.1s的间隙，此时心脏对电流最为敏感，在这一瞬间，即使是很小的电流（几十毫安）通过心脏也会引起心室颤动。如果电流不在这一瞬间通过心脏，即使电流很大（几安以上）也不会引起心脏麻痹。此外，由于通电时间长，会使人体电阻因出汗等原因而降低，通过人体的电流则增大，从而增加电击的危险性。

3. 电流通过人体的路径

电流通过心脏会引起心室颤动而致死，较大的电流会使心脏立即停止跳动，因此电流通过的路径以胸至左手为最危险。此外，电流通过中枢神经或有关部位，会引起神经中枢系统失调，强烈时会造成呼吸窒息，导致死亡，电流通过头部会使人昏迷，对脑造成损害，严重时可能不醒而死。电流通过脊髓，会导致截瘫。

各种不同通电路径的危险程度可以用心脏电流系数来表示。心脏电流系数是电流在给定的通电路径流过时，心脏电场强度与同样电流流过左手至双脚路径时的心脏电场强度之比。各种不同路径的心脏电流系数如表22-2所示。

表22-2　不同通电路径的心脏电流系数

通电路径	心脏电流系数
左手至左脚、右脚或双脚、双手至双脚	1.0
左手至右手	0.4
右手至左脚、右脚或双脚	0.8
背至右手	0.3

续表

通电路径	心脏电流系数
背至左手	0.7
胸部至右手	1.3
胸部至左手	1.5
臀部至左手、右手或双手	0.7

电流纵向通过人体比横向通过时心脏上的电场强度要高，更易于发生心室颤动，因而危险性更大。

4. 电流的种类

直流电流、高频电流、冲击电流对人体都有伤害作用。但其伤害程度一般都较工频电流为轻。

直流电的危险性相对小于交流电。直流电的最小感知电流：男性为5.2mA，女性为3.5mA。平均摆脱电流，男性约为76mA（交流电为16mA），女性约为51mA（交流电为10.5mA）。可能引起心脏颤动的电流在通电时间为0.3s时，约为1300mA。

交流电中，频率为15～300Hz的交流电对人体的伤害最为严重，低于或高于这个频段，伤害程度明显减轻。10000Hz高频交流电的最小感知电流，男性约为12mA。平均摆脱电流，男性为75mA，通电3s时引起心室颤动的电流约为500mA。但高频电流比工频电流易于灼伤皮肤，因此仍不能忽视使用高频电流的安全，尤其是高压高频电流仍有电击致命的危险。

雷电和电容器放电都能产生冲击电流。冲击电流通过人体时，能引起强烈的肌肉收缩。由于这种电流通过人体的时间很短，导致心室颤动的电流值要高得多。当人体电阻为500Ω时，引起心室颤动的冲击电流I与冲击时间t的关系如图22-1所示。

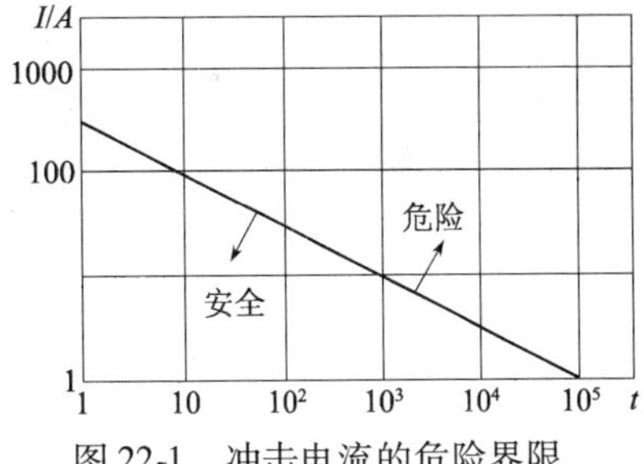

图22-1　冲击电流的危险界限

5. 人体的状况

电对人体的伤害程度与人体状况（包括人的性别、年龄、体重和健康）有很大关系。

22.1.2　触电方式

在低压电网中，常见的触电方式有单相触电、两相触电及跨步电压和接触电压触电。

1. 单相触电

单相触电是指人体的某一部位在地面上或其他接地体上，而另一部位则触及三相系统中任一根相线。这时触电的危险程度取决于三相电网的中性点是否接地。当中性点接地时，如图22-2所示。由于电网中性点接地电阻比较小，一般只有几欧，加于人体上的电压接近于相电压，如果人体电阻按1000Ω考虑，则通过人体的电流约为220mA。如前所述，通电时间大于1s时，50mA的工频电流即可引起心室颤动，因此这种触电方式是极为危险的。当中性点不接地、对地绝缘时，如图22-3所示。

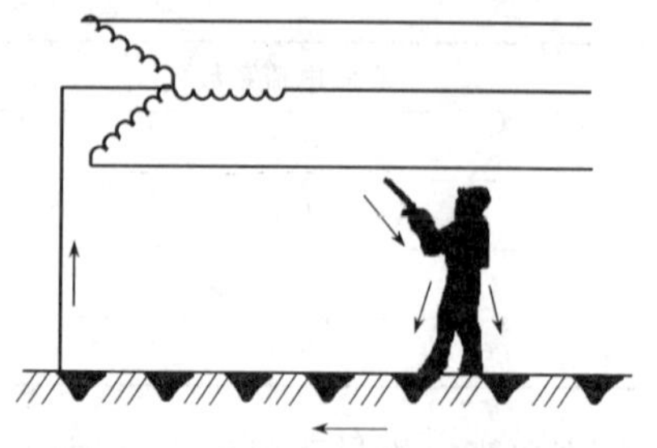

图 22-2 中性点接地的单相触电

图 22-3 中性点不接地的单相触电

2. 两相触电

一般是人体同时触及两根相线，这时加到人体上的电压为线电压（380V）。如果人体电阻按 1000Ω 考虑，通过人体的电流可达 380mA，然而，因两相触电而死亡的例子比较少，这主要是因为两根相线的安置通常相距较近，人体接触时多限于某一局部，电流通过人体的路径很短，通过重要器官而危及生命的机会就少。因此属于此类触电死亡的事故多发生在设备检修时的误通电。

3. 跨步电压和接触电压触电

通常以大地的电位为零，带电体与大地之间的电位差称为对地电压。当带电体接触大地并有电流流入大地时，接地点周围的土地对大地将有对地电压。

带电体与大地接触，实际上有两类：一类是故障接地，它是带电体与大地之间发生意外连接，如电力网断线落地、电气设备碰壳短路等；另一类是人为的正常接地。其中又有两种情况，一种是工作接地，另一种是安全接地。工作接地是维持系统正常安全运行的接地，如三相四线制中性点接地。安全接地是为了防止触电（保护接地）、雷击（防雷接地）等危害而实施的接地。

正常接地是把电气设备或电网通过连接导体（称为接地线）与埋入地下并直接与大地接触的金属导体（称为接地体）相连的。埋入地下的接地体和接地线通常总称为接地装置。正常接地，在平时是没有电流或只有很小的电流流入大地，接地体及其周围土地的对地电压为零。当系统发生故障时，如导线接地、设备碰壳短路或遭受雷击等，接地装置将有比较大的电流流过，接地体及其周围的土地将有对地电压产生。

对地电压以接地体处最高，离开接地体，随着距离的逐渐扩大，对地电压逐渐下降，至距离接地体约 20m 处，对地电压降为零。这是因为靠近接地体处电流所遇到的土壤电阻较大，远离接地体处所遇到的土壤电阻小。图 22-4 是电流通过接地体流入大地的情况。电流通过接地体向大地作半球形的流散。半球面积随着远离接地体而迅速增大，因此与半球面积对应的土壤电阻随着远离接地体而迅速减小。在距接地体 20m 处，半球面积已达 2500m^2，土壤电阻已小到可以忽略不计的程度，通常电气上所说的“地”，就是指远离接地体 20m 以外的大地。

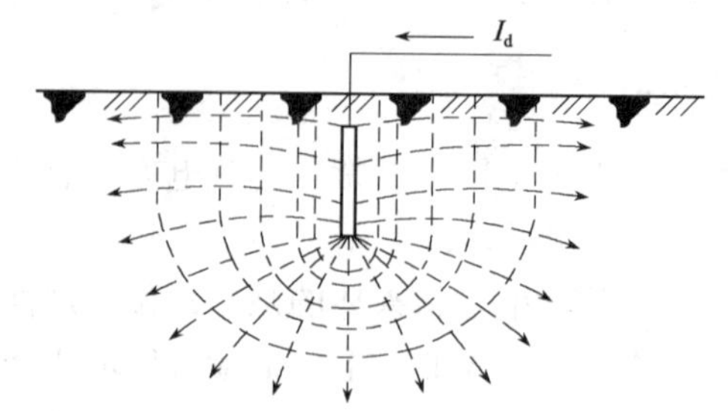

图 22-4 电流通过接地体的散流图

接地体周围各点对地电压的变化规律与接地体的形状有关，大体上都具有双曲线的特点，即接地体周围各点对地电压与该点至接地体的距离成反比关系，靠近接地体的对地电压变化大，下降迅速；距离接地体越远，对地电压变化越小，下降越缓慢，如图 22-5 所示。

由于有电流流入大地，接地体附近各点有对地电压，也就是有电位存在，当人站在这种接地体附近时，两脚将具有不同的电位，即在两脚之间将有一个电压存在而使人触电，这种触电称为跨步电压触电，如图 22-6 中的 U_{k1} 和 U_{k2}。

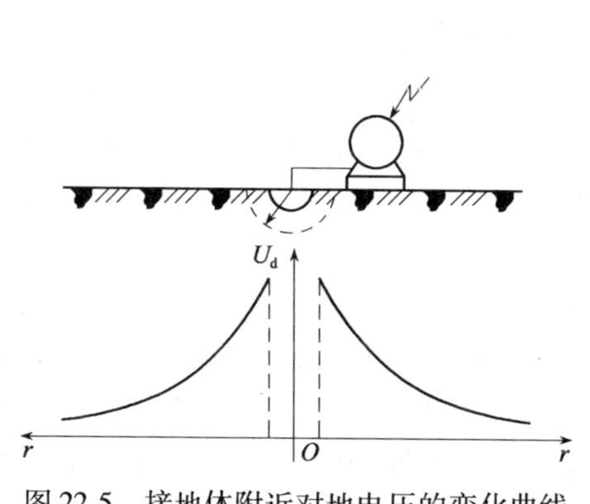

图 22-5　接地体附近对地电压的变化曲线

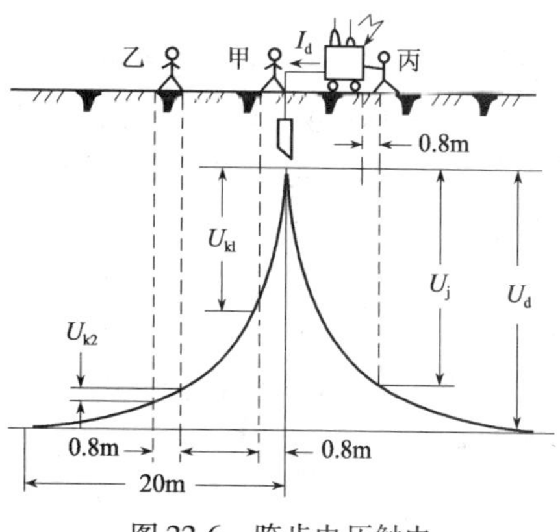

图 22-6　跨步电压触电

人的跨步距离一般按 0. 8m 考虑，大牲畜的跨步距离按 1. 0 ~ 1. 4m 考虑。图 22-6 中的甲靠近接地体，对地电压变化大，因而承受的跨步电压大；乙距接地体远，对地电压变化缓慢，因而承受的跨步电压小。

跨步电压触电时，电流通过人体的路径是从一只脚到另一只脚，没有通过人体的重要器官，理论上应是比较安全，但当跨步电压较高时，人会因双脚抽筋而倒地，从而会使加于人体的电压增高，并且会使电流通过人体的路径改变，例如从脚到头或手，即流经人的心肺，在这种情况下，几秒钟内致命的危险是极有可能的。

由于接地短路故障的设备有对地电压，人触及将有电压加于人体，这种电压称为接触电压。图 22-6 中的丙所承受的电压即为接触电压，它是设备外壳的对地电压（也就是接地体的对地电压）与人体站立处（一般按人体离开设备 0. 8m 考虑）的对地电压之差。

跨步电压和接触电压触电，一般只有在雷击或有强大的接地短路电流出现时发生。

还有一种触电方式。当人走近高压带电体，其距离小于高压放电的距离时，人和高压带电体之间就会产生电弧放电，从而导致触电，这时通过人体的电流虽然很大，但由于人会在极短时间内被击倒而脱离放电距离，因此不一定致死，但可造成严重灼伤。

22.2　触电急救措施

人触电后不一定就立即死亡，很多情况下只是呈“假死”状态，此时如能及时而迅速地抢救，方法得当，触电者大多可以获救。

作为抢救者，首先要使触电者脱离电源，紧接着便是实施救治。

22.2.1　使触电者迅速脱离电源

使触电者尽快脱离电源是抢救成功的重要一步，是实施急救的前提。解脱电源的正确方法如下：

（1）如果电源开关离事故地点较近，可迅速拉开开关。一般的电灯开关或拉线开关只控制单线，且不一定是控制相（火）线。因此拉开这种开关有时并不保险，还应拉开前一级的闸刀开关。

（2）如开关离事故地点很远，无法立即拉开时，可根据具体情况采取相应的措施。例如，电线是搭在触电者的身上，或压在身下，救护者可用干燥的木棒、木板、竹竿或其他绝缘物迅速将电线拨开。如果触电者的衣服是干燥的，又不贴紧身体，救护者可以站在干燥的木板上用一只手（注意：只能一只手）拉住触电者的衣服将其拖离带电体（此法对高压触电不适用），也可以用电工钳或装有干燥木柄的斧、刀、铁锹等把电线切断，还可以用干木板、干胶木板等绝缘物插入触电者的身下，以隔断电源。前者对于触电者因抽筋而紧握电线不放时更为适用。

（3）如果触电是发生在高压线路上，为使触电者脱离电源，应迅即通知有关部门停电，或者戴上绝缘手套，穿上绝缘靴，用相应等级的绝缘工具拉开开关或切断电线，或者用一根较长的裸金属软线，先将其一端绑在金属棒上打入地下代替接地线，然后将另一端绑上一块石头或其他重物掷到带电体上，造成人为的线路短路，迫使保护装置动作，以切断电源。但抛掷时务必注意不可触及其他人或触电者。

除了迅速使触电者脱离电源之外，还应防止摔伤事故（特别是触电者在高处时），即使在平地，也须注意触电者倒下的方向，防止碰伤。

22.2.2　抢救护理

当触电者脱离电源后，应立即根据具体情况实施救治，同时派人召请医生到场。按照触电者受电击的严重程度，大体有以下三种情况：

（1）触电者的伤害不是很严重，神志还清醒，仅表现心慌、四肢发麻、全身乏力，或虽曾一度昏迷但未失去知觉，此时应使之安静休息，不要走路，且需严密观察，并请医生前来诊治或送医院治疗。

（2）如触电者已失去知觉，但心脏跳动，且有呼吸，此时应使其舒适平卧，周围不要围人，空气要流通。为使呼吸畅顺，可解开触电者的上衣。与此同时，应速派人请医生到场。如发现触电者呼吸困难，且不时发生抽筋时，要立即准备进行人工氧合。

（3）如触电者的呼吸、脉搏、心脏跳动均已停止，这时应立即在现场施行人工氧合，进行紧急救治。

22.2.3　人工氧合

人工氧合就是用人工的方法恢复呼吸或心脏跳动，是触电急救行之有效的科学方法。

人工氧合包括人工呼吸和心脏挤压两种方法。根据触电者的具体情况，这两种方法可以单独使用，也可以配合使用。不论应用哪种方法，实施前均应将触电者身上妨碍呼吸的衣服、裤带等解开，将触电者口中的呕吐物、假牙、血块等取出，如果舌根后缩，应将舌头拉出，以利于呼吸畅通。如果触电者牙关紧闭，救护人可将两手的四指托住触电者的下颌骨的后角，大拇指放在下颌边缘上，然后用力将下颌骨慢慢向前推移，使下牙移到上牙前，促使触电者把口张开，也可用开口器、小木片、金属片等硬物从触电者的口角伸入牙缝，撬开牙齿使其张口。

1. 人工呼吸法

当触电者停止呼吸而心脏还在跳动时，可采用人工呼吸法抢救。人工呼吸法有三种：口对口（鼻）法、俯卧压背法和仰卧牵臂法。其中以口对口（鼻）人工呼吸法效果最好，简单易学，其操作方法如下。

（1）使触电者仰卧，颈部放直，头部尽量后仰，鼻孔朝天，这样舌根就不会阻塞气流，如图22-7（a）所示。触电者的颈部下方可以垫起，但不可在其头部下方垫放枕头或其他物品。

（2）救护人蹲跪在触电者头旁，一手捏紧触电者的鼻孔，另一只手将其下颌拉向前下方，使嘴巴张开（嘴上可盖上一块纱布），并做好吹气的准备，如图22-7（b）所示。

（3）救护人做深吸气后，紧贴触电者的嘴向其吹气，如图22-7（c）所示（如掰不开触电者的嘴，可捏紧其嘴巴向鼻孔吹气）。同时观察触电者胸部的膨胀情况，以判断吹气是否有效或适度（吹气以胸部略有起伏为宜）。

（4）吹气完毕应立即离开触电者的嘴（或鼻），并放开其鼻孔（或嘴），让其自动向外呼（排）气，如图22-7（d）所示。这时要注意触电者胸部的复原情况，注意呼吸道是否有梗塞现象。

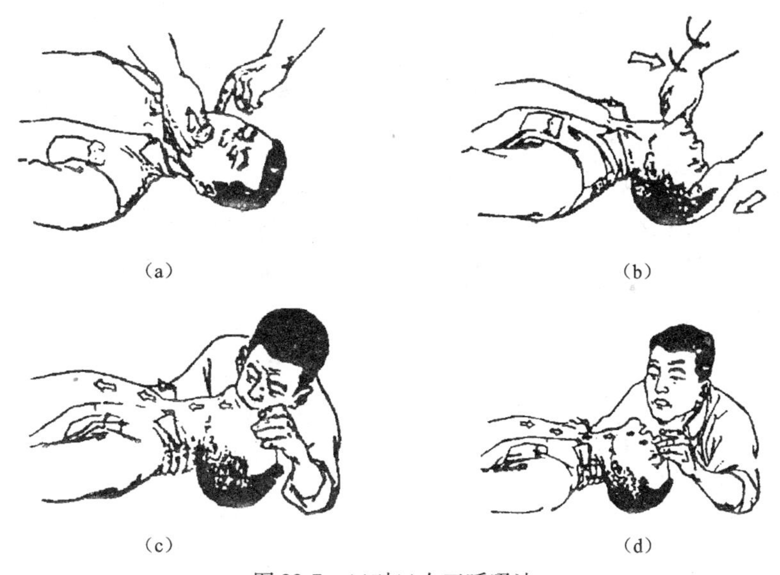

图22-7　口对口人工呼吸法

（a）清理口腔阻塞物；（b）鼻孔朝天头后仰；
（c）贴嘴吹气胸扩张；（d）放开嘴鼻好换气

以上步骤要连接不断地进行，对成年人每分钟大约吹气14～16次，每5s1次（吹气2s，呼气3s）。对儿童则每分钟大约吹气18～24次。对于儿童，吹气时不必捏紧鼻孔，任其漏气，并只可小口吹气，防止肺泡破裂。

2. 心脏挤压法

如果触电者呼吸没有停止，而只是心脏跳动停止了，则可采用心脏挤压法抢救。这里所指心脏挤压是胸外心脏挤压，其操作方法如下：

（1）使触电者仰卧，仰卧姿式与人工呼吸法相同。背部着地处应平整结实，以保证挤压效果。

（2）选好正确压点，救护人跪在触电者腰部一侧，两手相叠，如图 22-8 所示。将下面那只手的掌根放在触电者心窝稍高一点的地方即两乳头间略下一点，在胸骨的下 1/3 部位，其中指尖约在触电者颈部凹陷的下边缘，也就是所谓“当胸一手掌，中指对凹膛”，这时的手掌根部就是正确的压点（图 22-9）。

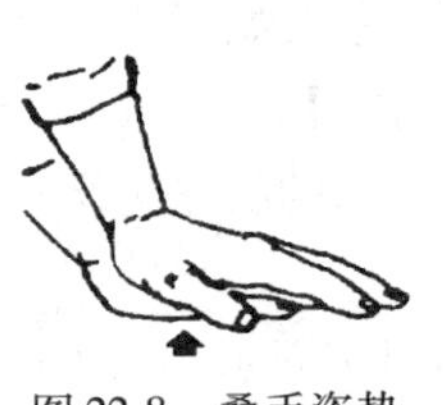

图 22-8　叠手姿势

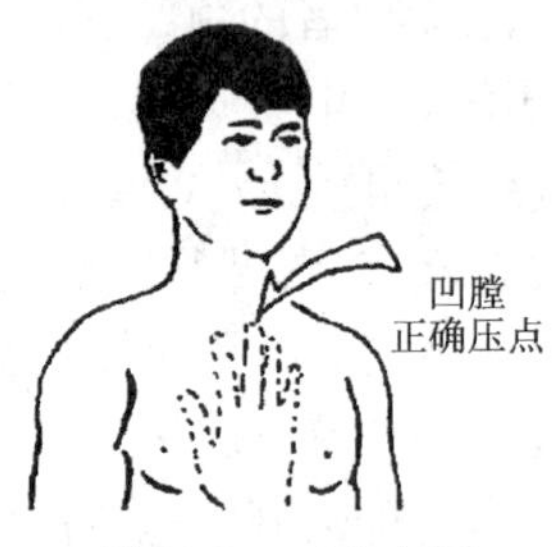

图 22-9　正确点压

（3）选好压点后，救护人伸直肘关节，然后用力适当地、有冲击性地向下（背脊方向）压挤触电者的胸骨，压出心脏中的血液，如图 22-8～图 22-10（b）所示。对成年人应压入 3～4cm；儿童可只用一只手挤压，且用力要轻，防止压伤胸骨。

（4）挤压后，掌根要突然放松（但手掌不必完全离开胸部），使触电者胸部自动复原，血液又回到心脏，如图 22-10（d）所示。

按以上步骤连接不断地进行，成年人以每分钟挤压 60 次为宜；儿童则以 100 次左右为宜。

一旦呼吸和心脏跳动都停止了，则应同时进行口对口呼吸和胸外心脏挤压。由两个救护人共同进行。如果现场仅有一个人进行抢救，则两种方法可交替进行，即每吹气 2～3 次，再挤压心脏 10～15 次。

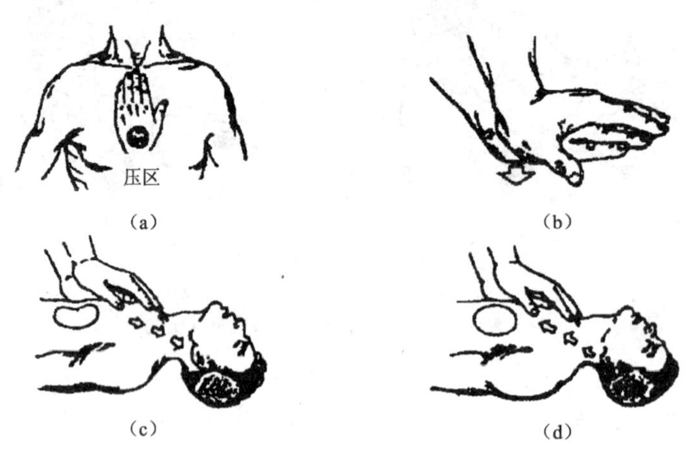

图 22-10　人工心脏挤压法

（a）中指对凹膛当胸一手掌；（b）掌根用力向下压；（c）慢慢向下；（d）突然放松

人工氧合法抢救触电者往往需要很长时向（有时要进行1～2h）。而且必须连续进行，切不可轻率放弃，即使在送往医院的途中也不应中断人工氧合。在人工氧合过程中，如果发现触电者的皮肤由紫变红，瞳孔由大变小，说明人工氧合收到了效果。当触电者自己开始呼吸时，则可停止人工氧合，但如果人工氧合停止后，触电者不能维护正常的心脏跳动和呼吸，则应继续进行人工氧合。

在抢救过程中，只有触电者身上出现尸斑或身体僵冷，经医生作出无法救活的诊断后，方可停止人工氧合。

对于与触电同时发生的一般外伤，可放在急救后处理，如属于严重外伤，则应在急救的同时做适当处理。

22.3　防止触电的主要措施

电气系统正常运行时，只要是绝缘、屏护、间距、载流量等均符合有关的技术要求，则电气安全就可以得到保证。

绝缘是为了避免带电体与其他物体或人体等接触造成短路或触电事故，而用绝缘材料将带电体加以隔绝。屏护则是当电气设备不便于绝缘或绝缘不足以保证安全时所采取的一种隔离措施。常用的屏护有遮拦、护罩、护盖、箱匣等。

间距是带电体与地面之间、带电体与带电体之间、带电体与其他设施或设备之间所必须保持的安全距离，其目的是防止人体触及或靠近带电体，避免车辆或其他物体碰撞或过分接近带电体，防止电气短路和因此而引起的火灾。

载流量是指导线通过电流的数量（即电流强度）。任何一种导线都有电阻，电流通过时会消耗电能而发热，如果通过的电流量超过安全载流量，就会导致发热，以致损坏绝缘材料造成漏电，严重时可引起火灾。因此必须正确选择导线的种类和规格，使线路在正常工作时的最大电流不超过其安全载流量。

电气系统中由于绝缘的破坏、线路的断线、过载等使正常时不带电体带电、碰壳短路、高压窜入低压等意外事故时，为了保证在这异常情况下的安全和防止触电，就要采取一些预防性的安全措施，如设置熔断器、断路器、漏电开关，采用安全电压、保护接地、保护接零等安全措施。

为了防止错误操作、违章操作、维护电气系统的正常运行，必须认真贯彻和坚决执行有关的安全管理措施和各地区的《电气安全工作规程》，它是操作和检修电气设备时必须执行的规章、制度，是保证安全的技术措施和组织措施。

项目实训三十二：触电与急救

一、实训目的

1. 掌握触电急救措施。
2. 熟悉防止触电的主要措施。

二、实训内容

1. 触电实施救治操作。
2. 实施电气系统防止触电的具体检查。

三、实训时间

每人操作45min。

四、实训报告

1. 编写触电实施救治操作实训报告。
2. 写出电气系统防止触电的具体检查报告。

参考文献

[1] 陈宝璠．土木工程材料检测实训［M］．北京：中国建材工业出版社，2009.

[2] 陈宝璠．土木工程材料［M］．北京：中国建材工业出版社，2008.

[3] 陈宝璠．土木工程材料学习指导·典型题解·习题·习题解答［M］．北京：中国建材工业出版社，2008.

[4] 陈宝璠．建筑装饰材料［M］．北京：中国建材工业出版社，2009.

[5] 陈宝璠．建筑装饰材料学习指导·典型题解·习题·习题解答［M］．北京：中国建材工业出版社，2010.

[6] 马铁椿．建筑设备［M］．北京：高等教育出版社，2007.

[7] 汪翙．给水排水建筑工程［M］．北京：化学工业出版社，2005.

[8] 张玉萍．新编建筑设备工程［M］．北京：化学工业出版社，2008.

[9] 王志勇，王雷霆，罗炳忠．给排水与采暖工程技术手册［M］．北京：中国建材工业出版社，2009.

[10] 卢少忠，卢晓晔，胡淑芬．塑料管道工程性能·生产·应用［M］．北京：中国建材工业出版社，2004.

[11] 吴大鸣，等．特种塑料管材［M］．北京：中国轻工业出版社，2000.

[12] 李金伴，陆一心．电气材料手册［M］．北京：化学工业出版社，2006.

[13] 胡兆斌．绝缘材料［M］．北京：化学工业出版社，2005.

[14] 本书编写组．电力工程材料手册．北京：中国电力出版社，2000.

[15] 邓云详，等．高分子化学［M］．北京：高等教育出版社，1997.

[16] 高俊刚，等．高分子材料［M］．北京：化学工业出版社，2002.

[17] 姜继圣，杨慧玲．建筑功能材料及应用技术[M]．北京：中国建筑工业出版社，1998.

[18] 张雄．建筑功能材料［M］．北京：中国建筑工业出版社，2000.

[19] 江涛．水暖管道工实用手册［M］．南昌：江西科学技术出版社，2003.

[20] 田会杰．水暖工［M］．北京：中国环境科学出版社，2004.

[21] 于培旺．水暖工操作技巧［M］．北京：中国建筑工业出版社，2003.

[22] 田会杰，傅正信．建筑水电知识［M］．北京：清华大学出版社，2002.

[23] 邱天．水管工实用技术手册［M］．南京：江苏科学技术出版社，2005.

[24] 潘旺林，王永华．水电工实用技术手册［M］．南京：江苏科学技术出版社，2008.

[25] 张子平．水暖工长便携手册［M］．北京：机械工业出版社，2005.

[26] 金国砥．住宅水电操作实务［M］．北京：电子工业出版社，2005.

[27] 黄利勇．新编水电安装手册［M］．广州：广东科技出版社，2005.

[28] 贾允温．建筑水暖工［M］．北京：中国建材工业出版社，2005.

[29] 王岑元．建筑装饰装修工程水电安装［M］．北京：化学工业出版社，2006.

[30] 陆荣华．实用建筑电工手册［M］．北京：中国建筑工业出版社，2005.

[31]《建筑工程常用数据系列手册》编委会．给水排水常用数据手册［M］．北京：中国建筑工业出版社，2005.